新编21世纪心理学系列教材

积极心理学

第3版

刘翔平　主编

Positive
Psychology

中国人民大学出版社
·北京·

内容简介

本书是国内第一本全面、系统地介绍积极心理学理论与应用的大学教材，呈现了积极心理学的全貌，涉及积极的情感体验、逆境中的积极心理、积极的人格与自我、积极的关系，并对积极心理学的广泛应用进行了展望。本次修订作者更新了积极心理学的前沿理论和动态，列举了更贴近现实的案例，并加入对积极心理品质的辩证评价，力图实现语言、思维及成果的中国化，使人们了解积极心理学的思想精髓和全貌。

积极心理学将教会你如何过一种幸福、丰盈、充满爱和有意义的生活。本书既可以作为高校心理学、应用心理学及相关专业的教材，也可以作为普通读者的心理自助读物。

主编简介

刘翔平 北京师范大学心理学部二级教授、博士生导师及临床与咨询心理学研究所所长。中国心理学会积极心理学专业委员会委员。《国际心理学进展》主编。率先将积极心理学理念引入我国，撰写国内第一部介绍积极心理学的著作《给自己注入积极基因》（中国经济出版社，2005），主编“积极心理学丛书”（10本）（国家出版基金项目，江苏教育出版社，2014），主编《当代积极心理学》（中国轻工业出版社，2010）。主持国家哲学社会科学基金项目和北京幸福公益基金项目等多项课题。曾荣获国际积极心理学会颁发的“积极心理学优秀学术成果奖”。目前主要研究自尊与他尊、安全依恋与积极关系、心理需要与心理健康等问题。出版学术著作40多部，发表论文200多篇。

序言

积极心理学：当代人的精神家园

时至今日，本书再版时，社会面貌发生了巨大的变化。新冠疫情下，经济增长放缓，发展中新的矛盾显现，这使得国人信心容易受挫，价值观容易陷入迷失，悲观主义容易滋生，焦虑与抑郁的情绪容易蔓延。在这样一个特殊的时期，积极心理学显得弥足珍贵。

积极心理学所代表的人类高级心理需要及其美德与优势，不仅是心理学的科学成果，还可以为摆脱当代社会发展的困境提供一种启发。

积极心理学告诉我们，人不但是追求生理需要满足的动物，更是追求自我决定、追求掌控感、求知、追求社会公正等心理需要满足的主体。正如国家主席习近平在2024年新年贺词中所说，我们的目标归根到底就是让老百姓过上更好的日子。更好的日子不仅包括丰衣足食，也包括积极的精神面貌，包括乐观、幸福、有希望、有信心、有尊严、有自主、有热情和有活力。社会的发展道路应当以有利于人的仁慈、好奇、求知、创造、正义等积极心理品质的方式展开设计，而不是过于强调奖励、惩罚、考核、绩效、约束、安全，要以开放、宽容、授权等更加开明的方式激发人的活力和主动性，要破除形式主义和假大空的游戏规则，以实干和创新的精神引领改革开放向纵深发展。

现在无论是教育领域还是行政与企业管理领域，都存在着违背心理需要满足、妨碍人的积极性、阻碍幸福感的管理方式，过于强调胡萝卜加大棒式的行为主义的控制方式——这种奖惩方式虽然有利于提升效率，但以损害人的身心健康为代价，尤其是偏爱通过惩罚来管理人，过于强调竞争，利用人的恐惧、害怕落后等消极人性来达到发展的目的，使人产生内卷、躺平等新的防御方式，导致焦虑、抑郁情绪泛滥。一些年轻人不婚不育，就反映了其对生活的失望与反抗。

因此，全社会都需要重温积极心理学的理念，尤其是在发展的目标上，要考虑人的心理需要。心理学家做过一项研究：让老鼠吃眼前食盒里的现成食物，同时训练它们通过努力来获得食物，如通过转动一个轮盘来获得食物；然后让老鼠自由选择，一种是吃现成的食物，另一种是通过转动轮盘来获得食物。大多数老鼠都选择了后者，这说明动物也有掌控之类的需要。

社会管理和体制设计上，要更加重视合作、自由选择、机会平等、灵活、法治，相信个体的聪明才智，相信民众的力量。校园要开放，公众场所要开放，少些安检，多些信任，少些控制，多些便利，创造出和谐自由的氛围，让我们重回快乐和充满希望的心态。

消极情绪的本能性对应着特异的行为模式，如恐惧使人逃跑、愤怒使人搏斗。而积极心理的似本能性并不直接对应特异的行为模式，如满意和幸福感使人宁静，所以人们不容易发现它们是人类本身所具有的，而是倾向于认为它们仅仅是一些理想主义者或者道德说教者杜撰出来的。人们常被经验蒙蔽，倾向于认为享受、竞争、贪婪、嫉妒、焦虑、抱怨才是真实的情绪和真实的人性特质，即“我多你少”“我赢你输”这一短缺经济学的效应才是生命的真谛。

积极心理学所倡导的积极品质原本就存在于人类的心灵中，是人类大脑进化和文明发展的产物，但这些美好的品质代表着人类近几千年进入文明时代的大脑新功能，所以，不像焦虑、抑郁、愤怒等消极品质那样具有本能的力量。人类的心理需要正是如马斯洛所说的具有“似本能”或“类本能”的特点，也就是说，是半自动化的或非自动化的、接近中性的、不太强烈的、受意识调控的体验，因而很容易受到不利环境的抑制。积极心理品质更加需要温暖的、安全的社会环境的呵护，更加需要强大的社会正气的培养。

积极心理品质作为心理需要是人类必不可少的心灵营养。它不是用来保命的，但没有它，人会抑郁。心灵营养作为一种类比，表明人们需要通过胜任感、自主性和归属感等成长性的体验保持活力和激情。善意的关系、自信和乐观等美好体验，类似于人体所需要的维生素，使人精力充沛。人们通过日常饮食满足基本的蛋白质、脂肪摄入来维系生命。同时，人们还可以通过摄取一定量的维生素来保持强壮。做有效的和正确的事情，人们就会充满激情。

经济发展本身不是生活的目的，好的体验才是。如果经济发展了，但是，管理方法的缺陷使人抱怨和抑郁，消极情绪增加，那么再高的GDP也没有意义。我们不否认高楼大厦、汽车、高速公路等物质对于幸福生活的作用，但是这些物质必须通过某种微观上更加人性的管理方式，促成人的幸福感受，才有其真正的价值。

当人们变得消极绝望之时，当人们对美德的价值全面怀疑之时，当人们产生什么值得信仰的精神困惑之时，积极心理学应当也有能力成为当代人的灵魂救赎途径。

首先，当代物质文明极大发展，解决了衣食住行等温饱问题。生理需要的满足为人的积极品质的实现和开发，提供了切实可行的条件。只有满足了基本生理需要的人才会更加重视高级的心理需要，才会去触摸高级的人性。

其次，当代积极心理学具有科学方法论的基础。当代积极心理学起源于20世纪90年代的实证研究，是从实验设计、数据的收集中产生的。如塞利格曼的习得性乐观就是沿袭了其习得性无助的研究成果，经过反推而精心提出的概念。人类历史上有关人的高级本性和什么是高质量的生活产生过不少学说和理论，但大多数与宗教和哲学有关。20世纪50年代，以马斯洛为代表的人本主义心理学家曾经就高级人性进行了系统的诠释，可其观点仍然只是停留于论述和思辨。只有当代积极心理学将这种理论和学说置于科学检验之上。可以说，当代积极心理学也是唯一对高级人性和心理品质进行科学检验的学科。

最后，积极心理学与中国传统文化也是相契合的。早在两千年前，中国古代哲人就提出人类的美德学说，鼓励人们去追求真、善、美、勇、忍、义、礼、达等高尚人格特点及其行为。其目标为：使人成为一个高尚的人、一个有爱心的人、一个乐观的人、一个有创造力和想象力的人、一个宽容的人、一个具有感恩之心的人、一个专注于做事和享受做事过程的人、一个有梦想的人、一个具有抗逆力的坚强的人，总之，是具有一切积极美好品质的人。

具体来说，我们的这本教材也是围绕着这样的主题来设计的。在新的一版中，我们做了内容结构的调整，删去了积极治疗一章，并补充了新文献和研究成果，尤其是对某些积极的心理品质如乐观、希望等进行辩证分析，以便人们更加完整地理解积极品质。此外，还结合当代时政的热点，对全书的内容做出修订。

新版共分四篇内容。

第一篇讲述积极的情感体验。传统心理学只重视消极情绪的研究，而积极心理学首次发现了积极情绪的扩展-建构作用。积极情绪使人产生创造性和利他行为，使人加强联结，使人的认知更加灵活，并使人勇于追求梦想。具体来说，这一部分主要介绍了主观幸福感、心理流畅体验以及积极情绪的价值。

第二篇介绍逆境中的积极心理。逆境中的积极心理可叫作积极的认知，包括乐观、希望、复原力。这个部分非常具有现实意义。乐观侧重于对未来的积极信念和解释。希望则着重于把乐观信念与行为的途径结合起来，更具有可操作性。而复原力这一章主要关注为什么一些人容易从逆境中恢复，这些人具有什么样的特点。

第三篇讲述积极的人格与自我。相比强调病态和缺陷的传统心理学，积极心理学更加重视人类的优势与美德。本部分主要介绍积极的美德和性格优势，强调开发人的潜能和价值。而积极的自我与动机这一章描述了自尊、心理需要、自我同一性等。积极自我是现有积极心理学体系中受到忽视的部分。

第四篇介绍积极的关系。积极心理学认为，他人很重要，积极意味着实现和表达人性的善良。因此，这部分介绍了爱、感恩、宽容等内容。

本教材是国内第一本全面、系统地介绍积极心理学理论与应用的大学教材。目前，虽然国内出版了一些同类主题的书籍，但与本教材相比，它们存在这样的不足：第一，目前已有的书籍多是翻译自国外的作品，虽然原汁原味，但由于缺少国内学者的整合和组织，写作表达风格不一定适合中国的读者，另外也缺少对国内积极心理学成果的介绍。第二，一些国内作者所写的通俗书籍过于随意发挥，把个人的观点强加于积极心理学，不能代表当代积极心理学研究成果。第三，目前同类书籍缺少系统性，多是从某一主题出发展开论述，不能使人全面了解积极心理学。第四，目前同类教材过于强调积极心理的好处，少有全面而辩证地阐述积极心理。本教材新版中加入了对某些积极心理品质的辩证评价。本教材试图弥补上述不足，力图实现语言、思维及成果的中国化，使人们了解积极心理学的思想精髓和全貌。

本教材是集体合作的结晶，各章具体的执笔情况是：开篇，刘翔平；第一章，于是、邓衍鹤；第二章，赵文；第三章，陈潇琳、周雅；第四章，冉利雯、张鹏；第五章，冉利雯、张鹏；第六章，冉利雯、刘翔平；第七章，郭雯；第八章，邓衍鹤、刘翔平；第九章，邓衍鹤；第十章，邓衍鹤；第十一章，王硕、邓衍鹤；篇终，曾祥龙、张鹏、王硕。全书由刘翔平统筹与统稿、修改，吕一超进行了文献补充和积极心理学辩证分析，于晓辰对全书的英文人名和文献进行了统一修订和整理。

刘翔平

2024 年 1 月于北京师范大学

目录

第二篇　逆境中的积极心理

第三篇　积极的人格与自我

第四篇　积极的关系

开篇

相对富裕的社会呼唤积极心理学

【教学目标】

掌握积极心理学产生的时代背景，从心理学发展的角度理解积极心理学的产生与发展；了解积极心理学的研究对象和任务；了解消极心理品质与积极心理品质的关系。

【学习重点】

把握什么是积极心理学；了解积极心理学的研究对象和任务及其完整的模式；了解积极心理学的思想发展。

【读前设问】

1. 为什么说两次世界大战改变了心理学的发展，使心理学偏重消极心理研究？

2. 你身上有哪些积极的和消极的心理品质？结合自己的经历来说明消极心理品质和积极心理品质是相互独立的。

3. 你心目中最为积极的人物是谁？你认为这个人物的主要积极品质是什么？

4. 你了解本书没有涉及的其他有关积极心理学的思想吗？

第一节　从病态心理学走向积极心理学

心理学自从 1879 年正式成为一门科学，就肩负着三项主要使命：治疗心理疾病，帮助所有人生活得更加充实完善，发现并培养人类的卓越才能。

然而，20 世纪发生的两次世界大战，彻底改变了心理学理想的发展轨迹。这两次世界大战有数十亿人口卷入，伤亡人数也有上亿。于是，如何理解和治疗心灵的创伤和痛苦获得了被优先考虑的地位。心理学的研究重心偏向了心理疾病的评估与矫治。过去的一个世纪，“疾病模型”驱使下的心理学，俨然成为一种偏重行为问题、流于病理心理的“类医学”。西格蒙德·弗洛伊德（Sigmund Freud）的精神分析产生后，这个趋势变得更为明显。人们总是对病态的人，如罪犯和心理变态者具有浓厚的兴趣，一些变态的案例和超乎寻常的犯罪通常引起人们的兴趣；而献身、奉献和慷慨等人类优秀的品质则淡出心理学家的视野。

在心理健康、人格心理学的研究中，研究者主要以研究心理病理和治疗心理疾病为自己的首要任务。我们承认，在现代社会，出现了越来越多的心理疾病，人们感受不到现实生活的幸福，空虚和无意义感充斥着心灵。心理疾病的流行造成了社会问题，具有极大的社会危害，治愈疾病属于应急的事情。

然而，现代变态心理学从治疗中总结出的有关人性的假设和知识，具有扩大化和夸大化的倾向，并被用于解释正常人的心理问题。如精神分析就假定人的求乐本能与良心的冲突是根植于文明进化的必然性，也是人性的必然部分。精神分析没有看到，还存在着大量没有心理冲突的人，他们健康而充实地生活着，整合了各种心理矛盾，具有安全型人格。

必须看到，时代在发展，时代精神也在变化。随着长时期的和平发展、工业化普及和科技革命的兴起，生产力得到了快速发展，人们的生活水平不断提升。中产阶层人群不断扩大，贫困人口不断减少，基本的生理需要已经不再困扰大多数人。已经解决了温饱问题和满足基本生理需要的人们，面对的主要是精神需要的匮乏，更加关心如何使自己的生活更加幸福和更加充实、更加具有生命的意义。因此，积极心理学就顺应时代精神的发展，顺理成章地出现了。

以乐观和希望为核心的积极心理学思想早已存在于人类思想史中，人类正是通过对积极心理品质的强调和应用走向文明的。

古希腊神话传说中，有关潘多拉魔盒的故事有两种版本。其中一种版本是，潘多拉外表美丽，但充满谎言与欺骗。宙斯告诉潘多拉千万不要打开魔盒，因为里面的坏东西会跑出来，要闯大祸。但潘多拉并没有听从忠告，而是出于好奇打开了魔盒。从此，各种邪恶来到人间，人类开始堕落。但还有一样东西保存于魔盒中，这就是希望。在这个版本中，希望并没有帮助人们解决现实问题，而是保存在了魔盒中，使人们产生某种联想或想象。虽然人间充满了邪恶，但人们还保留着对希望的想象。这是最后的精神寄托。而另外一种版本是，当潘多拉打开魔盒后，不仅各种邪恶跑了出来，希望也来到人间。在此，希望不是人类的精神寄托，而是实实在在地帮助人们战胜邪恶与苦难，使人们更加幸福的因素，所以希望是一种战胜邪恶的真实的力量。无论希望是一种精神寄托还是战胜邪恶的力量，都表明了古希腊人对希望的矛盾的态度。

西方思想史上有众多的思想家相信善良和理性是人的本质。从柏拉图到伊曼纽尔·康德，都承认人性善，人类有能力辨别善恶是非，具有从善抑恶的理性能力。近代，约翰·穆勒（John Stuart Mill）作为经济学家和哲学家，首先反对杰里米·边沁（Jeremy Bentham）的快乐主义哲学，指出知识和爱本身独立于功利和享乐，可以成为一个单独的促进幸福的核心因素。在边沁的短缺经济学理论中，功利和享乐主义具有重要价值，人类行为是输-赢式的，人类是自私的经济人，人的本性是趋乐避苦。这种传统的经济学认为，利益作为整体是有限的，资源是有限的，所以，我得到了资源意味着你失去了资源，我多即你少，我有即你无，人与人之间是竞争的关系。这种理论认为，人的所有动机都是为了满足体内平衡需要，人类的基本动机是以焦虑和恐惧为特点的消极性动机，人是一个逐利的、被动反应的有机体。知识只是手段，是为了生存和有用才存在的。培根也指出，知识就是力量，即知识因为有用、能解决问题才得以发展。

穆勒则指出，人的本性不止追求功利和享乐，人的本质特点是实现非功利的动机，知识本身就具有积极的价值，人类具有好奇心，这种好奇心并不是为了生存，而是为了活着本身的意义。人类有自我实现的需要，有求知的需要，有追求自由的需要，这些高级特点也是人的本性和本能。穆勒反对人是被动地对环境做出反应的这一观点，认为人是主动的，人类的行为具有自主性和自发性的特点。知识不是财富，我得到了知识，并不意味着你失去了知识。爱也不具有功利性，我爱更多的人，并不意味着你失去了爱别人的机会。我的爱并没有夺走你的爱。而自我完善是生活本身的目的，不是达到其他的幸福目标的手段。自我完善的功能不在于使自己有魅力、能赚得更多的财富，而是为了达到人性的高峰和实现人生的丰富性。这种浪漫主义哲学反对的正是功利主义哲学。

中国古代的孔子作为教育家，将改革社会的希望寄托于教育。他也是积极心理学思想的先驱。他率先提出“己所不欲，勿施于人”的宽容精神和行为准则，倡导理解和体贴他人的重要性，反对自私自利的价值观。此外，他还提倡人性的积极品质，其具体内涵为仁、义、礼、智、信等美德。仁即爱心、善良；义即责任和正义；礼则是指对他人有礼有节，谦逊与自制；智则表示智慧，追求知识；信则是指诚信与忠诚。孔子相信这五种美德可以使人幸福，使人性得以升华。

道家则强调无为，但无为不是被动地接受命运的安排，而是“无为无不为”。这等于承认生活中有不幸福的方面、有苦难的方面，但也有希望，人们应当顺其自然，接纳发生的一切，然后才能心平气和，为所当为。道家倡导不直接与命运抗争，但这仅仅是手段，其目的在于灵活地有所作为。道家把世界理解为阴阳两个对立统一的方面，承认世界本身是一个复杂的地方，有痛苦，也有快乐，痛苦与快乐是相辅相成的，具有辩证的特点，而辩证本身就是积极心理学的一个组成部分。

在20世纪中叶，以马斯洛（Abraham Maslow）为代表的人本主义心理学家，更加重视人的高级需要和高级本性，提出了自我实现的理论。他们认为，人的高级需要不是本能的，但具有似本能性，它们很弱，但在人格中是天生存在着的；人性中具有追求真、善、美的高级需要，它们由于力量很弱，所以易为后天的挫折所压抑。这种高级需要正是人的积极的心理品质。

马斯洛批评过以精神分析学为代表的消极心理学。弗洛伊德一生都关心人的心理变态，他的病人主要是奥地利维也纳的中产阶层妇女。当时，中产阶层妇女主要面对的问题是性压抑，即不能冲破传统的宗教和道德观念的束缚，自由地恋爱和满足性本能的需要。她们知道人生的目的和意义，但感觉到压抑。所以，心理冲突是一个重要的问题。弗洛伊德对心理学的贡献主要来自他的心理病理学，他的治疗也取得了突破。但他过于自信和自负，夸大了自己的贡献和重要性。他理所当然地认为，病态心理与正常心理并无实质性的差别，每个人都时而处于变态，时而处于常态，因此，通过研究不健康者的心理活动有助于揭示正常人潜意识中的深层心理结构。这样一来，性变态者、狂人、孤僻者、脆弱者、妄想狂、人格分裂者、自恋者、躁狂者、忧郁者、冷漠者、破坏狂等成为弗洛伊德研究的主要对象。如果从他们身上发现一些心理活动的规律，然后将其推广到全人类，结果将会怎么样？必然将使人们对人性的期望降低。

马斯洛认为，弗洛伊德是通过观察人类中的渣滓而不是精英得出结论的，他只关心心理疾病，不关心心理健康，更不了解世界上还存在着大量心理素质非常优秀的人。大千世界，众多文化，不同国度，生活着许多内心快乐的人，他们体验着病人难以体验的幸福，每天都充实而有意义地生活着。人本主义心理学相信，人类具有巨大的心理潜能，具备建设美好生活的能力。应当去研究这些优秀的人、超级健康的人。其实，从相反的角度可以说，如果我们不理解这些优秀的人，我们也就不能理解心理病态。

弗洛伊德对幸福、欢乐、宁静、欣喜、满意、入迷、仁慈、慷慨、友善等人类的美好禀性视而不见，无视一个人具有超越疾病的力量。如果一个人只潜心研究精神错乱者、心理变态者、越轨者，那么他对人类的信心势必越来越小，对人的指望也会越来越低。对畸形人的研究只能导致畸形的心理学（刘翔平，2005）。

马斯洛专门研究出色的人物、超常人物、名人、大学里的尖子，并称这些人为自我实现的人。马斯洛承认这种人确实很少，且大多是60岁以上的人。但正是这些优秀的人给我们的幸福生活以对照的镜子，给我们平凡的生活提供榜样。通过理解这些人类精英，我们可消除自身的怯弱、自卑、无意义生活的痛苦，可治疗我们内心的矛盾、冲突、自我中心式的烦恼。我们虽然不可以直接模仿这些最优秀的人的生活，但我们可以内化他们的积极的心理品质，发现他们作为优秀的人的自我概念、动机特点、行为特点、人际关系特点和对待生命的态度，从而使我们走向优秀、迈向幸福。

虽然马斯洛是当代积极心理学的先驱，但由于马斯洛很少将自己的思想置于科学研究视角进行检验，而20世纪是一个信奉科学的时代，所以他的积极心理学思想并没有促进一个崭新的心理学领域的产生。直至20世纪末，卡尔（Carr，2004）认为，以马丁·塞利格曼（Martin Seligman）为首的心理学家对于人类积极品质的科学研究，积累了大量的科学心理学的资料，首次将人类的积极品质置于科学的标准下进行检验，才诞生了当代积极心理学。这种积极心理学立即轰动了全世界，积极心理学运动的蓬勃兴起重新唤起了心理学对于人类幸福生活与积极品质的关注。

美国哈佛大学一直是人类精神创造物的风向标。过去，大学生公选课最受欢迎的是经济学，但进入21世纪后，一个名为泰勒·本-沙哈尔（Tal Ben-Shahar）的年轻的学者改变了这一切，他开设的人类幸福通识课，每年有800多名大学生选修，人数超过了经济学，成为大学生最爱选修的通识课之一。

综上所述，积极心理学集人类积极哲学思想之大成，体现了人类对于理想和美好的自身形象的追求和塑造。它的产生顺应了历史发展之必然，代表了人类物质文明和精神文明发展到高级阶段必然产生的时代精神。

第二节　积极心理学研究什么

塞利格曼是美国费城著名的心理学家，曾担任美国心理学会的主席。他倡导的积极心理学，在全世界产生了很大的影响。他所著述的《活出最乐观的自己》和《真实的幸福》等著作，已经成为中国的畅销书。而他的从习得性无助到习得性乐观的实验研究已经成为心理学中的经典。

在担任美国心理学会主席数月后的一天，他与5岁的女儿在园子里播种。他的女儿叫尼奇。虽然写了大量有关儿童的著作，但在实际生活中，他和孩子并不算太亲密。他平时很忙，有许多任务要完成，其实种地也只想快一点完事，具有很强的目的性。尼奇却不是这样，她手舞足蹈，将种子抛向天空。塞利格曼叫她别乱来，女儿跑过来对他说："爸爸，我能与你谈谈吗?""当然。"他回答说。"爸爸，你还记得我5岁生日吗？我从3岁到5岁一直都在抱怨，每天都要说这个不好、那个不好。当我长到5岁时，我决定不再抱怨了，这是我从来没做过的最困难的决定。如果我不抱怨了，你可以不再那样经常郁闷吗?"这对塞利格曼产生了一种闪电般的触动，仿佛出现了神灵的启示。他了解了尼奇的成长，了解了自己和自己的职业。他认识到，培养尼奇不在于矫正她的抱怨，是她自己矫正了自己。培养尼奇意味着看到她心灵深处的潜能，发扬她的优秀品质，培养她的力量。培养孩子不是盯着他们身上的短处，而是认识并塑造他们身上最具有优势的东西，即他们拥有的最美好的东西，将这些最优秀的品质变成促进他们幸福生活的动力。

这一天也改变了塞利格曼的生活。他过去的50年都在阴暗的气氛下生活，有许多不高兴的情绪。而从那天开始，他决定让心灵充满阳光，让积极的情绪占据心灵的主导。

这种关心人的优秀品质和美好心灵的心理学，就叫作积极心理学，它正是由上述故事的主人公、美国著名的心理学家塞利格曼提出并倡导的。

积极心理学作为"一门关于人的潜能与美德的科学"，其研究领域涉及三个层面：

第一，在主观水平上，研究积极的主观体验，例如幸福和安宁、满足和满意、希望和乐观，以及流畅感和快乐。

第二，在个体成长水平上，研究积极的心理特征，如爱的能力、创造的勇气、积极的人际关系、审美体验、坚持、前瞻、天才、宽容和智慧灵性等。

第三，在群体水平上，研究积极的公众品质，例如责任、利他、关爱、文明、自制力、容忍力，以及职业道德。

积极心理学正深入我们生活的方方面面，如儿童成长、婚姻、家庭、工作、娱乐以及教育，它旨在激发个体的优势与潜力，促进个体的发展与适应，实现个体的生活幸福和价值超越。在积极心理学的影响下，病理化、医学化的学校心理健康教育也势必实现积极的转向。

第三节　完整的人的形象

人的消极的（负性的）情绪是与逃跑取向有关的行为抑制系统，其目的是通过回避导致痛苦的惩罚和其他不利结果，使有机体免于麻烦。在生物进化过程中，防止被杀是生命的首要适应任务。所以，沃森（Watson，2002）认为负性情绪的适应性功能更加明显，它能引发特殊的适应行为：如恐惧使人远离威胁，恶心使人远离有毒物质，等等。负性情绪主要有三类：焦虑、抑郁和愤怒。它们决定了人是战斗还是逃跑。相比之下，积极的（正性的）情绪是与接近取向有关的行为激活系统，指导有机体接近引起愉快和奖赏的经验和情境。从人类进化史角度看，积极情绪在历史上的适应功能不如消极情绪明显，具有泛化性，所以对行动的促进不具有特异性和明显性：如快乐使人少行动，满意使人不行动，好奇使人专注。因此，积极心理长期处于研究的边缘状态。然而，时代变了，在相对富裕的现代社会，积极的心理真正地在人类发展与适应中具有现实的、重要的作用。

但是，心理学在评价与诊断人的时候，仍然固守着对积极心理学的偏见，将评估人的心理疾病的症状、心理问题的表现当作首要任务，大多诊断与评估消极情绪，如把免于心理疾病当作心理健康的基本标准，把具有正常的智力、自我意识、自我调节或认知客观等作为心理健康的标准，而对乐观、宽容、创造性、利他和幸福感等积极的心理品质缺少关注（见图0-1）。

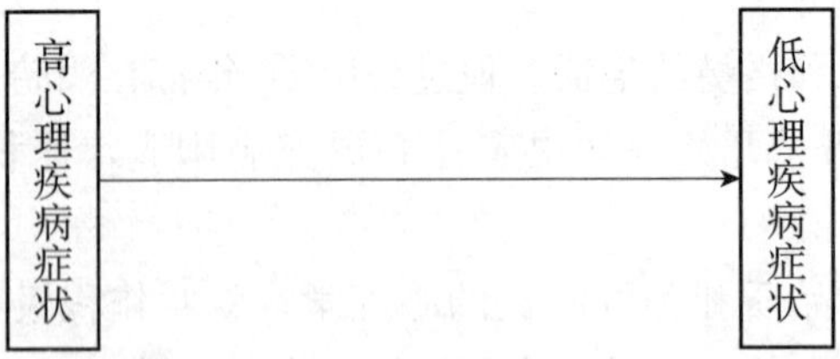

图0-1　传统心理诊断的一维系统

当我们从负性情绪的角度把一个人评价为少焦虑或无焦虑、少恐惧或无恐惧时，这个人就是心理健康的。可实际上，免于心理疾病只是心理健康的一个基本条件。一个少有负性情绪的人是否积极地热爱生活，是否有效地发挥了个人潜能，是否活得精彩，就不得而知了。在心理健康评价视野中，孤僻、脆弱、妄想、忧郁、攻击等成为主要关注的内容。

免于心理疾病只是一个人心理健康的最低标准。我们如果只是用这一标准指导心理健康教育，就好像是用一间矮小的屋子去量高个子。积极心理学让我们换一间高大的屋子来测量人性，从人性能达到的高度衡量人的潜能。

积极心理学强调对人的积极心理品质的理解，但并不从一个极端走向另一个极端。在积极心理学家的眼中，并不是说整个人类都只具有美好的品质，只有善良和宽容。积极心理学承认，有关人类消极心理品质和积极心理品质的关系，目前还没有得以澄清。目前，心理学的研究结果倾向于认为，消极品质和积极品质可能是相互独立的，一个人的消极品质少并不意味着他具有的积极品质就多，同样，一个人的积极品质多也未必意味着这个人的消极品质必然少。也有不少证据发现，人的积极品质和消极品质由不同的脑区负责，具有不同的神经中枢，具有不同质的适应任务。然而，尽管科学的发展还不能提供一种整合积极品质与消极品质的模式，但积极心理学倡导一种更加全面完整的评价人的模式，即倡导二维的评价模式，我们既要诊断心理疾病，关注消极情绪，同时也要了解积极的心理品质，关注积极情绪。心理学不但要诊断人的抑郁情绪，而且要诊断人在受挫后的复原力，如什么样的人在经历失败和挫折后，能更快地恢复幸福感，具有战胜挫折的能力，以及人在经历挫折时专注性与灵活性如何，等等。美国心理学家凯斯和洛佩斯（Keyes & Lopez，2002）提出了积极心理学的二维评价系统（见图 0－2）。

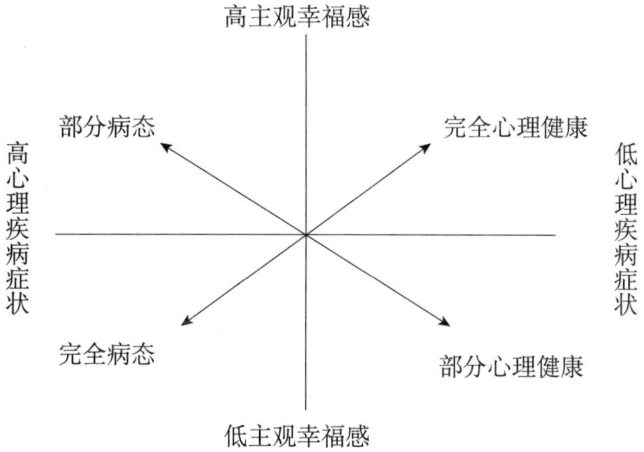

图 0－2　积极心理学的二维评价系统

在这个系统中，积极的心理得到了评价和重视。在现代社会，积极的认知和情绪在适应过程中具有前所未有的意义。它可引发人的创造性和灵活性，扩大注意的范围，使人主动卷入环境，乐观而有效地探索环境中的人和物。积极的认知和情绪还可以扩大人的思考和行动的范围，使人更加有创意和灵活性，愿意接纳新经验。它还可以建立持久的个人资源，使人长寿和有力量。而消极的认知和情绪使人逃避现实，具有悲观的偏向，缩小注意的范围，僵化。

如果说焦虑、抑郁是心理疾病的操作性定义，那么，主观幸福感就是心理健康的操作性定义。主观幸福感是积极的心理状态的标志，代表感觉良好，它有三个方面的含义。

第一，积极的情绪状态。

（1）幸福与快乐：创造了玩的冲动，突破限制。

（2）兴趣：使人主动探索世界，追求新经验。

（3）满意感：使人享受过去与现在。

第二，积极的心理功能。

（1）自我接纳：对于自我具有肯定的态度，接纳自我的不同方面，对过去感觉积极。“当我看待我的故事时，我为我的所作所为感到喜悦。”

（2）个人成长：持续发展和实现潜能的感觉，对新经验的开放。不断地感觉到有知识和效率。“对于我来说，生活是不断学习、变化和成长的过程。”

（3）生活目标：生活中有目标和方向感，现在和过去的生活都是有意义的，具有给生活以目的的信念。“某些人无目的地游荡，而我不是。”

（4）对环境的掌控：感觉到有能力应对复杂的环境，选择或创造适合个人的环境。“我善于承担生活中的责任。”

（5）自主：自我决定，独立，能内在地调节行为。能抵制社会压力对思维和行动的影响，用个人的标准来评价自我。“我相信我的见解，即使它与周围大多数人的意见不合。”

第三，社会性的幸福感。

（1）社会接纳：以积极的态度对待他人，尽管他人有时行为复杂、令人难以理解，但仍然承认他人的权利和接纳他人。“我相信他人是善良的。”

（2）社会实现：相信社会是积极的，关心社会，认为社会具有积极成长的潜能。“世界对于每个人都是一个好地方。”

（3）社会归因：相信奉献社会是有价值的，团体活动是有意义的。

（4）社会凝聚：将社会看成理智的、合逻辑的、可预测的。“我发现预测社会事件的发生不是困难的事情。”

（5）社会整合：归属于某一团体，与团体分享生活。“我的团体是幸福的来源。”

看待人时，我们要引入这些对人的积极心理特征的评价，把握个体成长潜能中的优势，而这些优势才是使人适应环境的力量。消极情绪在青春期后期达到最高峰，在中年期随着年龄的发展而减弱，而这些积极心理特征在30岁之后持续保持稳定，此后一直缓慢增强。研究还发现，积极情绪与较高的工作满意度和婚姻满意度紧密相关。

从进化的角度看，消极情绪是有适应意义的，可以使人获得暂时的好处，如逃避或攻击。消极情绪与动机本身并没有错，但在现代经济发达的社会条件下，其指导下的行为经常是无效的。任何行为在某些环境中都有其效用，但不一定有长久的效用。积极的情绪和动机则与此不同。积极的情绪更加适应现代社会，具有更加持久的适应功能。比如，失败的反馈会造成对悲观的夸张，夸大危险，令人焦虑；成功的反馈则会促进人对成功的整体的“乐观偏向”，使人积极克服困难。研究发现，伴随着积极情绪的认知，能产生不同寻常的思考，使对新知识的接纳变得更加敏感。经常从事游戏的猴子较少出现攻击和逃避行为，而一只被剥夺游戏资格的老鼠则经常出现攻击和逃避等消极行为。积极的情绪还有助于消除消极情绪，扩大人的心理资源，使人在逆境中更能容忍挫折。有时，对消极情绪存而不论，只鼓励积极情绪也是有效的。

第四节　积极心理品质是人自身固有的

人的积极心理品质和幸福感不是从外部输入的，而是我们自身固有的。我们每个人都有积极的品质，即我们与生俱来的快乐和乐观的潜能。然而，正如马斯洛指出的，人类的高级需要并不像低级需要那样是完全本能性的，而是似本能的。即是说，虽然满意、感恩、宽容、乐观、希望等积极认知和情感也是人类天性的一部分，而且可能是全人类普遍具有的天性，但这些美好的积极品质却不像焦虑、恐惧、抑郁等消极情绪那样具有自动化的功能和典型的行为模式。消极情绪影响的行为通常具有强烈的本能性，如见到老虎我们就会害怕并因此而逃跑，这是固定的情绪和行为反应模式，毋庸置疑。但自我满意、专注于创造和求知探索等情绪和行为反应模式是模糊的，并不固定。我们人人都希望自己生活幸福美满，都愿意珍惜生命中的每一天，都不想自暴自弃。这种积极的对生命的热爱一直存在，只不过很微弱。当外部世界过于复杂和险恶时，这些乐观和幸福的潜能很容易被压抑，稍有不顺或者稍有一些挫败感时，人的安全感问题就会凸显出来，令人焦虑。我们感受到焦虑和恐惧时，就不容易正视自己固有的积极心理和情绪。而只有当我们一帆风顺时，这种积极性才得以淋漓尽致地表现出来。何况有些人已经被生活吓破了胆，即便是顺利时，也总担心下次如果失败了会怎样；即便是在阳光下，他们也不能发现自身的积极品质。他们需要心理医生的帮助。

积极心理学强调预防心理疾病。预防与治疗的不同在于，它强调的是人性中的积极方面和健康的功能，相信人性中一定有抵抗障碍的倾向和潜能，成长的潜能一定会战胜不健康的因素，并相信人面对挫折和障碍时，具有自我恢复的能力。

预防的心理基础在于强调人性中本来具有的抵御疾病的因素，它们不是从外部注入的力量，而是我们本身就具有的力量。一个接近吸烟者的青少年，自身内部就有一种积极向上的力量、一个正确处理与朋友交往尺度的罗盘、一个不想吸烟的健全的是非判断。预防只是帮助他认识到自己身上的积极潜能和巨大的强项，领悟到原来就有的抗拒诱惑的力量，知道自己是一个能把握未来、选择正确的生活方式的人。是他自己选择了远离吸烟，而不是心理医生改变了他，使他不去接近吸烟的人。再比如一个具有精神分裂倾向的人，他自身内部也具有正确处理人际关系的经验，这些经验原本就存在着，只不过当他患病时，这些经验被遮住了。治疗过程中要挖掘这些积极的经验，将其放大，加以利用。

当我们为积极的心态所主导时，心理疾病也就消失了。在这一点上，心理疾病与生理疾病有本质上的不同。生理疾病可以与健康因素并存。例如，虽然你某一器官有炎症，但你的其他器官是健康的；你只感觉到身体的某一部位不舒服，其他部位则感觉正常。而心理或者心态具有整体性，当你的消极情绪出现时，它通常会占据你心灵的核心，支配你的一切想法和行为，此时你想的一切、做的一切无不具有消极性。在消极心态面前，甚至一个小的快乐也被消化成了整体的不快乐。比如，如果你因为考试成绩不好而陷入抑郁情绪，这时你看了一部电视剧，明明是喜剧的题材，你却笑不起来，而是联想到了自己的悲哀。可是当你情绪激昂，充满自信和快乐时，即使是一件大的不好的事情，你也会缩小它的不快乐，将其看成快乐的一部分。所以，事先保持和拥有一种快乐的心态很重要。当你已经被消极情绪吞噬时，你要调整起来是非常不容易的。

我们每个人都拥有一些甚至是很多积极美好的心理品质，它们不仅构成了我们战胜心理疾病的内部保护性因素，也是保证我们获得幸福生活的内部资源。让我们一起展开积极心理学的学习之旅，进入积极心理学的知识殿堂吧。

基本概念

积极心理学　二维评价系统　时代精神　科学标准

本章要点

1. 积极心理学的研究领域涉及三个方面：在主观水平上，研究积极的主观体验；在个体成长水平上，研究积极的心理特征；在群体水平上，研究积极的公众品质。

2. 积极心理学倡导更加全面完整的评价模式，既要诊断心理疾病，关注消极情绪，同时也要了解积极的心理品质，关注积极情绪，据此提出了积极心理学的二维评价系统。

3. 人的积极心理品质和幸福感是与生俱来的。积极心理学强调预防心理疾病，强调人性中的积极、健康的功能，相信人性中一定有抵抗障碍的倾向和潜能，并相信人具有从挫折、失败中自我恢复的能力。

4. 主观幸福感是积极的心理状态的标志，它有三个方面的含义：积极的情绪状态、积极的心理功能以及社会性的幸福感。

5. 积极心理学集人类积极哲学思想之大成，体现了人类对于理想和美好的自身形象的追求和塑造。它的产生顺应了历史发展之必然，是人类物质文明和精神文明发展到高级阶段必然产生的时代精神。

复习思考

1. 什么是积极心理学？积极心理学的研究范围和领域是什么？
2. 积极心理学完整的模式是什么？
3. 积极情绪与消极情绪的关系是怎样的？
4. 如何理解积极品质是人自身固有的？
5. 积极心理学思想的发展历程是怎样的？

推荐读物

1. 海特．象与骑象人：幸福的假设．更新版．杭州：浙江人民出版社，2012.
2. 塞利格曼．教出乐观的孩子．杭州：浙江人民出版社，2013.
3. 塞利格曼．持续的幸福．杭州：浙江人民出版社，2013.
4. 塞利格曼．真实的幸福．杭州：浙江人民出版社，2013.
5. 塞利格曼．活出最乐观的自己．杭州：浙江人民出版社，2013.
6. 韦志中．积极心理学：中国人的68堂幸福实践课．北京：台海出版社，2020.

第一篇　积极的情感体验

在积极心理学产生之前，积极的情感体验是不受心理学研究重视的。心理学研究更加关注消极情绪的特点。心理学家认为，只有了解消极情绪如焦虑、抑郁等，才能消除人类的心理疾病，而积极的情绪并没有什么真正的价值。

积极心理学倡导完整地理解人的心理的各个方面，要改变过去过于侧重研究消极或病态的心理的倾向，因此更加重视积极情感体验的研究，并认为理解人类的积极情绪有助于提高人类的生活质量。

在“积极的情感体验”这一篇中，我们首先介绍了什么是主观幸福感，包括主观幸福感概念的来源与发展、其主要内涵和定义、测量主观幸福感的方法、影响主观幸福感的因素和提升幸福感的方法等。

接下来的第二章主要描述心理流畅体验，这是我们做喜爱的事情和完成一个高难度事件时的一种积极情绪状态。当挑战自我极限时，人们会自发地产生激动、专注和喜悦，在这一过程中，人们的行动效率提升、精力集中，达到物我合一。在第二章中，我们介绍了这种美好体验的特点和产生的条件。

在第三章，我们综合地介绍了积极情绪的理论。这一理论是积极心理学最有独特贡献的理论。而此前，有关积极情绪的定义、分类和功能几乎是一片空白。积极情绪的扩展-建构理论首次通过实证研究证明了积极情绪的重要作用，令人振奋。

第一章

主观幸福感

【教学目标】

明确何谓主观幸福感，明确其结构并掌握其基本特点；了解影响主观幸福感的因素；了解提升主观幸福感的方法。

【学习重点】

把握主观幸福感的含义；了解主观幸福感的具体结构；理解主观幸福感的几个特点；掌握主观幸福感的影响因素；了解测量主观幸福感的基本方法。

【读前设问】

1. 结合本章所学内容，谈谈当你在生活中遇到令你感到沮丧的事情时，你会如何应对，从而提升自己的主观幸福感。

2. 你觉得你身边的人谁比你更幸福？他本人又是如何认为的？

3. 幸福对你意味着什么？迄今为止，你认为带给你幸福感最多的一件事是什么？为什么？

第一节　何谓主观幸福感

党的第十九次全国代表大会首次提出要把提升人民群众的幸福感、获得感和安全感作为国家发展目标，重视精神文明的发展。而幸福感、获得感也正是积极心理学所重视和研究的主题。

一、幸福和主观幸福感

什么是幸福？古今中外，还没有定论。柏拉图说：“与认识真理和献身真理的快乐相比，一切其他快乐都不是真快乐。”苏格拉底认为，真正的幸福并非由外部产生，而是源自内部的知识与道德。最初的犹太教认为幸福来源于对神的顺从。古希腊享乐主义哲学认为，幸福等同于享乐和快乐。中世纪时，奥古斯丁则持有“幸福来源于自我节制，要按尺度生活，按上帝要求来生活”的观点。中世纪结束后，人们思想解放，启蒙时代的学者们把幸福等同于追求快乐，而以边沁为代表的功利主义者则提出了更极端的想法，认为获得快乐体验和免于痛苦体验是唯一有价值的事。虽然早期学者对幸福的观点各有不同，但从总体上说，谈及幸福的时候，人们往往都关注快乐的满足。

尽管每个人由于生活环境、文化教育以及社会影响的不同，对幸福的理解和认识各有不同，但是这并不妨碍我们将幸福作为生活追求的最高目标。如果问：“幸福对你来说意味着什么?”很多人会不由自主地想，意味着拥有理想的工作、丰厚的薪水、完整的家庭、很多的朋友等。可是，仔细观察生活，我们会发现，有些人已经拥有了上面提到的一切，但还是感到不快乐。

从前，一个富人和一个穷人谈论什么是幸福。富人看着穷人破旧的茅草屋和朴素的穿着，轻蔑地说：“这怎么能幸福？我有百间豪宅、千名奴仆、万两黄金，那才叫幸福呢!”后来，一把大火把富人的豪宅烧得片瓦不留，痛恨他的奴仆们抢了他的财物后各奔东西。一夜之间，富人沦为乞丐。一年夏天，汗流浃背的乞丐路过穷人的茅屋，穷人端来一大碗凉水，问他：“你现在认为什么是幸福?”乞丐眼巴巴地说：“幸福就是此时你手中的这碗水。”

当积极心理学运动兴起之后，幸福逐渐进入心理学家关注的视野。研究者们发现，“幸福是什么”这一问题，对每个人来说都有不同的答案。有些人觉得幸福就是兴高采烈、开开心心，但另一些人却觉得幸福代表着平静和安宁。维克多·雨果认为：“人生至高的幸福，便是感到自己有人爱。”而卡尔·马克思在谈到幸福时，只用了“斗争”一词。

由于这些分歧的存在，心理学家最终决定以个体的主观判断为标准来界定幸福，即认为幸福就是个体根据自定的标准对其生活质量的整体性评估。这一观点得到了大多数人的认同，并将其定义为“主观幸福感”（subjective well-being，SWB）。

二、主观幸福感的特点

主观幸福感有三个特点：

第一，主观性。它存在于每个人自己的经验之中。个体对自己是否幸福的评价依赖于其内定的标准，而非他人或者外界所定的准则。每个人都可能拥有同等程度的幸福，但它们的实际标准却是不一样的。

第二，稳定性。主观幸福感是相对稳定的，尽管个体每次评价其主观幸福感的时候会受到当下环境和情绪的影响，但由于评价的是个体长期而非短期的情感反应和生活满意度，所以其得到的结果是相对稳定的值。

第三，整体性。对主观幸福感的评价涉及生活满意度、积极情感、消极情感三个方面。它不仅仅是对某个单独的生活领域的狭隘评估。

总而言之，积极心理学认为主观幸福感是一个人积极体验的核心，同时也是其生活的最高目标。这一概念立足于个人的主观感受，尊重个体对自己生活的评价与体验。对主观幸福感进行研究，深入把握个体的生活状态，对提高人的生活质量、帮助人获得人生幸福具有重要的价值。

三、主观幸福感的内涵与结构

20 世纪 50 年代后期，西方发达国家政府采用主观幸福感作为反映人们生活质量的一个重要指标，来监控社会动荡、制定公共政策（Land，Lamb & Fu，2016）。

目前一般认为，主观幸福感指个体根据自定的标准对生活质量进行整体性评估而产生的体验。主观幸福感由两部分构成，即认知成分和情感成分（Diener & Lucas，2000）。认知成分指的是生活满意度，是个体对其生活的总体概括、认识和评价，是主观幸福感的关键指标。认知成分是更有效的肯定性衡量标准，它独立于情感成分。情感成分分为积极情感和消极情感，积极情感指的是欢喜、满意、振奋、骄傲等情感，消极情感指的是焦虑、抑郁、悲伤、羞愧等情感。当积极情感多于消极情感时，个体就会产生主观幸福感。积极情感、消极情感和生活满意度三个成分相对独立，见表 1-1。一方面，它们会在特定的条件下同时发生变化；另一方面，这种变化往往又不是一致的，积极情感的得分并非必然能帮助预测消极情感的得分，积极情感与消极情感有着不同的影响因素。

表 1-1　主观幸福感的结构和内容

情感成分		认知成分	
积极情感	消极情感	整体生活满意度	特殊领域生活满意度
欢喜	羞愧	想要改变生活	工作
振奋	悲伤	对目前生活满意	家庭
满意	焦虑	对过去生活满意	休闲
骄傲	气愤	对未来生活满意	健康状况
爱	紧张	他人提供的关于生活满意度的观点	经济状况
幸福	抑郁		自我
狂喜	嫉妒		所属群体

资料来源：吴明霞，2000.

第二节　主观幸福感的影响因素

拓展阅读

幸福的公式

美国著名心理学家塞利格曼提出了一个幸福公式：

总幸福指数＝先天的遗传素质＋后天的环境＋你能主动控制的心理力量

其英文表达式为：

$$H=S+C+V$$

总幸福指数是指较为稳定的幸福感，它是相对于暂时的快乐和幸福而言的。生活中，我们经常会有暂时的快乐，如看了一部喜剧电影，或者吃了一顿美食，但这种暂时的快乐不是我们所说的幸福感。我们所说的幸福感指的是令你感到持续幸福的、稳定的感觉，主要包括你对自己的现实生活的总体满意度和对自己的生命质量的评价，表现为你对自己生存状态的全面肯定。这个总幸福指数（H）取决于三个因素：先天的遗传素质（S）、环境事件（C）、你能控制的心理力量（V）。

主观幸福感个体差异的理论假设（Wilson，1967）提出：（1）需要的及时满足产生快乐，需要总是得不到满足导致不快乐；（2）需要满足到什么程度才能带来满足感，有赖于个人的适应或期望水平，而这又受过去的经验、同他人的比较、价值观及其他因素的影响。

影响主观幸福感的有外部与内部因素。早期理论建构的重点在于证明外部因素，如事件、情境和人口统计项目等是如何影响主观幸福感的。这一理论基于威尔逊的第一个假设：人有基本的普遍的需要，若环境使其需要得到满足，他就会感到幸福。许多研究支持外部因素影响理论，但更多研究发现外在、客观的变量对主观幸福感的影响相当小，人口统计项目（性别、收入、智力水平等）只能解释主观幸福感不足20%的变异。由于外部因素影响较小，研究者们转向研究内部因素，即威尔逊的第二点假设来解释主观幸福感的变异性：个人内部建构决定生活事件如何被感知，从而影响幸福体验。

一、内部因素

（一）遗传

如同心理现象受遗传还是环境作用的争论一样，对主观幸福感的产生基础也存在着类似不统一的争论。然而，心理学家的研究指出，在感受幸福的天赋方面，人类的祖先在遗传上就存在着个体差异，这些幸福基因被选择性地遗传给人们，所以现代人的平均幸福感依然存在着一定的个体差异。这些不同的基因因素影响人的行为，增加了人们经历某种生活事件的可能性，在某种情境下使某类独特行为反应更可能发生，从而进一步影响不同个体的主观幸福感。

美国明尼苏达大学的心理学教授戴维·吕肯（David Lykken）与其同事对一些出生在明尼苏达州的双生子进行了长达10年的幸福感调查，他们认为80%的人在出生时就已有基本定型的“幸福感”（Lykken & Tellegen，1996）。“人一生中的大部分时间能否在快乐的情感中度过，这其中一半取决于他的机遇，另一半则在母亲受孕时便已决定了。”（Lykken，1982）

在吕肯等人的研究中，被调查的双生子们来自社会各个阶层，其经济状况不同，教育水平不同——有的拥有博士学位，有的却连小学都没有读完。他们分别住在乡村、城镇甚至国外。调查的内容包括：他们的日常感觉，他们对经济、社会、宗教的看法等多项内容。结果表明：家庭收入、受教育程度、宗教信仰都不是决定幸福感的主要因素。同时，令人惊奇的是，很多对双生子在长时间内都感到幸福，另外很多对则在几个月或几年中，同时、同样地经受着种种心理问题的困扰。因此，许多心理学家指出，从双生子的事例中确实可以看到，幸福感与遗传有一定的关系。

而另一项来自明尼苏达大学奥克·特勒根（Auke Tellegen）等人的双生子研究也发现：在不同家庭环境中长大的同卵双生子，其主观幸福感水平的接近程度，比在同一家庭环境中长大的异卵双生子要高得多，并且40%的积极情感变异、55%的消极情感变异，以及48%的生活满意度变异可由基因解释，而共同的家庭生活环境只能解释22%的积极情感变异、2%的消极情感变异，以及13%的生活满意度变异。

除了上述研究，一个丹麦的研究小组也曾将双生子作为研究对象，分析快乐随时间推移所产生的变化，想知道人的情绪会在多大程度上自然地偏离个人的平均快乐水平。根据研究结果，研究人员估算出大概有1/4的快乐变异与基因因素直接相关。

塞利格曼讲过这样一个故事。罗斯是一名离婚多年的中年妇女，她20多年来一直处于情绪低落状态，要靠服用抗抑郁药物来保持心情安宁。为了让自己的生活更有希望，她每个星期都花5美元购买彩票。然后，奇迹发生了，罗斯赢得了大奖，整整2 200万美元。她激动得差点晕过去。她辞去了辛苦的工作，买了漂亮的别墅，把孩子都送进了最好的私立学校。但令人惊讶的是，她的幸福心情不到一年就消失了。到了年底，她的抑郁情绪又开始出现。

与以上故事类似，心理学家调查了22个平时具有抑郁心态但曾经中过彩票大奖的人，当中奖事件过去以后，他们比正常的中奖组的人员更快地回到了从前的抑郁状态。但也有令人欣慰的消息。如果一个人不具有抑郁心态，那么暂时性的创伤事件对他的消极影响也是短暂的，不幸事件过去几个月后，他又回到了从前的正常的状态。即便是一个高位截瘫的病人，如果原本是一个乐观的人，在得病8周后，其积极的情绪也会有所恢复，并战胜消极情绪。若干年后，他报告的幸福感只比正常人稍低一些。人的情绪是稳定的，并不受暂时性事件长期影响。由此不难看出，遗传结构可以作用于人们的幸福感。一个人的平均幸福感在一定程度上取决于他的基因，而不是那些起伏不定的运气。

（二）人格

人格因素是影响主观幸福感的最重要的因素之一。大量研究表明人格因素与主观幸福感高度相关。研究表明，人格特质对主观幸福感的影响甚至高于生活事件的影响（Magnus & Diener，1991）。

格雷（Gray，1991）的人格理论认为，个体差异主要由大脑中的行为激活系统（behavioral activation system，BAS）和行为抑制系统（behavioral inhibition system，

BIS）的差异所造成。行为激活系统对奖励和非惩罚性信号敏感，通过奖励调节行为；行为抑制系统对惩罚和非奖励性信号敏感，通过惩罚调节行为。基于该理论，沃森等（Watson，Brough，1984；Watson & Clark，1997）认为神经质个体对消极情感更容易产生反应，外倾个体则对积极情感更容易产生反应。外倾者相对于内倾者，更容易对愉快的情绪刺激产生反应；神经质的个体相对于稳定的个体，更容易对不愉快的情绪刺激产生反应。

外倾者更容易接收到奖励信号，并表现出更强的积极情感，使其接近奖励刺激。由于社会情境比非社会情境更具奖赏性，所以外倾者的积极情感增强也会引起社会活动增多（Diener & Lucas，1999）。

研究表明，乐观的人格特质与幸福感呈显著正相关（Ammirati，Lamis，Campos & Farber，2015）。乐观者往往对未来抱有积极的期待，他们坚定地相信未来会有好事发生，这种期待驱使他们行动，并达到目的。艾斯皮沃等（Aspinwall，Richter & Hoffman，2001）提出乐观信念的适应功能来解释这一现象，他们认为乐观者所具有的乐观信念可以使他们更加灵活地分配认知资源，从而更好地追求目标。进一步追溯原因可发现，乐观的人对接收到的信息表现出更多的积极的注意偏向、知觉偏向、记忆偏向，并且对事件拥有更加积极的解释风格，从而采用积极的应对策略，这些都会使他们更容易产生积极的情绪（郝亚楠等，2016）。

二、外部因素

（一）健康

有人把健康比作 1，而把其他如财富、成功、名誉、爱情、美貌等都比作 0，只有 1 存在时，其他的加上去，才会成为 10，100，1 000……但若健康不存在，其他的再多，也还只是 0。

人类的幸福只有在身心健康的基础上，才能建立起来。随着我们对自身认识的增加，我们愈加感受到，我们的身心并不是两个互相分离、相互独立的系统，而是不可分割的、相互作用的统一整体。当生活的压力过大时，我们的心理负荷就会达到一种临界水平，我们不仅要承受心理压力，还会产生身体上的疾病。而那些对自己生活很满意、更乐观的人表现出更少的病症，而且他们的实际患病率也更低。可以这样说，我们生活得越幸福，我们就会越健康；而与此相反，我们生活得越不幸福，我们也就越有可能患上疾病。

肯塔基大学的研究者迪纳对幸福感和健康长寿之间的关系做过研究。他和同事以圣母学校修女会刚加入修道院的 180 名修女为被试，让她们写一段自述，描述自己的生活，并说明自己加入修道院的原因。接下来，研究人员对这些修女自述中描述情感的内容进行打分，以这一分数为基础区分出最快乐的修女（前 25%）和最不快乐的修女（后 25%），然后比较她们的寿命，结果发现最不快乐的那组修女的死亡风险是最快乐的那组修女的 2.5 倍。那些在自述中使用了积极情绪词（比如快乐、爱、希望、感恩、渴望、满足、乐趣等）的修女，其平均寿命要比那些较少使用这些词的人长 10 年。

不快乐的人更倾向于染上不良的习惯，吸烟、酗酒、吸毒的概率更高，尽管他们也许试图通过这些坏习惯来“修复”自己不良的情绪，但却往往以健康为代价。不快乐的人会放大身体的痛苦，因为愤怒、悲伤和恐惧等消极情绪会降低疼痛的耐受力，所以他们确实可能会比快乐的人感受到更大的痛苦。前人的研究表明，不快乐的人对细微的身体症状的关注强于其他人，而且在同等的疼痛或者患病程度下，他们对于疼痛的抱怨也更多。他们更多地纠结于自身的感受，随时警惕着不好问题的发生，这就强化了他们对于痛苦的关注，从而把生理上的痛苦放大为精神上的折磨。在关于免疫力的研究中，科学家用消过毒的针在被试的手臂、上颚等部位扎出小伤口。结果表明，那些正在承受巨大压力的人，比如照顾患有慢性疾病的小孩或者拥有残疾配偶的人，其伤口恢复较慢；那些准备期中考试的学生相比那些准备度假的学生，伤口愈合较慢，抵抗能力较差。从激素分泌来看，个体在处于压力状态时会分泌皮质醇。长期处于压力下的个体，由于血液中皮质醇含量过高，可能出现肥胖的情况，患有高血压、糖尿病。

在成功学盛行的今天，许多年轻人认为自己正处于精力充沛、拼命赚钱的好年华，所以终日忙碌。很多白领，生活品质不是很高：他们往往早晨 7 点不到起床，来不及吃早饭，对着电脑一上午，中午一般吃外卖盒饭或者方便面，下午继续忙，晚上有时候加班，有时候则有应酬，与客户喝酒、谈生意，往往晚上 10 点之后才能回家，说不定还有工作要带回家去做。所以，现在这样的事情屡见不鲜：有的人在业绩卓越时突然过劳而死；有的人在赚了大笔钱，正想享受之时，突然英年早逝；还有的人正当得到晋升，事业如日中天时，健康出现问题，不得不放弃工作。正如现在有些白领的自嘲：“5 年买车，10 年买房，15 年买棺材。”殊不知“人生所拥有的健康远胜于黄金，强健的体魄更是超越一切的财富”。

健康并不是一切，但是失去健康就会失去一切。

（二）金钱

人们在评价一个人的幸福感时，常常习惯于从一个角度出发，即通过一个人拥有的物质财富的多少来估计他有多幸福。

在一个崇拜物质的社会，金钱无疑会被认为是幸福感的重要决定因素：更多的人选择去追求财富。

弗农·史密斯（Vernon Smith）等人调查了那些在美国橄榄球彩票里获得大量奖金的人们，发现在中奖之后，他们中的一些人辞去了工作，失去了一部分社会联系，降低了幸福感。他们还发现，当富裕的个体被期望提供物质帮助时，他们与朋友和家庭之间的关系可能会变得更加紧张。对于个体而言，收入的增长会在短时间内带来幸福感的提升，但是当个体适应之后，幸福感又会回落到一个稳定的水平。而且突然的收入增长也可能导致痛苦的增加，反而降低了个体的主观幸福感。根据塞利格曼的观点，财富只有在缺少时才对幸福有较大影响，一个特别贫穷的人不会感受到幸福，可当财富增加到一定水平后，财富与幸福的相关就小得多了。即便是在《福布斯》排行榜中名列前100名的富翁，也只是比中等收入的人稍微幸福一点而已。而那些最贫穷的人，他们的生活幸福感却并不是特别差，仅仅比中等收入的人稍微低一些而已。贫穷并不必然使人精神上痛苦，贫穷更多的是一种社会病，是就业、教育和经济发展不平衡导致的，与心理不健康关系不大。因此，百万富翁并不一定快乐，中彩票也不能使人长久地幸福，同时也存在一些“快乐的穷人”。

通过考察购买力与主观幸福感的关系，我们对于财富与幸福的关系或许能有深入的了解。金钱与财富的总体水平与幸福人生关系不大。塞利格曼等心理学家从各个国家抽取了1 000人的样本进行主观幸福感的调查，发现了人的幸福感与购买力的关系，详见表1-2，其中购买力以美国的购买力为100计算。

表1-2　不同国家的人的主观幸福感与购买力

国家	主观幸福感	购买力
保加利亚	5.03	22
俄罗斯	5.37	27
罗马尼亚	5.88	12
匈牙利	6.03	25
土耳其	6.41	22
日本	6.53	87
尼日利亚	6.59	6
韩国	6.69	39
印度	6.70	5
西班牙	7.15	57
德国	7.22	89
阿根廷	7.25	25
中国	7.29	9
意大利	7.30	77
巴西	7.38	23
智利	7.55	35
挪威	7.68	78
美国	7.73	100
加拿大	7.89	85
丹麦	8.16	81
瑞典	8.31	96

巴拉茨基和迪纳（Balatsky & Diener，1993）的研究证明了生活在富裕经济体中的人通常比生活在贫困经济体中的人更为幸福。也就是说，经济状况在人们比较贫穷时对幸福感有较大影响，而一旦人们的基本需要得到满足，经济状况对幸福感的影响就较小了。总体来说，人均国民收入与幸福感呈正相关，人均收入越高，人们越幸福。但是，当人均收入超过 8 000 美元的时候，幸福感与收入状况的相关就不存在了。富有的瑞典人比保加利亚人幸福，但是，一个生活在美国或者意大利的人，则与瑞典人在幸福感上没有什么实质性区别。但是也有一些收入状况与幸福感不相符合的情况，巴西、阿根廷和中国人的幸福感或生活满意度比根据其收入预期的要高出一些，俄罗斯等东欧国家国民的幸福感则比根据其实际的人均收入水平预期的要低一些。幸福感与人均收入反差最大的是日本，其人均收入水平很高，但其幸福感却很低。这可能与不同国家的政治制度有关。东欧国家由于国家政治改革和经济转型不太成功，导致人民对生活失望。而中国和巴西等国家虽然人均收入不高，但社会总是在蒸蒸日上，发展较为稳定。日本人的幸福感与中国人、巴西人相差不多，而收入水平却很高，说明日本人对生活的要求更高，表明收入与幸福有时不成正比。经济发达地区，如美国、澳大利亚和西欧等，其经济状况与国民幸福感之间的关系并不是很大，而在贫穷和欠发达地区，经济状况与国民幸福感之间的关系却比较大（Easterlin，2001）。

大量的研究证明，社会经济地位对个体主观幸福感的影响存在边际递减的效应。戴维·迈尔斯（David Myers）研究了自第二次世界大战结束以来美国及欧洲一些发达国家的经济发展水平与这些国家人民的主观幸福感之间的关系，他发现这些国家的经济在过去 50 年里获得了巨大增长，而国民的主观幸福感实质上没什么变化。以美国为例，到 20 世纪末，美国整个社会的财富几乎比 1957 年翻了一番，中产阶层规模扩大了近 2 倍，绝大部分家庭的收入有了明显增加。但从调查结果来看，报告自己“非常幸福”的人数却从 1957 年的 35%下降到 1998 年的 33%，幸福指数还略有下降。还有研究表明，不同发展程度的国家，经济水平对主观幸福感的影响不同：在发达国家，随着经济的增长，幸福感的增长较不明显；而在发展中国家，随着经济的增长，幸福感的增长较明显。有研究者以印度加尔各答地区的贫民为被试，结果发现个体收入水平和生活满意度相关为 0.45，然而同样的调查在发达国家的个体身上，却显示其收入水平和生活满意度之间仅存在低相关（Biswas-Diener & Diener，2001）。

因此，从个人角度来看，收入的增加并不总是对主观幸福感起积极的作用；从时间维度纵向看，在经济发达国家，人们的幸福感水平并没有随着快速增长的经济明显提高；从国别横向看，国民主观幸福感最高的国家不见得是收入水平最高的国家，一些发达国家的幸福感水平反而低于发展中国家。

这些结论似乎与我们头脑中已有的生活概念不大相符，因为当我们问大多数人“没钱你能幸福吗”时，得到的回答几乎都是摇头或干脆笑笑、不置可否。当我们问“什么最能改善你的生活质量”时，绝大多数人的回答是“金钱”。为什么会出现这种不一致？这主要是因为金钱在我们的日常生活中扮演了重要的角色，尤其对于一般人来说，我们总是通过金钱这个中介来获得我们想要的东西，金钱在我们这个社会几乎具有一切物品的属性，这就使得金钱在我们心理上的分量被夸大了。但这并不是说金钱对我们的幸福感就一点也没有影响。一般认为，金钱对主观幸福感的影响存在一个确定的阈限。在这个阈限之内，金钱对主观幸福感的影响较大；如果超出这个阈限，金钱对主观幸福感就不会产生大的影响，或根本不产生任何影响。

有作家曾写道："只要幸福住在里面，简陋的柴门又如何，朴素的茅屋又如何！幸福的笑容从没因身份的尊卑贵贱失去它明媚的光芒。我们跨越山川大漠，摸爬滚打追求的是幸福本身，而不是幸福座前的金樽、手中的宝杖。幸福比金子还珍贵，这是生活教会我的真理。"

（三）婚姻

人生真正的幸福和欢乐浸透在亲密无间的家庭关系中。大致说来，婚姻与持久的幸福感有一定的关联。事实上，许多研究都证实家庭和婚姻满意度是主观幸福感最强的预测因素。

诺费尔·格兰（Norval Glenn）对婚姻与主观幸福感的关系进行了大量的研究，他发现已婚妇女报告的幸福感高于未婚妇女，同时，如果控制了教育、收入、工作、地位等影响因素，婚姻则是主观幸福感的最强预测指标。后来，他还发现再婚者的幸福感不会受他们过去的离婚事件影响。而最不幸福的是套在不幸婚姻中的人。

一项对于人口中非常幸福的那些人的统计发现，我们之中最幸福的10%的人几乎都处在浪漫的关系之中。很多调查都显示，结婚的人比较幸福。在已婚的人中，有40%的人说他们"非常幸福"，而只有23%的未婚者这样说。与此同时，关于抑郁症的调查结果显示：结婚的人得抑郁症的最少，从来没有结过婚的人次之，之后依次是离过一次婚的、同居的，而离过两次婚的人患抑郁症的概率最大。情人分手或失恋也是主要的情绪压力来源。当访谈者请人们描述"上一次发生在你身上的不幸事件"时，一半以上的美国人的答案是失恋。专门研究家庭的美国社会学家查尔斯·爱尔伍德（Charles Ellwood）通过研究住在旧金山的第三代移民的生活发现，婚姻可以帮助人们抵抗不幸的打击。结了婚的人最能忍受贫穷、经济大萧条以及战争。

在另一项关于婚姻的研究中，卢卡斯（Lucas）通过收集数万人多年的生活满意度数据发现，婚姻所能给人们带来的幸福感提升仅仅发生在短暂的婚礼前后。不同的人群在婚前婚后对于幸福感的体验也是不一样的。在人们普遍体验到婚礼时幸福感提升的高潮之后，婚后的幸福感往往开始回落并趋于稳定。但有些人的幸福感仍会强于婚前，有的则与婚前持平，有的降得比婚前更弱。这说明，婚姻让你感到持久幸福的前提是，这段婚姻真的适合你。

为什么婚姻会给人带来幸福感？可以从两方面解释。一方面，幸福的人比不幸福的人更容易结婚，因为作为婚姻伴侣，幸福的人比不幸福的人更具有魅力。另一方面，婚姻为人们提供的种种好处让人们更幸福。婚姻提供了更强的心理和生理的亲密感，提供了生儿育女、建立家庭的环境，作为配偶和父母的社会角色，以及自我认同和养育后代的生活背景。

在婚姻与幸福关系的研究领域中，几乎都是相关研究——因为我们很难操纵亲密关系作为研究的自变量。而这就很难说是婚姻引起了幸福，还是那些本来幸福感就强的人倾向于选择婚姻。加利福尼亚州大学伯克利分校的研究者们研究了密尔斯学院1960年毕业照上面的女生，其中除了3名女生之外，其余都是微笑的。但是，微笑并不都是真诚的，心理学家通过分析表情可以辨别出那些真诚的微笑——秘密在于眼睛。真诚的微笑表现为眼轮匝肌和颧大肌相互配合的同时收缩；而眼轮匝肌在微笑中的收缩是不自主的，因此只会在真诚的微笑中出现。这就是为什么当我们照集体照的时候，“三，二，一——茄子!”的口令会造就很多僵硬的笑容，因为口令只能够改变我们嘴部的动作。研究者发现，在那些微笑的女生中有一半是真诚的。研究者后来在这些女生27岁、43岁以及52岁的时候又分别对她们进行访谈，结果惊讶地发现，拥有真诚微笑的女生一般来说更可能结婚，并且能够长期维持婚姻，在以后的30年中过得也比较如意。这就说明，或许婚姻的确对幸福感有影响，但并不像我们想象的那么强，因为结婚的人本来就倾向于是那些更快乐的个体，而结婚只是延续或者放大了他们原本就有的幸福感。

总体上说，结婚的人更加幸福。但是，对于特定的个体，婚姻并不是幸福的保障，因为婚姻的幸福与否还与个体的依恋风格等特质有关，也与婚姻的质量有关，而且并不是每一个人都适合婚姻。但不管怎样，我们大多数人能够体验到浪漫的关系给我们带来的愉悦，因此获得一段美满的婚姻是每个人在追求幸福的道路上的一个重要目标。

（四）社会比较

1. “他人即地狱”

我们的主观幸福程度，受到我们对自己的评价和对自己当前处境的评价的影响，这不但涉及与我们自己近期的处境相比较，而且涉及与别人的处境相比较。我们和别人比健康、比个人魅力、比孩子的成绩、比收入、比社会地位、比学术成就等。

这种社会比较在远古时代就产生了，它具有适应性——使我们努力成为最好的人，使我们获得群体中最好的资源，使优秀的基因得以延续。在古代，每个人群中都有少数人拥有最好的生活方式，他们是最有魅力的男人或女人，在工作、运动和人际关系中最为优秀。这些少数人由于在群体中达到某一方面的最佳水平而感到幸福。

但在现代社会中，电视、电影、杂志、报纸和网络随时都能给我们呈现人群中的典范，他们优越的生活方式、迷人的形体魅力以及在事业上取得的成功，其实是大多数人永远达不到的状态。当我们用这些不切实际的标准来衡量自己的成就时，幸福感缺失的后果也就不那么令人惊讶了。

根据社会比较理论（social comparison theory，SCT）的观点，主观幸福感的性质与水平是社会比较的结果，经比较得出的结果的好坏与社会比较的方向和内容有关（Diener & Diener，2008）。布兰顿（Blanton，2001）认为，选择上行比较会对个体的主观幸福感产生消极影响。选择下行比较则会提升个体的主观幸福感（Martens et al.，2011）。其他研究也证实了上行比较给幸福感和自尊带来的威胁，这种比较对于低自尊、高神经质的人而言更是如此。还有研究发现年轻人和老年人的主观幸福感同时受到经济地位（如收入水平、受教育程度等）比较和计量地位（如受尊敬程度、影响力大小等）比较影响。但老年人更看重计量地位，对计量地位进行上行比较更容易给老年人带来主观幸福感的损失；而对于更看重经济地位的年轻人而言，进行经济地位的下行比较会使其更易获得主观幸福感的提升。

因此，我们可以在与那些不如我们的人进行比较的过程中提升我们已有的人际关系、成就和收获的价值。我们也可以用那些与我们的个人能力相一致的、现实的个人目标来判断我们的现状。很明显，我们能灵活地选择各种不同的比较方式来提升我们的幸福感。

2. 幸福的源头在于自己的内心

如果我们将主观幸福感的定义翻译为最通俗易懂的语言，那就是：幸福就是自己觉得幸福。

这句话说起来十分简单，但却很少有人能够达到这种状态。生活中有不少人，并非为了自己的感觉，而是为了他人的观瞻而建设自己的人生。而观察别人的生活与家庭，又成为我们生活的另一部分。

我们的生活好像就是由这两个部分组成的，一是生活给别人看，二是看别人生活。我们同情别人生活的不幸从而觉得自己幸福，我们评价别人的是非长短而深觉自己的美好。于是，我们又不得不提高警惕，时时刻刻想着："别人怎么看我?""别人怎么评价我?"

其实，幸福的源头在我们自己的内心。自给自足，自己就是一切，这就是幸福最主要的品质。亚里士多德说："幸福意味着自我满足。"幸福并不在与别人的攀比中，而是来源于我们内心的宁静。

人生在世，重要的不是过得如何舒服、活得多么安逸，而是要活得心安理得、快乐充实，充分地把生命的价值发挥出来。

（五）亲社会互动

心理学家认为，具有良好社会支持的个体有比较高的生活满意度、积极情感和较低的消极情感。研究发现，个体只有在得到各种社会支持时才能获得较高的幸福感（Weiss，1974）。我国的研究结论同西方学者的研究相一致。我国台湾学者陆洛1999年对18～65岁的被试的研究显示，社会支持与幸福感和生活满意度存在正相关。我国香港学者周基利通过对475名香港青年的研究指出，个体对家庭成员和朋友关系的满意度可以帮助预测主观幸福感及其所有维度，拥有亲密朋友的数量与个体的积极情感存在正相关。

人类生来就是需要其他人的。从作为一个个体出生起，他在从婴儿期到青春期这很长一段时间之内都十分需要依赖他人。即使在成年之后，个体也需要很多来自不同方面的良好社会支持。而这些支持往往在个体与他人之间的亲社会互动中产生。亲社会互动是人际互动中对他人、群体及社会有益的积极行为，是个体获得幸福感的重要途径。但研究表明，只有满足个体自主性需要的亲社会行为才能提升亲社会互动中的行为实施者、行为接受者及旁观者的幸福感。在这种亲社会互动中，行为实施者通过自主动机增强幸福感；行为接受者一方面因接受实施者自主的亲社会恩惠而产生感恩之情，另一方面因自身自主性需要得到满足而获得幸福感；旁观者作为潜在的实施者和接受者，通过观察施-受双方的积极行为和感受，参与亲社会行为的传递（杨莹，寇彧，2017）。

（六）重大危机事件

关于重大危机事件，维基百科解释为即将或可能导致影响个人、团体或整个社会的不稳定和危险局面的事件或时期，例如经济危机、自然灾害以及公共卫生危机等。重大危机事件往往会引起人们主观幸福感的波动。2008 年，全球金融危机爆发，美国盖洛普公司监测了美国民众从 1 月开始每天的“盖洛普-健康幸福指数”（Gallup-Health Ways Well-Being Index），结果发现：在 2008—2009 年间，民众对于生活的满意程度不断下降，并在 12 月降至低谷（Deaton，2012）。而且，本次金融危机对幸福感的影响中，首当其冲的是那些本身经济困难的人（Gudmundsdottir，2011）。

自然灾害也是影响主观幸福感的危机事件之一。何树德（2013）对汶川地震重灾区大学生的总体幸福感展开调查，发现尽管地震已经过去 4 年，但在极重灾区生活的大学生幸福感仍然较低，且个别大学生有明显的创伤后应激障碍或抑郁症等心理问题。同样，迈克尔·贝勒曼（2016）发现，由于相对贫穷的国家缺乏应对防护措施，因此热带风暴对民众的幸福感的影响更大。然而，在相对发达的国家，这一影响就要小很多。

2019 年末暴发的新冠疫情是一次全球蔓延的公共卫生危机，在造成巨大生命财产损失的同时，也导致了大规模的公共卫生恐慌和焦虑心理，严重影响了民众的主观幸福感。新冠疫情暴发期间，普通民众、学生以及医护人员等均存在较强的焦虑、抑郁等消极情绪，并且主观幸福感普遍较弱（O’Connor et al.，2021；杨幸，林宇琦，雍挺俊，李美华，2022；张凡等，2021）。而随着疫情逐渐平稳，民众的负面情绪逐渐减弱，并且幸福感有所提升（O’Connor et al.，2021）。吴君杰等（2022）发现，疫情进入防控常态化时期后，主观幸福感与对疫情的风险认知之间的关系不再明显，而与日常的烦心事和焦虑、抑郁等心理病症关系密切，并且心理资本较高的个体体会到的幸福感往往更强。此外，家庭可以有效消除个体感知到的风险，并且为个体提供信念和亲密关系上的支持，从而促进个体幸福感的恢复（Prime，Wade & Browne，2020）。

（七）其他因素

除了上述几个因素之外，还有很多因素会影响个体的主观幸福感。比如，性别、年龄、文化等。通常女性比男性更倾向于表达自己处于幸福之中；乐观者比悲观者更易产生正性偏向，体验积极情绪，更容易产生幸福感；幸福感与年龄也有一定的关系，布兰奇弗劳和奥斯瓦尔德（Blanchflower & Oswald，2008）在一项包含60个国家的跨地区研究中发现，个体的生活满意度随年龄增长呈U形曲线变化，在35～50岁区间生活满意度最低。研究发现，对于40～80岁的个体而言，他们的生活满意度始终保持随年龄增长的趋势。老年人在生活中与年轻人拥有相似的情绪体验，但是生活满意度却高于年轻人。这就印证了幸福感悖论现象，即尽管老年人的健康状况、收入水平等各方面随年龄增长而逐渐下降，但其幸福感依旧维持稳定甚至有所上升（Hansen，Slagsvold & Moum，2008）。

心理学家们很早便将主观幸福感的影响因素区分为内部因素和外部因素。近年来的研究表明，外部因素如事件、情境、人口统计项目（性别、收入、婚姻、健康等）无疑对主观幸福感有一定的影响，但由于内部因素决定着生活事件如何被感知，因此，内部因素会在更大程度上影响个体的主观幸福感。

第三节　主观幸福感的测量

一、单题测量工具

主观幸福感一般通过对总体生活满意度的调查得到。大部分调查研究常常使用单个题目来测量幸福感。根据不同的研究需要，这个问题可以有多种不同的问法。例如：

“你现在有多幸福?”

“你对你的生活有多满意?”

“总体上，你觉得你的生活过得怎么样?”

这类测量方法通常要求被试在5点、7点或者10点量表上进行评分。例如，在大规模的调查中使用最多的D-T量表（Delighted-Terrible Scale），该量表由安德鲁斯等编制，只有一个问题：“总体上，你觉得你的生活怎么样?”要求被试在7点量表上作答，1表示快乐，7表示糟糕。

这种单题量表的优点在于简洁方便，而且具有中等程度的效度和信度，满足测量的要求。但它也有一些无法克服的缺陷。例如，问题过于直接，很容易受反应倾向的影响。另外，它无法覆盖幸福感的各个方面，无法区分被试在幸福感上的细微差异。

二、多题测量工具

近期的研究更多使用的是多题测量工具，它们更加复杂，信效度也更高。这些工具包括：阿格尔等编制的牛津幸福问卷修订版，这是英国广泛使用的主要问卷；迪纳等编制的生活满意度问卷，这在美国常常使用。另外，沃森等编制的积极、消极情绪问卷中的积极情绪问卷，以及世界卫生组织生活质量问卷中的积极情绪分量表，也是被广泛用来测量主观幸福感的工具。

拓展阅读

牛津幸福问卷修订版的题目

以下是一些关于个人幸福感的陈述。每题有 4 个句子，请选择其中与你过去一周（包括今天）的感受最符合的一种描述。

1. A. 我觉得不幸福
   B. 我觉得还算幸福
   C. 我觉得很幸福
   D. 我觉得非常非常幸福
2. A. 和别人在一起我不觉得开心
   B. 和别人在一起我有时候会觉得开心
   C. 和别人在一起我常常会觉得开心
   D. 和别人在一起我总是会很开心

…………

通过这些工具对主观幸福感进行测量，并对其结果进行的因素分析，同样反映了幸福至少包括情感和认知两个方面的因素。幸福的情感因素反映了诸如欢欣、得意、满足及其他积极情绪和消极情绪，幸福的认知因素则反映了人们对各个生活领域的满意程度。同时，跨文化的数据显示：在个人主义文化背景下，如英国和美国，情感因素和认知因素的相关系数是 0.5；而在集体主义文化背景下，由于个人的生活满意度除了取决于个体自己，还依赖于其他人，所以这两个因素的相关系数仅为 0.2。因此可以说，幸福的情感和认知因素是两个相对独立的成分。总体来说，幸福依赖于对家庭、工作等各个生活领域的满意程度的认知评价和在这些领域中获得的情绪体验。

三、其他评估方法

单题测量工具和多题测量工具可以对个人的主观幸福感进行全方位的测评，但以一次自我报告的结果为依据的研究，不可避免地会有一些潜在的缺陷，而且自陈量表也不能获得非自我报告的测量方法所能获得的信息。

因此，在研究中，研究者们还采用其他一些方法对主观幸福感进行评估，以获得更充分完善的资料，使我们对幸福感有更深刻的理解。如非言语行为记录、重要他人评价、社会指标、深度访谈法、情绪敏感性任务等。

值得一提的是由米哈里·契克森米哈（Mihaly Csikszentmihalyi）等倡导的经验取样法（experience sampling method，ESM），这种方法能够提供一种对幸福感的即时测评。使用ESM时，被试在整个调查期间一直佩戴着一种设备，通过该设备主试可以随机呼叫被试，而被试的任务就是在他们被呼叫时记录下自己当时的心情。比起自我报告法往往要求被试回忆一段较长时间内的情况，这种方法受记忆扭曲和错误记忆的影响就小得多。ESM最大的特点是可以获得一个人真实的生活体验，帮助研究者了解被试的即时活动和即时体验，但其成本过高，在使用推广上面临一定的限制。

与ESM一样，生态瞬时评定法（ecological momentary assessments，EMA）也要求在自然情境中考察瞬时变化的现象，并且特别注意测量的时间性。斯通和史夫曼（Stone & Shiffman，1994）认为EMA有三个特征：第一，通过被试在自然环境中提供数据来保证生态效度。第二，依靠对瞬时状态的数据采集，避免经验回顾评价偏差。第三，对一天中多个瞬时采集数据，通过重复取样保证研究现象的合理特征，同时也可以使研究者考察现象随时间变化的动态过程。例如，斯通等（Stone，Shiffman & DeVries，1999）在一周内考察了34名风湿性关节炎病人的痛苦经验，通过事先编好程序的手表每天给予病人7次信号，要求他们在0～10分量表上评价疼痛程度。第8天，病人与主治医生都对病人过去一周的疼痛进行总体评价。这样就可以将总体评价与EMA数据进行比较。EMA包含的范围更广，不但包含对经验的取样，而且包含对生理事件的取样。EMA的优点在于可以避免回溯报告偏差，可以用于测量持续一段时间的经验评价；缺点在于被试负担重，花费大。

昨日重现法（day reconstruction method，DRM）也是一种基于即时感受的测量方法。DRM要求被调查者将前一日从事的活动写出，通过这些活动将昨天重现，以唤醒记忆，然后要求被调查者回答对每项活动的内心感受。

第四节　主观幸福感的提升

明尼苏达大学的吕肯教授写道："努力追求幸福如同努力使自己长得更高一样，都是徒劳的。"如果这样悲观的结论符合生活的事实，那么我们的生活将一直处于忧郁的阴影之中，这是多么可怕的一件事。

令人庆幸的是，许多证据都向吕肯教授证明，这一结论并不符合事实，他也承认了自己当初的错误。所以，幸福是可以习得的。通过努力，我们可以选择幸福的终点站，而不是停留在原点。值得注意的是，积极心理学家认为消极体验的去除并不代表积极体验的获得，也就是说单纯地消除痛苦并不代表快乐会自然产生。那么，我们如何提升幸福感呢？

一、积极改善人际关系

高质量的人际关系，跟个人的主观幸福感息息相关。有爱、有家、有朋友，这样有安全感的人生，必然能带来巨大的力量，足以让你分享喜悦或化解忧伤。

那么，我们要如何做，才会对改善人际关系有所助益呢?

一方面，我们可以积极增加社会交往，与他人更多地进行信息交流和情感沟通。在沟通过程中，尽可能采用积极的方式，如提供信息、面带笑容等，减少消极方式的使用，增强交往的有效性。在人际交往过程中，我们也应该培养自己的同理心，增加我们的利他行为。赠人玫瑰，手有余香，通过主动帮助他人，不但可以使他人愿望得到满足，心生感激，产生幸福感，而且可以使我们自身收获幸福。

另一方面，我们可以培养自己良好的内在品质和品性。社会心理学家建议，要想维持和增强自己的持久吸引力，培养自己的良好品质和品性是一个非常重要的条件。人与人之间是否能建立真诚友好的朋友关系，归根到底取决于个人的优良品质。研究还发现，“真诚”是令人喜欢的最为重要的特质之一。所以，以诚待人，以心待人，必然会拥有良好的人际关系。

二、悦纳自己，相信自己

一个自卑的人不可能经常体验到快乐和幸福，正好相反，乐观、自信才是每个人持久快乐的重要基础。

如果一个人在内心里对自己持否定的态度，认为自己不好，那他即使有金钱和地位，也没有办法得到真正的快乐和幸福。这也就是某些有钱人觉得生活并不幸福的原因之一。相反，如果你肯定自己，相信自己，在任何情况下都不会对自己丧失信心，你就根本不会对自己的生活不满意。

不管你是家财万贯还是一贫如洗，不管你是位高权重还是普通平凡，不管你是一帆风顺还是困难重重，在你的心中都应有个坚固的盾牌，保护你的心灵不被坏情绪侵袭。许多历史上的著名人物都经历了大起大落，但他们都能从容面对，这是因为他们对自己充分肯定。

如果你习惯于贬低自己，这不仅会打击你做事的自信心，还会扼杀你的独立精神。如果你整天萎靡不振，躲躲闪闪，不敢正视生活，不管走到哪里都不敢面对别人的视线，总是觉得自己做得不好，那么你又怎么能够发现和享受生活中的乐趣呢?

只有喜欢自己，相信自己，始终充分欣赏自己的生活，诚恳地面对生活，才能获得真正的幸福。

我们知道，人的性情具有稳定性。对于一个习惯于自我贬低的人来说，要改变自己的观念其实是一件很困难的事，不过并非完全不可能。

很多经验和证据都告诉我们，行为对态度有一定的支配作用。我们可以有效利用这一原则。如果你想要在某些方面改变自己，例如变得自信、快乐，那么一种有效的方法就是假装你是一个乐观、自信的人，每天起床后就去做你想做的事。

塞利格曼等设计了性格优势和美德分类系统（CSV），对人类拥有的性格优势和美德进行描述和分类。皮特森（Peterson，2006a）认为CSV包括智慧、勇气、正义、仁爱、节制和升华六大美德，又细分为24种性格优势（具体内容请参见第七章）。他们在互联网上采用随机分配和安慰剂控制的实验设计，比较包括性格优势干预在内的6种干预方法。结果发现，识别并用新的方式利用性格优势的被试，幸福感提升，抑郁减轻，且效果持续6个月。

心理学家曾做过一个巧妙的实验。他们诱导学生做一个皱眉的表情——叫他们"收缩这里的肌肉""拉紧你的眉毛"等——然后将电极附在他们身上，学生们都说感到有一点生气。他们用同样的方法，诱导学生做出笑的表情，学生们就会报告说感到愉快。同时，他们发现，相对于那些皱眉的学生而言，那些被诱导去笑的学生感到更愉快，显然外在的微笑提升了内部的快乐。

我们可能也有过这样的经历：当我们心情烦躁时，有朋友打来电话，我们不得不装出一副很高兴的语气跟朋友聊天；但奇怪的是，当我们挂掉电话之后，我们的烦躁心情好像就变得没有那么严重了。因此，我们可以试着先改变自己的行为，用这样的方式去引导以前那个自卑、忧郁的自己，从而改变我们对自己的态度。

三、坚持运动，保持健康

在前面，我们已经详细地论述了健康对于幸福的重要性。所以，在追求幸福的道路上，做一个健康的人是最基本的目标。

生活方式是自己可以选择的。选择一种健康的生活方式，比请一名私人医生的作用更大。要善待自己的身体，养成良好的生活方式。例如，每天保证6～8小时的睡眠；每周保证有一天，能够完全抛开工作，让自己彻底放松下来；保持合理的膳食结构，为身体提供足够的营养；尽量远离烟酒这类公认的对健康无益的东西。

做一个健康的人，还有不能忽略的一点，那就是定期参加体育锻炼。适量的运动是身体健康的必备要素。快关掉电视和电脑，去享受户外的阳光和运动的快乐。一定量的有氧运动，不仅能加快我们身体的循环，使我们的身体更好地排出毒素，还能缓解消极情绪、矫治情绪障碍、增强个体的积极情绪、提升幸福感和自尊感。格里高利·潘扎（Gregory Panza）等发现，久坐行为与主观幸福感降低有关，然而只要一次低强度的活动，就可以很好地调动你的积极情绪，提升主观幸福感，对那些平时缺乏运动的成年人更是如此。他们还认为，低强度的活动与更强的主观幸福感和更低的抑郁程度相关，中等强度的活动则与更强的主观幸福感和更低的疼痛严重程度有关。然而，那些能非常明显增快心率、呼吸和让人大量出汗的活动则似乎对主观幸福感没有什么影响。所以，如果我们以后遇到不如意的事情，比如考试成绩不理想或者跟父母、朋友吵架了，尝试出去散散步，做适当的活动，也许会比去健身房做消耗大量体力的运动更能有效唤回我们的好情绪。克雷默等（Kramer，Humphrey，Larish & Logan，1994）认为，运动对情绪的影响，从大脑的角度来讲，是由于运动改变了大脑的结构和功能，增强了大脑的执行功能，进而提高了个体的情绪调节能力。长期的身体活动会影响大脑额叶的结构与功能，尤其是有效执行大脑的指令与控制个体行为的能力。长期运动引起体能增加与前额叶和颞叶灰质及额区白质的容量增加（Colcombe，Kramer，McAuley，Erickson & Scalf，2004）。

积极参与户外活动，与大自然亲密接触，也是提升幸福感的重要途径。大自然孕育了生命。投身大自然，在欣赏赞叹大自然瑰丽风景的同时，我们的心灵也与自然紧密联结在一起，得到了净化与洗礼。例如，日本的“森林浴”活动，即鼓励参与者投身大自然，接受大自然的沐浴与净化，极大地释放了参与者的压力，使其轻松恢复了活力（Tsunetsugu，Park & Miyazaki，2010）。2012 年，世界非营利环保组织大卫·铃木基金会发起了一项公益活动，邀请加拿大人在每年 5 月每天坚持花 30 分钟在自然环境中活动。活动一经发起，无数志愿者积极参与，并能做到每天坚持 60 分钟与大自然亲密接触。活动结束后，参与者报告称幸福感相比活动之前有很大的提升（Nisbet，2014）。这与国内外研究者的研究结果较为一致，即与自然的联结越紧密，其幸福感也越强（Capaldi，Dopko & Zelenski，2014；李娜 & 吴建平，2016）。通过爬山、散步、漂流、野营、塘钓，拥抱自然，可以提升幸福感。

四、培养个人爱好

一个人生活着，有所爱，有所好，才能使自己的生活充满乐趣、生机和美妙的幸福。西方有位作家说过：“不论你爱好什么都可以，但你总得有所爱好。”你只有有所爱好，精神才会有所寄托，心灵才能有所附着。

我们身边常常有这样的人，他们在工作之余便无所事事，要么对着电脑枯坐一整晚也不知道自己干了什么，要么就在麻将桌上消磨空闲时间，但其实他们自己也觉得打麻将很无趣。于是，他们经常诉说生活的苦闷和烦恼，大呼生活无聊又无趣。

由此可见，如果心灵毫无寄托，就难免深感寂寞，也无法避免忧闷，幸福感自然也就消失不见了。

人生几十年，虽不算太长，但也并不算太短。这一段时间，我们可以自由支配。最好的情况当然是，“快乐地”迎接每个日子。但要如何去做？那便是将你的心灵寄托在一种事物上、一种工作上，这样，你就能获得生命的意义，明白你在这个世界上不是空虚地白走一趟，你的心中便会感到无限的快乐。

你的工作，可以是你的爱好。在工作之外，再增添一项爱好，那生活岂不是更加愉快？就像社区门口修鞋的老鞋匠，当他工作的时候，伴着那钉锤的叮叮声响，他还听着自己喜欢的戏曲，有时还跟着轻轻哼唱两句。尽管他收入菲薄，但那种饱满的精神、愉悦的心态，又何尝不令人羡慕？

五、针对意向性活动的干预

根据持续幸福模型的观点，从行为、认知和意志三者着手更有可能带来幸福感的持续提升。很多干预方法可以被纳入意向性活动这一框架下。

行为上的意向性活动确实能提升主观幸福感。要求被试练习做好事，包括帮助身边人或者陌生人等，结果发现活动的种类和时间安排影响主观幸福感提升的效果（Roe，Busemeyer & Townsend，2001）。

从认知角度看，学会感恩，即认识到积极结果且认为其他人促成了这些结果，可以提升主观幸福感，并且其效果能持续3周以上。在头脑中重新体验愉快的记忆（但是不要试图从中发现意义）可以有效提升主观幸福感（Emmons & McCullough，2003）。

锻炼个人意志也能提升主观幸福感。谢尔顿等（Sheldon，Kasser，Smith & Share，2002）在一项研究中，教被试达成个人目标的策略。结果发现，目标达成能帮助预测幸福感的提升。而且，只有目标适合其兴趣和价值观的被试才能从干预中获益。

基本概念

主观幸福感　生活满意度　积极情绪　消极情绪

本章要点

1. 主观幸福感指个体根据自定的标准对生活质量进行整体性评估而产生的体验。

2. 主观幸福感由认知成分和情感成分两部分构成。认知成分指生活满意度，情感成分则包括积极情感和消极情感。主观幸福感的各个成分相对独立。

3. 主观幸福感有主观性、稳定性、整体性三个特点。

4. 影响主观幸福感的因素有内部因素和外部因素。内部因素包括遗传和人格。外部因素包括健康、金钱、婚姻、社会比较、亲社会互动、重大危机事件及其他因素。

5. 我们可以通过积极改善人际关系，悦纳自己、相信自己，坚持运动、保持身体健康，培养个人爱好等来提升主观幸福感。

复习思考

1. 主观幸福感的含义是什么？
2. 主观幸福感的结构与特点是什么？
3. 主观幸福感的影响因素有哪些？

4. 提升主观幸福感的方法有哪些?

5. 主观幸福感的评估方法有哪几种?

推荐读物

1. 塞利格曼．真实的幸福．杭州：浙江教育出版社，2021.

2. 喻丰．遇见幸福．北京：中信出版社，2020.

3. 韦志中．积极心理学：中国人的68堂幸福实践课．北京：台海出版社，2020.

4. 本-沙哈尔．幸福的方法：哈佛大学最受欢迎的幸福课．北京：中信出版社，2013.

第二章
心理流畅体验

【教学目标】

明确何谓心理流畅体验，知晓其基本特征；了解影响心理流畅体验产生的因素；了解获取心理流畅体验的方法。

【学习重点】

掌握心理流畅体验的定义与特征；了解心理流畅体验产生的条件；理解不同的心理流畅体验模型；理解流畅体验产生的生理心理机制；了解如何在不同活动中获取心理流畅体验。

【读前设问】

1. 结合本章所学内容，回想你在日常学习、生活中有没有过心理流畅体验，心理流畅体验又给你什么感觉。

2. 你觉得身边的人谁看起来在日常学习、生活中拥有最多的心理流畅体验？你认为他能够拥有最多的心理流畅体验的原因是什么？

3. 回顾你的种种体验，谈谈从事什么活动能够给你带来最多的心理流畅体验。

第一节　心理流畅体验是什么

在本章的第一节，我们将首先介绍人类意识的功能与重要性，进而借由探讨负面情绪和对幸福的曲解如何使人们陷入痛苦疲惫的恶性循环，来引出当代积极心理学中心理流畅体验这一促使人们走出痛苦迷途的重要元素，并具体介绍这一概念的缘起、发展与内涵。

一、心理流畅体验的缘起

(一) 意识流与幸福感

意识是一种生命的能量、一种对客观存在的感知能力。任何思想的产生都是建立在意识基础之上的，意识就像流动的生命之水，维持着人脑的各种机能。美国心理学家威廉·詹姆斯（William James，1904）将意识命名为“意识流”（the stream of consciousness），就在于强调人的意识活动持续流动的性质以及思维的不间断性，即没有“空白”，始终在“流动”。

意识的重要功能在于能使各种感知到的信息变得秩序化，我们将其称作“意图”。正因为有“意图”的存在，人们在面对各种信息的时候，才能将注意力从其他事物导向目标，使精神集中在特定的刺激上。因此，人们会对同样的情境做出不同的反应（Dainton，2000）。比如，一个人在意识到饥饿之后会出于生理本能摄取食物、补充能量，这是最通常的做法。但是，对于一个有着强烈减肥“意图”的人来说，就会忍住饥饿、不去进食。这就说明，意识可以遵循不同的“意图”发展，每个人都有控制主观现实的自由。由于意识所具有的这一主观能动性，我们可以推测：如果你有足够强烈的“意图”去享受当下的幸福，使你的目标和价值观忠实于你的主观感受，而非固着于衡量幸福的外在标准，那么，你将获得更大的幸福感。

（二）意识的桎梏与精神能趋疲

意识对于我们来说非常重要，但意识的功能并不如我们想象的强大。人类的神经系统在特定时间内能处理的信息极为有限，意识每次只能对一定数量的事件做出反应，而不断涌入的新信息还会把旧的信息挤掉，原因在于人的注意力是有限的，而注意力决定了哪些事物能够进入意识。正因为每个人能关注的事情就这么多，所以准许哪些信息进入意识就显得格外重要，这就决定了一个人的生活品质。一个人若是能够随心所欲地将注意力集中到对自己来说最重要的事情上，不因别的事情而分心，也就做到了对意识的控制，就更可能在日常生活中找到乐趣和成就感。

然而，人们在日常生活中常常会面临一种困境——行为的低效及其引发的低成就感。生活往往不能像我们规划的一样有条不紊地推进，每日既定的目标常因自己的懈怠和各种突发事件的出现难以顺利完成，从而使我们坠入情绪的低谷。我们习惯性地将其归因为时间管理不善，希望借由改变自己的时间观念、运用时间管理的有效方法来避免这样的状况发生。可事实是，时间管理的方法并不能从根本上提高一个人的行为效率。正如上文所述，在实际的行为过程中，各种信息都将不可避免地闯入人们的注意范围之内，成为影响人们行为轨迹的潜在因素。当进入的信息与既定的意图发生冲突时，我们可能就会分心，无法为实现意图而努力，从而产生对意识极为不利的影响，最终导致内在秩序的混乱，心理学家将这种现象称为“精神能趋疲”（psychic entropy）。它使人不得不从有限的注意力中抽出一些来处理其他方面的事务或是消除危机，从而导致朝向目标的行动力被瓦解，引起自我的解体，使行为的效率大打折扣，最终让人陷入自责、焦虑、痛苦的情绪旋涡。

（三）高峰体验

人们收到的信息与目标一致时，就无须分心防卫，将注意力耗费在意识内在秩序的重新整理上。当我们的精神能量源源不断时，我们就能够投入更多的注意力维持内心与外在环境的平衡，全身心地实现目标（Csikszentmihalyi & Csikszentmihalyi Eds.，1988）。有人用“好像漂浮起来”“一股洪流带领着我前进”等语句来描述这种全神贯注、愉悦美好的感觉，这种状态就是前面所提到的精神能趋疲的反面——精神反能趋疲，或被形象地称为“流动的最优经验”。拥有这种状态的人能不断接近一个更强大、更自信、更幸福的自我，用更多的精神能量专注于自己选择的目标。

马斯洛将艺术家在完全发自内心地融入文艺活动之后所获得的顺畅与喜悦的感受称为高峰体验（peak experience）。在这些高峰时刻，人更真实地成为自己，更完全地实现了自己的潜能，更接近于自己存在的核心，更充分地具有人性。马斯洛最初试图通过研究自我实现者（self-actualizing man）来达到揭示人的真正特点、潜力、价值与尊严的目的。但在研究中发现，自我实现者并不常见，但自我实现的事件则经常见到，所以他把注意力转移到了自我实现的事件上。在研究自我实现时，马斯洛认为每个人都有强大的潜力，每个人都可以发展自己的潜力并达到自我实现，而高峰体验便是自我实现的短暂时刻。他认为，任何一个人在任何一种高峰体验中都暂时具有他在自我实现者身上发现的许多特征。这就是说，那一刻他们成了自我实现者。可见，在一定意义上，高峰体验的时刻就是自我实现的时刻。

高峰体验的时刻或是自我实现的时刻往往有这样的特征：注意力与目标完全地融合，人在从事目标活动中能够获得流畅和喜悦的体验，而这样的目标活动能够使潜能充分发挥，使人更真实地成为自己。由此可引出一个相似的概念——心理流畅体验。

二、心理流畅体验的定义

20世纪60年代，契克森米哈发现一些艺术家在画画时常常可以不顾身体的疲惫废寝忘食，始终全神贯注，表现出极大的兴趣和坚持力。他想知道，到底是什么东西在激励着这些艺术家如此执着地工作。而且这些艺术家的工作并没有任何外在奖励来进行激励，他们在工作时也没有寄希望于自己的作品能够给他们带来财富和荣誉。契克森米哈通过研究，最后将这一有趣的现象解释为：这些人是被绘画本身激励，也就是说绘画本身能给绘画的人带来一种积极的情绪，这种情绪如此强烈，以至于能够激励他们持续不断地努力工作。处在这种状态中，个体感觉到认知高效、动机激发以及无比的快乐和幸福。

心理流畅体验（flow）的概念由契克森米哈与塞利格曼共同提出。他们将其定义为：人们参与一项自己有能力完成但是又相对具有一定挑战性的任务，或者说需要投入很多已具有的资源和技能，并且是由内部动机驱使的任务时所进入的一种特殊的心理状态。

“flow”一词在英文里是水流的意思，在这里主要是指这种情绪状态在人的意识中会源源不断地出现，人们在生活中总是会尽可能多地去主动追求它，就像河里的水流一样连绵不断。在中文里，这一词有许多种翻译方法，如沉浸体验、心流、福流、幸福流等，不过大多数人将其称为“流畅”。在几乎所有的人类行为中，个体都会有体验到心理流畅的一瞬间，比如庆典、阅读、比赛、写作、思考、表演等。契克森米哈发现，这种情绪体验在一些艺术家、运动员、宗教人士等身上更容易显现出来。心理流畅体验使我们穿梭于具体生活经验与内心世界之间，它将两者融为一体，在这个过程中，我们体验到自我的不断丰富，感受到由衷的喜悦。

契克森米哈对来自许多领域的人进行深入访谈。他还发展出了前文提到的经验取样法（ESM），即给被试装备可编程的手表、手机或笔记本电脑，在预先设置好的时间发出信号，然后通知被试完成一份问卷，描述当时他们在做什么。通过对大量关于心理流畅体验的研究的总结，斯奈德和洛佩斯（2010/2013）认为，在不同活动中产生心理流畅体验的条件非常相似。

三、心理流畅体验不等于肤浅的快乐

快乐的情绪能让我们觉得放松自在，心理流畅体验却不一样。处于心理流畅体验之中时，我们并不会觉得快乐，因为我们内心必须专注如一，如果要体验快乐，注意力难免会脱离正在进行的任务。例如，攀岩者如果在举步维艰的绝壁上想要感受快乐，付出的代价很可能就是失足跌落悬崖；手术中的外科医生如果去感受快乐，说不定一不小心就会切断某根重要的血管。只有在完成了任务之后，我们才会有余暇去回顾刚才所发生的事、刚才所体验到的感觉，进而对这种极佳的美妙体验心生感激，并发自内心地涌现出快乐的情绪。

心理流畅体验包含快乐的积极体验，但只有快乐是不够的。生理快感带来的快乐，依赖于外在环境，并不由我们自身掌握，如在沙滩上沐浴日光、与朋友一起观看喜剧片、享受丰盛的美食……一旦外界刺激没有了，这样的快乐很快会消失。而心理流畅体验带来的快乐感受，是由我们自身塑造的，同时也有益于我们自身的成长。

心理流畅体验对个人的成长和完善有所助益，是因为没有一种活动可以使我们永远通过同一种方式来获得这种感受，我们的能力和面对的挑战之间不可能永远保持不变的平衡。不管是挑战太难，还是挑战太容易，都无法产生心理流畅体验。挑战太难时，因为无法掌控，挫折大于成就与满足，因而需要学习新技巧去适应挑战；而挑战太容易时，虽易满足，却容易无聊，因而要提高难度来增加挑战。心理流畅体验犹如一台学习机，帮助你发展高超的技巧、卓越的能力，并向高难度的任务挑战。它能让你在做任何事的时候，都能在乐在其中的过程中不断成长。这种持续不断的成长被放大到社会层面时，就表现为在历史的进程中，人类社会不断向前迈进。

第二节　流畅体验的心理特点

契克森米哈在其流畅理论中指出，个体的活动技能是否与活动挑战性相符合是引

发流畅状态的关键，即只有技能和挑战性呈现平衡状态时，个体才可能完全融入活动中并获得流畅体验。也就是说，要想拥有流畅体验，技能与挑战的难度达到平衡是前提条件。

我们也可以将技能与挑战这种微妙的平衡称为技能与挑战之间的黄金比例。

一、心理流畅体验的理论模型

（一）技能与挑战之间的黄金比例

只有个人能力与挑战之间达到平衡，才有可能产生流畅体验。当个人能力与挑战不平衡时，会出现以下三种情况：

- 如果感受到挑战的难度过高，容易受到挫折，总是担心不能完成任务，最后会怀疑自我的能力，从而产生焦虑的情绪。
- 如果感受到挑战太过容易，完成此挑战是轻而易举的事，那么在轻松地完成任务之后只会觉得十分无趣。
- 如果挑战难度低，同时个人能力也不足，对此挑战的态度会趋于淡漠，对该活动会不闻不问。

所以，只有当高难度的任务挑战和卓越的能力相匹配时，个人的全身心投入才会激发出流畅体验，让人获得不同于平常的美好感受。

需要说明的一点是，并不存在挑战的难度越大流畅体验就越强这样的线性关系。如果一项挑战的难度远远超出一个人的能力范围，使得目标看起来如此遥远，那么针对它的行动就不可能展开，自然就谈不上体验到流畅。

一般认为，在挑战的难度刚刚高出个人能力的时候，最容易使当事人产生流畅体验。这有点类似于“最近发展区”（zone of proximal development）的概念。也就是说，“最近发展区”式的活动最能够让人产生流畅的体验。比如，对于儿童的各类游戏，成年人完全提不起兴致，只会感到无趣和厌倦，但儿童却常常乐此不疲，对于他们来说这些游戏就是生活的最爱。这就是因为游戏对于成年人来说完全缺乏挑战，但对于儿童来说，这样的难度却是刚刚好的。

（二）三区间流畅体验模型

契克森米哈（Csikszentmihalyi，1975）提出了三区间流畅体验模型。这一模型结构显示出个体具备的能力和活动的挑战之间的平衡会引起流畅体验的产生，而生活中的其他经验则是在能力和挑战不平衡时产生的。因此，更多的时候我们无法感受到美好的流畅体验，而是被焦虑和厌倦这两种负性情绪侵袭。具体而言，当个体被要求去完成他感到不能完成的任务时，焦虑的状态就会出现。而当个体的能力大大超过活动要求所具备的能力时，厌倦就产生了。流畅体验则如同介于焦虑与厌倦之间的一个通道，处于这一状态的个体感知到的任务难度与其自身能力几近匹配，由此获得的积极能量足以使其摆脱焦虑或厌倦的困扰（见图 2－1）。

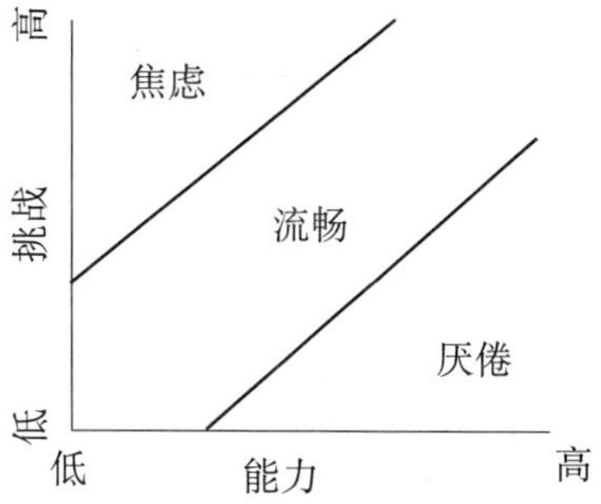

图 2－1 三区间流畅体验模型

资料来源：赵文，2014.

为了证明这一流畅体验模型的有效性，契克森米哈和其他研究者进行了各种研究，但是很多研究都表明这一模型对流畅体验的产生并没有显著的预测作用。

（三）四通道流畅体验模型

契克森米哈提出的三区间流畅体验模型未能被研究证明具有有效性，因此，契克森米哈和马西米尼（Csikszentmihalyi & Massimini，1985）又提出了四通道流畅体验模型。该模型认为，只有当个体感觉到挑战和自身能力都处于个体的一般水平之上时，这二者的平衡才能产生流畅体验。而较低的挑战与较低的能力之间所形成的平衡，并不一定会产生流畅体验。从这个意义上，我们可以认为流畅体验发生在活动的挑战性与个体的能力达到一种平衡，并且二者都高于个体的一般体验时，也就是个人感觉到的高挑战和高能力的平衡（见图 2－2）。

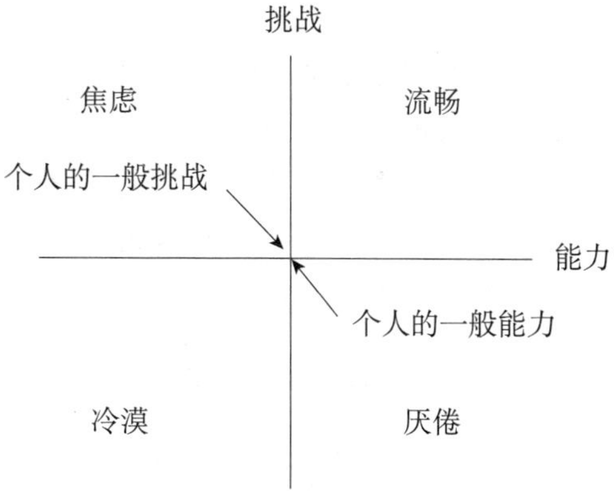

图 2－2 四通道流畅体验模型

资料来源：赵文，2014.

（四）八区间流畅体验模型

费夫和马西米尼（Fave & Massimini，1988）提出的八区间流畅体验模型将挑战与能力的比率区分成三种程度，再相互组合，流畅体验正是存在于高挑战和高能力的水平上（见表 2-1）。

表 2-1　八区间流畅体验模型

区间	挑战与能力之比	心理状态
1	高挑战-中能力	激发（arousal）
2	高挑战-高能力	流畅体验（flow）
3	中挑战-高能力	掌控（control）
4	低挑战-高能力	厌倦（boredom）
5	低挑战-中能力	轻松（relaxation）
6	低挑战-低能力	冷漠（apathy）
7	中挑战-低能力	担心（worry）
8	高挑战-低能力	焦虑（anxiety）

资料来源：赵文，2014.

在这里，我们不过多地讨论流畅体验是否只出现在挑战与能力达到平衡之时，抑或这种平衡是否一定要处于一般水平之上等复杂的学术问题。我们更为关注的是流畅体验给我们带来的状态的改变。可以肯定的是，它的出现的确使我们从焦虑与无聊等负性感受中抽离出来，给我们带来一种充实、美好的感觉。只要我们用心感受，就会在更为多元的情境下找到这种感觉。

二、心理流畅体验的特征

契克森米哈和拉尔森（Csikszentmihalyi & Larson，1987）最初通过对个体进行深入的访谈，以及对日常体验中流畅体验的测量，收集了大量的有关流畅体验的资料。根据这些广泛的研究结果，他们从现象学的角度，对流畅体验的特点做出了归纳和总结，提出了流畅体验的六大特征。之后，又有学者通过对高水平运动员的深度访谈，从其研究结果出发，在此基础上增加了三项，从而形成了目前被学界普遍认同的描述流畅体验的九个特征，以此作为流畅体验的衡量标准。

（一）挑战与能力的平衡（challenge-skill balance）

正如前文所提，流畅体验产生于更具挑战性的活动中，并且你的能力与这一活动的难度大致相当。如对于考试，令你记忆深刻并且感觉良好的经历绝不会发生在对你而言过于困难或过于简单的考题上，只有那些动用了全部的智慧和技巧恰能攻克的题目才会令你拥有流畅体验。这也是为什么“棋逢对手”总是令人乐而忘返。

（二）行为与意识的融合（merging of action and awareness）

对于儿童来说，玩是天性。在他们玩耍的过程中，儿童不会去想“我要做什么？”

“我为什么这样做？”等一系列分散注意力的问题。他们只是心无旁骛地融入玩耍之中，对下一步要做什么毫无计划；只是在一种顺乎自然的状态下行动，却始终保持着盎然的兴致与纯粹的快乐，像被一股魔力推动一般。正是这种知行合一的状态促进了流畅体验的产生，人们在行为与意识的完美融合中出现了前所未有的专注与满足。

（三）清晰的目标（clear goals）

有人对美国哈佛大学即将离校的毕业生进行了一项关于人生目标的调查，这些被调查者在智力、学历、环境条件等方面都相差无几。调查发现，有27％的人没有目标，60％的人目标模糊，10％的人有清晰但比较短期的目标，3％的人有清晰而长远的目标。25年后，再次对这群学生进行了跟踪调查，结果如下：25年间，3％的人，他们朝着一个方向不懈努力，几乎都成为社会各界的成功人士，其中不乏行业领袖、社会精英；10％的人，他们的短期目标不断地实现，他们成为各个领域中的专业人士，大都生活在社会的中上层；60％的人，他们安稳地生活与工作，但都没有什么特别的成就，几乎都生活在社会的中下层；剩下27％的人，他们的生活没有目标，过得很不如意，并且常常抱怨他人、抱怨社会。可见，清晰的目标与人生的成就有着密切的关系，并且那些具有清晰目标的人更可能在工作与生活中获得流畅体验。

（四）明确的回馈（unambiguous feedback）

人们在确立了清晰的目标之后，总是需要及时且明确的反馈来印证目标的执行情况。对于一个不善于自我激励的人来说，不论是学习还是工作，其过程一定有些苦闷，因为在实现目标的过程中他的行为没有得到强化，因此他缺乏进一步行动的激情与动力。而网络游戏如此受欢迎，正是因为给予玩家及时、明确的回馈。很多痴迷于网游的年轻人都坦言在游戏中每闯过一关都会获得即时的奖励，这让他们找到了现实世界未曾获得的成就感，这种快乐而充实的感觉让他们难以自拔。然而，并不是所有这种回馈都只来自外界。儿童或是内在激励系统尚待完善的人，往往需要通过更多与外界联结和互动来维持行为的发生。而那些真正自我实现的人却更依赖于自身所建立的强大的内在系统，这才是他们获得回馈的不竭之源。

（五）专注于当前任务（concentration on the task at hand）

越是闲散的生活越容易生出烦恼，所谓“无事生非”“庸人自扰”。这是因为人们在从事简单的活动或是无事可做的时候，不需要集中注意力，意识的闸门是打开的，任何信息都可能乘虚而入，破坏意识的内在秩序，使人们很容易受到精神能趋疲的干扰，导致情绪低迷、心绪不佳。所以，人们常常会发出“忙起来反而更快乐”的感叹。这说明，一个人全神贯注地投入某件事的时候，正是他最幸福的时刻。当然，这样的事情绝不像嗑瓜子、看电视那么简单。只有那些不容外在因素干扰、需要你百分之百投入的活动才能让你真正地全神贯注。

（六）高度的控制感（sense of control）

俗话说“尽人事，知天命”，生活中有太多的事情是我们无法预料和掌控的。因此，人们很享受那种自主掌控、轻松自在的感觉。

四川人对麻将的热衷闻名全国，他们的乐趣不在于赢多少钱，而在于“搓麻”过程中体会到的安逸畅快。经过多年的锤炼，大多数四川人将麻将作为最擅长的一门技艺，对每一个招数熟悉至极，以至于不费吹灰之力就能产生一种主观控制的感觉。闲暇时，几个好友相聚，摆上一桌麻将，泡上一壶清茶，与其说是一场对决，不如说是另一种形式的放松。在看似紧张的节奏中，人们享受的却是“心中有沟壑，掌下有乾坤”的控制感（赵文，2014）。

（七）自我意识的丧失（loss of self-consciousness）

前面谈到了意识的有限性。当一个人将有限的意识过多地投注到自我时，他对当下正在进行的活动的关注自然就被削弱了。比如，童年时一旦疯玩起来，不管再热再累，永远表现得不知疲倦，自己的形象与父母的叮咛也抛之脑后，这种“浑然忘我”的境界使游戏的乐趣加倍。可是，随着年龄的增长，我们似乎不那么容易体会到快乐了，开始更多地关注自我，而这种对自我的执着耗费了大量的精神能量，反而使自己在日常生活中经常觉得备受威胁：不管做任何事，总要拿出一部分精力去关注外界的反馈，一旦发现威胁出现，就开始一次次检视自己，以确定威胁是否真的存在。

比如，当你做演讲时，台下有人窃窃私语，你就会开始担心：“我是不是看起来很可笑？我的演讲有什么不妥之处吗？……”这种所谓的威胁事件每发生一次，你的精神能量就为重建意识秩序而消耗一次。于是，你时常显得心不在焉或者无法全情投入地享受当下，快乐成了一种奢侈。

然而，生活中仍有些人总是能够保持快乐的状态，做任何事情都显得非常投入、充满激情。他们的秘诀不在于比别人拥有更旺盛的精力，而在于能像孩童般常常忘记自我，将对自我的关注统统转移到当下，与正在进行的活动融为一体，不去考虑这么做是否正确，其他选择是否会取得更好的效果。

（八）时间意识消失（time transformation）

美国明尼苏达州圣托马斯大学的研究人员指出，人们越觉得时间过得快，就越会感觉这段时间内快乐。研究人员旨在通过实验来研究人们感觉到的时间快慢与快乐间的关系。他们将一些大学生带到实验室，让他们阅读一篇文章，并用线标出所有出现连续重复字母的单词，实验时间正好10分钟。但研究人员并未向参与实验的学生告以实情，而是事先对一半学生说“实验将进行5分钟”，对另一半学生说“实验将进行20分钟”。这样引起的结果是，那些以为实验进行了5分钟的人将会觉得时间过得很慢，而那些以为实验进行了20分钟的人则会觉得时间过得很快。随后，研究人员问这些学生是否喜欢这个实验，结果发现，以为实验进行了20分钟的学生比另一半学生认为实验有趣得多。这一实验证明了时间错觉可能影响到人们的快乐感受。人们感觉“时光飞逝”时，往往更能体会到快乐，正所谓“快乐时光终觉短”。

当然，感觉“时间飞逝”并不是带来快乐的唯一方式。奥运会100米比赛中同样是10秒左右的时间，对于参赛选手与观看者来说却有着不尽相同的感受。预备、起跑、发力、加速、冲刺……选手们在比赛中聚精会神，将全身上下的能量调动到极致。这一刻对他们来说变慢了。这种时间感丧失，感到时间要么过快，要么过慢，甚至停滞的现象常常发生在流畅状态下，是流畅体验的一个重要特征。

（九）自成性的经验（autotelic experience）

自成性的经验或称为“享受的体验”。个体不计较是否能获得外在物质性的奖励，活动本身成为促进活动进行的最大奖励。在活动过程中，个体感到自己的身心得到了充分的满足。这就好比初恋和以寻找结婚对象为目的恋爱。初恋的感觉之所以美好，是因为爱情的产生没有任何功利的成分，两情相悦的恋爱过程是促使爱情发生、发展的动力，恋爱过程本身就是他们一直追求和享受的，因此让人终生难忘。而以寻找结婚对象为目的的恋爱则不同。在功利社会中，人们难免将对婚姻好坏的预测指标归于物质条件、社会评价等外在的标准。可想而知，在这一前提下，发自内心的快乐也就少了。

生活中那些能够时常保持快乐的人大多拥有一套强大的内在评价系统，即活动过程本身带给他们的享受和乐趣。契克森米哈（Csikszentmihalyi，1997）在论述流畅性这一特点时，经常以“享受”（enjoyment）代替自成性经验。个体采取某种行为完全是为了自己的内在体验，而不是为了将来得到什么外部奖赏或者利益；个体因为可以通过这种活动使得享受时常产生，所以会由衷地渴望付诸行动。

三、流畅体验的心理机制

卡尔（2004/2008）认为，引发流畅体验的活动一般具有内在激励性，即活动本身就能给人激励。与内在激励性对应的是内在动机，内在动机是人的属性，内在激励性是活动的属性。美国罗彻斯特大学的爱德华・德西（Edward Deci）和理查德・莱恩（Richard Ryan）提出的自我决定理论系统地解释了内在动机，内在动机表现为参加某项活动是因为喜欢活动本身而不是这项活动带来的结果。这个理论把内在动机定义为追求新奇和挑战、发展和锻炼自身能力、勇于探索和学习的一种内在倾向。这个理论预测只有在胜任需要、交往需要和自主需要得到满足后，内在动机才有可能出现。卡尔（2004/2008）认为，与外在动机驱动相比，内在动机驱动的人做事情能表现出更多的兴趣、兴奋和信心，以及更优的绩效、毅力和创造力，一般还会报告更高的自尊和主观幸福感。

班杜拉（Bandura，1977）认为，让我们产生内在动机的活动具有以下特点：(1) 具有挑战性；(2) 让人觉得自己能够胜任；(3) 能带来满足感。卡尔（2004/

2008）认为内在动机在一定程度上与自我效能感有关，只有相信自己能在活动中获得成功的人才能在内在动机的驱动下活动；而内在激励性活动能够给人带来满足感，这种满足感与个人目标实现后产生的积极情绪有关。在内在动机下，在从事内在激励性活动时获得的掌控感、自主感、胜任感、满意感是人们追求流畅体验的内在奖励，这样内在、自生的奖励就能激励人们继续追求流畅体验。

第三节　在不同活动中的心理流畅体验

一、如何寻求学习中的心理流畅体验

我们虽然知道学习的重要性，愿意花时间去学习，可是要真正进入学习状态往往不那么容易：我们可能会不可避免地受到各种干扰，从而打破原有的计划，令学习变得低效与挫败。尤其是在学习的过程中，获得的反馈不那么积极时，所产生的负面情绪会使学习的愿望变得更弱。当这样的经历越积越多时，我们也就陷入了一种恶性循环之中，变成了不爱学习却又勉强学习的学习者。这些破坏我们学习意愿的负面情绪会导致我们内心产生精神能趋疲，导致我们无法集中精力去学习，也无法恢复到内在主观情绪的常态。为了使我们不再勉强学习，就需要找到那些被称为精神反能趋疲的正面能量来增加学习中的流畅体验，令学习变得快乐而高效。

（一）拓展学习的舒适区

每个人都有属于自己的舒适区，不愿意改变，但学习的过程其实就是一个建立新的舒适区、寻求改变的过程，因此人们难免会对未知的改变感到恐惧，不愿主动学习。

马克·吐温（Mark Twain）说过："我曾经有很长一段时间生活在恐惧之中，但是事实上大部分我所忧虑的事情并没有发生。很多事情其实很简单，只是我们在思想上把它们复杂化、困难化了。"这种对未知的恐惧是人类过于复杂的思维与情感所导致的障碍。如果能把事情简单化，用积极的行动来应对，就不会有那么多阻碍改变的痛苦思考。现在，我们可以得出这样的结论：学习（尤其是在刚开始的时候）有可能是艰苦的，但绝不像想象的痛苦；当你放下了阻碍你的负性情绪时，学习的过程也将轻松许多。

（二）将"应该学习"转化成"热爱学习"

热爱学习至少需要具备以下几个要素：意图、动机和目标。意图是一个人想要开展某种行为的想法或决心。我们每天都会产生各种各样的意图，有时还会白日做梦、异想天开，可是意图常常并不持久，因为它所需的精神能量是短期的，很多意图都只是在头脑中一闪而过，然后便隐没于意识的洪流里消失不见。因此，很多人虽然抱有想要学习的决心，却无法在实际行动中达成学习的目标，这是因为想要学习的决心还

仅仅是一种意图，短暂而混乱。此时，我们要做的是将意图转化为目标。在集中心力、设定事情的轻重缓急之后，意识就会变得井然有序，这就是目标的建立。目标能多大程度地实现又与你的动机有关。不论行动的目的是出自外在动机（被迫）还是内在动机（自愿），都比漫无目的的行为来得持久，因此在学习之前你必须弄明白“为什么要学习”“学习的意义是什么”，而不是因为盲目地听从外力的驱使或是模糊地认为“应该学习”而去学习。只有动机足够强大，才能支持你持续地投入精力，在学习中获得更多积极的体验感受，使目标得以实现并让自己真正爱上学习。

（三）保持专注

学习的道路上困难在所难免，遗憾的是我们常常以更关注困难甚至假想困难的方式加重内心的恐惧，分散专注于“路”的精神能量，从而导致行为的效果不佳；相反，如果我们全心专注于“路”，时时刻刻想着的是如何克服困难往前走，走起来就会轻松许多。专注，的确是一种非常重要的精神反能趋疲。对于学习这样一个复杂的心智运作过程，专注是协调意图与情绪的重要纽带，只有将二者完美地统一起来，我们的意识才不会陷入混乱，也才能将精神能量源源不断地投入对目标的实现之中，将精神能趋疲的破坏作用降到最低。生活中那些善于控制自己注意力的人更易成为常获流畅体验的高效能人士。

高效能人士的聪明之处在于知道人能应对的信息量有限，在同一时间只能进行一项有意识的思维活动，因此必须专心做好一件事情。就学习来说，你为自己在一定时间内制定的学习任务必须是适量且单一的。要求自己同时完成多项任务不仅不能节省时间，反而会耗费更多的精力，效果也将大打折扣。大脑就像一个运行中的 CPU（中央处理器），空间和资源有限。因此，只能将最重要的内容放在桌面上处理，而不是那些不时跳出来的无关紧要的信息。同时，开展太多的操作会导致低速甚至“死机”。因此，你必须时刻意识到自己的内心活动，在负面情绪和有碍学习任务执行的想法出现时，立即将其抓住，养成尽早、尽快、经常否定这些精神能趋疲的习惯，从而阻止分心。

（四）学会快乐学习

学习的过程并不会让你感到快乐。当所有的精神能量都投入学习时，自然无暇感受快乐。只有在学习任务完成之后，才有余暇回顾学习带来的目标实现、成就、成长等，从而为这种流畅体验心存满足、心生感激，并由内心深处涌现出快乐之情。

契克森米哈（Csikszentmihalyi，1975）认为，各种心智状态都可以被理解为挑战和能力的产物。挑战难度与能力相比过高，会令人深感挫败，进而产生担忧、焦虑。这种情况通常发生在制定的学习任务过高时，是“不可能完成的任务”导致了当事人不同程度的负面情绪。挑战难度与能力相比过低，会令当事人感到厌倦，甚至松懈。例如，练习一些自己早已掌握的题目，去听过分浅显的课程。如果挑战难度低、个人能力也不足，当事人的态度就会趋于冷漠。例如，重复抄写课文。而流畅体验只在挑战与能力相互平衡，并且二者均处于最高点时才容易产生。即：一项任务使一个人的潜能得到最大限度发挥时，流畅体验就在不知不觉中出现了。

二、为何工作更容易带来心理流畅体验

（一）对工作价值的认可激发工作动力

研究快乐的心理学家曾对上千个人进行了一项调查，结果发现95%的人选择工作、社会联系和痛苦，而不是生理上的愉悦。积极心理学的创始人塞利格曼指出了愉悦快乐和以生活意义为基础的快乐之间的区别。例如，玩电脑游戏、吃冰激凌、唱歌等都可能是令人愉悦的行为，但这些通常与深层次的生活满意度无关。快乐是一种平衡的情感，毫无意义的过度愉悦可能是破坏性的，而没有目标的快乐会使大多数人感到空虚。大多数成年人对工作有种爱恨交织却又难以割舍的情感，他们在描述自己的工作时常常带有一些负性的评价，如压力大、人际关系复杂、收益与付出不成正比、身心疲惫等，充满着职业倦怠的色彩，但他们却又不愿意放弃工作，因为正是工作带给了他们不完美却更有意义的快乐。

（二）井然有序的心智运作令人感觉良好

人们渴望自由，认为在自动自发地从事一些事情时会更有热情和效率，因此不愿受制于工作的安排，将其视作扼杀行为动机的罪魁祸首。是的，自动自发固然体现了良好的行为动机，但在缺少责任心的情况下，人们很容易发生注意力的转移，无法坚持执行既定目标，这种心理现象被称作“视野狭隘”。例如，一位生物学家在研究的过程中对蝗虫的足产生了兴趣，于是开始仔细观察研究蝗虫的足关节，这本来只是属于解开生物学上某个问题的一环，然而，他却沉湎于足关节的研究中，全然忘记了整个足的功能，在不知不觉中忘了刚开始想要研究的问题。人们只会按部就班地完成那些“被要求”或是“必须做”的事情，即便完成这些事情并非自愿，完成之后也比漫无目的的行为让人感到满足。人们口口声声抱怨工作的压力，但在相对严谨的工作状态下人们的心情却不见得最糟。有研究表明，适度的压力能够提高工作的效率。人们在集中心力、设定事情的轻重缓急之后，其意识变得井然有序，心智运作更为高效。随着目标任务的推进，情绪也会渐趋愉悦，甚至涌现出流畅体验。

（三）意义感让人沉浸其中

一个人对工作的投入程度，一方面与其是否喜欢这项工作有关，另一方面则取决于这项工作在其心目中的意义如何，意义越大就会让人愈加沉浸于工作之中，不断提升工作绩效，这也反过来进一步加深其对工作意义的认同。从这一角度，我们可以认为职业倦怠产生的重要原因正是这种工作意义感的逐渐缺失，无意义感会让原本对工作充满兴趣和热情的人陷入迷茫、无助与低效中。究其原因，不是对所做的事情不喜

欢了，而是觉得行为的价值降低了。此时，不管通过哪种方式帮助当事人找到工作的意义感，都会帮助其走出这一低迷的状态，提炼出工作的价值所在。

（四）将注意力放在如何将工作做好上使人享受乐趣和成功

大多数人固执地认为工作是任务、是限制，应该尽量逃避。有了这样的思维预设，也就不免走入行为的误区：你会绞尽脑汁地寻找应付工作的办法，试图尽量精简工作的步骤，减少工作量。这样做的结果是，你确实有了更多机会在工作时间内“神游”或者娱乐，但工作本应具有的挑战和意义感却越来越少。在你以为寻得了片刻安逸的同时，殊不知令你对工作愈加倦怠的精神能趋疲也正悄悄来袭，将你吞没在逃避工作的恶性循环中。

人们如果能将等量的注意力放在深究工作的细节、提高工作的质量上，将享受到更多的工作乐趣、拥有更多的成功体验。仔细注意工作的每一步，思考这些步骤是不是必需的，如果是必需的，深入探究如何才能做得更好。这些看似加大工作量的做法，实际上就是在关注工作的细节，从而获得工作的精进，提升工作的绩效。华为总裁任正非在有关工作质量的报告中，特别提出了细节的重要性，他列举了迪士尼培养清洁工的例子：在培训的半年时间里，他们不仅掌握了基本的打扫工作，还培养了很多和工作本身看似没有关系的能力，比如熟知所有景点的方位和内容，学会使用各种摄影器材，学会简单的机械维修，甚至学会怀抱婴儿的姿势。这样才能让这些清洁工在有游客问路、需要帮忙留影、婴儿车和轮椅出现故障、母亲上洗手间需要帮忙照料婴儿等各种情况出现时变得游刃有余。如果问这些训练有素的清洁工在实际工作中感受如何，相信他们一定不会抱怨这些技能的获得以及更为细致的服务要求加重了他们的工作负担。通过这些颇具创意且人性化的举动，他们实现了将简单、呆板的工作做得有声有色、富于变化，使得个人目标与企业目标浑然一体。看起来事情变多了，工作带来的流畅体验却显现了出来。

三、休闲是不是获得心理流畅体验最多的活动方式

与预期相反，休闲并不是获得心理流畅体验最多的活动方式。经验取样法（ESM）调查显示，当受测者在工作中接到讯号时，流畅体验发生率高达54%，然而，当人们从事看电视、与朋友聚餐、泡茶馆等休闲活动时，只有18%的反应可称作流畅体验。这是因为休闲活动的主要特征是运用低于中等水平的挑战应对技能，人们的投入程度往往不高，在这种情况下，很多人会觉得被动、不满足或是无动于衷。在假期等闲暇时间里，人们通常会选择一些不必耗费太多精神能量的活动，比如“宅”在家里睡觉、看电视、上网。以看电视这种最常见的休闲活动为例，它几乎不可能产生流畅体验；而在挑战与能力完全匹配的工作状态下产生流畅体验的概率则是看电视的4倍。

但这并不是说休闲活动就不能产生流畅体验，只是要想在休闲活动中获取流畅体验需要一些小窍门。

（一）掌握驾驭闲暇的能力

生活在当今社会的我们有了更多享受丰富人生的机会。当人们的精神需求和提供的选择变得无限多元的时候，对利用闲暇的能力也提出了更高的要求。春节大假，人们已经不再满足于家人团聚时丰盛的年货，春节联欢晚会的节目也不再是众人翘首企盼的“好戏”，原来轻易就能获得的快乐却因为期望值的不断攀升和令人眼花缭乱的休闲选择难觅踪迹。于是，吃着大餐、出入于各种娱乐会所、游走四方的我们依然觉得无聊和乏味。以上事实向我们揭示了在休闲中获得流畅体验的内在条件——重组意识的能力。当各种期望和选择将意识四处牵引时，有的人总能恰如其分地控制意识，运用休闲的机会获得乐趣；有的人则不可自拔地迷失在紊乱的意识中，难以感受休闲的快乐。因此，如果你还在拼命追求更多的闲暇时光，不如学会如何利用闲暇获得流畅体验，你会发现乐趣的产生绝不取决于闲暇时间的多少，而在于驾驭闲暇的能力。

（二）增加主动休闲，减少被动休闲

休闲活动可以分为主动休闲和被动休闲两种。一项休闲活动的流畅体验发生率调查显示，流畅体验发生率由高至低的休闲活动方式依次是：体育与游戏、投身于爱好、社交、思考、听音乐、看电视，其中体育与游戏和投身于爱好居第一、二位，流畅体验发生率分别为44%和34%，而看电视的流畅体验发生率仅为13%。位居前列的休闲活动都属于主动休闲的方式，而看电视之类的活动则是典型的被动休闲方式。网络神游或是看电视时，一开始会觉得非常闲适，但慢慢地就会被无聊感、疲惫感充斥，因为这样的休闲方式鲜有互动，不具备挑战与能力达到平衡等引发流畅体验的先决条件。如果长时间处于这一状态，人就会变得懒懒散散、兴趣全无，甚至可能出现视觉疲劳、头晕头痛、郁闷焦虑等亚健康状态，产生越休闲越累的感觉。这种从事单一的被动休闲活动、不利于提高效率和创新的现象，通常被称为“休闲病”。因此，关键在于如何安排休闲的内容，把握好流畅体验产生的先决条件。只有当人们的休闲方式由随意应付的被动休闲转为富有智慧的主动休闲时，闲暇的价值才能得到充分的体现。

（三）从发掘自我潜能出发

获得流畅体验的一个重要条件是高挑战与高能力的匹配，这提示我们在休闲方式的选择上可以更多考虑那些能够激发我们自身潜能的活动，同时也进一步说明了主动休闲优于被动休闲。其中，体育运动就是一种能够充分调动自我潜能的休闲方式。尽管契克森米哈（Csikszentmihalyi，1975）最初是在对艺术活动的观察和思考之后，提出流畅体验这一概念的，但对这一概念的实证研究，使其在竞技体育领域得到进一步的挖掘和推广。而在我国，对流畅体验的研究，更是十有八九来自体育领域。在运动心理学中，流畅状态作为一种最佳心理状态，对运动员在比赛中取得优异成绩有着积极的意义。处于该状态时，运动员完全投入比赛中，各组织器官发挥最大的潜能。因此，很多人都会将自己感兴趣的某项体育运动作为休闲活动的首选。

人们对网络游戏的情有独钟也正是因为游戏闯关的设置使其在虚拟世界中实现了自身潜能的不断发掘，自始至终感受着挑战与能力的匹配。事实上，好的休闲方式应该带给人们试验或发展技能的机会，并且这些技能要能与现实充分结合。这说明工作与休闲并不是对立的，休闲中获得的智慧与技能增长对工作的成效是一种促进和补充。

四、什么是人际流畅体验

人际流畅体验产生于和谐关系下的爱的联结，然而，人们经常在人际关系的处理中感到两难：与人太亲近会受伤，不亲近又会孤单；结婚者比未婚者更幸福，未婚者又比离婚者更幸福，因此人们既憧憬婚姻又畏惧婚姻……如何在人际关系中获得流畅体验是人生的一个重要命题。

（一）人际流畅体验的基础——互惠性

可以说，互惠性是所有人际关系的“保鲜剂”，只要运用得当，对我们的人际关系就是一种不断的强化。人们看重互惠性的另一个原因还在于每个人都喜欢与自己行为方式相似的人。我们不仅会模仿喜欢的对象，还会喜欢模仿我们的那些人。模仿拉近了彼此之间的心理距离，给人一种“我们是一伙”的感觉。许多民族的文化中都有跳集体舞的习俗，参与者借助相同的肢体表达来增进彼此之间的认同与爱，增强团体凝聚力。因此，你希望他人如何对待你，就先以你喜欢的方式来对待他人，这样或许你会少一些抱怨，多一些人际互动带来的流畅体验。

（二）家庭关系中的流畅体验

契克森米哈在他的著作《当下的幸福》（*Flow：The Psychology of Optimical Experience*）一书中描述了有助于产生流畅体验的家庭环境所应具有的五个特点。

第一是“清晰”：青少年知道父母对自己的期望，并且在家人互动关系中，目标与回馈都毫不含糊。

第二是“重视”：孩子觉得父母对他们目前所做的事、他们具体的感受与经验都有浓厚的兴趣，而不是一味巴望他们念一所好大学，或找一份高薪的工作。

第三是“选择”：孩子觉得自己有很多选择，包括不听父母的话——只是他们得准备好自己承担后果。

第四是“投入”：让孩子有足够的信心，放开自卫的护盾和自我意识，全心全意去做他感兴趣的事。

第五是“挑战”：由父母为孩子安排复杂渐进的行动机会。

以上五个特点与流畅体验的特征有相通之处——目标与回馈明确、富有控制感、全神贯注、看重事物本身的动机及挑战，这不仅适用于父母与孩子之间，也适用于夫妻关系以及其他的家庭关系。若要一个家庭始终充满活力，每一个家庭成员都需要不断地投注精神能量。那些促使家庭关系和谐的原则和技巧的功效只有在家庭成员都不吝惜将注意力投入家庭生活中时才能彰显出来。

（三）友情中的流畅体验

研究者利用经验取样法（ESM）考察了在不同社会情境（单独一人、父母相伴和朋友相伴）下的流畅体验品质变化，结果显示：快乐与坚强两项在独处时均较差，有朋友相伴时较佳，动机则在有朋友相伴时格外明显。而且，对成年人以及不同国籍的人所做的研究也得到了类似的结果。这是因为人们与朋友相处时既能畅快地共享乐趣，远离工作、家庭的烦琐之事，又能拥有充分的自由。朋友不像父母或伴侣那样试图约束或改变我们，因此，很多流畅体验都发生在有朋友相伴之时。

人们在选择朋友时一般会看重是否具有相同的兴趣爱好、相同的目标、相同的价值观、相同的人生经历等，这种同质性会自然而然地引发更多的理解和支持，也是与朋友相处易于产生流畅体验的一个重要原因。我们要明确的是，与朋友相处并不是为了逃避孤独或是满足口腹之欲、寻求短暂的快乐。真正的友谊需要朋友之间拥有共同的愿景和目标，在人生的一个个挑战面前相互支持、相互激励，这种源源不断的精神能量的投入是维系友谊、获得流畅体验的关键。

我们在这一小节探讨了在学习、工作、休闲活动和人际关系中的流畅体验，以及在这些活动中捕获流畅体验的方法。心理流畅体验是积极心理学“实现论”中的快乐的重要组成成分。要想过上幸福、快乐的生活，走向人生的“丰盛”，就要学会在生活的不同活动中获取心理流畅体验。

基本概念

流畅体验　自我实现　高峰体验　内部动机　人际流畅体验

本章要点

1. 心理流畅体验又称沉浸体验、心流、福流、幸福流等，是指人们参与一项自己有能力完成但是又相对具有一定挑战性的任务，或者说需要投入很多已具有的资源和技能，并且是由内部动机驱使的任务时所进入的一种特殊的心理状态。

2. 流畅体验的特征有：(1) 挑战与能力的平衡；(2) 行为与意识的融合；(3) 清晰的目标；(4) 明确的回馈；(5) 专注于当前任务；(6) 高度的控制感；(7) 自我意识的丧失；(8) 时间意识消失；(9) 自成性的经验。

3. 要想在学习中获得流畅体验，需要做到：(1) 拓展学习的舒适区；(2) 将“应该学习”转化成“热爱学习”；(3) 保持专注；(4) 学会快乐学习。

4. 工作更容易获得流畅体验的原因有：(1) 对工作价值的认可激发工作动力；(2) 井然有序的心智运作令人感觉良好；(3) 意义感让人沉浸其中；(4) 将注意力放在如何将工作做好上使人享受乐趣和成功。

5. 要想在休闲活动中获取流畅体验，需要做到：(1) 掌握驾驭闲暇的能力；(2) 增加主动休闲，减少被动休闲；(3) 从发掘自我潜能出发。

6. 要想获得人际流畅体验，需要做到：(1) 善于运用互惠性；(2) 理解有助于产生流畅体验的家庭环境的 5 个特征，即清晰、重视、选择、投入、挑战；(3) 与真正的朋友为共同愿景奋斗，在挑战面前相互支持、鼓励。

复习思考

1. 流畅体验与高峰体验有何区别？
2. 流畅体验与一般的体验有什么区别？
3. 流畅体验的九个特征是什么？
4. 流畅体验是如何产生的？其产生条件是什么？
5. 流畅体验的重要作用是什么？
6. 流畅体验的心理机制是什么？
7. 如何在学习中获得流畅体验？
8. 如何获取家庭流畅体验？
9. 尝试在日常生活中激发自己的流畅体验。

推荐读物

1. 卡尔．积极心理学：关于人类幸福和力量的科学．北京：中国轻工业出版社，2008.

2. 斯奈德，洛佩斯．积极心理学：探索人类优势的科学与实践．北京：人民邮电出版社，2013.

3. 赵文．心理流畅感．南京：江苏凤凰教育出版社，2014.

4. 契克森米哈．当下的幸福：我们并非不快乐．北京：中信出版社，2011.

5. 契克森米哈．心流：心理学最优体验．北京：中信出版社，2018.

6. 契克森米哈．发现心流：日常生活中的体验．北京：中信出版社，2018.

7. 彭凯平．吾心可鉴 澎湃的福流．北京：清华大学出版社，2021.

第三章

积极情绪的价值

【教学目标】

明确何谓积极情绪，了解10种最常见的积极情绪及其产生条件；掌握积极情绪的扩展-建构理论；了解积极情绪的价值。

【学习重点】

掌握积极情绪的定义，区分生理快感与积极情绪；了解10种最常见的积极情绪的内涵与产生条件；理解积极情绪扩展思维的神经机制；掌握积极情绪的扩展-建构理论；了解积极情绪对于注意力、思维、身心健康与人际和谐的价值。

【读前设问】

1. 你在日常学习、生活中的积极情绪与消极情绪的比例大概是多少？你体验最多的是哪种积极情绪？

2. 你觉得你身边的人谁的情绪看起来最积极？他本人又是如何认为的？

3. 你认为积极情绪给你的生活带来了什么好处？如何利用积极情绪来更好地学习、生活？

4. 你有没有观察过积极情绪通常在什么情况下产生？你有什么制造积极情绪的小窍门？

情绪是一种融合主观体验、生理唤醒以及行为表达的心理活动，它渗透在我们每天的生活之中，我们所说的每句话、所做的每件事都包含情绪的成分。过往的心理学依循“类医学”的病理模式，过分聚焦焦虑、抑郁等消极情绪。而当代积极心理学主张将研究重心转向积极情绪。消极情绪与积极情绪是两个相对独立的系统，都具有适应意义。心理健康的人具有完整的情绪系统，一方面可以调节消极情绪，另一方面可以调动和利用积极情绪，从而激发潜能，实现完善与超越。

第一节　积极情绪概述

一、什么是积极情绪

（一）积极情绪的定义

早在1869年，科学心理学创始人威廉·冯特（Wilhelm Wundt）就提出情绪的维度概念，即愉悦度、唤醒度和紧张度，并认为人类任何情绪都是三个维度的不同组合。也就是说，假设存在一个情绪三维空间，我们就能依照愉悦度、唤醒度和紧张度上的独特表现，来为每种情绪锁定一个专属坐标。积极情绪就属于愉悦度的坐标轴，它反映了主观体验的享乐色调，所以，所谓的积极情绪是指愉悦的、引发我们接近和喜爱行为的情绪。

在此，我们要区分生理快感与积极情绪，尽管二者有时很难区分。生理快感是被动的，与刺激有关；而积极情绪既与生理快感有关，也与心理需求满足或精神活动有关。积极情绪具有主动性，是积极活动的结果。芭芭拉·弗雷德里克森（Barbara Fredrickson）在《积极情绪的力量》中提到，对着丰盛美食大快朵颐一顿，或是享用一次温泉SPA（水疗）尽情放松身体，这样的生理快感让人感到身心愉悦，并不可否认地将我们引向享乐，但这样的生理快感并不等同于积极情绪，所有食色之欲终会因饱足而生厌，而积极情绪带给个体的心理报偿却要持久得多。这正是因为积极情绪满足了心理需求。

“快乐”是人们日常交流中使用频率最高的描述积极体验的词，但弗雷德里克森并不认为“快乐”是一种特定的积极情绪，因为它的含义太过模糊。人们时常会说“……让我感到快乐”，例如“旧友重逢让我感到快乐”“工作晋升让我感到快乐”，这类表述当中所包含的情绪体验完全可以用喜悦、振奋、感恩、爱意等词来进行更为精确的诠释与传达。

（二）积极情绪的种类

在积极心理学诞生之前，情绪研究太过偏重消极情绪。在以往界定的基本情绪之中，消极情绪数量是积极情绪的3～4倍，情绪心理学家惯常的研究主题包括愤怒、恐惧、厌恶、忧伤、内疚、羞耻等消极情绪，而积极情绪往往被笼统地认定为快乐。从进化的视角来看，消极情绪往往是与危险或威胁相关联的，积极情绪所传递的信号则是环境是安全、良性的，积极情绪的价值因而不被我们的祖先看重。由此我们不难理解，为何长久以来积极情绪不像消极情绪那样被认真对待。然而，生活在当今的文明社会，我们所处的环境相对安全，消极情绪的适应价值无疑大打折扣，因此，深入探寻积极情绪的类别与机制成为这个时代的特殊需求。

那么，积极情绪有哪些呢？弗雷德里克森（2009）从对普通民众日常情绪体验的追踪考察中，发现了10种最常见的积极情绪：喜悦（joy）、逗趣（amusement）、宁静（serenity）、振奋（inspiration）、敬畏（awe）、兴趣（interest）、自豪（pride）、感恩（gratitude）、希望（hope）、爱意（love）。而后，弗雷德里克森（2013）从积极情绪的扩展-建构理论（the broaden-and-build theory of positive emotion）出发，分别分析了上述积极情绪的诱发来源、刺激产生（扩展）的思想-行动反应，以及收获（建构）的心理资源，详见表3-1。

表3-1　10种最常见的积极情绪

情绪	评价主题	思想-行为反应	积累的心理资源	核心特征
喜悦（joy）	熟悉、安全、出乎意料的好结果	玩、参与	通过参与体验习得的技能	高兴、开心、快乐
逗趣（amusement）	无伤大雅的社会性不一致	分享快乐、欢笑	社会纽带（联系）	逗乐、滑稽、爱玩
宁静（serenity）	安全、熟悉、轻松	品味、融合	新的优先事项、对自我的新认识	安详、满足、平静
振奋（inspiration）	见证了人类的卓越成就	向更高的境界努力	个人成长的动机	受启发的、受激励的
敬畏（awe）	面对“巨大”的美景或美德	吸收并适应	新的世界观	敬佩、惊奇、难以置信
兴趣（interest）	安全、新奇	探索、学习	知识、技能	有趣、机敏、好奇
自豪（pride）	取得被认可的成就	伟大梦想	成就动机	自豪、自信、自我肯定
感恩（gratitude）	收到馈赠或帮助	亲社会倾向或行为	关心他人，忠诚，建立社会（纽带）联系	感激、感谢
希望（hope）	担忧坏的结果，坚信事情可以好转	着眼未来规划	心理韧性、乐观	充满希望、乐观、勇敢
爱意（love）	以上所有/任意主题在人际关系中的映射	包含以上所有/任意反应	包含以上所有/任意心理资源，尤其是社会关系	亲密、信任

资料来源：B. L. Fredrickson，2013.

1. 喜悦

弗雷德里克森描述喜悦的体验是“既明亮又轻松”，而且只有当周围的一切是熟悉且安全的，情势按照你的预期顺利发展，甚至超出你的预期，出现意料之外的积极结果时，你才会心生喜悦。例如，清早例行公事查看邮件时，不期然收到老板对你近期工作的称许。又或是初为人父母，第一次听孩子唤出爸爸妈妈。当喜悦产生时，你会忍不住面带微笑，感觉身体轻快，浑身充满活力，周遭的世界都明媚亲切得让你有想要去拥抱的强烈冲动。喜悦情绪激发了个体玩耍和参与其中的冲动，类似于尼科·弗里达（1986）提出的“自由激活”，即一种“无目的、无特定要求地准备好参与一些活动”的状态。而在这种玩耍的过程中，个体感到喜悦，也会从体验中习得一些技能。

美国威斯康星大学麦迪逊分校的心理学家理查德·戴维森（Richard Davidson，2010）将喜悦分为两种，一种是达成目标之前的（pre-goal attainment），一种是达成目标之后的（post-goal attainment），而这两种喜悦的产生都与大脑的趋近系统（approach system）有关。趋近系统主要由背外侧前额叶皮层（dPFC）构成，尤其是左半球的 dPFC，这一区域不仅负责调控个体的趋近行为，它的激活也能诱发与趋近相关的积极情绪。个体在追求某一目标前，大脑中的趋近系统就被激活，每向目标前进一步，喜悦随之增加一分，尤其是当胜利在望时，喜悦和兴奋可能抵达巅峰，促使我们一鼓作气、直奔终点。而达成目标后，我们会在霎时间感到喜悦，但此时 dPFC 的活动水平会随着趋近行为的结束骤降直至平复，此时个体的喜悦之情也就转瞬即逝。

2. 逗趣

逗趣更日常化的表达是搞笑。当我们身处安全轻松的环境中，某些无害但又与惯常逻辑不符的事情在我们毫无心理预期的情况下发生时，这种错位碰撞出的强烈的喜剧效果往往令我们忍不住捧腹大笑。快乐是会“传染”的，逗趣激发了个体分享快乐的动机，在开怀大笑中快乐得以传递。而在这种传递快乐的过程中，个体同他人建立、巩固了较为持久的社会关系。

逗趣情境的核心在于逻辑错位。所谓错位就是一种不相符、不一致，即认知失调。心理学家歌维斯和威尔逊（Gervais & Wilson，2005）称之为“无伤大雅的社会性不一致”（nonserious social incongruity）。逗趣的“不一致”必须具备两个前提：第一，它必须无伤大雅，也就是说在这一情境中没有任何人受伤害或是感到受伤害。第二，逗趣是一种社会性的情绪。倘若一个朋友不合时宜地拿你的私事开玩笑（姑且原谅他是无心为之），让你感觉被冒犯、被羞辱，那么就算他的措辞再怎么趣味横生，你也断然不会觉出丝毫乐趣，这是因为其违反了逗趣“无伤大雅”的前提。而逗趣是一种“社会性的情绪”主要表现在逗趣常常发生在社交情境中。我们自己在独处时偶尔也会有“不一致”事件发生，比方说刷牙时错把洁面乳挤在了牙刷上，这个时候我们最多也就是会心一笑，情绪瞬间就溜走了，不会引起太大的内心波澜。可是，如果当时室友恰巧站在一旁，整个画面必定会让两人相视大笑。

3. 宁静

宁静与喜悦一样，带给个体的内心感受都是明亮而轻松。不同的是，宁静的体验不像喜悦那样炽烈、张扬，而是更加沉稳、内敛。弗雷德里克森将宁静比喻为“夕阳余晖式的情绪”，它往往紧随着其他形式的积极情绪而来。宁静通常源于对“当下”的关注、对当前感觉的“品味”。关注的焦点既可以是外界的环境，例如，令人沉醉、心生纯净的静谧风景；也可以是内在的自我，例如，静下心来回想过往人生中的某一幸福事件。当你全身心沉浸于某个当下时，你会感到无比享受和满足，你会希望时间就此停留，一切被定格成永恒。在这种情绪体验下，你整个人的状态会显得从容而安详，没有太过激烈的身体表达，只是不经意间会在嘴角泛起一丝笑意，偶尔也会不由自主地闭上眼睛或是张开双臂，以让身体、心灵都能更彻底地投入当下。

当前社会节奏不断加快，繁忙都市中的人们往往表情麻木、步履急促，每个人都朝着自以为的幸福的方向匆忙赶路，没有片刻空闲驻足审视、关注当下。然而，积极心理学告诉我们，生活需要细细品味，否则我们只会与真正的幸福渐行渐远。品味（savor），是积极心理学的重要概念。美国芝加哥洛约拉大学的弗雷德·布莱恩特（Fred Bryant，2003）专门研究这一课题，他认为品味是人们懂得适时放缓生活步调，珍视并享受那些看似琐碎的生活细节及其蕴含的积极体验，品味能够让点滴的积极体验得以累积、持续以至升华。布莱恩特同时强调，品味的对象并不一定是眼前正在发生的积极事件或出现的美好景象，怀念以往经历过的或是预想有可能发生的积极美好都能促使人们享受现在。毋庸置疑，品味就如同开启宁静情绪的钥匙。在不断品味、感受宁静的过程中，个体会对自我有更加深入且复杂的认识。

4. 振奋

振奋源于见证了人性的卓越。它是我们看到他人身上闪现了人性的光辉，为此感动并受到鼓舞的积极体验。这些“他人”并不一定是高高在上的“大人物”，日常生活中的平凡人也能爆发出不平凡之举，引发振奋的体验，比如，纽约一名超市店员毅然跳进地铁轨道救起晕倒的陌生人，杭州一位年轻妈妈奋不顾身徒手接住从10楼坠落的小婴儿。

海特（Haidt，2000）研究发现，振奋能引发独特的生理体验与内心欲望，它让人的胸口有温暖感、喉咙有哽咽感，有时还会让人抑制不住地流泪，这种眼泪并不带有悲伤成分，而是人们目睹人性美好之后心生欣喜的动情表现，海特将其称为“欣慰之泪”。在振奋情绪中，由于受到他人卓越表现的鼓舞与启发，人的内心会生发出提升之感，就好似整个的“身心灵”被一股力量牵引向上，人们会有一种强烈的渴望去亲身实践那些卓越，去让自己具备与“他人”一样的高贵品格。这就是说，振奋情绪能够诱发“见贤思齐”的行为动机，激励个体去追求更高的道德境界，这种激励自己不断成长的动机是振奋情绪给予我们的心理资源（Algoe & Haidt，2009）。正因如此，弗雷德里克森（2009）也对振奋推崇有加，称许它是一种极为重要的“自我超越情绪”（self-transcendent emotion）。

5. 敬畏

当我们为他人卓越的道德表现而振奋时，我们也会由衷地为之敬畏（敬佩）；而在不关乎道德的情境中，我们往往也会因为他人某种超乎寻常的禀赋、才能或成就而感到惊叹。无论哪种情况下，我们都会感到周围的人或物是何等的浩大，为之感到惊奇、诧异，并受到鼓舞，这种情绪便是敬畏。如置身于梵蒂冈西斯廷教堂，仰望那美轮美奂的《创世记》壁画，你会由衷赞叹米开朗基罗超凡绝尘的绘画造诣；或是看到翼装飞行运动挑战者从张家界的峭壁跃下，延展双翼穿越天门洞的瞬间，你会忍不住为他的非凡胆魄拍手叫绝。

弗雷德里克森认为，他人任何自我突破的卓越壮举，但凡在你心中引起了深深的共鸣，让你感到这一表现全然超越了你凭借以往经验所能想象的最高境界，敬畏之情便会在此刻强烈地生发。除此之外，当面对自然界的某些奇观异景，譬如气势磅礴的高峡飞瀑或是恍若仙境的云海佛光时，我们也能够感受到敬畏。在这种情境下，我们惊叹于大自然包罗万象、幻化无穷的创造力。不论在什么情境下，一旦你内心充盈了敬畏情绪，你就会体验到伴随着惊奇的欣赏与敬意，一些以往笃信的“不可能”仿佛奇迹般降临在眼前，彻底颠覆你的经验世界，你会有种被征服的感觉，从而吸收（同化）、适应（顺应）这种从未有过的体验。这种真切意识到自己与高于自己的某些所在产生的心理的联系，正是敬畏的提升性的体现，因此，它与振奋一样，也被称为自我超越的积极情绪（Shiota，Thrash，Danvers & Dombrowski，2017）。在敬畏冲击我们现存经验世界的同时，我们的认知结构得到了重组或更新，从而潜移默化地建立起对世界新的认识（Michelle N. Shiota，Keltner & Mossman，2007）。

6. 兴趣

兴趣产生的条件是，你置身于绝对安全的环境之中，但有一些陌生、新异的事物吸引了你的关注，此时你会有眼前倏地一亮、头脑顿时清醒的感觉，心中会对新鲜事物生出无数的好奇和憧憬，进而会在这种美好期待的牵引下去接触并接纳新鲜事物。设想你刚淘到一本情节新奇、引人入胜的科幻小说，于是你按捺不住好奇，废寝忘食想要一口气读完它；或者你新涉足一项充满乐趣、富有挑战的休闲活动，如瑜伽、攀岩、演奏某种乐器或做手工，你会兴致盎然，甘愿投入大把时间去学习它、掌握它，去享受自己技能不断提升的过程；又或者你热衷于发掘市井街巷的各种美食，每当有新发现，必定满心期待、乐此不疲地去尝新探奇。在这些情境中，你都能体验到同样一种积极情绪——兴趣。

兴趣作为情绪体验具体包含两个动力行为维度：探索（exploration）与专注（absorption）。前者意指兴趣能够诱发个体对于新奇与挑战的强烈渴望，因而也就扩展了注意的广度，使个体能在环境中敏锐感知新奇性/挑战性刺激；后者则是指个体一旦将兴趣锁定在某项新奇事物或挑战活动上，便会高度集中注意力，全神贯注投入其中，这意味着兴趣能够促进注意的深度，从而确保个体最大限度地汲取新的知识或技能，可以最大限度地开发人们的智力与潜力。通过对新奇事物的探索与专注，个体得以将获得的知识和技能纳入自身的心理资源。

7. 自豪

相比其他积极情绪，自豪的与众不同之处在于，它是一种自我意识情绪（self-conscious emotion）。就像这一情绪家族中的羞耻、内疚、难堪一样，体验自豪需要个体具备一定的自我反省与自我评估的能力。当我们取得某些成就，并因此赢得了他人的认可和尊重时，我们就能清晰感受到自我价值的极大提升，自豪之情便从心底油然而生。所谓成就，并不一定惊天动地，毕竟问鼎诺贝尔奖、摘取世界冠军之类的壮举不是人人能企及的。成就源于日常生活的各个领域，例如，小孩子破解了线索隐秘的拼图游戏，中学生取得了名列前茅的考试成绩，科学研究人员发表了颇具新意的学术观点，或是家庭主妇烹调出了全家称赞的新式菜品……只要人们为一件事投入了辛劳和努力，并且最终有所收获，就是有所成就，它并不是宣告我们有多优于别人，它真正的意义在于我们超越了以往的自己，发掘出我们过去未曾发掘的潜力。感受到自豪，会激发我们在其他类似的领域中取得更大成就的愿望或梦想，而这种愿望或梦想即为自豪感所给予我们的宝贵的心理资源（Williams & DeSteno，2008）。

在自豪情绪下，我们不仅会为取得成就感到欣喜，更会由衷地体验到自己是多么了不起。自豪带给个体的感受是其他很多情绪都无法比拟的。

8. 感恩

感恩是我们在感到自己受到某种恩惠时产生的积极体验。大多数情况下，恩惠来源于他人的施予。感恩的前提是他人的施予是无私的、高尚的。倘若你意识到他人的恩惠并非基于仁善的本性，而是基于一己私利，那么不管他带给你多丰厚的利益，你都产生不了丝毫感恩之情。只有当你感到他人的动机纯粹只是想帮助你，而且他们的施惠行为在一定程度上牺牲了自己的利益，却增进了你的福祉时，你才会生发出感恩之情。而你感知到的他人的牺牲越大，自己的获益越多，你心中的感恩之情也就越浓。在感恩他人的同时，我们自己也会逐渐变得善良和慷慨，并且学会向他人表达友善和关心，这便是感恩给予我们的心理资源。

有些时候，感恩并不源自某种具体的施予行为，而是源自自己的富有。我们都有过这样的日常经验，会在某一特定时刻，突然感怀自己所拥有的美好事物，例如，幸福的家庭、体贴的爱侣、健康的身体，我们会将这些视为老天的恩赐惠赠，由此产生深深的感恩之情。在这种情形下，感恩的对象是超乎个人的无形所在，这是一种更高层次的感恩情绪。常常体验这种感恩情绪的人，往往有着卓越的精神灵性（spirituality）。

9. 希望

不同于其他的积极情绪大都在你感到心无挂碍、情势合乎预期甚至超乎预期之时悄然而生，希望是在困顿与逆境中孕育而生的。当你面对事态失去掌控、前途晦暗不明，内心充满了对未来不确定性的担忧与惶恐时，倘若此刻你燃烧意志，奋力挣脱这些担忧与惶恐，希望就会冲破束缚热烈绽放。而往往境遇越悲惨，担忧与惶恐越深沉，其中蕴积的希望也就越炽烈。

弗雷德里克森（2009）认为，希望的核心其实是相信无论情况多糟糕，事情总能够好转的信念。在绝望的处境中，希望是你的支撑。事情总是能够好转的信念就像黑暗中的那一丝微弱的光明，让你不被绝望的黑暗吞没。希望会激发个体利用自身能力和创造力扭转局面的动力。希望还是一种未来导向的积极情绪，它能够引导你着眼于未来，将注意力放在为未来做规划上，促使你在令人失望的现状中乐观向上，坚持不懈地努力，激发你的潜能去主动创造转机，改变现状，争取更美好的未来。

10. 爱意

爱意是最具有包容性的积极情绪。当你因为生命中的重要他人而感受到上文所述的9种积极情绪（喜悦、逗趣、宁静、振奋、敬畏、兴趣、自豪、感恩、希望）时，它们都能转化为爱意，这似乎是人们最经常感受到的积极情绪。作为其他9种积极情绪的综合体，爱意几乎兼具了以上所有积极情绪的思想-行为反应。同时，爱意帮助个体建立并丰富了广泛、持久的心理资源，例如加强了个体与他人之间的社会纽带和联系。

各种积极情绪可以同时出现，组成人生的精彩。当你还是孩童时，对于每一次取得的成功，父母的认同与欣慰甚至要比成功本身带给你更大的喜悦。每当遭遇挫折时，父母的抚慰与鼓励总能让你重燃扬帆起航的希望。这份喜悦或希望承载的是父母深沉的爱意。你与爱人初识，他/她的一言一行完全占据你视线的焦点，每对他/她多一分了解、多一点靠近都会让你欣喜，这激起你未曾体验过的炽烈兴趣。而当你们确立恋爱关系时，你希求的莫过于彼此相偎相伴的二人世界，无须任何言语，你会感到一种源自灵魂深处的祥和与宁静……这份兴趣或宁静是伴侣之间的甜蜜爱意。当你为人父母时，观察孩子初学写字、为你制作第一张生日卡，看到那笨拙而童真的涂鸦，还有歪歪扭扭的“生日快乐”字迹，你会忍不住笑出声，发自内心体验逗趣。当孩子一天天长大，每每见证他的进步与成绩，你总会像自己获得成功一样满腔自豪、难以自抑……涌动在这逗趣或自豪中的，是亲子间血脉相承的绵绵爱意。人生在世，不可或缺的当然还有友谊。你欣赏朋友的长处，朋友的成就让你敬畏（敬佩），也激励你去追求自我的实现；又或者你身边有这样的朋友，虽然平日不常联络，但在你需要帮助之时会为你雪中送炭，朋友这样的支持与付出不仅会唤起你由衷的感恩之情，这种无私义举中蕴含的人性闪光也将深深撼动、振奋你的心灵……无论是敬佩、感恩还是振奋，其中流露出的都是朋友相互扶持的爱意。总而言之，任何积极情绪都能在特定时刻、特定情境下转化为爱意，从这一层面看，爱意应该是每个人一生中体验最多的积极情绪。

二、积极情绪的神经机制

1954年，欧德斯（Olds，1956）意外地在老鼠的大脑中发现了可能带来满足与快感的脑区。他将细小的针状电极埋在老鼠的下丘脑，电极线另一端的电源开关与一个踏板相连，老鼠踩到踏板便会接通电源，这时它的下丘脑就受到电脉冲的刺激。在多次实验中，老鼠的表现都惊人地相似，它们一旦形成了踩踏板的条件反射，就会发疯似的不停去踩，就连眼前食物的诱惑都能抗拒，不吃不喝地连续踩十多个小时，直到精疲力竭、昏睡过去。欧德斯由此认为，下丘脑的刺激必定是制造了莫大的快感，让老鼠们宁愿忍饥挨饿并乐此不疲。20世纪60年代，美国精神病学家罗伯特·希思（Robert Heath）在自己的病人身上进行了电刺激实验，试图在人脑中找到“愉悦中枢”从而医治抑郁、成瘾等精神疾病。他发现伏隔核正是这样一个区域，病人会主动按压电源开关，让电极刺激伏隔核，这让他们感到愉快。而现今的研究告诉我们，伏隔核与多巴胺的调节有着密切关系，多巴胺是让人感觉良好的重要递质，这也证明了伏隔核的确是积极情绪的关键脑区。

美国加利福尼亚州大学圣塔芭芭拉分校的认知神经科学家格里高利·阿什比

（Gregory Ashby）认为，多巴胺正是将积极情绪与认知加工联系起来的中间媒介。当代神经科学发现，人类大脑中主要存在两个多巴胺的通路：黑质纹状体通路，多巴胺由其中的黑质致密部生成，并被释放到纹状体之中；中脑皮层边缘系统通路，多巴胺由其中的腹侧被盖区（VTA）生成，并被释放到边缘系统与大脑皮层的大量区域之中。两个通路相对独立，但经由伏隔核、VTA与黑质又能产生联结。后一通路是积极情绪扩展效应的主要神经基础（Ashby，Isen & Turken，1999）。这是因为积极情绪的唤起会刺激VTA，从而使得掌管认知的皮层区多巴胺水平上升，进而也就对认知产生了调节和促进作用。一些研究也支持了这一假设。例如，德国研究者穆勒等（Müller et al.，2007）曾给一些人注射多巴胺，结果表明这能显著改善他们的工作记忆。总而言之，我们大脑里的多巴胺系统好似一台大功率发动机，积极情绪为它注入燃料，让它发挥功能，从而带动认知中枢的高速运转。

其他研究者也在努力探寻积极情绪的大脑奥秘。美国生理心理学家证明，对于积极/消极情绪，大脑左右半球的功能表现出明显的不对称性，左半球更多地参与积极情绪加工，右半球则主要负责消极情绪加工。英国伦敦国王学院的几位心理学家利用音乐诱发情绪，通过fMRI记录被试在聆听中性和欢快的音乐片段时的血氧浓度变化，发现欢快的音乐激起了被试的愉悦之情，使得腹侧纹状体（VS）、背侧纹状体（DS）、前扣带回（ACC）、旁海马回以及听觉联合区（AAA）显著激活（Mitterschiffthaler，Fu，Dalton，Andrew & Williams，2007）。还有研究者通过其他情境来激起被试的社交积极体验，比如当面称赞被试的好人品，或请他们将自己的被试酬劳捐给慈善机构。在这些社交积极体验下，表现活跃的脑区不仅有VS，还包括杏仁核、VTA以及腹内侧前额叶皮层（vmPFC）（见图3-1）。

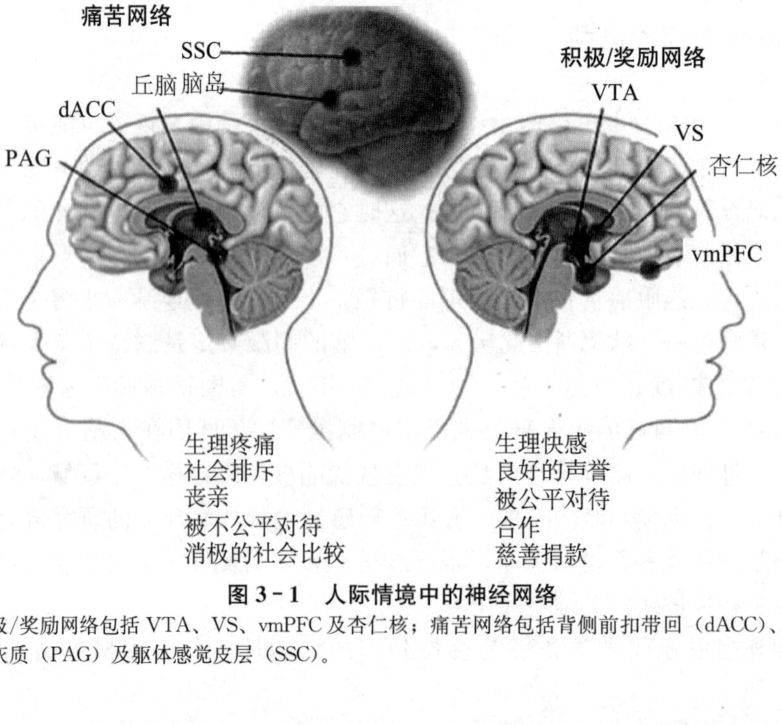

图3-1　人际情境中的神经网络

注：积极/奖励网络包括VTA、VS、vmPFC及杏仁核；痛苦网络包括背侧前扣带回（dACC）、丘脑、脑岛、导水管周围灰质（PAG）及躯体感觉皮层（SSC）。

第二节 积极情绪的功用

积极情绪有什么功用？对生活有什么好处？如何增强心理健康功能？长期以来，人们只知道消极情绪的作用，如恐惧使人回避，愤怒使人战斗或逃跑，而对积极情绪的适应功能一无所知。弗雷德里克森是回答这个问题的第一人，她提出了积极情绪的扩展-建构理论，发现积极情绪具有巨大的潜能和力量。

一、认知-行为资源库

消极情绪的功能已经为人们所了解。消极情绪的功能在于窄化认知-行为资源库的即时范围，个体因而能够在危险情境下迅速高效地调动各种应对资源，以保证自身的生存。例如恐惧情绪。想象你正走在马路上，突然不远处一辆失控的汽车向你迎面冲来，强烈的逃生冲动必定顷刻之间占据你的整个身体与头脑，你的心率顿时加快，促进全身的血液快速流向肌肉，肾上腺素也会作用于肝脏并使其释放出更多的葡萄糖，来为肌肉提供充足的能量，这些让你做好随时拔腿就跑的准备；与此同时，你的注意力完全集中在逼近的汽车上，压根无法顾及周围的其他事物，你的思维也会瞬间短路，无法进行任何正常思考，满脑子只想着逃跑。毋庸置疑，在危险环境中，消极情绪对认知及行为的窄化作用能够最大限度地确保我们成功逃离或战胜危险。

如果我们所处的环境相对安全，消极情绪的适应价值就会大打折扣。那么，在安全环境中，是否积极情绪更能彰显生存优势？答案是肯定的。弗雷德里克森相信，积极情绪与消极情绪正好相反，它对认知-行为资源库具有扩展功能，使得个体的认知与行为系统更为开放、灵活，并且使得个体持久的发展资源得以建构。她曾用一段极富诗意的语言来描述积极情绪的这种扩展与建构功能：

> 把你自己想象成春天里的一朵花，你的花瓣聚拢，紧紧围绕着你的脸。即使你还可以看到外面，也只有一点点光线，你无法欣赏发生在你身边的事情。然而，一旦你感受到阳光的温暖，情况就变了。你开始变得柔软，你的花瓣放松，并开始向外伸展，让你的脸露了出来，并拿掉了厚实的眼罩，使你看见的事物越来越多。你的世界向外扩展开去，可能性不断增加。

积极情绪让我们像花儿一样“开放”，使得我们的眼界更加开阔，拥有的资源也更丰富。就具体的积极情绪而言，例如你对某一新鲜事物产生好奇与兴趣，这种积极情绪会使你的思维与心态变得开放而有接纳性，它会引导你去探索未知领域，去学习新鲜知识，这些收获的知识也许不会立竿见影地给你带来好处，但保不准将来哪天就能派上用场。又例如小孩子的嬉戏玩乐，这使他们能够预先演练成年以后所需要的很多生存技能，就像一些动物在幼年时互相追逐、打闹甚至撕咬，以愉快的方式来训练日后赖以生存的捕杀猎物或是逃离天敌的技能。由此可见，积极情绪的价值并不局限于一时一地或某一特定环境，而是会使我们不断地成长，建构起长久的心理资源。

二、积极情绪的扩展与建构

（一）扩展与建构的“向上螺旋”

积极情绪和消极情绪有着同样的机制和功能，即影响个体的行为或者行为倾向。不过，积极情绪的作用方向刚好相反，它能够扩展一个人的即时思维和行为范畴，也就是说，在当时的特定情境下，积极情绪能够促使人突破一定的限制而产生更多的思想、出现更多的行为倾向。同时，这种思维-行为范畴的扩展，帮助个体建构起持久的个人发展资源，这些资源趋向于从长远的角度，用间接的方式给个体带来各种利益。大致而言，它能促使个体充分发挥自己的主动性，从而产生多种思想和行为，特别是一些创造性或创新性的思想和行为，并把这些思想和行为迁移到其他方面。当个体通过这些思想和行为实现了个人的成长和发展之后，积极的情绪体验也就得到了进一步深化。

弗雷德里克森将这一假设称为积极情绪的扩展-建构理论，她指出这一过程是一个螺旋式上升的过程，个体每一次的积极情绪体验都会使原来的思想或行为模式上升到一个新的高度。通过图 3-2，我们能更加直观地理解这个过程。

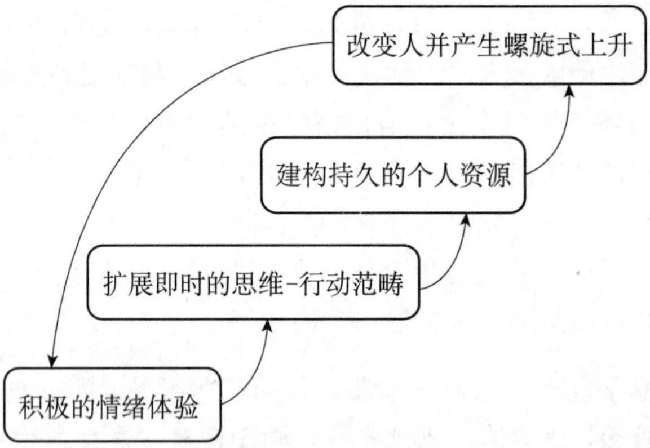

图 3-2　积极情绪的扩展-建构理论

在积极情绪的影响下，人会有多种行为或思想的选择，可能是多种多样而没有规律的，甚或创造出一种前所未有的新行为、新思想。反之，当一个人能用各种方式来表达自己的积极情绪时，他对积极情绪的体验会更深刻、更彻底，这又会促使个体不断地进行各种创造，以获得这种积极情绪体验。积极情绪与心理应对资源的不间断螺旋式上升，正是积极情绪的扩展-建构理论的核心。

（二）积极情绪的功能：扩展思维，构建资源

概括而言，弗雷德里克森的积极情绪理论包含两大核心主张：一是积极情绪能够

扩展认知系统的相对范围，帮助我们冲破一些思维的定势或限制，使我们的思维更加开放、更加灵活、更具有创造性；二是积极情绪能够建构我们的个人资源和社会资源，例如，它使我们有效抵御生理、心理的疾病因而更加健康长寿，也赋予我们良好的抗压能力与复原力，使我们能够战胜挫折或逆境并从中获得成长，它还帮助我们与他人建立更加亲密、信赖的人际关系。在过去近 20 年的科学研究中，上述主张已经得到反复验证。下面，我们简单列举其中一些研究证据。

1. 积极情绪扩展注意广度

积极情绪能够扩展我们的注意广度，让我们的视野更加开阔。请看图 3－3。

图 3－3　整体-局部任务

现在请你判断：位于图 3－3 中下方的两个图形哪一个与上方的那个图形更为相似？这个答案显然是没有对错之分的，无论你做出何种选择，都能找到自圆其说的依据。如果你选择右下方的图形，那是因为它与我们参照的“靶子”图形都是由小正方形构成的；如果你选择左下方的图形，则是因为它与“靶子”图形的整体轮廓都是一个大三角形。那么，不同的人是否会表现出不同的选择倾向呢？或者说，在什么情况下我们会更关注局部细节，又是在什么情况下我们会放眼整体？弗雷德里克森和布兰尼根（Fredrickson & Branigan，2005）曾采用这种整体-局部任务来探究情绪与整体、细节知觉偏向的关系。研究发现，人们处于消极或中性情绪之中时，会倾向于选择右下图，他们的视野边界缩窄了，注意力全放在零散的细节上，看不到大画面，表现出部分视觉加工倾向。而人们被注入积极情绪时，就会做出相反的选择，此时他们的眼界开阔了，不再纠结于细枝末节，有着更大的注意广度，可以轻松勾绘出宏观的画面，表现出整体视觉加工倾向。

2. 积极情绪使思维活跃，更有创造力

弗雷德里克森和布兰尼根（Fredrickson & Branigan，2005）做过这样一项研究：用包含不同情绪的电影片段来激发被试的情绪状态，并要求被试想象自己处于看电影的情境中，或回忆相似的生活场景，以保证被试沉浸在同样的情绪体验中。在此基础上，让被试在规定时间内列出一个“我想要做什么”的单子，结果发现，喜悦状态下的被试列出“我想要做什么”的单子最多，然后是没在任何积极、消极情绪下的对照组，愤怒情绪下的被试列出来的最少。这一实验结果正符合弗雷德里克森的假设：积极情绪能扩展个体的行为或思想，消极情绪则会限制个体的行为或思想。

美国情绪心理学家艾森和道伯曼（Isen & Daubman，1984）采用认知归类任务，要求被试尽快判断一个名词是否属于某个类别，比方说，“汽车”“飞机”是否属于“交通工具”。这样的判断当然很容易，可是一旦碰到“升降梯”“手扶梯”这种游离于该类别的边缘词，被试的反应一般就会变慢，因为在普通人的逻辑里，升降梯、手扶梯并不是典型的交通工具，但它们的确是方便了人们的行动，归为交通工具也无不妥。艾森和道伯曼发现，诱发了被试的积极情绪之后，他们的思维就更加变通、跳脱，能够更快速地归类边缘词。而采用远距离联想任务，他们同样得出积极情绪可以帮助人们突破思维常规，敏锐发现事物之间相隔遥远的隐秘联系的结论。这项任务是每次给被试看三个词，让他们去思考有没有哪个词和这三者都能关联起来。比方说，给被试看“高尔夫”（golf）、“豆子”（bean）、“嫉妒”（envy），正确答案就是“绿色”（green），前两个词很好解释，因为高尔夫球场草地和豆子都是绿色，至于“嫉妒”与“绿色”的关系，则是源于西方俗谚中往往用“被绿眼怪咬了”（bitten by the green-eyed monster）来形容一个人的嫉妒。可见，联想任务对思维的发散性有很高要求。而研究中，积极情绪被证实能显著提升被试的任务成绩，这证明积极情绪能够拓展思维，使思维发散，增强思维灵活性。

艾森和莱文（Isen & Levin，1972）还曾直接验证积极情绪对创造力的促进作用。她们首先激起被试不同的情绪体验，而后让他们完成一项测量创造力的经典任务，即“蜡烛任务”，也就是给每个被试一根蜡烛、一盒图钉和一盒火柴，要求他们想办法把蜡烛固定在墙上，同时要确保蜡烛油不滴到地板上。最后，研究人员发现，积极情绪下的被试完成蜡烛任务的表现明显比消极情绪下的被试更好，积极情绪让人们的思维更加灵活变通，更具有创造力。

3. 积极情绪促进身体健康

积极情绪对身体健康的建构效应已被诸多研究证实。普莱斯曼和科恩（Pressman & Cohen，2005）认为，积极情绪可以帮助我们建立抵御与预防疾病的免疫机制，让我们的身体更健康。积极情绪也会使我们的身体发生一系列奇妙的化学反应，它会抑制那些与压力相关的激素分泌，平息或“还原”消极情绪引起的心血管应激反应，弗雷德里克森称之为积极情绪的“还原效应”（undoing effect）。

积极情绪对寿命有积极的影响。例如，第一章提到的迪纳等的研究发现，修女们在进入修道院的时候所写的短文中表达出来的幸福程度与她们长寿与否密切相关。所有的被试都有同样的生活方式。她们都是未婚，不吸烟，不喝酒，在整个成年时期都只吃简单的营养均衡的食物。当初进入修道院的时候，她们做了简单的自我描述，并写下她们对未来生活的希望，但是她们并不知道这些文字以后会用来做关于幸福和长寿关系的研究。经历了半个多世纪之后，一批训练有素的评分者对她们文字中反映出的积极情绪进行量化评分。这些评分者并不知道她们的年龄。在最快乐的1/4被试中，有90%的人寿命超过85岁。相比之下，在最不快乐的1/4被试中，只有34%的人活到这个年龄。

积极情绪还能够抗御疾病，促进健康恢复。卡内基·梅隆大学的谢尔顿·科恩（Sheldon Cohen）与同事人为创设了引发感冒的致病环境，想要验证积极情绪是否真能直接击退病毒，降低患感冒的概率。334 名被试全都是在清楚知晓可能的风险的情况下自愿参与实验。研究者为了能准确把握被试真实的情绪状况，确保实验万无一失，先在一段时间内对他们日常的积极/消极情绪做了持续监测，然后让他们接触感冒病毒。预期结果竟真的发生了。在控制了年龄、性别、消极情绪水平、对抗病毒的抗体水平等因素后，积极情绪仍与患感冒率有着显著关系：被试的积极情绪越高，被试就越能对病毒免疫，感冒风险也就越低（Cohen，Doyle，Turner，Alper & Skoner，2003）。还有研究发现，在心脏移植手术后，积极的期望预示着更佳的健康。在经历了外科手术和其他疾病之后，乐观者比悲观者恢复得更快。针对失去配偶者的研究发现，能发现生活意义、有积极情绪的人更能战胜以后的困难，生活的时间更长。还有一些针对幸存者的研究也表明，积极情绪在促进康复中具有重要作用。比如，团体心理治疗项目就显示了积极的情感支持对患乳腺癌的女性有多种效果：减轻焦虑和抑郁、延长存活时间和降低复发率。

4. 积极情绪增强复原力，建构心理资源

除了促进生理健康，积极情绪对于个体资源的建构效应还体现在能带来卓越的抗压能力，让人不至于被挫折或逆境打倒在地，而是迅速地做到“在哪里跌倒，在哪里爬起来”，并且从中有所学习、获得成长。弗雷德里克森曾考察人们在“9·11”事件后的反应，结果发现那些有着更多积极体验的人表现出更强大的内心力量，他们不会被恐惧、震惊等消极体验压倒并就此陷入情绪障碍之中，相反，积极体验帮助他们从危机中快速恢复，使他们对人生的态度变得更加积极，更加珍惜生命、善待他人。这种承受压力并从中复原的心理能力，被称作“复原力”（resiliency）。

将复原力理解为与应激的互动过程的最著名模型之一来自美国犹他大学的格伦·理查森（Glenn Richardson，2002），该模型告诉我们，任何人都具有高复原力的潜能，激发它的关键在于个体是否擅用保护因素。积极情绪正好就能充当保护因素。在与逆境博弈的过程中，懂得苦中作乐的人总是能迸发出更强的战斗力。

因此，积极情绪能够建构心理资源，增强复原力，从而使人具有良好的心理健康状态和不断提升的主观幸福水平。关于复原力及理查森的模型的具体内容请参见本书第六章。

5. 积极情绪促进人际和谐

积极情绪对社会资源的建构效应也已得到科学研究的反复证明。积极情绪促进友善、利他的最初证据可追溯至 20 世纪 70 年代艾森和莱文（Isen & Levin，1972）所做的一系列实验。人们在被诱发积极情绪之后，更乐意花时间与陌生人沟通互动，也更自发地向陌生人施以援手，比如帮忙拾起掉落的文件，或是主动给予金钱的帮助。

不仅如此，积极情绪还能拉近人与人之间心灵的距离，消除不同群体的人际偏见，最终让我们收获更加和谐的人际关系，而我们的好心情和小善举也会感染他人，由此使得积极情绪的建构效应好似涟漪一样在人与人之间扩散开去，在我们生活的整个社会激起良性循环。

（三）“丰盛”人生的“积极率”

不同于传统心理健康领域将心理疾病与心理健康看作一个维度的两端的做法，积极心理学认为，心理疾病与心理健康是两个独立的系统。没有心理疾病不意味着心理健康，它不过是评价心理健康的最低标准。一个人只有既免于消极病态，同时又能高度展现积极情绪、积极品质和积极机能，才可真正称为心理健康的人。然而，在长期的进化过程中，消极情绪对人类生存有着重要的意义，消极情绪或是消极事件的影响远超过积极情绪。既然坏心情的影响力更强大，我们唯有依靠更多的好心情来与之抗衡，才有可能达到心理健康，进而通往“丰盛”（flouring）。弗雷德里克森调查了大量具有不同心理状态的人，计算他们在日常生活中积极情绪与消极情绪的数量，结果发现“积极情绪∶消极情绪＝3∶1”是达到心理健康的临界值，也就是说前者达到后者的3倍或以上，心理健康就有了最坚实的保障，实现“丰盛”也就顺理成章。

综合看来，积极情绪使我们的眼界扩展、思维开放，为我们建构起持续成长的身心资源和社会资源，这些进而又会提升积极情绪，弗雷德里克森将这种良性循环比喻成一个“向上螺旋”。积极情绪的持续累积最终将会引领我们步向充盈而丰盛的人生。

拓展阅读

如何主动制造积极情绪

由衷地、真诚地感受并表达积极情绪，或是与他人建立亲密、稳固的情感联结，是积极情绪产生的普遍性指导原则。

以下是三种有效增加积极情绪的具体方法。

1. 时常练习冥想

冥想经验丰富的人有着更高的积极脑区激活水平，也就是说，冥想可以通过永久改变大脑来提升一个人整体的积极性。冥想在增加了日常积极情绪的同时也减少了消极情绪。随着冥想练习时间变长，这一效果愈加凸显，从而增强心理健康。

如果要进行自助冥想练习，可以遵循以下四个步骤：

第一，找一个不被打扰的时间和安静的地点，用舒服的姿势坐好。

第二，透过身体接通当下，闭眼，静下心体会身体，从头到脚进行“身体扫描”，有意识地让肌肉放松，将注意力集中在呼吸上。对身体的内观会让你与当下时刻融为一体。

第三，任思虑和杂念来去。应对思虑和杂念最好的办法是不去强行赶走它们，而是将注意力重新落到呼吸上，体验身体与当下的融合。

第四，向内收摄意识。当杂念再次出现时，试着让意识去静观它们，慢慢就能觉察到杂念本身与“感知杂念的意识”是两个独立的存在。这时，把意识从杂念上收回来，转而投向“感知杂念的意识”，此即向内收摄意识。

如果你能达到此境界，意识就既扮演了静观者的角色，又充当了观察对象的角色；你会发现此刻天地万物似乎都不再存在，思维也进入了无虑无扰的虚空状态。

2. 积极干预策略

塞利格曼与同事设计了一些积极干预策略（见表3-2）。

表3-2　积极干预策略

记录幸运（counting blessings）	每周一次，列出一些你所经历或拥有的、让你心怀感恩的事件或东西，并且思考它们给你的生活注入了怎样的积极力量。这一策略被证明能缓和“快乐的跑步机”效应，让人始终清楚意识到自己生活中的福祉与幸运。
三件好事（three good things）	每晚入睡之前，写下三件以往任何时候发生在自己身上、值得欣喜的好事，并且思考它们发生的可能原因。也许你会发现自身的努力能提升你的自我认同，抑或别人的帮助可以唤起你的感恩之情。
实践感恩（gratitude visit）	想想你是否对某人抱有感恩之情，但却从未向他郑重地表达过这种情感。如果是这样，请用心写一封感谢的书信，并且将这封信当面念给他听。
学会体味（savoring）	想想你是否对生活中的某些事情从不经心，常常以敷衍的态度匆忙了事（例如，总是步履匆匆，从不关注每天必经的道路周围有何景象）。请你尝试放慢生活步调，享受这些细节中的乐趣，并且记录这种感受，将其与敷衍时的感受相比较。这一策略能有效提升你的生活品质，同时能让你的生活充盈宁静、兴趣、感恩、爱意等积极情绪。
颂扬辞（the tribute）	想象你已经历一段丰富精彩的人生旅程，你的生命已经结束。某报纸打算出一期特刊来纪念你，其中包括对你家人、朋友、同事及其他人的访谈，你曾给这些人的生活带去重要且正面的影响，他们都由衷地表达了对你的颂扬。请你写出特刊内容，一定记住，你所写的其实代表了你内心最希望别人怎样来评价你，而不是让你去理性推测别人实际会怎么评价你。可先尝试回答下述问题，围绕它们来组织写作：（1）有哪些人会进入你的这篇颂扬辞？（2）不同的人会对你有怎样不同的整体评价？（3）他们会怎样描述你对他们人生的影响？（4）他们会推崇和铭记你所取得的什么成就、你具备的哪些优秀的才能与品质，以及你留下的哪些宝贵的有形或无形遗产？这一策略能揭示你希望成为怎样的人、最看重生活中的什么东西，由此来帮助你澄清你所追求的生命意义。

3. 运用性格优势

塞利格曼等提出，每个人都有着与生俱来的性格优势，如果我们善于在日常生活中运用这些优势，将会最大限度地增进积极体验。一般而言，相比判断力、创造力等认知层面的“头脑”优势，宽恕、感恩、爱与被爱、乐观等情感层面的“心灵”优势对于提升积极体验具有更重要的意义。这是因为情感层面的积极特质更能催生个体的应激适应能力与自我保护机制。例如，乐观被证明对应对方式具有重要影响。在面对生活应激事件（如父母离异、亲人去世）时，不同于悲观者否认、逃避的消极应对，乐观者倾向于采取以下应对方式：赋予事件积极意义，主动寻求社会支持，利用活动或爱好转移注意，因此表现出更好的心理调节，这对激发与保持较高水平的积极体验构成一种心理保障。除此之外，也有研究者认为，某些“心灵”优势与积极情感之间的联结，早在童年初期就已经建立了。例如，一些个体所具有的爱与被爱的性格优势，在很大程度上源于其早期经历中安全型的母婴依恋，安全型依恋对个体毕生的社会适应能力与积极体验水平都有着极强的预测力。

基本概念

积极情绪　积极情绪的扩展-建构理论　积极情绪的功用

本章要点

1. 积极情绪指愉悦的、引发我们接近和喜爱行为的情绪。生理快感不是积极情绪，因为生理快感是被动的，与刺激有关，而积极情绪具有主动性，是积极活动的结果。

2. 10种最常见的积极情绪是：喜悦、逗趣、宁静、振奋、敬畏、兴趣、自豪、感恩、希望、爱意。

3. 积极情绪的产生与大脑中的愉悦中枢有关。研究证明，刺激伏隔核能够调节多巴胺分泌，而多巴胺是将积极情绪与认知加工联系起来的中间媒介，由此证明了伏隔核的确是积极情绪的关键脑区。

4. 积极情绪的功用在于能够扩展思维-行为范畴，帮助个体建立起持久的个人发展资源、发挥自己的主动性，从而改变人的思想和行为。积极情绪与心理应对资源的不间断螺旋式上升，正是积极情绪的扩展-建构理论的核心。

复习思考

1. 积极情绪与消极情绪有哪些不同的机制和功能？

2. 结合自己的经历，谈谈你对积极情绪的扩展-建构理论的理解。

3. 你认为，在生活中积极情绪有哪些重要的影响？

4. 如何激发人的积极情绪？

5. 10种积极情绪各自具有哪些发生条件？

6. 积极情绪对应哪些重要脑区？它对认知的扩展效应又有怎样的神经基础？

7. 关于积极情绪促进身体健康，有哪些不同角度的研究证据？

8. 什么是真正的心理健康？为何积极情绪必须达到消极情绪3倍以上，才算符合心理健康的标准？

9. 如何理解积极情绪与复原力的“向上螺旋”？

推荐读物

1. 周雅．积极的情绪．南京：江苏凤凰教育出版社，2014.

2. 彭凯平．活出心花怒放的人生．北京：中信出版社，2020.

3. 韦志中．积极心理学：6 堂积极情绪培育实录课．北京：西苑出版社，2021.

4. 弗雷德里克森．积极情绪的力量．北京：中国人民大学出版社，2010.

5. 卡尔．积极心理学：关于人类幸福和力量的科学．北京：中国轻工业出版社，2008.

6. 塞利格曼．真实的幸福．杭州：浙江人民出版社，2013.

推荐网站

1. 积极情绪的激活脑区图：http：//mindblog. dericbownds. net/2009/02/envy-and-schadenfreude-in-brain. html

2. 积极心理学在线项目：http：//www. positivepsychologytraining. com/default. aspx

3. 美国宾夕法尼亚积极心理学中心：www. positivepsychology. org

第二篇　逆境中的积极心理

这一篇主要介绍与摆脱逆境有关的积极心理学概念。在积极心理学的有关论述中，通常把这一内容也称为积极的认知。这一篇包括乐观、希望和复原力相关章节。

我们认为，积极的认知的主要功能是帮助人们摆脱逆境的影响，尽快地恢复常态化的心理状态。在没有身处逆境时，积极的认知的作用并不明显，比如，一个人一帆风顺时，你提醒他要保持乐观心态是多余的。只有当一个人遇到困难时，乐观才是稀缺的积极品质。

第四章中，我们主要介绍了乐观的基本原理，包括乐观的定义、分类、测量和重要作用。第五章中，我们介绍了与乐观非常相近的概念——希望。希望从行动目标、动机和路径的角度深化了乐观的概念，体现了人们在具体做事情的过程中，如何将乐观精神转化成为乐观的有效行动，即实践乐观。

此外，第六章中，我们还介绍了心理复原力的概念，这也是最有研究潜力的领域。复原力试图回答为什么同样经历了逆境，有些人不仅没有受此影响，反而吸取了教训，变得更加强大，另一些人则产生心理疾病，退缩消极。导致两者分化的主观因素和客观因素是什么，如何从打击中复原，这些都是引人入胜的问题。

第四章

乐　观

一切和谐与平衡，健康与美丽，成功与幸福，都是由乐观与希望的向上心理产生与造就的。

——乔治·华盛顿

【教学目标】

掌握乐观的定义，了解乐观与希望等相近概念的区别；了解并区分气质乐观理论与乐观归因理论；掌握乐观的常用测量方法；理解乐观的心理机制；了解乐观对个体身心健康、人际关系和自我管理的影响；掌握如何提升乐观能力。

【学习重点】

了解两种乐观理论的联系与区别；掌握如何在生活中理解和应用乐观。

【读前设问】

1. 你觉得自己是一个乐观的人吗？为什么？
2. 你是如何理解乐观的？
3. 生活中有哪些令你印象深刻的乐观或者悲观的故事？
4. 如何培养自己的乐观精神？

第一节　乐观概述

图 4－1

从右边这张图片（见图 4－1）里，你看到了什么？

略空之杯，未满清水，抑或是杯水映出的花花世界？

不同的人对同一件事会有不一样的解读，而这种解读会直接影响我们的心理感受及下一步的行动计划。

美国的选择研究公司（Option Research Corporation）调查发

现，有78%的人认为这个杯子是半满的，他们看到了自己的资源，我们将其称为“乐观”（optimism）；还有17%的人认为这个杯子是半空的，他们忽视了自己现在拥有的，只看到自己失去的，为此沮丧不已，我们将其称为“悲观”（pessimism）。其余5%的人则看到了杯中映射的花花世界。

你呢？

乐观是积极心理学领域的重要概念之一，也是中华民族优秀品质之一。中华民族历来重视培养乐观向上的精神。

那么，什么是乐观呢？研究者们逐渐发现，人们好像用两种完全不同的思维来看待身边已经来到的或者将要来到的所有事物。有的人通常拥有积极的视角，从身边的琐事中找到各种乐趣，从困难中看到希望，使自己更加快乐。还有的人则很少看到事物积极的一面，哪怕一点点小事，也很容易让他们感到生活无望；这样的人很容易能量不足，没有自信心，甚至会削弱他们身边人的精神力量。以塞利格曼为代表的心理学家们发现了这两种人之间的巨大差异，开始了对“悲观”“乐观”领域的研究。研究发现，乐观在自我导向行为（self-directed behavior）中发挥了重要作用，同时也是影响幸福感的重要因素。乐观还是建构美好人生的有力工具，它可以帮助个体远离抑郁、焦虑等心理问题，增加工作、学业的成就，发展和培育良好的人际关系。

许多实证研究证明，乐观犹如身心健康的自我防卫机制，可以使人应对挫折，并沉着应对挑战与压力，帮助人远离抑郁、加强健康并增进自我了解。塞利格曼和契克森米哈（Seligman & Csikszentmihalyi，2014）研究发现，拥有乐观信念的人，不管是就学阶段的学生、身处职场的成人，还是绝症患者，都能以比较积极正面的态度面对生活，且能对未来抱有期待和希望。乐观情绪对处于急剧变革的社会和困境中的人们而言，可以说是身心疾病的防护墙、幸福与成就的促进器。塞利格曼的多项研究都显示了乐观对于个体成功的重要意义：乐观的学生学业成就更高，乐观的保险销售员工作业绩更好，甚至乐观的总统竞选者更容易当选总统。布利塞特、沙伊尔和卡弗（Brissette，Scheier & Carver，2002）的研究还表明，乐观的人身体健康水平更高，患病后更容易康复，同时更善于应对生活事件带来的压力。由此可见，乐观给个体带来明显而巨大的收益，是重要的积极心理品质之一。进一步了解乐观的概念，探索其心理机制，明确其在现实生活中的功用，具有重要的价值。从更广泛的社会角度来说，乐观就是生产力，对乐观的投资将会带来更高、更全面的效益。相信学习本章将有助于你进一步了解乐观，培养和提升乐观品质。或许你现在还不够乐观，但按照乐观者那样做就能为自己带来真实的收益。正如心理学家詹姆斯所言：“如果你想得到良好的品质，你必须按照好像你已经拥有它来行动。”

一、乐观的定义

虽然乐观的概念广为人知，但学者们对乐观的定义并不一致。从词义的角度出发，

《牛津大辞典》将乐观定义为“相信事情会向好的方向发展，并有积极的结果”，相应地，将悲观定义为“相信事情会向不好的方向发展，并有消极的结果”。

依据期望-价值模型，乐观是指个体对有关个人和社会的未来积极事件会发生的主观判断，悲观则指个体对有关个人和社会的未来消极事件会发生的主观判断。登伯等（Dember，Martin，Hummer，Howe & Melton，1989）进一步认为乐观即指对生活的积极态度及行为表现。乐观者通常认为过去、现在和未来的生活中有好的、有利的或是有建设性的一面，并且这种态度能够在实际行动中体现出来，发挥积极的作用。悲观者则正好相反，持有对生活消极的态度和行为。这种定义较为宽泛，似乎包含了诸多积极的人格、个体认知和行为成分。因而，在该定义下，乐观与自尊、生活满意度等概念的边界不是特别清晰。

上述众多对乐观的定义都有一定的合理性。但是，在实际的心理学研究中，这些定义都存在内涵宽泛、操作性不强的问题，难以开展深入的研究。在操作性定义无法进一步补充的情况下，乐观与其他类似的诸多变量存在互相重叠的问题，使本来就难以测量的心理特征变得更加容易互相混淆。因此，上述定义均未得到研究者们的广泛认可。目前，积极心理学领域有两个较为主流的观点，较为全面地阐释和定义了乐观，即气质乐观理论和乐观归因理论。

（一）气质乐观理论

期望-价值理论很强调个体的期望。该理论认为，只要个体预期最后的行为结果是成功的、是可以实现的，那么个体就会付出努力去克服困难；而当个体怀疑行为结果不能实现时，个体就倾向于放弃这种行为。期望-价值理论包含了自我调节模型，认为行为围绕着对目标和自己达到结果的信任或怀疑。如果对目标和达到结果没有信心，人们就不会付诸行动。同时，个体的情感体验也会随着期望的不同而有所变化。如果期望目标是可以实现的，个体就会体验到积极的情感；相反，如果期望目标不能实现，个体则会体验到消极的情感。

上司布置了一项任务给你，要求你本周内上交结果，但是你手上还有些别的任务。那么，你会怎么对待这项任务呢？一般说来，你会估量一下这项任务的难易程度。如果这项任务是有可能完成的，你自然会尽量排出时间，努力加班完成；相反，如果这项任务难以完成，你不擅长，时间也不够了，你就会懈怠一些。

卡弗和沙伊尔（Carver & Scheier，2014）基于期望-价值理论、自我调节理论，首次提出了气质乐观（dispositional optimism）的概念（也有学者翻译为乐观人格、乐观倾向）。气质乐观是一种重要的人格维度，拥有这种人格维度的个体对于未来有积极的期望，并认为期望的结果经过坚持不懈的努力是可以达到的。相应地还存在气质悲观，拥有这种人格维度的个体对于未来有消极的期望，从而放弃努力，变得被动，这样也就潜在地放弃了他们的成就。研究者认为，气质乐观或气质悲观是人们在相似的行为情境中发展出的类化的期望，这些积极或消极的期望具有跨时间和跨情境的一致性，促使个体形成积极或消极的情感状态，并最终引起积极或消极的行为结果。因此，研究者们认为气质乐观是相对稳定的人格成分，同时也是对在压力情境下个体能否积极应对的有效预测因素。

沙伊尔认为，乐观的人对未来积极事件的发生抱有期望，用日常的语言来描述，就是很容易“看到生活好的一面”。气质乐观表现为基于对未来的积极期望而产生动力，来驱使自身坚持与不断努力；即使面对困难，也会继续坚持追求所认为的有价值的目标，采用有效的应对策略，不断调整自己的状态，尽可能去实现目标。而悲观的消极预期，则会导致放弃的倾向。气质乐观理论将人视为连续体：一端是乐观者，通常认为好事会发生；另一端是悲观者，一般认为坏事会发生。

（二）乐观归因理论

塞利格曼基于习得性无助理论和归因理论提出了乐观归因理论。在介绍乐观归因理论之前，我们先简单了解一下习得性无助理论和归因理论，以便更好地了解乐观归因理论。塞利格曼以狗为研究对象发现，动物存在习得性无助（learned helplessness）现象。习得性无助即指在长期的定向刺激或训练作用下形成的对事件的消极应对（如放弃反抗，停止寻求帮助，固着于消极认知）。基于此，塞利格曼认为人类也普遍存在这种习得性无助现象。当个体认为遭遇的情境是不可控的，不管自己如何努力都不可能对当前处境产生影响时，个体很容易对自己和环境产生消极的认知，体验到无助、无望、抑郁等消极情绪，进而放弃努力。

拓展阅读

习得性无助研究

1967年，塞利格曼等为了研究恐惧与工具性学习的关系，采用狗进行实验。为了让狗有恐惧感，他们把狗关在笼子里面，不断电击狗，无论狗做出什么反应都不停止电击。一开始，为了躲避电击，所有的狗都会试图从笼子里跳起来逃走。但是，一段时间以后，大部分的狗就不再尝试了，哪怕将笼子盖打开，狗也不再跳起来，同时出现了很多沮丧、无望的表情。这些狗认为自己的努力是毫无作用的，也就是说狗变得抑郁了！塞利格曼等认为，狗在这个实验环境下学习到了这样的内容：任何行为都是徒劳的。这种无助和绝望感是通过数次尝试后体验到的，故将这个现象称为习得性无助。塞利格曼等进一步认为，很多抑郁症患者都是由于习得性无助而致病的。

习得性无助由三个相互联系的方面组成：不可控的环境、伴随性认知、放弃反应。以上面的“拓展阅读”中的习得性无助研究为例：

不可控的环境：在该情境下，是否所有的行为都不能改变结果？这个结果是否不受行为的控制？是不是无论跳起、跑动、坐下、吠叫都没有办法停止电击？

伴随性认知：是否任何积极的行为都不能控制其结果？抑郁的狗或快或慢，认识到自己的行为不可能对自己的命运有任何作用了。而积极的狗没有此认识。

放弃反应：继续用无助的心态来看待以后发生的事情，感到自卑，缺乏自信，导致放弃努力去避免类似的事情发生。再次电击时，抑郁的狗不再做出任何反应，用“什么都不做”来防御“做了也没有用”的沮丧感。

塞利格曼认为，这种习得性无助导致了一种认知定势，让个体确信成功与否和自己的能力无关。失败是由情境决定的，成功也是由情境决定的。因此，即使获得了成功，个体也很难从中获得自我效能感等积极的反馈信息。而其实“不可控的环境”并不是一个真实需要的条件。个体并不需要反反复复经历同样的事件来判断该情境是否可控，只要他觉得这件事情是不可控的，他就可能产生无助感。

拓展阅读

归因理论

归因理论（attribution theory）认为，人们不断在试图确定事件的原因。哈罗德·凯利（Harold Kelley）指出，人们试图解释某个人的行为时，会对三个方面的有关信息进行评估：区别性、一贯性和一致性。

1. 区别性：这种行为是否只在这个情境下才发生？
   - 是不是我考英语会失败，而考语文不会失败？
2. 一贯性：是否这种行为在这个情境下会一再出现？
   - 是不是我每次考英语都会失败？
3. 一致性：是否其余人也会在同样的情境下表现出这种行为？
   - 是不是大家考英语都会失败？

基于习得性无助理论和归因理论，塞利格曼提出乐观是一种解释风格。解释风格是指个体对成功或者失败进行归因时表现出来的一种稳定倾向，具有稳定性。按内部-外部、稳定-不稳定、普遍-特定三个评价维度，解释风格被分为两种：乐观解释风格（optimistic explanatory style）和悲观解释风格（pessimistic explanatory style）。乐观解释风格表现为将坏结果归因于外部的、不稳定的、特定的因素，将好结果归因于内部的、稳定的、普遍的因素；悲观解释风格表现为将好结果归因于外部的、不稳定的、特定的因素，将坏结果归因于内部的、稳定的、普遍的因素。

小练习

星期五上午，小王一边干着手上的工作，一边幻想着即将到来的周末。他已经和几个朋友约好了，今天晚上就开车一起去郊区，昨天已经订好了临湖的房间，可以整整两天都在一起好好玩。突然，小王的老板阴沉着脸来到小王桌前，严厉地要求小王去老板办公室。如果是你，会怎么解释老板的这种行为呢？你的解释是否属于表 4-1 中的一种？

表 4-1　一种行为的 8 种解释

		特定	普遍
内部	稳定	①我肯定有什么地方让他不喜欢我了，要不他怎么老是找我一个人的麻烦。	⑤我就是特别容易招领导不喜欢，让别人挑剔我。
	不稳定	②看来是我昨天那个报告出了大问题，让他生气了。	⑥我最近一段时间工作状态不太好，大家对我都不太满意。
外部	稳定	③他就是对我不满意，老是这么针对我。	⑦他不适合当领导，老是对我们这些下属乱发火。
	不稳定	④他儿子昨晚又和他吵架了吧，让他这么不高兴。	⑧他也有四五十岁了，肯定是更年期到了，情绪总是不稳定。

另外，你觉得表 4-1 中所示的 8 种解释中，哪些解释是积极的，哪些解释是消极的？你可以进行排序，将你认为最积极的解释排在右边，最消极的解释排在左边。

______<______<______<______<______<______<______<______

上面的例子中，如果小王认为老板的生气和自己没有关系，是因为临时被其他人或者其他事情惹火了（如上面的④），小王是不是就完全放松下来了呢？要是小王认为老板只是表达一贯的对自己的不满，而且这种不满是不可改变的（如上面的⑤），小王是不是就会格外沮丧、消沉，觉得自己无力抗争，完全失去之前的好兴致呢？

不同的解释风格会引发不一样的心情和行为表现。我们完全有理由相信，有第④种解释的员工，会更放松、更坦然地接受老板的斥责，之后好好享受自己的生活，一如既往地认真工作；而有第⑤种解释的员工，则会觉得生活无望，战战兢兢，对老板有消极的情绪，工作时也多了很多担忧，畏首畏尾，随时都觉得会遭到指责。

假如你参加了一份工作的面试，但是并没有通过，那么根据乐观归因理论的三个维度，该怎么分析呢？

首先，从稳定-不稳定这个维度来看。如果你认为你失败的原因是稳定的，那么很自然，你就会觉得在未来一段时间内还是没有办法找到好工作，这种悲观的归因会持续地影响你；而如果你认为失败的原因是不稳定的，只是偶尔发生，那么你对未来就肯定有更多的乐观期待，这次失败不会影响你很长时间，你的挫折感会很快消失。

其次，从普遍-特定这个维度来看。如果你认为失败的原因是普遍存在的，那么你对自己各个领域的事情都不会有很好的期待，你觉得失败会随时出现在任何地方；当你认为它只是出现在特定领域时，你就减小了这次失败给自己带来的负面影响，能够更快地调整自己的状态，进入下一次尝试。

最后，从内部-外部这个维度来看。如果是内在的原因，不难想象，你很容易对自己的能力产生怀疑，自我效能感和自尊感就会降低；倘若只是外部的原因，那么你就会认为这件事和能力无关，会继续为下次的面试做好准备。

小练习

你在日常的生活中，常常将原因归为哪类呢？我们做个练习，能够更好地帮助你理解归因理论（见表4-2）。

表4-2　事件归因表

时间	事件	原因	归因类型
周六晚上	提前一周和朋友约好吃晚饭，他临时告诉我不能来了。	他不想和我吃饭。	特定-稳定-内部

二、乐观的测量

经过数十年的发展，研究者们对于乐观已经有了基本的认识。随着研究的进一步推进，对乐观的测量也显得越来越重要。在实证研究中，如何准确测量乐观，区分乐观与其他相近的心理变量尤为重要，因为只有做好这些，才能确保相关的研究结果可信，为乐观理论的建构和实践生活的指导提供证据与支持。

目前，乐观研究领域较为认可的乐观测量工具主要有三种：一是沙伊尔和卡弗（Scheier & Carver，1985）编制的生活倾向测验卷（life orientation test，LOT），该测验基于气质乐观理论，在诸多研究中广泛使用；二是皮特森等（Peterson et al.，1982）编制的归因风格问卷（attributional style questionnaire，ASQ），该问卷基于乐观归因理论；三是皮特森等（Peterson，Schuman，Castellon & Seligman，1992）共同开发的言语解释的内容分析（content analysis of verbal explanations，CAVE）技术。

（一）生活倾向测验卷

沙伊尔和卡弗编制了生活倾向测验卷，并随后进行了修订，形成生活倾向测验卷修订版（LOT-R）。LOT-R是一个简单的自我报告问卷，问卷的分数越高代表越乐观。该问卷的内部一致性系数为0.76，4周后的重测信度是0.79。后续研究显示该问卷具有较好的信度、结构效度、聚合效度和区分度。曹新美（2008）修订完成了LOT-R中文版。LOT-R中文版采用李克特9点评分，共计7道题目，4道题目用来测评乐观，3道题目用来测评悲观。问卷见表4-3。

表 4－3 LOT-R 中文版（选项略）

1. 我总看到事情好的一面。
2. 我几乎不指望好的事情会发生在我身上。
3. 总之，我认为发生在我身上的好事会比坏事多。
4. 如果某些不好的事情会发生在我身上，那么它就会发生。
5. 在某些不确定的时候，我总是认为最好的会发生。
6. 我从不期望事情会朝我希望的方向发展。
7. 我对我的未来一直很乐观。

问卷中，1，3，5，7 是测评乐观的题目；2，4，6 是测评悲观的题目。有研究以 497 名大学生为被试，结果显示乐观的平均分值为 6.13，悲观的平均分值为 3.33。根据在两种倾向上的得分高于或低于平均数，可对被试进行归类。如果个体在乐观倾向上的得分高于平均分，同时在悲观倾向上的得分也高于平均分，则为高乐高悲组，又称双重倾向组；如果个体在乐观倾向上的得分高于平均分，同时在悲观倾向上的得分低于平均分，则为高乐低悲组，又称真乐观组；如果个体在乐观倾向上的得分低于平均分，同时在悲观倾向上的得分高于平均分，则为低乐高悲组，又称真悲观组；如果个体在乐观倾向上的得分低于平均分，同时在悲观倾向上的得分也低于平均分，则为低乐低悲组，又称倾向不明组。对 497 名被试进行分组后的结果显示，高乐高悲者占 21.9%（109 人），高乐低悲者占 34%（169 人），低乐高悲者占 24.1%（120 人），低乐低悲者占 19.9%（99 人）。可见高乐低悲者（真乐观）最多，其次多的是低乐高悲者（真悲观）。

（二）归因风格问卷

克里斯托夫·皮特森（Christopher Peterson）和他的同事们编制了归因风格问卷。该问卷一共包含 36 道题目，采用李克特 7 点评分。问卷一共包含 6 个维度，每个维度包含 6 道题目。受测者在维度一、二、三的得分越高表示其越悲观；在维度四、五、六的得分越高，则其乐观水平越高。王纯和张宁（2006）研究发现，该问卷的中文版具有良好的信度和效度。该问卷的 6 个维度具体如下：

（1）消极事件归因：内部-外部（IN）；

（2）消极事件归因：普遍-特定（GN）；

（3）消极事件归因：稳定-不稳定（SN）；

（4）积极事件归因：内部-外部（IP）；

（5）积极事件归因：普遍-特定（GP）；

（6）积极事件归因：稳定-不稳定（SP）。

（三）言语解释的内容分析

内容分析法是对各种材料、记录的内容、形式、心理含义及其重要性进行客观、系统和数量化描述的一种研究方法。它通常是先抽取有代表性的资料样本，然后将资料内容分解为一系列的分析单元，并按预先制定好的分析类别与维度系统、严格地进行评判记录，最后对结果进行统计分析。有人曾对《红楼梦》前 80 回和后 40 回平均每千字所用虚词数量进行分析，得出结论：后 40 回不是曹雪芹写的。这样的研究就是运用了内容分析法。

CAVE 是内容分析法的一种，也是一种用来评估乐观解释风格的方法。塞利格曼等利用此分析技术对从 1900 年到 1984 年的 22 次美国总统选举中竞选者竞选总统时的演讲词进行分析，发现演讲词中更多表现出乐观的总统更容易在竞选中获胜。

CAVE 评估过程可分为四个步骤。

1. 选取事件

从个体平常的各种言语材料中选取一些有关“积极和消极事件及其因果关系”的解释的片段，个体的言语材料主要包括：日记、信件、作文、平时所做的演讲、与人会谈时的谈话记录，以及接受心理治疗时的病历等。注意：事件必须真实、有意义，而且是正向或负向两种类型之一。

2. 选取事件解释单位

事件中必须含有个体自己对事件所做出的因果解释。如果个体在许多事件的因果解释上，基本具有一致性的解释维度，这应该就是个体的解释风格。例如：一位员工的老板对该员工的工作有意见，于是该员工与老板争吵。但是为什么他要与老板争吵呢？可能有许多原因导致了这次争吵。个人在做因果解释时，可能无法考虑全部的因素。大部分的人可能只提到一个或两个特别留意关心的理由，而这一两个理由就可能构成他的解释风格。皮特森和塞利格曼认为每个人的解释风格基本是稳定的。解释风格是一种认知特质（cognitive trait），但每个人必然不会无时无刻保持一致性，变动会随时间以及情境发生。因此，使用 CAVE 时，必须选择一些事件，即同时包含成就取向与关系取向的不同事件。

选取事件解释单位（event-explanation unit）时应注意：事件的定义是个体周围环境中发生的刺激，而且对于个体而言是正向或负向的事件。事件可能是心理的（mental）、社会的（social）或物理的（physical）。事件可能指向过去、现在或未来。但是，从回答者的观点来看，该事件必须是清楚的正向或负向的事件。例如，我和我妻子去见一位临床医师，就既可能是负向事件也可能是正向事件，这取决于个人的解释。当回答者对事件有一个明确的看法或观点时，就可以将它选取出来。如果事件同时有正向或负向的解释，或是中立的解释，该事件就不应该被选取。解释必须是回答者本人的话语，不能是别人的解释，或是引自别人的话语。例如，老板将我安置于一个重要的空缺职位，他说因为我有最好的写作技巧，所以希望我接受那个职位。这就不是令人满意的答案，因为解释来自雇主而非回答者自己。解释必须是因果的描述，而非原因的延伸。解释必须是回答者所能理解的文字，可以包括其他事件、行为、特质等。

3. 评分者认定所选取的事件

评分者认定所选取的事件，也就是不同评分者对事件是否符合正负性和因果性标准进行判断。评分者在评定被抽取的事件解释单位之前，必须先确定对事件的各个解释是随机呈现的，因为这可以避免评分者之间的误差。不同评分者之间的一致性高于90%时才有足够的评分者信度。要达到这个一致性的标准，需要事先确定严格的标准去做因果的确认。

例如，以下是可接受的事件解释单位：

事件：我对我儿子发了脾气。

解释：我说的话他一个字都没听。

事件：我的姐姐对待我比较粗鲁。

解释：她根本不在乎我的感受。

以下不是可接受的事件解释单位：

事件：我一定是生病了。

解释：因为我觉得昏昏欲睡，我咳嗽得很厉害。

注意，有“因为”不一定是因果的解释。在这个例子中，他只是描述了生病的症状而非原因。

4. 评分者对归因维度进行评分

即由专业人员对这些事件及其因果关系材料中的因果陈述句采用内部-外部、稳定-不稳定、普遍-特定三个维度进行评分。评分一般使用7个等级。7分表示最内部的、稳定的、普遍的解释，1分表示最外部的、不稳定的、特定的解释。把评定等级相加，就可以得出个体的乐观和悲观解释风格分数。

内部-外部维度反映了自我或他人状况造成事件产生的程度，用于区分自我或他人归因，主要的评分依据为：

1分：别人的行动、作业的难度、时间或环境等外在因素。

7分：人格、身体特质、行为、决心、信念、动机、知识能力、疾病、受伤、年龄、社会或政治地位。

2～6分表示是两者之间。

稳定-不稳定维度反映了是稳定的原因还是不稳定的原因引出了事件。稳定的原因指持续或难以更改的原因，不稳定的原因指临时的原因。注意：这里必须区分是稳定的原因还是稳定的事件，因为评分时，我们评定的是原因的稳定性，而非事件的稳定性。评定稳定性的固定架构是：“告诉我这个事件有多经常是因为这个原因而发生。”如果个体总是一致地提供稳定的原因，则表示这是难以更改的。其中有四点可以帮助我们作原因的稳定性评分：

一是解释原因的时态：事件的原因以过去时态描述，比用现在时态或进行时态描述稳定性弱。

二是未来再发生的可能性：未来可能发生的原因，比一个难以再发生的原因，其稳定性强。

三是间断性或持续性：间断的原因比持续的原因稳定性弱。例如，天气，相比一个稳定的原因（例如，生理特质），有较弱的稳定性。

四是特质或行为方面的原因：归因于特质比归因于行为，更具有稳定性。

当然，这些标准是在评分的时候使用的，它们不一定适用于所有案例，也不一定有相等的权重。

普遍-特定维度反映了个体解释事件的原因是普遍的或特定的。普遍指原因影响的是整体的生活。特定指原因的影响只有一些范围。实际操作中永远没有足够的信息作为标准，来判断原因的普遍性或特定性程度，因为我们不知道该原因对个人有多重要。通常这方面的判断标准都和成就或关系特质有关："成就"包含工作与学业的成功、知识与技能的累积、个体意识或独立意识（sense of individuality or independence），以及社会地位。"关系"包含亲密的人际关系、归属感、游戏（玩伴），以及夫妻关系或家庭的健康。

评分考虑的重点在于，事件的后果分别对成就与关系有多大程度的影响。普遍性的评定会与稳定性的评定具有高度的相关性。普遍性强调的是跨空间的一致性，稳定性强调的是跨时间的稳定性。在做普遍性的评定时，只要评估当时的影响，而不要将跨时间的因素纳入进来，亦即是对一个时间点的评定，而不是对一段时间的评定。因为稳定性与普遍性取向会有显著的关联，所以评分者的独立评定是非常重要的。

在运用 CAVE 评估解释风格时要确保以下两点：一是各个步骤的工作都要由经过严格训练的专业人员来完成；二是要求这些专业人员对被试的情况以及测量结果都是一无所知的，这有点类似于实验心理学上的双盲实验设计，否则，容易出现很大的倾向性误差。

三、乐观的心理机制

在了解了乐观的定义和测量方法之后，我们不禁要问：乐观是如何产生的呢？泰格（Tiger，1979）在他的著作《乐观：希望的生物学》（*Optimism*：*The Biology of Hope*）一书中指出，乐观是人类在长期进化过程中形成的一种适应性机制，这种机制随着人类认知能力的提高和社会文化的进步而不断发展。人类为了保证自身以及所属群体的生存和持续发展，便不得不考虑将来，主动为将来做准备。在对未知未来的思考过程中，人类会不可避免地遇到一些不可控的、令人畏惧的事物，比如自然灾害和死亡。这些会带给人类强烈的焦虑和不安。为了对抗这些消极的感受，人类便发展出一种心理保护机制，即乐观。人类通过积极地看待未来来缓解对未知和生命终结的焦虑与恐惧。

同时，乐观还推动了人类的发展。通常情况下，乐观所指向的未来事件具有明显的前瞻性和不确定性。它推动着人们产生更多更美好的想象和对这些想象的渴望。这种渴望便是一种强劲的动力，促使个体朝想象中的方向努力探索和奋斗。因而乐观具有明显的进化根源，而不是其他心理品质的派生物。现代心理学也基本认可了乐观作为重要的进化成果的观点。从进化的角度来看，悲观作为乐观的对立面，同样有其稳固的演化根源。一般认为，悲观比乐观形成得更早。这是因为本质上，个体对威胁性的事件和预期有着更高的敏感度。只有及时感知并评估即将到来的危险，个体才能最大可能地做出应对来提高生存的概率，保证生存的质量。因此，相比乐观，悲观更具有本能性，更加自动化。相对而言，乐观的可塑性更强。通过有效的方法和手段，个体的乐观水平能够有效提升。

沙赫特和艾迪斯（Schacter & Addis，2007）发现，随着长期进化，大脑形成了特定区域来加工乐观与悲观。目前研究的结果表明，与乐观情绪加工有关的脑区，主要有杏仁核、岛叶、腹侧纹状体、海马、前扣带回和前额叶皮层等。有研究让被试分别想象乐观和悲观的场景，诸如挣大钱、得奖、参加生日聚会、被骗、结束恋情等，随后进行大脑活动扫描，结果显示：当被试想象乐观的场景时，大脑喙侧前扣带回和杏仁核显著激活。

在社会认知理论视角下，研究者们认为乐观是自我效能感和可察觉的社会支持融合的结果。自我效能感通常在动机激发和行为塑造过程中扮演着非常重要的角色，其在属于个人特质的同时，也受到环境的明显作用。他人积极的评价、可获取的社会资源等积极的社会支持会使个体产生更高水平的自我效能感，进而带来对未来事件积极的预期，这便是乐观。玛格丽特·马特林（Margaret Matlin）和戴维·斯唐（David Stang）在《乐观原则》（*The Pollyanna Principle*）中写道，乐观的个体抱有对他人、社会和事件发展趋势积极的态度，因而也更容易采取积极的行动。同时，高水平的自我效能感使乐观的个体对自己也充满信心。对自己和外界的积极信念促进了积极行为的产生，进一步增大了积极结果出现的概率。随着积极结果的不断出现，乐观者产生了诸多的自我验证，进而增强了自我效能感。自我效能感的增强又推动了乐观行动的产生，使整个过程成为一个自我验证的正循环。总而言之，乐观带来积极的认知与行动，积极的认知与行动带来成功，成功通过自我效能感又增强了乐观。

还有研究者认为乐观来源于积极错觉。谢莉·泰勒（Shelley Taylor）在《积极错觉》（*Positive Illusions*）一书中认为，有一些人，尤其是身心健康的人，偏向于用乐观的方式看待自己，通常会认为自己对事件完成有着足够的能力和掌控力。大多数时候，他们是以积极的方式来建构世界，这便是乐观。因而，在积极错觉的乐观理论下，乐观更多地受个人特质主导，而且不一定具有足够的现实基础。泰勒和其他研究者们通过实验研究发现，个人的乐观主要体现在两个方面：一是以积极的方式评估自身的过去、现在和将来。这类似于归因理论中的自我归因偏差，即个体通常会以拔高自己的方式来思考。二是存在对未来事件和生活夸大的、无理由的积极信念。这种信念使他们认为事情会变得更好而不是更坏，对发生在他们身上的坏事永远不负责任。显然，积极错觉式的乐观是一把双刃剑。一方面，它有助于个体缓解焦虑、提高自尊水平和激发成就动机；另一方面，它使得人们认为自己比其他人更不可能经历某些消极的生活事件，会阻碍人们采取有效的预防措施以降低遭遇危险的可能性，这增大了个体暴露于风险中的概率。

四、乐观的影响因素

（一）遗传

有一些研究证明乐观受到遗传的影响。瑞典学者罗伯特·普洛明（Robert Plomin）与其同事以双生子和收养子为被试研究发现，约有23%的乐观与27%的悲观来自遗传。苏尔曼等（Schulman，Keith & Seligman，1993）以双生子为被试研究发现，同卵双生子的乐观水平比异卵双生子的乐观水平更加接近。这些证据表明乐观与遗传因素关系密切。近期的几项研究表明，乐观的遗传力在30%左右。一项家系研究表明，父母和子女的乐观水平相对独立，但也存在一定的相关。有研究认为，乐观可能与长寿的遗传基础有关，一般情况下，长寿的人更加乐观。也有研究发现，催产素受体基因与乐观关系密切。卡弗和沙伊尔（Carver & Scheier，2014）的研究表明，盐皮质激素受体基因与乐观有关，因为盐皮质激素直接参与了压力调节，这可能有助于乐观水平的提升。但是，这一结果只在男性被试身上发现了。也有研究认为，乐观与遗传关系不大；近期的一项全基因组研究也表明，没有证据支持任何基因与乐观存在显著的关联。因而，乐观与遗传的关系尚不明确，当前的研究成果也不多，在做出有关乐观与遗传关系的论断时需要更加谨慎。

（二）家庭环境

家庭环境对个体乐观性的影响主要体现在父母自身特征、社会经济地位和父母教养方式上。

首先，海诺恩等（Heinonen et al.，2006）研究发现，个体在儿童时期家庭的社会经济地位有助于显著预测其成年后的乐观水平。在控制了成年的社会经济地位之后，这种现象依然存在。

其次，父母的特征和抚养方式在个体乐观性的发展中扮演着重要的角色。研究表明，可以提供安全感、高共情水平的父母，其子女成年后通常具有更高的乐观水平。杰克逊等（Jackson，Pratt，Hunsberger & Pancer，2005）发现，父母的抑郁情绪、敏感性和支持不足与孩子的悲观有密切关系。

最后，父母的教养方式影响子女的乐观性。最新的研究区分了威权型与专制型教养方式。威权型表明父母有一定的权力和威严，但又有一定的民主，我们称之为威权加民主。专制型则表明完全没有民主，一切由父母说了算。研究表明，越乐观的父母越倾向于采用威权加民主的教养方式，而很少采用专制和放任教养方式（Şiţoiu & Pânişoară，2022）。专制型的教养方式可能导致较低的乐观水平，而威权加民主型的教养方式下成长的个体往往有较高的乐观水平，所以，如果父母有一定的威权，但又不乏一定的民主，对于孩子的成长是最有好处的。

拓展阅读

乐观教育

有研究者将10岁的孩子随机分成两组。

测试1：发给两组孩子同样的题目来做。两组孩子做完相同题目后，表扬A组的孩子“聪明伶俐”，表扬B组的孩子“努力认真”。

测试2：告知两组孩子，两道题中有一题很简单，可以很好地完成，另一题很难，但是可以学到很多知识。结果，A组里有五成孩子选了简单的题目，而B组里有九成孩子选了困难的题目。

测试3：让两组孩子同时做一道非常困难、几乎没法解答的题目。结果，A组里的很多孩子坚持不久就放弃了，而且很沮丧。B组的孩子则坚持很久，虽然没有解答出题目，但他们很享受这个努力解答的过程。

这项研究告诉我们：奖励与评价时重视孩子的努力因素，可以让孩子拥有一个他们自己能掌握的变量，让他们认为自己能掌控自己的成功。这样的教育会使孩子做事更坚持，这是乐观者的特征。长此以往，便可以培养出孩子乐观的品质。如果奖励与评价时重视孩子的天赋因素，孩子可能就会产生一种自我完美主义的倾向，一旦受挫，便会放弃，这是悲观者的特征。长此以往，孩子便会慢慢变得悲观。

第二节　乐观的功用

一、乐观与情绪

乐观和悲观带给人最为直接的影响就是遇到问题时情绪感受的差异。面对某一特定事件，人们的情绪随着事态的好坏会呈现从热情、兴奋、渴望到愤怒、焦虑和沮丧的一个连续维度。乐观水平的差异正是调节这个连续维度的重要因素。乐观者总是期待良好的结果，即使事情很难，也会产生一系列相对积极的情绪。悲观者则总是不看好未来事态的发展，进而产生一系列消极的情绪。研究表明，乐观水平高的个体体验到更高水平的主观幸福感，悲观的个体则通常受到抑郁、焦虑等负面情绪的困扰（Carver，Scheier & Segerstrom，2010）。

乐观与情绪的关系在非常广泛的人群中得到了证实。研究对象包括大学生、雇员、炸弹袭击幸存者、癌症患者及其照顾者、阿尔茨海默病患者及其照顾者、难产者、孕妇、进行冠状动脉搭桥手术者、不孕不育者、骨髓移植者和艾滋病毒携带者等。这些研究都表明，乐观与人的情绪状态关系密切。不够乐观的人在遭遇消极事件时更容易苦恼，而且在事件尚未发生或证实之前，他们便已经表露出明显的消极情绪。然而，乐观水平高的个体则没有这一现象。卡弗和盖恩斯（Carver & Gaines，1987）的一项关于产后抑郁的研究值得关注。研究中，孕妇分别在生产前的三周和生产后的四周完成 LOT 量表和抑郁量表。结果显示，乐观的孕妇抑郁水平更低，并且预测了其生产后的抑郁水平，即使在控制初始水平的条件下，这种预测效果仍然显著。最新研究再次证实，感受到更多社会支持的孕妇有较高的乐观水平，并且产后抑郁水平更低（Kestler-Peleg & Lavenda，2021）。而在新冠疫情期间，学生在线学习，员工居家办公，面对恐惧、焦虑、抑郁等诸多消极情绪，乐观情绪对个人的心理健康起到了保护作用；乐观水平高的个体对于新冠病毒的恐惧、焦虑以及抑郁情绪较少，同时表现出较高的主观幸福感（Arslan & Yıldırım，2021；Biber，Melton & Czech，2020；Reizer，Munk & Frankfurter，2022）。

二、乐观与积极认知和行为

认知与行为通常是一个连续的过程。乐观通常能使个体在压力情境下更加积极地认知事物，进而采取积极的应对方式。乐观信念与压力应对方式、寻求社会支持及强调压力事件的积极意义正相关。悲观信念则与否认和回避的应对方式，以及对压力的情绪反应有关。因此，乐观、悲观信念与应对策略有关联，从而影响心理健康。与悲观者相比较，乐观者以一种更为积极的心态来评价和分析压力情境，而且更为广泛地使用诸如自恃（self-reliance）、自我接纳（self-acceptance）和自我提升（self-improvement）的应对策略。相反，悲观者会体验到更多负面的压力，采用退缩这类限制性的应对策略以应付预料到的压力事件。哈契特和帕克（Hatchett & Park，2004）研究发现，乐观与任务定向的应对方式、社会支持存在显著正相关，与情绪定向的应对方式，以及转移、逃避等应对方式存在显著负相关。乐观还是一种应对失业危机的重要个人资源，高乐观的妇女能比低乐观的妇女更好地把自己与失业问题分离开来，生活得更好。还有研究指出，大学生的乐观倾向与积极压力应对方式能促进学校生活适应，乐观与学校生活适应及整体生活适应呈显著正相关，对学校生活适应具有高度预测力（高志奎，2011）。在雅安地震发生两年后，具有乐观特质的青少年能够积极地看待地震后的自我、他人和世界，从而有助于他们实现创伤后成长。具体来讲，乐观有助于他们对于创伤后的世界抱有希望，坚定了他们处理创伤事件的信心，增加了他们对创伤事件的积极关注，并对其进行主动反刍，从而实现创伤后成长；同时，对于那些不可控地闯入认知世界的创伤线索，乐观有助于他们积极看待这些线索，从而减少了对个体的侵入性反刍（周宵，伍新春 & 王文超，2017）。此外，乐观者并不会因为信念脆弱或者社会经济地位低而产生较弱的幸福感（Chen et al.，2016；Joshanloo，Park & Park，2017），也不会因为现实中社交关系较差而感到孤独，进而沉迷于网络（Guo，You，Gu，Wu & Xu，2020）。可见，乐观信念可以极大程度地缓冲不良因素对个人发展的消极影响。

三、乐观与生理健康

（一）乐观与疾病

很多研究结果都表明，乐观与个体的生理健康密切相关。研究表明，乐观者比悲观者手术后恢复得更好（Chamberlain，Petrie & Azariah，1992）。廷德尔等（Tindle et al.，2009）对95 000名女性进行了长达8年的“女性健康倡议”（Women's Health Initiative，WHI）研究，指标包括生活质量、健康水平、疾病发病率和死亡率。在研究开始时，所有女性都没患心血管疾病和癌症。而在随后的8年里，相比悲观者，乐观者患冠心病的概率和因病死亡率都更低。

有研究发现，乐观的个体拥有更多适应性的睡眠，尤其是儿童（Rasmussen，Scheier & Greenhouse，2009）。卡弗、沙伊尔和西格斯托姆（Carver，Scheier & Segerstrom，2010）的研究关注更为具体的健康指标，结果显示高乐观水平者的炎性反应更弱、抗氧化水平更高、血脂水平更低，并且在压力情境下具有更低的皮质醇水平。高乐观水平的个体罹患高血压、心脏病、肠胃病、过敏症和头痛等病状的概率更低。乐观者的呼吸系统更不容易受感染，或可抑制心血管疾病、肺部疾病、糖尿病、高血压等疾病的加重。

（二）乐观与免疫力

普遍观点认为，乐观的人有更强的免疫力。例如，松迪（Szondy，2004）的研究发现，乐观者比悲观者的免疫力更强，其在激活状态下的免疫反应也更加激烈。通常情况下，肾上腺只分泌少量的去甲肾上腺素。而当个体悲观、失落，或遭受巨大的精神创伤时，去甲肾上腺素分泌可能几倍、几十倍地增加。去甲肾上腺素水平的升高导致肾上腺素水平降低，进而导致血管收缩、血压升高、血流受阻、氧供应不充分。长此以往，个体的免疫力下降，罹患高血压、动脉粥样硬化、脑血栓和心肌梗死等心血管疾病的概率增大。

人们在积极状态下进行乐观的思考时，会分泌β-内啡肽，而不是去甲肾上腺素。β-内啡肽有强大的镇痛作用，且没有成瘾性。它还给人们带来快感，使收缩的血管舒张，使升高的血压下降，故可以有效地防治高血压等心脑血管疾病。研究发现，β-内啡肽不仅能缓解身体上的压力和紧张、增强记忆力，还能防止老化、提高免疫力，因为其会促进自然杀伤细胞的活跃。自然杀伤细胞在人体的免疫过程中具有重要作用，它不但与抗肿瘤、抗病毒感染和免疫调节有关，而且在某些情况下参与超敏反应和自身免疫性疾病的发生，能够识别靶细胞、杀伤介质。

可见，乐观可以强化人的免疫系统，使免疫系统变得更强大，从而增强人的抗病能力和恢复力。其实，气功中的静功、佛家的禅坐、印度的瑜伽以及最近几年颇受关注的正念（mindfulness）都要求摒除私心杂念，达到入静状态，对个体的身体健康有助益。从生理角度讲，入静就能减少去甲肾上腺素的分泌，增加β-内啡肽的分泌，这正是上述方法产生效果的机制。其实，食素僧人的饮食营养是不均衡的，很多僧人之所以长寿，重要原因之一是他们平和的心态促进了合理的神经递质的分泌。

（三）乐观与长寿

基于乐观给个体身心带来的一系列积极效应，研究者们发现，乐观个体的寿命更长。明尼苏达州的梅奥诊所选取了839个样本进行长期追踪研究，在受试者接受身体检查的同时，测量其心理特质，其中包含乐观特质。结果显示，乐观者的平均寿命比悲观者长19%。李等人（Lee et al.，2019）的研究再次证明了这一点，他们发现更乐观的人寿命延长了11%～15%。以往研究以端粒（DNA末端的那一段特殊序列）缩短作为个体衰老的标志。而在最新一项研究中，舒特和马卢夫（Schutte & Malouff，2022）对以往关于乐观和端粒长度的相关研究进行了元分析，结果发现在压力情境中越是乐观的人端粒越长，即乐观有效延缓了衰老。

塞利格曼测试了70位心脏病患者，结果发现在17位被测试为最悲观的患者中，有16位没有经受住第二次心脏病发作而去世了，而在19位被测试为最乐观的患者中，只有一个人被第二次心脏病发作夺去了生命。研究表明，乐观可以在病人面临生命威胁时提供帮助。在荷兰一项以年老病人为对象的研究中，研究者们进行了9年的持续追踪之后发现，乐观者的死亡风险要比悲观者低50%（Al-Sabwah & Abdel-Khalek，2006）。墨菲等（Murphy，Hevey，O'Dea，Ní Rathaille & Mulcahy，2015）的研究还发现，乐观对于生命受威胁的人是保护因子。以艾滋病患者为例，乐观的人症状出现得更晚，且存活时间更久。但需要说明的是，过度盲目乐观会适得其反。过于乐观会使人们低估病情的严重程度，延误治疗时机。

（四）乐观影响身体健康的机制

为什么乐观者会比悲观者身体状况更好呢？目前有两种观点：一是乐观带来积极的情绪应对，二是乐观带来积极的行为。我们在本节第一部分详细介绍了乐观对心理健康的影响。乐观者持有更加积极的情绪状态和情绪反馈系统已经得到了研究者们的一致认可。相比悲观者，乐观者在面对困难和挫折时不容易受到消极情绪的困扰，而是采取更多积极的情绪反馈方式。众所周知，消极情绪会给个体的健康带来巨大的危害。因此，乐观通过改善情绪，间接维护了个体的身体健康。随着时间的推移，乐观所带来的积极情绪对个体产生的有利影响会不断累积，并形成叠加效应。长期的乐观还会使个体的生理反应逐渐形成固定的积极模式或低危害模式。

与此同时，乐观带来健康的行为。身体健康状况可以明显受益于正确行为的增加和错误行为的减少。研究发现，乐观者会积极主动地促进自身甚至他人的健康水平提升。塞利格曼发现，乐观者可以维持良好的习惯让自己更健康，例如不抽烟、打疫苗、遵守医嘱和运动等。另外，辛格等（Hingle et al.，2014）的调查也发现，乐观者中吸烟、喝酒的人更少，参与锻炼的人更多，而且他们会养成健康、规律的饮食和作息习惯，这些都会给他们的身体健康带来很大的帮助。

四、乐观与人际关系

乐观水平高的个体容易建立和维护更加积极的人际关系。一项以新婚夫妇为被试的研究发现，无论是在实验室中，还是在其他的日常生活场景中，乐观者都能更加积极地解决问题。但是，悲观者则没有这一现象，同时他们的婚姻满意度在第一年就持续下降（Neff & Geers，2013）。

研究发现，相比悲观者，乐观者与父母有着更加积极的关系。同时，在这项研究里，个体的乐观水平还显著帮助预测了其长久的婚姻满意度（Smith，Ruiz，Cundiff，Baron & Nealeymoore，2013）。乐观者在人际关系方面的积极还体现在他们能够更好地养育子女上，包括收养的孩子也能很好地得到抚育。泰勒等（Taylor et al.，2012）还有一些类似的研究结果，都表明了在乐观者家庭中，人际关系更加亲密和谐。例如，乐观者在照顾生病的家庭成员时会付出更多努力，表现得更好（Ruiz，Matthews，Scheier & Schulz，2006）。诸多证据表明，乐观的人拥有更加和谐的夫妻关系、父母关系和亲子关系。

同时，相比悲观者，乐观者自我报告了更高水平的社会支持。乐观者通常在更大范围的社会环境和条件下发展，进而形成了庞大的社会网络。这使得他们与不同族群、年龄、职业和受教育程度的人产生联结。由于乐观者拥有良好的人际关系，这些社交网络便是一种潜在的社会支持力量。皮特森（Peterson，2000a）指出，乐观者会积极寻找社会支持，使生活成功而愉悦，所以乐观与社会支持应是相互影响的，乐观者在遇到困境时会自动寻找社会支持，而良好的社会支持反馈会使个体更加乐观。所以，这种促进是双向的，即庞大的社交网络反过来也会提升个体的乐观水平，进而形成一个积极的循环。研究发现，乐观者的交际方式通常比较温暖，这大大提升了好感度和交际成功的概率。同时，当人际关系不够好时，诸如孤独，乐观者的恢复能力和适应能力更强（Rius-Ottenheim et al.，2012）。

当我们有充足的人际关系和社会支持，有一些可以依靠的人，比如爱人、家人、朋友和同事时，我们的情感资源、智力和身体能量就会倍增，我们就可以更快地从挫折中奋起，取得更多的成就，产生更大的目标感。《快乐竞争力》的作者肖恩·埃科尔（Shawn Achor）提到一个“非常快乐人”的研究，研究者鉴别出了最快乐的10%的人的特点，其中只有一个特点使这最快乐的10%的人与其他人不同：他们的社会关系的力量。和谐的人际关系对中国人来说显得尤为重要。研究表明，在工作中个体对各种因素按重要性进行排序时，排在第一位的往往不是工资，而是“和谐的人际关系”，可见良好的人际联结对个体的工作和生活是多么重要（侯典牧，刘翔平，2008）。

五、乐观与自我管理

自我管理被认为是乐观对个体产生积极影响的一个重要方面。现实生活包含一系列目标设定、行为激发和决策的过程。个体期望目标最终能顺利实现，需要采取一系列措施来管理自己的心理和行为。当面对挫折和困难的时候，这种管理就显得尤为重要。乐观的个体对未来的成功充满了信心，在自我管理的作用下，就会坚持不懈地努力。而悲观的个体怀疑未来，有可能产生放弃和回避的行为。有些时候，虽然个体存在回避倾向，但这同样伴随着与目标持续的心理接触。这种消极的接触会给个体带来压力和负面情绪。因此，乐观的人在自我管理的调节下更容易获取成功，也鲜受消极情绪的困扰；而悲观的人不仅难以坚持完成任务，还会体验到强烈的消极情绪。

作为一种心理策略，自我管理通常与个体的动机关系密切。乐观的人通过自我管理促进自身争取更大的成就。研究发现，乐观水平与受教育程度存在显著的正相关，即越乐观的人越是坚持接受更多的教育（Nes，Evans & Segerstrom，2009）。新入学的法学专业大学生的乐观水平和其学业测试结果没有显著的关联，但到快毕业的时候，乐观水平高的学生学业成就更高（Rand，Martin & Shea，2011）。这表明，并不是乐观的学生就有更强的能力，而是乐观的人通过自我管理的策略更容易做到坚持、付出努力，进而随着时间的推移获取更高水平的学业成就。这些研究告诉我们，乐观的人通过自我管理更能坚持向目标前进，获取更大的成就。

拓展阅读

乐观对坚持的影响

侯典牧、刘翔平和李毅（2012）以 300 名大学生为被试研究发现，乐观水平高的个体更能在挫折情境中坚持下去。实验开始时，研究助理告知被试他们要参加一项智力测验，并特别强调这项智力测验是中等难度的。但实际上，有一半大学生拿到的题目相对简单，另一半大学生拿到的题目相对困难，并不是所谓的中等难度的题目。做完测试后很快给出每一个人的分数。可想而知，第一组被试的分数都相当不错，第二组则比较糟糕。这个时候，研究者继续询问大学生：下次还有这样的测验，你有多大意愿参加？（对下次参加的意愿程度进行 1～6 分评定，分值越大代表越愿意参加下次测验。）这时候能够看到，乐观水平高的人和乐观水平低的人，坚持程度差异很大。对于拿到简单题目的学生而言，大多数愿意继续参加。而对于拿到困难题目的学生而言，乐观水平高的被试选择继续下次研究的人数要显著多于乐观水平低的被试（见图 4-2）。这表明，乐观的人更不容易受到挫折的影响，更有意愿继续参与活动。

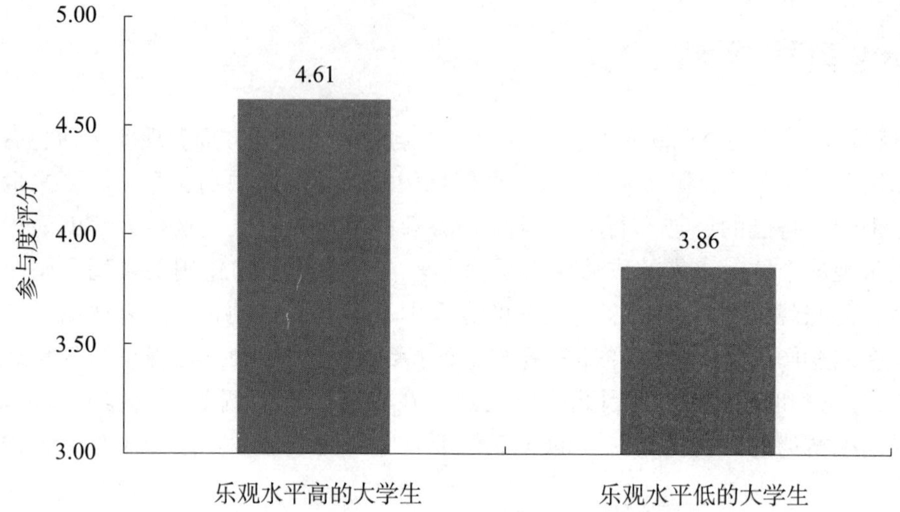

图4-2 大学生参与度差异

资料来源：侯典牧，刘翔平，李毅，2012.

另外，自我管理还体现在多目标管理上。现实生活中，人们通常同时追寻好几个目标。研究发现，乐观水平高的个体可以更好地平衡和分配对不同目标的努力程度（Segerstrom & Nes，2006）。乐观的人会增加对优先目标（容易获取，价值大，重要程度高）的努力，而减少对次优目标（不容易获取，价值小，重要程度低）的努力，这就是我们常说的分得清轻重缓急（Geers，Wellman & Lassiter，2009）。乐观主义者同时对自己也更加关注。研究发现，乐观水平高的个体更多地积极参与心理教育和咨询，但前提是被专业人员认定为需要帮助。

同时，乐观的人似乎更擅长选择自己的努力方向。当事件发展对自己有利时，乐观的人会提升努力程度；而当事件发展对自己不利时，他们倾向于减少参与（Pavlova & Silbereisen，2013）。有研究发现，如果乐观的人相信他们的工作正在走下坡路，那么他们自我报告的辞职意愿要显著高于悲观主义者（Britton，Sliter & Jex，2012）。

我们可以发现，乐观的人更善于自我管理，他们会恰如其分地安排自己的资源和努力，以达到效益最大化。平衡不同的目标、根据情况调节努力的程度、积极参与更重要的活动，这些对个体生存和发展非常有益的自我管理策略似乎在乐观的人身上都可以找到，但却不为悲观的人所拥有。

总而言之，乐观对个体心理健康的积极效应体现在情绪、认知和行为等诸多方面，尤其是在面对困境的时候。基于这些诸多的有利方面，乐观的个体通常也更容易获取成功。例如，有研究发现，乐观的学生学业成就更高，同时乐观者更容易被预测其学业成就的发展。还有研究发现，乐观的保险推销员业绩更高，乐观的人在竞选中也更容易获取成功。

第三节 乐观的提升

塞利格曼认为，当个体改变了看世界的方式时，悲观就会转变为乐观。在《活出最乐观的自己》一书中，塞利格曼深入地描述了悲观和乐观对生活各方面的影响。乐观促进健康、幸福、成就，而悲观预示着抑郁、失败、社会疏远、病态和高死亡率。大量科学研究也表明乐观具有可塑性，这对我们而言无疑是一个好消息。本节将详细介绍如何塑造乐观。

一、宾州乐观训练方案

大脑具有天生的惰性，随着刺激和事件的反复发生，会对不同的情境形成自动化的反应。因此，我们需要有意识地培养对自动化反应的意识，然后形成新的、更有效的方法去解释生活事件。最为常见的乐观提升方法是基于情绪 ABC 理论的宾州乐观训练方案（Penn Optimism Program，POP）。该方案认为学会乐观最根本的方法就是了解你的 ABC，即识别和评估不幸（A，adversity）、信念（B，belief）和结果（C，consequence）是与自己的归因方式有关的，是由解释问题和挫折的方式是积极的还是消极的决定的，通过与这些悲观的思想争辩来减少悲观的倾向，从而提升乐观水平。POP 能有针对性地消除悲观的思想，并且通过管理自我对话、控制自己的态度使个体转向乐观。杰科克斯等（Jaycox，Reivich，Giuham & Seligman，1994）设计了一项包含 12 单元 24 小时的课程，以 70 名具有抑郁症状的小学五、六年级学生为训练对象进行乐观塑造的研究。研究结果显示，训练组更加乐观，抑郁症状减轻，控制组则没有出现这一现象。两年之后的追踪结果显示，这一现象仍然存在。塞利格曼在北京地区也实施相同的方案，对象是 220 个（8～15 岁）具有抑郁症状的儿童，研究的后测及 3 个月、6 个月的追踪测验结果均显示实验组乐观程度更高，抑郁程度更低。

具体而言，POP 有三个主要的步骤。

（一）分析和解释

在消极的情境下，参与者被指导用 ABC 理论分析和解释不幸、不幸发生之前的想法，以及情绪变化的结果。

A：发生的事件（“朋友不再和我一起逛街”）。

B：人们对事件所持的观念或信念（“他不在乎我了，因为我总是很无聊”）。

C：观念或信念所引起的情绪及行为后果（“我的心情变得更加糟糕了”）。

可以用这种方法让参与者进行无数次练习，并且让其意识到悲观信念和乐观信念的差异。这些信念影响了我们的心情变化。

（二）转移注意力

在情绪不好时，应该怎样做才能最快地平复心情呢？转移注意力就是让参与者从不断的悲观解释以及由此引发的消极情绪中尽快脱离出来。主要的方法包括“停-想-做”：在心中对自己大喊“停”，把注意力集中到外界的事物上；过会儿再思考这个问题；不幸的事情发生时，立即写下对它的悲观解释。

（三）辩论

通过针对不合理的信念的辩论，帮助参与者认清其悲观信念的不合理性，进而放弃这些不合理的信念，并建立新的乐观信念。在辩论的过程中，分别就证据、其他可能性、影响和功能四个方面进行讨论：这种悲观解释的证据是什么？这些证据是否属实？是否有可能有其他的乐观解释，让我们把不幸归因于外部的、特定的和不稳定的因素？如果找不出一个合理的乐观解释，那么这种悲观解释的消极影响是稳定的还是不稳定的？如果不能决定哪种解释的证据更充分，那么哪种解释对产生积极情绪和达成目标是最有用的？例如：

A（事件）：朋友不再和我一起逛街。

B（信念）：他不在乎我了，因为我总是很无聊。

C（结果）：我的心情很糟糕，本来是3分，现在是8分。

D（辩论）：去年至少每个月他和我逛一次街，但是今年以来次数越来越少了。（证据）或许是公司临时有事，加班去了；也可能他工作太忙了，就想在家里待着，不想逛街。（其他可能）虽然失去了这个朋友，但我还能找到别的朋友一起玩。（影响）觉得他是临时有事让我觉得更高兴。（功能）

E（效果）：现在感到好一些了，从8分降到了5分。

二、优势目标行动训练方案

虽然解释风格与乐观倾向关系密切，但二者仍然是不同的概念。先前流行的POP虽然有着可信的理论和实践基础，但其尚不能包含乐观的全部内涵。相对而言，乐观的期望-价值理论更加全面，也受到研究者们的一致认可。在该理论视角下，乐观是自信的表现，是一种普遍化的高自我效能，即个体在面对环境时，对于自己的应对能力具有高度自信。既然利用自我优势会提升自我效能，那么其也应该会提升一个人的乐观水平。据此，侯典牧、刘翔平和李毅（2012）开发了优势目标行动训练方案（Strengths Target Action Program，STAP）。

该训练从注意、认知、情感和行为等四个层面对受训者进行干预，以期提升其乐观水平。

具体分为以下四个层面：

注意层面：通过发现自身优势和愿景目标，使受训者学会关注自身的积极方面。

认知层面：通过讲解乐观概念、乐观的效能（乐观与学习成绩的关系、乐观与事业成功的关系、乐观与身体健康的关系）、乐观者的认知倾向、乐观者的行为方式，使受训者深刻理解乐观者的认知行为特征以及乐观的价值，学会积极的认知方式。

情感层面：通过愿景目标树立对未来的积极期望，通过现实目标激发行为动力倾向。

行为层面：通过寻找利用自身优势、乐观行动训练等作业，强化乐观行为方式，养成积极行动习惯。

STAP 共分五次实施。图 4－3 为其每次的主要内容和训练目的。

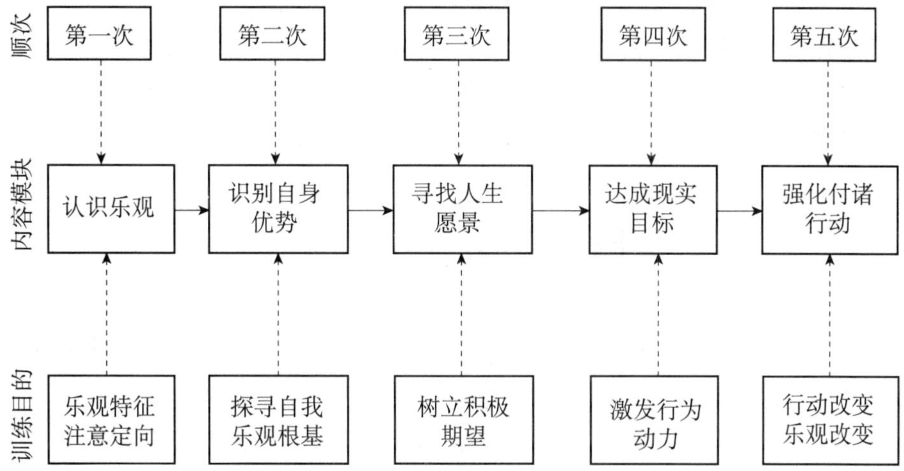

图 4－3 STAP 的主要内容和训练目的

POP 和 STAP 是两种常见的乐观训练方法，下面对 POP 和 STAP 做简单的比较（见表 4－4）。

表 4－4 POP 与 STAP 的比较

	POP	STAP
理论基础	解释风格理论、归因理论	期望-价值理论、自我调节理论
训练出发点	减少悲观	增加乐观
训练要点	通过识别和了解不幸事件、信念和结果之间的关系，引导个体与悲观思想争辩，激发成功的动力和行为	通过识别自身优势（乐观根源）、规划人生愿景（树立积极期望），达成现实目标（激发行动力），落实乐观行动（打破旧的思维动力定型，强化乐观动机）
实质改变	认知改变	期望、动机和行为改变
乐观改变测评方式	用“归因量表”测评“归因方式”的改变效果	用“乐观倾向量表”测评“乐观倾向”的改变效果，并探讨乐观因子、悲观因子各自的改变效果

通过上述比较可以发现，POP 是基于减法的乐观训练，即减弱个体的悲观倾向，进而形成相对乐观的认知。STAP 则是基于加法的乐观训练，即增强个体的乐观倾向。

二者思路不同，但都可以有效提升个体的乐观水平。

相对而言，STAP 似乎更加符合积极心理学的思路，即看中个体自身的潜力，通过一定的方法引导这种潜力的增长和显现，进而达到效果。积极心理学相信，每个人都是生而积极的，都拥有强大的自愈能力。大量心理疾病不经治疗会慢慢自愈的案例佐证了这一观点。STAP 帮助个体认识到乐观的优势以及自身可以变得乐观的可能性，这不仅有助于解决当前的问题，同时也会在今后的事件中持续体现。因此，接受 STAP 训练之后，乐观提升会更加稳定。

由此可见，乐观作为个体相对稳定的认知风格，并不是不可改变的。这为乐观的应用和发展提供了无限的可能。如果你是一个乐观的人，请继续保持，它会给你生活的方方面面带来好处。如果你觉得自己不够乐观，请不用担心，只要方法正确，相信你在接受乐观训练后就能逐渐变得乐观起来！

第四节　辩证地看待乐观

乐观是个体面对眼前既定事实或未来事件的一种主观的积极判断。我们在讨论乐观的积极功用的同时，也应注意到乐观似乎也有局限。正如前文提到的，过度盲目乐观会适得其反，过于乐观会使人们低估病情的严重程度，延误治疗时机，这里的“盲目乐观”和“过于乐观”就是乐观偏差（optimistic bias），也叫作不切实际的乐观主义（unrealistic optimism）。

一、乐观偏差的定义和内涵

乐观偏差指在对未来的不确定事件做出判断时，个体往往会乐观地将好的结果归于自己，而将不幸的结果归于他人的现象（Weinstein，1980）。根据事件的效价，乐观偏差可以分为两种类型，即高估积极事件的发生概率（Ⅰ型乐观偏差）和低估消极事件的发生概率（Ⅱ型乐观偏差；王炜，刘力，周佶 & 周宁，2006）。

乐观偏差可以从自我中心主义、聚焦主义、解释水平理论等角度来解释。自我中心主义认为个体在判断决策时，倾向于关注自身有关的信息而非他人有关的信息。当决策情境充满不确定性时，个体只会想到自己会采取适当应对措施，而不会想到别人也会这样做，因此产生了乐观偏差。同时，有研究者认为，自我中心主义受可得性启发式或锚定调整启发式的影响；前者代表个体在比较判断时更容易回忆、提取自身相关的、本来就较为熟悉的信息（Kruger，Windschitl，Burrus，Fessel & Chambers，2008），后者则代表个体会根据自身相关信息锚定自己的判断，而不会考虑他人有关信息的思维模式（Chambers & Suls，2007）。此外，自我中心主义可以看作一种保护自我概念的防御动机。如果承认自己比他人运气差，更容易遭遇危险，那么个人势必会产生过多焦虑、恐惧。因此，个体会通过抱有不切实际的乐观主义来否认、不接受威胁，以达到保护自我的目的。同理，坚信自己比他人运气好，也会让自己感到更加欣慰。因此，乐观偏差是个体保护自我概念的一种应对方式。

聚焦主义指个体专注于焦点位置者的有关信息，而忽视非焦点位置者的有关信息（Windschitl，Conybeare & Krizan，2008）。在许多有关乐观偏差的量表中，问题的表述方式（例如，“和其他人相比，你认为自己……”）使得个体通常将“自己”设定在焦点位置上，而将“其他人”设定在非焦点位置上，这就造成了个体更加关注“自己”，从而形成乐观偏差。与自我中心主义不同，聚焦主义认为乐观偏差并非由于与自己有关的信息更易获得，而是由于个体将自己置于焦点位置；如果他人处于焦点位置，则个体会更倾向于关注他人而非自己，从而乐观偏差现象就会减少（Kruger & Burrus，2004）。

解释水平理论认为，个体在行为或事件上表现出的乐观偏差取决于心理距离，具体包括时间距离、空间距离、社会距离以及事件发生概率等（Trope，Liberman & Wakslak，2007）。一般来讲，对于心理距离较远的事件，个体倾向于采用高水平解释（抽象的、上位的、本质的表征），造成获得的信息量更少，更倾向于对事件进行抽象的乐观想象，因此乐观偏差较大；相反，对于心理距离较近的事件，个体倾向于采用低水平解释（具体的、下位的、表面的特征），获取的细节和例证更多，更倾向于对事件进行相对客观的理解认识，因此乐观偏差较小（岑延远，2016）。

二、乐观偏差的影响因素

乐观偏差是个体对发生在自己和他人身上的不确定事件的主观判断偏差，因此个人因素、他人因素以及事件特征是影响乐观偏差的主要因素。此外，文化心理学认为，特定的社会文化情境势必影响个体的信息加工、归因、思维以及社会认知方式。因此，文化对乐观偏差的影响同样不容忽视。

（一）个人因素

影响乐观偏差的个人因素有个体的人格特征、情绪状态以及过往经历等。

个体的自我效能感和自信等人格特征会影响乐观偏差。例如，自我效能感较强的个体倾向于认为自身对不确定事件有较强的控制力，从而表现出更多的乐观偏差（陈瑞君 & 秦启文，2010）。类似地，过于自信的个体往往对自我的能力评判较高，这种不准确的主观判断往往会导致个体在判断决策时产生更多的乐观偏差（Coelho，2010）。此外，研究者调查了男性飞行员在航空过程中风险感知的乐观偏差，结果发现自恋倾向越强的飞行员对于自我的风险评判越低，表现出明显的乐观偏差（Ju，Ji，Lan & You，2017）。

消极情绪可以减少乐观偏差。赫尔维格-拉森和谢帕德（2001）认为，与积极情绪体验相比，消极情绪体验能减少个体的乐观偏差。这可能是因为消极情绪加强了与情绪感受一致的信息的可获得性，消极情绪使得个体更容易回忆起类似的消极记忆，进而影响接下来的判断。在这种先验经验的影响下，个体倾向于认为自身可能会有不好的后果，从而减少了乐观偏差。

个体的过往经历也会影响乐观偏差。钱伯斯等发现，过去经历过消极事件的个体往往表现出较少的乐观偏差（Chambers，Windschitl & Suls，2003）。一方面，经历过消极事件的个体能够客观评判类似消极事件的发生概率和后果，不再坚信“这种事情不会发生在我身上”；另一方面，这种经历也削弱了个体对未来事件的过于积极的信念，即认为“同样的事情可能会发生第二次”。然而，也有研究得出了相反结论：消极事件经历不一定会减少，反而可能会增加乐观偏差。例如，国内研究者沈潘艳等人（2010）对比了汶川地震受灾者和非受灾者对自然灾害事件的乐观偏差，他们发现：无论有无受灾经历，个体都认为好的结果更可能发生在自己身上，坏的结果更可能发生在别人身上。作者认为，这反映出中国传统文化中“大难不死，必有后福”的心态，类似一句外国谚语“闪电绝不会击中两次”（Lightning never strikes twice）。

（二）他人因素

乐观偏差涉及个人将自己与他人对比。对于不同的比较对象，个体采用的比较策略也会有所差异，因此乐观偏差程度也会有所不同（Harris & Hahn，2011）。当自己与模糊的、规模大的群体比较时，个体会倾向于将目标群体中的“倒霉蛋”作为比较对象，觉得自己不会像他们一样运气不佳，从而表现出较大的乐观偏差；相反，当自己与具体特定的、规模小的目标群体（尤其是与自己相关的群体）比较时，个体则没有办法主观选择那些“倒霉蛋”作为参照对象，乐观偏差现象随之减少。例如，与亲人、朋友等相似、亲近的具体对象比较时的乐观偏差较小，而与不相似的陌生人比较时的乐观偏差较大（Shepperd，Carroll，Grace & Terry，2002）。另外，从解释水平理论的角度来看，人际相似性可以拉近人与人之间的心理距离。对于心理距离较小的比较对象，个体更容易获取对方与自己相似的信息，这有利于在比较判断时减少乐观偏差（Liviatan，Trope & Liberman，2008；岑延远，2016）。

（三）事件特征

影响乐观偏差的事件特征包括目标事件的效价（积极性/消极性）、发生概率（普遍性/特殊性）、后果严重性（严重性/非严重性）、解释水平等。

从目标事件的效价来看，被试对消极事件的乐观偏差明显大于对积极事件的乐观偏差，即Ⅱ型乐观偏差大于Ⅰ型乐观偏差（陈增鹏，袁丹 & 邓科穗，2018）。

从目标事件的发生概率来看，有研究发现个体对于积极的普遍事件和消极的特殊事件的乐观偏差更大。具体来讲，个体认为自己经历普通的积极事件（例如，获得领导夸奖）的可能性要远远大于经历特殊的积极事件（例如，中大奖）的可能性，而个体认为自己经历特殊的消极事件（例如，患癌症）的可能性要远远小于经历普遍的消极事件（例如，患普通流感）的可能性（Chambers et al.，2003）。然而，岑延远（2016）的研究得到了不一样的结果，他发现普通积极事件的乐观偏差小于特殊积极事件。因此，目标事件的发生概率对乐观偏差的影响仍有待研究。

从目标事件的后果严重性角度来看，后果严重的事件会让个体知觉到更大的危险，进而否认自己遭遇此类事件的可能性，这是一种防御性否认机制。例如，个体会极力否认自己患艾滋病的概率（Gold，2008）。然而，也有研究发现严重（后果）事件会使个体低估应对能力，从而表现出较小的乐观偏差（Helweg-Larsen & Shepperd，2001）。

从目标事件的解释水平来看，目标事件与个体之间的心理距离会影响乐观偏差。岑延远（2016）发现，个体对未来生活事件的判断存在总体上的乐观偏差，具体表现为：对于心理距离较远的目标事件，个体有更大的乐观偏差；而对于心理距离较近的目标事件，乐观偏差明显减小。

三、乐观偏差的不利后果

尽管乐观偏差有助于个体保持积极情绪和健康心理，也促进了个体的成就动机和工作绩效，但乐观偏差也会导致个体因低估风险而采取一些风险行为或非理性行为。这里，我们重点说明乐观偏差的不利后果。

在健康领域，乐观偏差不利于个体预防疾病、养成健康的生活习惯。有一项研究调查了居住在韩国的韩、中、美、日四国人对癌症的乐观偏差与癌症防治行为的关系，结果表明，对癌症的乐观偏差并不利于对癌症的积极防治；该研究的研究者提出，应采取相应措施使居民了解癌症的严重后果，减少对癌症的乐观偏差，做到早发现、早治疗（Lee & Ham，2010）。另外，研究者发现，人们对于艾滋病、心血管疾病、皮肤癌等疾病均表现出乐观偏差，同时在诸如抽烟、饮酒、防晒等有关健康的行为习惯上也表现出乐观偏差（Clarke，Williams & Arthey，1997；Masiero，Riva，Oliveri，Fioretti & Pravettoni，2018）。此外，研究者发现美国非裔青少年的乐观偏差直接导致了危险性行为（Chapin，2001）。有研究表明，即便是在新冠疫情全球肆虐期间，民众对于感染新冠病毒也抱有明显的乐观偏差，即倾向于认为他人比自己更可能感染（Chen，Liu & Hu，2021；Dixit，Singh，Gaur，Gupta & Dalal，2021；Mccoll et al.，2021）。随着时间推移，绝对的乐观偏差有所减小，而相对的乐观偏差增大，这表明民众对新冠病毒的风险感知越来越准确，但整体上乐观偏差仍然存在（Mccoll et al.，2021）。感染新冠病毒的乐观偏差会导致个人忽视防护措施，增加感染风险，不利于疫情防控。

在金融领域，乐观偏差导致个体盲目投资、忽视经营风险、过度消费等非理性行为。数据表明，虽然新企业在 4 年后不被淘汰的概率只有 1/3，但投资创业者在创业初期似乎都认为自己会“侥幸”打破这一定律从而创业成功。科埃略（2010）提出，乐观偏差导致个体在企业经营已经处于劣势时选择坚持经营而非撤资止损，从而导致更多资金亏损。此外，乐观偏差还会导致个体高估自己的债务偿还能力，造成过度消费、非理性借贷等行为（Seaward & Kemp，2000）。

此外，乐观偏差还会增加危险驾驶行为。研究者发现，年轻驾驶员明显表现出乐观偏差，即认为自己发生交通事故的可能性更小、驾驶技能更高，并且他们的防御性驾驶行为更少、危险性驾驶行为更多（White，Cunningham & Titchener，2011）。

基本概念

乐观　气质乐观　乐观归因　乐观偏差

本章要点

1. 乐观是积极心理学的核心概念之一，主要有气质乐观和乐观归因两个理论模型。

2. 生活倾向测验卷、归因风格问卷和言语解释的内容分析是常见的乐观测量工具。

3. 乐观水平受到遗传和家庭环境影响。

4. 乐观会给个体带来一系列积极的影响，例如，减少焦虑和抑郁，激发更加积极的认知、情绪和行为，提高健康水平，建立、巩固和谐的人际关系，以及提高对未来的自信心等。

5. 乐观具有一定的可塑性，宾州乐观训练方案和优势目标行动训练方案是常见的乐观训练方法。

6. 盲目乐观或过于乐观会产生乐观偏差，这种不切实际的乐观主义会导致不良的后果。

复习思考

1. 气质乐观和乐观归因有什么不同？
2. 有哪些常见的乐观测量方法？如何使用？
3. 结合自己的经历，谈谈乐观给自己的生活带来了什么样的变化。
4. 有哪些因素可以影响个体的乐观水平？
5. POP 和 STAP 有什么异同？分别适用于什么样的情况？
6. 乐观总是好的吗？

推荐读物

1. 塞利格曼．活出最乐观的自己．杭州：浙江人民出版社，2013.
2. 塞利格曼．教出乐观的孩子．杭州：浙江人民出版社，2013.
3. 弥永英晃．自我肯定的力量．成都：四川文艺出版社，2021.

推荐电影

《怦然心动》，电影讲述性格与成长，描述了乐观女孩与悲观男孩的成长故事。

第五章
希　望

生活于愿望之中而没有希望，是人生最大的悲哀。

——但丁

希望是人的一部分。

——萨特

【教学目标】

掌握希望的定义，了解希望与乐观、自信和未来取向等相近概念的区别；了解并区分希望的三种成分及其相互关系；掌握希望的常用测量方法；理解希望的心理机制；了解希望对个体身心健康和成就的影响；掌握如何提升希望。

【学习重点】

掌握希望的测量方法；了解希望的三种成分及其与相近概念的联系和区别；了解希望如何影响人们的身心健康。

【读前设问】

1. 你对生活充满希望吗？你是通过哪些证据认为自己充满希望或者绝望的？

2. 你身边有希望水平很高或者很低的人吗？他们有什么特征？

3. 充满希望对自己的生活有好处吗？为什么？

第一节　希望概述

天神普罗米修斯从天上盗火种送给人类，人类学会了使用火。主神宙斯十分恼火，决定要让灾难也降临人间。

他命令他的儿子火神赫菲斯托斯用泥土制作一个女人，名叫潘多拉，意为“被授予一切优点的人”。每个神都对她有所赋予，以使她完美。阿芙洛狄忒送给她美貌，赫耳墨斯送给她利嘴灵舌，阿波罗送给她音乐的天赋。宙斯给潘多拉一个密封的盒子，里面装满了祸害、灾难和瘟疫，让她送给娶她的男人。宙斯将这位丽人遣送到人间，众神和凡人正在大地上休闲游荡，其乐融融。大家见到这无与伦比的漂亮女子，都十分惊奇，称羡不已，因为人类从未有过这样的女人。

潘多拉立即去找“后觉者”厄庇墨透斯，他是普罗米修斯的弟弟，为人老实厚道。普罗米修斯深信宙斯对人类不怀好意，告诫他的弟弟厄庇墨透斯不要接受宙斯的赠礼。可厄庇墨透斯不听劝告，娶了美丽的潘多拉。潘多拉双手捧着她的礼物，这是一个密封的大礼盒。她刚走到厄庇墨透斯近前时，突然打开了盒盖。厄庇墨透斯还未来得及看清盒内装的是什么礼物，一股祸害人间的黑色烟雾就从盒中迅疾飞出，犹如乌云一般弥漫了天空。黑色烟雾中尽是疾病、疯癫、灾难、罪恶、嫉妒、奸淫、偷窃、贪婪等各种各样的祸害，这些祸害飞速地散落到大地上。潘多拉慌乱中立即关上盒子，但是盒子里只剩下了智慧女神雅典娜为了挽救人类命运而悄悄放在盒子底层的美好东西——“希望”。

在希腊神话中，“希望”是人世间最美好的事物，是拯救人类的唯一事物。无论人世间有怎样的灾难，遭受了怎样的生活折磨，只要手中还握有这可贵的“希望”，就都能够自我激励，与命运抗衡。

你也这么认为吗？

拓展阅读

2008年参加《美国达人》[1] 的唐纳德·布拉斯威尔（Donald Braswell），到了2010年，还有不少人不断提起他。有人反复观看他在比赛中的每一次演出录像，每次看的时候都热泪盈眶。特别是在自己失意或者遇到挫折时，看看他的演出录像，就好像能够重新获得能量。他的个人魅力是从哪里来的呢？

唐纳德·布拉斯威尔

布拉斯威尔曾经是一名职业歌手，但是在一场离奇的车祸中失声。大夫告诉他这辈子不用再想唱歌了，应该首先想着学会说话。失声的歌手无异于常人失去了臂膀。他从头开始学习发音，学习说话，学习唱歌。

之后的11年，他都生活得很艰难。他做过汽车销售员，有三个女儿。当他参赛的时候，他已经45岁了。他的眼神中虽然透着伤感，但是正如评委所说，他“有着最美的笑容，还有一种可贵的闪光从眼里透出来”。他没有失去希望。他参赛的目的很明确：希望获得节目奖金，改善一家人的生活状况。

① 《美国达人》（*America's Got Talent*）是美国国家广播公司（NBC）的真人秀节目。节目中有各种参加者，如歌手、舞蹈演员、魔术师、喜剧演员，不限年龄，参加者角逐100万美元的奖金。此节目于2006年6月首次播出。

初赛时，由于在他之前出场的选手演出都非常糟糕，评委和观众的情绪很差，以至于他一出场就遭到了全场观众的嘘声。他没有放弃，完全投入自己的歌唱表演中，到动情的地方，眼中闪着泪光。

在短短 3 分钟不到的演唱中，他用动人的歌声征服了全场的观众和评委。全场观众都站了起来，不断地为他尖叫呐喊，主持人也忍不住连连说："他们一定要让他通过！"评委更是大大地赞扬了他的歌声和他在演出中流露出的真情实意。他顺利通过了预赛。

在第二轮比赛中，评委没有让他通过。但是，深深被他感动的网友们通过投票让他再一次站到了比赛的舞台上。最终，他获得了决赛第四名，虽然没有达到他预期的目标，但他激励了所有人。

有网友在自己的博客中写道："从他的眼神中我看见了坚强，也看到了期盼。从他身上我更看到一个男人的责任感。为了家人，他站上了阔别 11 年的舞台，从牙牙学语开始，到自如地放声歌唱。如果没有惊人的毅力，他不可能做得到。""他不仅在海选中为大家演唱了一首歌，也演绎了一段人生奇迹。"

看了这个故事，你是不是会感到精神振奋呢？布拉斯威尔有一个目标，即改善家庭生活状况。然后，他找到了达成目标的途径，即参加选秀比赛。最后，他具有动力意识，坚持不懈。中途遇到了不少挫折，但是他都没有放弃，而是积极争取（在预赛中被观众嘘，第二轮被评委淘汰，他都积极调整状态，不怨天尤人，全情投入表演）。最后，他没有获得第一名，但是由于他展现出超强的个人魅力、可贵的精神、出色的歌唱水平，相信他让家庭经济状况变好的最初目标也将最终达到。拥有以上这三个条件的人，我们就认为，他和布拉斯威尔一样，有很高的希望水平。

一、希望的定义

希望是当代积极心理学研究的重要范畴之一。关于希望的定义，洛佩斯、斯奈德和佩德罗蒂（Lopez，Snyder & Pedrotti，2003）总结了 20 世纪末以来社会科学领域有关希望的研究，发现学者们对希望的定义有 20 多种。这些定义大致可以分为两类，一类是将希望定义为情绪，另一类则将希望定义为认知。具体而言，情绪观认为希望是个体在困境中的一种积极的情感反应，认知观则认为希望是个体对积极结果出现在个人生活中、社会甚至整个宇宙的信心。当代积极心理学逐渐认识到，希望是一种情绪和认知并存的心理品质。

美国堪萨斯大学的查尔斯·斯奈德教授是积极心理学运动中希望领域公认的理论创建者，他把希望定义为"在成功的动因（指向目标的能量水平）与途径（实现目标的计划）交叉产生体验的基础上形成的一种积极的动机状态"（Snyder et al.，1991）。具体而言，希望包含以下三种成分。

（一）目标

目标是希望的核心部分，被称为希望理论之锚（anchors of hope theory）（Snyder Ed.，2000）。斯奈德认为，每个人都有自己的目标，所有的行为都是为了实现目标。在希望研究中，目标常常作为因变量出现，要考察不同希望水平个体的目标有何特点。具体而言，目标可以有以下几种分类方法。

第一种：目标可以分为三个层次，即生活的普遍目标（如生活条件改善）、特定领域的目标（如升职加薪）和特定的具体目标（如顺利完成项目）。这是按照目标的所属水平来划分的。无论是哪个层次，高希望水平的个体都比低希望水平的个体有着更高的目标设定、更久的坚持，也更容易实现目标。

第二种：目标可以分为两个方面，即趋近目标和回避目标。这是按照个体对目标的动机来划分的。趋近目标是指个体希望能够实现的愿望或者获得的事物，常常以"我想……""我要……""我希望……"等来描述和表达。例如："我要买一台最新款的手机。"回避目标是指个体希望避免的某些困难或者不好的结果，常常以"我不想……""我不要……"等来描述和表达。例如："我不要再感冒了。"研究发现，高希望水平者更多地设立趋近目标，而低希望水平者更多地设立回避目标。

第三种：目标可分为参照目标和非参照目标，这是按照目标与先前成就比较的结果来划分的。参照目标是指以先前成就为参考而设定的获得更高成就的目标。非参照目标是指随意设立的、比先前成就高很多或者低很多的目标。高希望水平的个体通常设立参照目标，而低希望水平的个体通常设立非参照目标。

第四种：目标可分为具体目标和模糊目标，这是按照目标的明确程度来划分的。高希望水平者在制定目标时，通常将目标描述得很清晰，而且有具体的达成路径和方法。而低希望水平者的目标常常是模糊的，操作定义不明确。

不同的目标对应不同的动机及努力程度。实现目标时常用的两种方法分别是一蹴而就（all at once goals）和循序渐进（step by step）。斯坦顿、丹诺夫-伯格和希金斯（Stanton，Danoff-Burg & Huggins，2002）认为，低希望水平的个体常常认为目标是整体的、不可分割的、巨大的，希望自己能在短时间内一蹴而就。这反而给自己增加了很多焦虑，为实施实现目标的行动增加了阻碍，也更加难以达成目标。而高希望水平的个体常用的是循序渐进的方法，习惯于把目标分成很多个小的子目标，逐一实现每个子目标。设定的每个小目标都应该是易于实现的，能一步步导向最终的大目标。划分小目标能够提升个体的动机，让个体更易于行动。随着小目标的实现，动力思维和路径思维也会逐渐提升。

（二）路径思维

斯奈德（Snyder，1994）认为路径思维是一种认知，也有人称之为信念，即"我能够找到合适的方法（途径）达成目标"这样一种想法。路径思维其实包含两层意思，一层是针对目标的具体的计划和实施方法，另一层是坚信自己一定能够找到途径的想法。

高路径思维个体在有了一个目标以后，其大脑就开始自动运行，主动寻求达成目标的方法，并且预测每种方法的可能结果。所以，谢尔、马达夫施和巴克豪斯（Scheel，Madabhushi & Backhaus，2009）提出，高希望水平的个体在达成目标的过程中，有这样几个特点：一是容易获得多条途径，再根据自己的分析判断来得出一条相对最好的途径；二是在遇到障碍的时候，能够更加坚持；三是当一条途径被证明无法走通时，高希望水平的个体也会很快想出办法来调整，例如征询别人的意见、寻求帮助或者学习新的知识，甚至是调整现有目标，等等。这三大特点也促进了动力思维的提升，并且有利于个体达成目标，所以路径思维的重要性也就凸显了出来。

与之相对应，低路径思维个体常常不知道如何达成目标，思维比较固着，常常限定自己思考的方向，很难找到备用的途径；遇到障碍的时候，不知道如何寻找新的途径，也不认为自己能够找到新的途径，所以往往产生停滞不前的情况。这种挫败感又进一步损害了动力思维，降低了整体的希望水平。因此，对于低希望水平的个体来说，提升路径思维是一种很好的方法。

（三）动力思维

动力思维是一种动机的因素，能够驱使个体行动。但它也是一种认知，即“我一定能够实现目标”的想法和信念。动力思维在目标达成的各个阶段都有着非常重要的作用。

首先是在行为启动阶段，高动力思维个体能够很快对目标有所反应，迅速进行预测、规划和行动；而低动力思维个体迟迟不能行动，行为拖延，为自己的目标达成制造阻碍。其次是在目标达成过程中，如果遭遇了挫折和失败，高动力思维个体坚信自己一定能够达成目标，所以更加坚持；而低动力思维的个体很容易放弃。

动力思维不是独立存在的，与目标、路径思维有非常大的关联。目标越清晰、越具体，个体越容易行动。另外一个方面是过往经验的影响。失败的过往经验容易导致个体丧失信心和自我效能感。所以，回忆成功的过往经验，以及创设新的、更易于成功的环境，是提升个体动力思维的有效方法。

二、希望三成分的关系

在希望的三种成分中，目标是希望理论的核心。斯奈德等（Snyder，Sigmon & Feldman，2002）认为，人类的行为，包括日常生活中的一切活动，都是基于一定的目标发生的。这些目标有长远的、近期的，具体的、抽象的，宏大的、微小的，但总体可以分为“积极趋近”和“消极回避”两大类。这些目标的设定都是功能性的，能给个体带来一定的价值。因而，对活动结果的价值评估（outcome value）会影响个体努力的程度。但希望与价值评估关系不大，这意味着即使是难以实现、回报微小的目标，只要个体的希望水平较高，个体也会付出足够的努力去争取。这正是希望品质的难能可贵之处，其大大促进了个体的行为动力。

在希望驱动的实现目标的过程中，个体会产生路径思维和动力思维。路径思维属于认知系统，帮助个体寻找和制定实现目标的途径。动力思维则属于动机系统，帮助个体认识到通过这些途径可以有效达成目标，进而付诸实施。在目标实现过程中，两个系统相辅相成，不可或缺。人类大脑有一种预期事件结果的自然倾向。在认知系统的作用下，个体会预期不同路径下的结果的价值，并以此来指导后续的行为。高希望水平的个体通常能预期到更加积极的结果和更高的价值，这种预期结果激活并加强了动机系统。随后，动机系统推动个体完成目标，类似于意志力。尤其是在遇到困难和挫折的时候，高希望水平的个体能够坚持更久，付出更多努力，达成目标的可能性也更大。

斯奈德主编的《希望研究手册》（*Handbook of Hope*）用图画的形式向读者形象描绘了三者之间的关系。当个体拥有一个可以实现的目标时，在大脑的认知活动推动下，个体会试图在现状和目标间搭建一条可能的路径。也就是说，受到目标的牵引，个体找到了达成目标的路径。动力思维类似于发动机，启动个体的行为，并且推动个体朝自己的目标、沿着构想的路径前进，如图 5－1 所示。

图 5－1　希望三成分之间的关系

动力思维能够推动个体在现有的路径上行进。特别是当遇到障碍的时候，动力思维可以增强个体坚持不懈的意志力，促使个体寻找新的路径来达成目标，如图 5－2 所示。

图 5－2　受阻碍时动力思维作用图

三、希望的测量

自希望理论提出以来，研究者们开发了一系列工具用于希望水平的测量。例如，基于自我报告的、适用于不同人群的成人希望量表、状态希望量表、儿童希望量表、诺氏希望量表、米勒希望量表、荷斯希望量表及行为分析法（detecting hope in action）和内容分析技术（content analysis technicians）等。下面具体介绍三种较为常用的希望测量工具。

（一）成人希望量表

成人希望量表（Adult Hope Scale，AHS）由斯奈德等（Snyder et al.，1991）提出，一共包含 12 道题目，其中 4 道测量动力思维，4 道测量路径思维，其余 4 道为干扰题。被试按照李克特 4 点计分来评估题目描述内容与自己的实际情况的相符程度。探索性因子分析支持了 AHS 的双因素模型，总方差解释率为 52%～63%。总量表、动力思维维度和路径思维维度的内部一致性信度分别为：0.74～0.88，0.70～0.84 和 0.63～0.86。3 周和 10 周的重测信度分别是 0.85 和 0.82。我国学者陈灿锐、申荷永和李淅琮（2009）修订了 AHS 的中文版。

拓展阅读

成人希望量表

计分：1 分，很不符合我；2 分，有点不符合我；3 分，有点符合我；4 分，很符合我。

题目：

1. 我能想出许多途径和办法来使自己摆脱困境。
2. 我总是不知疲倦地追求我的目标。
3. 我大多数时候感到很累。
4. 任何问题总会有解决的途径和办法。
5. 我容易在争论中失败。
6. 我能想出恰当的对策来处理我生活中的重要事件。
7. 我担心自己的身体健康。
8. 即使别人放弃，我也认为自己可以找到解决问题的办法。
9. 我过去的经验可以帮助我有效地应对未来的生活。
10. 我的生活一直很成功。
11. 我有时对一些事很担心。
12. 我实现了自己的大多数目标。

其中，路径思维测量题目为 1，4，6，8；动力思维测量题目为 2，9，10，12。

（二）儿童希望量表

儿童希望量表（Children Hope Scale，CHS）由斯奈德等（Snyder et al.，1997）提出，适用于8～16岁儿童希望水平的测量。该量表总共包含6道题目，采用李克特6点评分，奇数项测量动力思维，偶数项测量路径思维。CHS的内部一致性信度为0.72～0.86，平均为0.77。3个月后和1周后的重测信度分别为0.71和0.73。该量表曾经在不同儿童群体中多次测试，结果显示适用性良好。我国学者赵必华和孙彦（2011）修订了CHS中文版。

拓展阅读

儿童希望量表

计分：1分，从不；2分，很少；3分，较少；4分，有时；5分，经常；6分，总是。

题目：

1. 我认为我做得很不错。
2. 我能想出很多办法来应对生活中非常重要的事。
3. 我和同龄的孩子们做得一样棒。
4. 当遇到困境时，我可以通过很多方式解决。
5. 我认为过去的事情对我的未来有帮助。
6. 就算别人放弃，我也知道自己可以找到解决问题的办法。

（三）荷斯希望量表

荷斯希望量表（Herth Hope Scale，HHS）由荷斯（Herth，1992）编制。HHS共包含12道题目，分为预期认知、积极准备和人际支持3个维度。因素分析的结果也支持了HHS的三因素模型。量表总内部一致性信度为0.97，3个分维度的内部一致性信度为0.78～0.86，重测信度为0.91。与存在幸福感（existential well-being）呈正相关，相关系数为0.84；与绝望感（hopelessness）呈负相关，相关系数为0.73。奈德曼、安德伍德和哈迪（Nedderman，Underwood & Hardy，2010）近期的一些研究也表明HHS具有较好的实用价值。

拓展阅读

荷斯希望量表

计分：1分，很不符合我；2分，有点不符合我；3分，有点符合我；4分，很符合我。

题目：

1. 我用积极的态度对待生活。

2. 我对生活有短期、中期或长期的目标。
3. 我觉得自己非常孤单。
4. 即使目前处境艰难，我也能看见光明。
5. 我对治疗充满信心。
6. 我对未来感到害怕。
7. 我经常回忆起以前的快乐时光。
8. 我感到我有力量战胜困难。
9. 我能给予或者接受别人的爱与关怀。
10. 我应该采取积极的行动使身体朝健康的方向发展。
11. 我相信只要自己努力，就可以发挥应有的作用。
12. 我觉得生活过得有价值、有意义、很实在。

四、希望与相近概念的比较

（一）乐观

乐观是与希望最为接近的心理学概念。本书的上一章对乐观做了详细的介绍。这里我们便不再赘述乐观的相关理论和实践，而是着重对比乐观与希望的联系与区别。首先，乐观理论提出了“习得性乐观”的概念，认为乐观是可以通过归因的训练和解释风格的变化习得的。可以推测，这种指向性的学习和转变是动机性的，即回避消极的认知和结果。希望理论则重点强调了积极的未来目标，以及为了达成这种目标而产生的积极的认知和行为。其次，相比乐观理论，希望理论框架下达成目标的意识范畴更加广泛。乐观强调归因或者解释风格，希望则强调路径思维。显然，达成目标不只是改变归因一条道路，希望涵盖了更为宏观和广泛的理论和实践范畴。最后，当代希望理论认为希望是认知和情绪的融合，而乐观似乎更加强调认知，对积极和消极情绪没有做出明确的解释。希望理论认为，如同情绪在大多数情况下的功能，在希望过程中，情绪是路径思维和动力思维的反馈与调节系统。还有研究者认为，希望与乐观都是幸福感的一部分，但二者侧重不同的方面。加拉赫尔、洛佩斯和普里彻（Gallagher, Lopez & Preacher, 2009）研究发现，希望更多地与获得幸福感相关，乐观则更侧重于享受幸福感。

虽然希望与乐观有区别，但二者也有诸多联系。加里费奥和罗登斯（Carifio & Rhodes, 2002）在同时测量了乐观和希望之后发现，THS、CHS 和 LOT-R 的相关系数为 0.5～0.66，这说明乐观和希望具有很强的相关性。验证性因子分析的结果进一步表明，乐观和希望是两个不同的心理变量，但又有着一定的关系。兰德（Rand, 2009）采用结构方程模型进一步研究发现，希望与乐观之间存在一个共同的潜在变量，即对目标的态度（goal attitude）。

（二）自信

自信（self-confidence），是指个体对自身是否具备成功应对事件或完成任务的能力的主观评价。在心理学领域，与自信较为接近的概念是班杜拉在社会学习理论中提出的自我效能感。正如之前提及的，人的大脑有着预期和评估事态发展的天然倾向。在社会适应过程中，个体不得不以有限的经验来评估和预测陌生的世界，而这种评估和预测的结果即可以理解为个体对完成特定任务的自信。研究者们认为，自信是认知、情感和意志相对整合统一的心理过程，有着明显的动力色彩。高自信水平更容易驱动行为的发生，使人遇到挫折时更易坚持。低自信水平则会导致退缩。由此可见，自信可以类比于希望理论中的动机系统。这种动机系统既表现为对自我的积极认知，也表现为一种相对长期、稳定的认知风格。

与希望理论类似，自信同样强调目标的设定。个体面对不同的目标会有不同的自信水平。但自信与希望的区别同样比较明显。自信通常表现为对自己的积极评价和信心，为个体行动提供动力。但是，自信并没有明确该如何达成目标，即缺少路径思维。同时，自信更多的是认知，是个体对自己能力和品质的觉察；而希望更多的是一种意愿，是驱动个体完成特定目标的整合系统，更加全面。简而言之，自信与希望的区别可以用“我能……”和“我想……”来理解。因此，自信的概念内涵要小得多，只包含对自己的评价；希望则明确包含目标、动力和路径。

（三）未来取向

目前，对于未来取向（future orientation）的定义，研究者们尚有争论。我国学者刘霞等（2010）认为，未来取向是个体有关未来的认知和行为偏好，同时也包含对未来活动的规划。刘霞、黄希庭和毕翠华（2011）进一步将未来取向分为未来认知（广度和密度）、未来情感（乐观性和思虑性）和未来意志行动（计划性和执行性）三个维度。鲁米（Nurmi，1991）则认为，未来取向是指个体对未来活动的主观建构，包括预期、规划和评价。赫莱尔（Helaire，2006）对未来取向进行了更为细致的划分，他认为未来取向包含具体性、广度、突出性、计划、乐观性和控制信念六个主要维度。虽然学者们对于未来取向有着不同的理解，但是我们可以发现，相对于希望，未来取向的内涵和外延都要更加广泛。但是，需要注意的是，未来取向更多强调与个人发展有关的内容，多为对自己的未来时间的主观建构；希望则包含更多的内容，诸如对他人、对社会的希望。

第二节　希望的作用

现在，我们对希望的定义、成分和测量方法有了一定的认识，对其与相近心理变量的辨析也有了初步的了解。那么，在现实生活中，希望到底可以发挥怎样的作用呢？

我们先看一个故事。

华罗庚因为交不起学费，只好从一所职业学校退学了。但他一直怀抱对数学的梦想和希望，期待自己有一天能在数学方面有所成就。随后，他用 5 年时间学完了高中和大学低年级的全部数学课程。然而，命运似乎总和他过不去。1929 年，他不幸染上伤寒病，靠妻子的照料得以挽回性命，却落下左腿残疾。但他仍然没有放弃，20 岁以一篇论文轰动数学界，被清华大学请去工作。从 1931 年起，华罗庚在清华大学边工作边学习，用一年半时间学完了数学系全部课程。他还自学了英语、法语、德语，先后在国外杂志上发表了多篇论文。1936 年夏，华罗庚被保送到英国剑桥大学进修，两年中发表了 10 多篇论文，获得国际数学界的赞赏。1938 年，华罗庚从英国回国，写出了著名的《堆垒素数论》。

世界上有很多名人都曾身处逆境，但是他们不放弃希望，最终获得成功。上述故事中的华罗庚和温斯顿·丘吉尔、撒切尔夫人、纳尔逊·曼德拉这些历史上著名的领导人一样，都是充满希望的人。大量科学研究表明，希望在实现个人目标和价值时有着重大的作用，对生活有着积极的影响：充满希望的人不容易受到各种生理、心理问题的困扰，患病后也比其他人恢复得更快；充满希望的人工作更加努力，为家庭和组织带来更多收益与财富；充满希望的学生学习更加努力，拥有更高的学业成就。总之，拥有希望的人会更有目标、更坚忍，也更容易获得积极的情绪。西方有句谚语是“Where there is life，there is hope”，有人将其译为“有生命就有希望”。这充分说明了希望在个体生活中扮演了积极且重要的角色。

一、希望与心理健康

大量研究以不同年龄、地域和族群的人为被试，采用自我报告、结构化评估等方法，表明希望水平与个体的心理健康关系密切。吉尔曼、杜雷和弗洛雷尔（Gilman，Dooley & Florell，2006）研究发现，希望水平越高的个体心理健康水平越高，而希望水平低则与抑郁、敌意等负面心理状态关系密切。在具体考察希望与心理健康的关系时，研究者们多以生活满意度、生活质量、自尊、积极情绪和主观幸福感等为指标。例如，有研究根据中学生在希望问卷上的得分将其分为高分组和低分组，随后测量了其生活满意度、结构化课外活动、自尊、社会支持和家庭团结等心理健康水平指标，结果显示，高分组学生在上述变量上的得分均显著高于低分组。还有研究以 367 名儿童和青少年（被试数量在研究期间有所损耗）为被试，在两年的追踪时间里共计三次测量希望和生活满意度与心理健康水平，结果显示生活满意度可以显著帮助预测个体的心理健康水平，而希望起到了调节作用，希望水平高的个体这种关系更强。贝利等（Bailey，Eng，Frisch & Snyder，2007）研究发现，高希望水平的个体自我报告了更多的积极情绪、更加和谐的家庭环境和更高的婚姻满意度。布瑞恩达斯等（Berendes et al.，2010）研究发现，高希望对缓解心理痛苦、降低烦躁不安水平具有保护性作用。古力耶娃等（Guliyeva et al.，2022）回顾了 20 世纪将近 500 篇相关文献，他们发现癌症病人的希望水平与生活满意度呈中等程度的正相关，即：希望水平越高，生活满意度也越高。

此外，大量研究也关注了希望与消极心理指标之间的关系。研究者们发现，希望水平低的个体通常更加容易产生敌意、自杀意念、消极心境、焦虑和压力等。例如，盖格尔和考恩（Geiger & Kwon，2010）研究发现，希望水平可以独立帮助预测个体的抑郁水平。赫希等（Hirsch，Visser，Chang & Jeglic，2012）以大学生为被试研究发现，希望水平在抑郁症状与自杀行为之间起到中介作用，即希望水平低的个体更容易自杀。多项研究表明，个体的希望水平可以极大缓冲新冠疫情造成的焦虑、抑郁、自杀等心理问题和行为（Knowles et al.，2021；Zhang et al.，2021）；例如，新冠疫情期间，希望有助于医护人员有效排解压力，避免焦虑、抑郁、睡眠困难等消极问题。这里的希望不仅包括自身固有的信念，还包括来自家庭、同伴的支持（Zhang et al.，2021）。综上所述，心理健康水平与希望水平关系密切。那么，结合希望的三种成分——目标、动力思维和路径思维，其中哪种对个体的心理健康最为重要呢？加拉赫尔、洛佩斯和普里彻（Gallagher，Lopez & Preacher，2009）研究发现，相比路径思维，动力思维在个体的心理健康水平上扮演了更加重要的角色。这表明在希望中，动机强的个体更容易表现出较高的心理健康水平。

二、希望与生理健康

希望水平的高低与个体的生理健康也存在明显的关系。斯奈德等（Snyder et al.，2005）研究表明，人们把手放进冰冷的水中忍受痛苦的时间长短与其希望水平有关，具体表现为在 AHS 和 THS 量表中得分更高的被试忍受的时间更长。不过，这一现象在随后的实验研究中没有得到重复。另一项研究则换了一个思路，研究者将被试分为两组，一组接受希望提升的训练，一组没有接受训练。研究结果显示，接受了希望提升训练的被试在冷水中忍受的时间更长。这表明希望水平的变化与个体的生理感受有关。这两项研究都表明，希望水平高的个体能够调动更加积极的生理反馈，进而更能承受痛苦。这也可能是因为希望水平高的个体本身生理健康水平高，耐受力强，从而可以忍受冷水更长的时间。

后来的研究以临床患者为被试，发现了生理健康与希望水平存在明显关系的更多证据。赫希和希罗瓦（2014）发现，对于纤维肌痛、关节炎以及炎症性肠病患者而言，希望水平高的患者压力水平较低，并且疲劳程度越弱。布瑞恩达斯等（Berendes et al.，2010）调查了肺癌患者的希望水平与一系列生理症状、心理指标之间的关系，他们发现：希望水平高的肺癌患者咳嗽、疼痛、疲劳感较少，并且抑郁水平较低。比林顿等（Billington，Simpson，Unwin，Bray & Giles，2008）研究发现，希望水平高的个体更不容易罹患高血压、呼吸道感染和肾衰竭等疾病。

那么，为什么希望水平高的个体会更加健康呢？有两个可能的原因。一方面，希望水平可能会直接影响个体的生理系统。通过对大脑神经递质、激素和免疫力等的调节，高希望水平的个体表现出更高的健康水平。另一方面，希望促进了积极的认知和行为，从而有助于身体健康。例如，瑞普奥夫（Rapoff，2007）研究发现，高希望水平的哮喘儿童在接受治疗时，更能配合医生的指导，坚持完成定量吸入治疗，进而恢复得更快。一项关于希望和慢性病关系的元分析表明，希望水平越高的患者越倾向于追求健康的生活方式，这有助于慢性病的治疗（Schiavon，Marchetti，Gurgel，Busnello & Reppold，2017）。同样，伊尔迪里姆和阿斯兰（Yildirim & Arslan，2020）发现，人们的希望水平越高，人们越注意勤洗手、戴口罩、不聚集以预防新冠感染。

虽然当前研究已经发现了希望和生理健康之间的关系，但仍有许多问题需要研究者们进一步探索。例如，希望影响人们生理健康的机制究竟是怎样的？如何将希望运用于生理康复？如何妥善处理希望与不乐观的现实情况之间的关系？

三、希望与成就

希望与成就的关系主要体现在两个方面，即学业成就与工作成就。大量研究表明，高希望水平的学生的学业成就更高。柯里等（Curry，Snyder，Cook，Ruby & Rehm，1997）以大学生的平均学分绩点（GPA）作为测量学业成就的指标，结果发现希望水平与 GPA 呈显著正相关。斯奈德等（Snyder et al.，2002）进行了一项长达 6 年的跟踪研究，结果显示，高希望水平的学生拥有更高的 GPA、更高的毕业率和更低的被开除率。马奎斯、派斯-里贝罗和洛佩斯（Marques，Pais-Ribeiro & Lopez，2011）以葡萄牙儿童为被试进行了追踪研究，结果显示高希望水平的儿童更容易取得优异的学习成绩。还有研究者比较了希望和其他一些相关因素对学业成就的贡献，结果进一步凸显了希望对学业成就的重要影响。李森等（Leeson，Ciarrochi & Heaven，2008）测量了被试的人格特征、智力水平和发散思维能力以及先前的学业水平，并将它们作为控制变量来分析希望与学业成就的关系。结果显示，希望水平高的个体依然表现出高学业成就。此外，科林斯、奥韦格布兹和焦（Collins，Onwuegbuzie & Jiao，2009），以及菲勒斯、奥姆斯通和卡拉汉（Fellers，Almstrom & Callahan，2009）的研究表明，高希望水平的学生在在线课程、合作学习中的表现更加积极，更少出现学业舞弊等消极行为。这些研究都有力地说明了希望有助于提升学生的学业成就。随着希望研究的不断深入，社会各界也逐渐开始关注希望在学业成就方面发挥的巨大作用。在 2012 年召开的国际教育学与教育心理学大会上，塔尔汗等（Tarhan，Bacanli，Dombayci & Demir，2011）倡议在三类思维教育（批判性思维、创造性思维和关怀性思维）的基础上，添加希望思维，使之进一步发展为“四重思维”（quadruple thinking）教育模型。

当然，除了学业成就，希望对工作成就也有着显著的影响。欧韦尼尔等（Ouweneel，Blanc，Schaufeli & Van Wijhe，2012）研究发现，高希望水平的个体工作投入度更高。皮特森和比隆（Peterson & Byron，2008）以行政管理人员、销售人员和经纪人等不同工作领域的人为被试研究发现，高希望水平的个体都有更高的工作绩效。尤瑟夫和鲁森斯（Youssef & Luthans，2007）研究发现，希望、乐观和复原力三种心理特质均与主观幸福感和工作满意度呈正相关，但只有希望与工作表现呈显著正相关。威尔什和瑞文（Welsh & Raven，2011）研究发现，希望水平与员工的企业领导力、组织认同感以及在公司中的控股权益呈显著正相关。这些研究都表明，希望不仅可以给个体带来更高水平的学业成就，同样也会使工作中的人们获取更高水平的工作成就。

那么，为何希望能够让个体获取更高的学业成就和工作成就？肯尼等（Kenny，Walsh-Blair，Blustein，Bempechat & Seltzer，2010）认为，高希望水平的个体相信他们可以创造有效的路径来达成目标，即目标、动力思维和路径思维都是完备的，这使得他们在获得积极反馈之后进一步增强了信心，从而努力获取成就；而在失败之后，希望使他们仍然保持一定的积极情绪和认知，从而愿意进行更多的尝试以及忍受失败的痛苦。

第三节　希望的提升

随着研究的不断深入，希望在各个领域对个体广泛的益处得到了研究者们的一致认可。那么，如何提升希望，让更多的人更好地发挥其对个体的助益呢？这是心理学也是教育学工作者关注的重要问题。目前来看，希望的提升主要涉及以下问题。

- 目标。
  - 这个“希望”对个人而言，到底有多少价值？
  - 目标是否可以达到？非分之想不可达到，而伸手可得的目标又让人缺乏动力。
  - 现在在达到目标的什么位置？目标将要达到时，是希望水平最高的时候。
- 路径思维。
  - 能够找到多少方法达到这个目标？
  - 对自身能力的信念和认知。例如内部语言：“我一定能够找到解决方法的。”
- 动力思维。
  - 怎样激励个体朝着目标前进？

以此为基础，研究者们开发了一系列提升希望的方法：直接的希望干预、基于认知行为疗法的希望提升、基于叙事疗法和问题解决模式的希望提升等。这些干预的开展形式也比较多元，有团体心理辅导、小组互助、个案咨询和情景分享与练习等。下面介绍常见的干预方法。

一、希望的干预

心理学家克劳斯纳等（Klausner，Snyder & Cheaven，2000）以患抑郁症的老年人为被试，探索了直接的希望干预对个体抑郁的影响。26 名老人被平分为 2 个组，一组接受直接的希望干预，一组接受心境干预。所有干预通过团体心理辅导进行。具体的干预方案如表 5－1 所示。

表 5-1　两组老人的干预构想和方案

	组一	组二
干预构想	低希望是由于老人们对未来没有明确的目标，或者认定目标不可实现，由此没有动力促使他们行动。	老人们没有能够将自己生命中的各个阶段连接起来，对自己的过去没有能够形成完整的认识；到了老年，心境无法通达。
干预方案	设置目标、确定实现目标的方法或途径，并培养他们的行动动机。例如，给老人们设置培育花圃的目标，并组织老人们在一起讨论怎么培育这个花圃会更好，设计出更多的实现方法。集体的讨论和活动结束后，要求老人们回去思考这些方法是怎么得到的、怎么才能实现，当自己遇到困难的时候怎么向别人寻求帮助，等等。	老人们在集体的活动中回顾人生的不同阶段，达到心境通达。

结果表明，组一的老人们抑郁水平显著下降，积极情绪也有所增加；组二的老人们则变化不大。这说明，相比漫无目标的心境干预，针对希望三成分的直接干预，能够缓解个体的抑郁，增加积极情绪。希望与目标设定及动机增强是有相当的关系的。通过干预，人们的“希望”能够得到提升。

除了直接的干预，还有融合了认知行为疗法的干预。我们对事件的看法和解释直接导致了对事件的情绪结果，而这种看法和解释主要源于我们对自我和周围世界的信念。每一个人的情绪、行为以及生理之间都存在互相影响的关系，这三者中的任何一个因素又都可以加强个人的信念，而被加强的信念会对结果产生更大的影响，如此往复，信念和结果的循环得以维持和发展。基于认知行为疗法的希望干预认为，要改善低希望特质，就需要打破旧的信念循环系统，建立新的高希望特质的信念循环系统。

叙事疗法也可以用于希望的提升。我们的叙事过程，就是一个将过去零散的经验整合，对事件赋予意义的过程。这些故事引导和帮助我们理解自己的现在和未来。故事的叙述过程也就是我们确立自我概念的过程。写下或者口述个人故事，特别是有关个人如何确立目标以及解决问题的过程，是发掘个人希望特质和增强这一特质的方法之一。在叙事疗法中，咨询师可以帮助叙事者意识到个人的那些消极的自我对话，帮助他们寻求和注意到自己的积极方面。这样，来访者就能够了解到自我内在对话系统是怎么影响自己的。

问题解决模型作为短期心理咨询的核心方法之一，能够在较短的时间内让来访者确定自己的资源，也可以用于希望的提升。一般的过程是确认问题并确定问题解决的目标，找出具体的问题解决方法，将找到的方法付诸实践，评估进展情况并作调整，选择最有效的方法成功解决问题。通过这一过程，能够较为全面地提升来访者的希望水平。

随着希望相关研究的逐渐发展，希望干预被应用于各个领域。例如，有研究采用叙事疗法，向儿童讲述希望故事，同时结合目标设置。整个干预进行了 8 周，每周一次，每次半小时，结果显示接受干预的儿童在儿童希望量表上的得分显著升高。还有研究以社区精神康复中心的人员为被试，基于斯奈德的希望特质理论进行了干预。干预主要包含帮助被试明确问题、设置目标，同时培养和激发动力思维与路径思维。干预持续了5周，每周一次，每次1.5小时，干预规模为16人每次，并在干预前后对被试的希望特质、生活满意度、身体症状和情绪体验进行了测量。结果显示，干预组被试在后测中希望水平提升，生活满意度提高，积极情绪增加，身体症状减少。还有其他大量研究关注了希望干预的应用。诸如，希望干预可以显著提高艾滋病患者、癌症患者、精神分裂症患者以及临终病人的主观幸福感，缓解病情给患者带来的痛苦。希望干预可以促使人们相信当前处境可以改变，带给人们面对困难的勇气，使患者的生活维持，社会功能提升，社会资源加强（王丽芹，祝海波，王东梅，2010）。还有研究发现，希望在婚姻中具有显著作用；接受基于希望的家庭婚姻治疗后，被试的婚姻满意度显著提升（引自刘孟超，黄希庭，2013）。

二、提升孩子的希望

研究表明，希望与年龄有关，特别是在儿童时期，孩子的年龄越小，希望水平越高。举个例子来说，如果你去问小学低年级的学生他们将来想上什么大学，他们大多会无畏地告诉你想上清华北大，但是到了初高中以后，这种情形就会发生根本的变化。

孩子都认为自己是最好的，将来什么都能干，对未来充满希望，但为什么长大以后，随着懂事明理，他们的希望水平反而越来越低了呢？这主要与后天的教育有关。孩子在成长的过程中，特别是在中国这种“批评式”的教育环境下，会不断受到父母和老师的“教导”：“你还有很多缺点，你不是最好的！”“即使你现在是最好的，你也要谦虚，不然就会被别人超越！”与此同时，生活中一些暂时的挫折和失败也不断侵蚀着孩子脆弱的心灵，这一切最终导致孩子在认知上出现了变化——希望水平不断降低。这种教育的初衷是好的，父母和老师的本意是防止孩子骄傲自满，督促孩子继续努力进步，表面上看起来也起到了积极的作用，孩子的学习成绩可能会不断提高，但实际上却扼杀了孩子的希望，制造了潜在的危机。在生活一帆风顺时，这种教育方式的消极作用可能体现得不明显，但是一旦孩子遇到挫折和打击，问题就暴露出来。由于缺乏希望，孩子不知道如何应对压力和不幸，他们不知道如何调整自己的行为来灵活应对困境，有些会以暴躁凶残的方式来伤害别人，有些则陷入忧虑抑郁的情绪，甚至自杀。

缺少希望的孩子可能表现出问题行为，拥有希望的孩子则表现出很多积极的行为。高希望水平的孩子往往自尊也很强，能够自觉地以高标准来要求自己，学习成绩也比其他孩子更好。所以，培养孩子的希望，无论从当前还是长远来讲，都是非常重要的。

那么，怎样培养孩子的希望呢？心理学家认为，主要需要从三个方面入手：一是帮助孩子确立合适的愿望目标；二是有意识地锻炼孩子克服困难的意志力；三是发展孩子解决问题的能力，主要是帮助孩子寻找实现目标的途径和方式，或是应对困难的策略等。

在具体方法上，教育学家发现，指导孩子阅读一些有关充满希望的孩子如何战胜困难、取得成就的故事，对提高孩子的希望水平有很大的作用，因为与成年人相比，孩子更容易受暗示，而且孩子的生活经历不丰富，更容易把他人的经历作为自己的参照标准，将其纳入自己的思维模式当中。在阅读完故事以后，可以询问孩子："那些故事中的孩子是怎样做的?""如果你是故事中的孩子，你会怎么做?"让孩子说出自己的想法和感受，同时指导孩子进行自我分析。

除了阅读故事以外，另一种提高孩子希望水平的有效方法是，让具有高希望水平的孩子与具有低希望水平的孩子相互结成伙伴。这其实是为低希望水平的孩子找一个现实直接的榜样，通过日常交往直接学习。

对于更大一点的孩子，可以在课堂上组织他们讨论：什么是高希望水平的目标?实现这些目标最有效的途径是什么？怎样克服各种阻碍自己实现既定目标的障碍？怎样把这些目标与自己的现实生活联系起来？在讨论中，让他们明确自己的想法，同时可以让他们向他人进行学习，发挥群体的力量，提高整体的希望水平。

值得注意的是，老师和家长在培养孩子的希望时，也不要忘了让孩子意识到，自己目标的实现有可能会影响到他人目标的实现。老师和家长应该有意识地帮助孩子学会在实现自己的目标的同时，也考虑到他人目标的实现，学会将二者结合起来，避免孩子出现自我中心的倾向。

第四节 希望概念的局限

希望是一种优秀的心理品质，但过高的希望也存在一些潜在的缺陷和不足，需要我们时时警惕和自省。

首先，类似于乐观偏差（盲目乐观），希望水平过高会导致个体陷入"虚假希望"（false hope）的泥潭。在波利维和赫尔曼的一项研究中，无论有没有节食的经验，人们在执行减肥任务之初都坚信自己可以完成任务，并表现出强烈的（虚假）希望；然而，事情并非人们想象的那么简单，大多数人在坚持了一段时间后选择放弃（Polivy & Herman，1999，2002）。波利维和赫尔曼提出虚假希望综合征（false hope syndrome，FHS）模型来解释这一现象，他们认为尽管设定目标和计划可以增强个体对自己生活的控制感，但如果目标不切实际，个体会逐渐感到吃力，进步也越来越小，直至个体意识到目标根本无法实现而最终放弃。这种失败后的失望情绪和早期的乐观情绪会形成鲜明的落差，可能会导致个体形成错误的失败归因，认为是自身能力不够而非目标脱离现实。这种错误归因会促使他们重新进行尝试，彻底陷入恶性循环。同时，波利维和赫尔曼提出，与其自我改变却不断失败，还不如保持现状。然而，斯奈德和兰德（Snyder & Rand，2003）对 FHS 模型提出了质疑，他们认为自我改变的行为并非完全无益，朝着目标不断地努力尝试是值得的。例如，戒酒通常是为了减少酒精的危害，在这种目标的驱使下，人们只要做到少喝酒就是一种成功，并非一定要做到滴酒不沾。

总之，摆脱虚假希望的关键在于个体在预估和规划目标时切忌过于自信乐观，而要更加贴近现实。伯特·穆什嘉提出，虚假希望源于个体对目标事件的无知（Musschenga，2019）。此外，心理学和管理学的研究发现，希望与成功之间极有可能呈一种倒U形的关系：当希望水平很低时，个体由于困于现状，不会设定目标、追求目标，自然无法取得成功；但当希望水平过高，甚至不切实际时，个体由于根本没有能力实现目标，同样会面对惨痛的失败。因此，只有处于一种中度的、合理的希望水平时，希望才能够促进成功。充满不切实际的希望的人还可能掉进承诺升级的陷阱，在目标虽然富有挑战性，但并没有战略意义或者根本不可能实现的时候，仍然继续热情地追求目标的实现。因此，专家提出，在培养希望的同时，必须同时培养“重设目标”的技能，这样，充满希望的个体才能把他们的精力和创造力重新定位到正确的目标上，而不是继续停留在过时的或是已经被证明无法实现的目标上。

其次，对于充满希望的人来说，即使获得好的结果只是小概率事件，他们也对于目标事件的不确定性抱有更积极的预期，并表现出更多的冒险行为。当希望渺茫时，如果当前大部分的选择都指向了坏结果，而此时恰好出现了一个似乎只有一线转机的新选择，那么个体就会毫不犹豫地将这个选择视为唯一的希望，并愿意承受大概率仍然失败的风险（Hayenhjelm，2006）。在这种窘境下，个体已经不在乎损失和收益，只要有希望便可以一试。德查姆斯和戴夫的研究表明，高希望水平的个体对于风险的承受能力更强（DeCharms & Dave，1965）。而在另一项研究（Reimann，Nenkov，MacInnis & Morrin，2014）中，如果事情结果与积极的预期不符，高希望水平的个体会产生侥幸心理并忽略不利因素，为了实现收益而冒险。这种现象广泛存在于赌博、股票投资、竞标等涉及金钱、财产的领域。同样，格里格斯和克劳福德发现，希望水平高的个体表现出更多的性冒险行为（Griggs & Crawford，2017）。可见，希望似乎激发了个体的侥幸心理，促使个体选择“铤而走险”，甚至陷入一种“为达目的，不择手段”的不良心理状态。当他们坚持不懈地追求目标时，一些满怀希望的个体可能会为了某些个人自身或其他利益相关者权益的最大化，以牺牲社会责任或是个人伦理价值观作为代价。例如，某些个人目标可能仅仅从自身利益出发，没有考虑到对他人的影响；有些目标会使一部分利益相关者受益，而让另一部分利益相关者受到损失；等等。因此，在培养和提升希望的时候，要时刻注意将希望的动力和路径思维引导到合适且合乎伦理的目标上去，在设定目标时要充分考虑各种利益相关者的需要和权利，使个人目标与群体目标、组织目标，甚至整个社会的目标一致。

最后，是对于想要提升自己希望水平的个人或是准备开发他人希望的教育者而言的。切记，不要因为目标的重要性，或是实现目标的紧迫性，就使整个实现目标的过程了无生趣。终极目标和结果固然重要，也要学会享受开发希望、实现目标的过程。正如斯奈德和兰德（Snyder & Rand，2003）的观点一样，朝着积极向上的目标不断努力尝试是值得鼓励的。设定目标、拓展目标、分步前进和重设目标不应该仅仅被当成实现终极目标的一个个分任务，而应该被视为难能可贵的学习、成长和自我实现的体验。在培养他人希望时还应该注意，应该尽可能多地让被培养者参与到目标设定和途径选择的过程中，同时对他们进行一定程度的授权，逐步增加他们的个人责任和自主权，否则，即使目标合理、途径便捷，这些目标也会被他们视为“你”的目标而不是“我”的目标，从而大大降低被培养者的热情和参与程度。

总之，希望是一种无价之宝，如果加以合理利用，对于个人、群体、组织和社会都有极大的积极意义。但凡事有度，过犹不及，在培养和利用希望时，也要注意希望可能存在的以上不足和缺陷。时时警惕，避开陷阱，通向目标的希望之路将更加宽阔平坦。

基本概念

希望　动力思维　路径思维　自信　未来取向　虚假希望

本章要点

1. 希望是指在成功的动因（指向目标的能量水平）与途径（实现目标的计划）交叉产生体验的基础上形成的一种积极的动机状态。它包含目标、路径思维和动力思维三种主要成分。

2. 动力思维是一种动机的因素，能够驱使个体行动，但也是一种认知，即“我一定能够实现目标”的想法和信念；路径思维是一种认知，也有人称之为信念，即“我能够找到合适的方法（途径）达成目标”这样一种想法。

3. 常见的希望测量工具有成人希望量表、儿童希望量表和荷斯希望量表。

4. 希望水平高的个体身心健康水平也更高，并且有更高的学业和工作成就。

5. 希望是可以干预提升的，具体的干预模式有直接的希望干预、基于认知行为疗法的希望提升、基于叙事疗法和问题解决模式的希望提升等。

6. 希望并非万能，也存在一些不足。例如，虚假希望不利于实现目标，希望过高会产生侥幸心理、刺激个人“铤而走险”。此外，在提升希望、实现目标的过程中，相比最后的结果，要更看重努力的过程。

复习思考

1. 希望是如何定义的？与乐观的定义有什么区别与联系？
2. 目标有哪些分类方法？不同希望水平的个体的目标设置有何特点？
3. 目标、动力思维和路径思维有什么联系？它们如何相互作用？
4. 希望与自信、未来取向有何区别与联系？
5. 希望对人有哪些影响？
6. 如何提升希望？保持高希望水平总是好的吗？

推荐读物

1. MATTHEW W G，SHANE J L. The Oxford handbook of hope. Oxford：Oxford University Press，2018.

2. 王孝清．积极心理学：活出幸福感．北京：中国书籍出版社，2023.

3. 弗雷德里克森．积极情绪的力量．北京：中国人民大学出版社，2010.

4. 喻丰．遇见幸福．北京：中信出版社，2020.

5. SNYDER C R. Hope theory：rainbows in the mind. Psychological Inquiry，2002，13（4）：249－275.

6. HARVEY D. Spaces of hope. Berkeley and Los Angeles：University of California Press，2000.

推荐电影

《肖申克的救赎》是一部描绘坚韧、希望与人性复兴的影片，通过刻画主人公安迪·杜佛内的坚持与智慧，展现了在囚禁之中仍能找到自由的不屈精神。

第六章
复原力

【教学目标】

理解什么是复原力，什么是影响复原力的保护性因素和危险性因素，这两种因素的关系是什么；掌握复原力的心理过程以及如何运用心理治疗和心理教育提升心理复原力。

【学习重点】

充分理解为什么有些人在遭受心理创伤或心理打击后能很好地恢复心理健康；掌握复原力的概念、复原力形成的心理机制和环境影响，以及积极环境的重要性、复原力的干预过程。

【读前设问】

1. 描述你自己或周围人身上发生的创伤后或挫折后复原的经历和故事。
2. 分析你自己身上有哪些保护性因素，有哪些危险性因素。
3. 如果你经历了挫折和心理创伤，你将如何运用本章所讲的方法帮助自己？

第一节　复原力概述

一、复原力是什么

“复原力”可能是积极心理学中翻译最有争议的一个词语了。对于 resilience，有人译为“复原力”，也有人译为“心理韧性”或者“心理弹性”，还有人译为“压弹”。这其实涉及的是不同研究者对这个概念的不同理解和侧重点。

“复原力”不但涉及地震、爆炸等非常重大的压力事件后的心理恢复，而且涉及日常生活挫折后的心理恢复。我们认为“复原力”比“心理韧性”更加具体和易于理解，所以本章沿用“复原力”这个译法。

二、关于复原力概念的三种倾向

那么，是不是说，复原力就是遭遇挫折或打击后重新振作的能力？随着对复原力的研究的深入，不同的研究者有不同的看法。以下是学者们所持的三种倾向。

（一）作为能力/特质的复原力

复原力是个体身上的一种能力或者特质，能够使人在面对压力时发展出健康的应对策略。也就是说，高复原力的个体倾向于在各种压力情境中都能够灵活健康地应对。

（二）作为过程的复原力

复原力是一种系统的、动态的适应过程。处在高压力情境中的个体需要不断与环境互动，这其中涉及很多种保护性因素和危险性因素（这两种因素都会在后面进行详细阐述）的复杂作用。

（三）作为结果的复原力

大的创伤发生之后，高复原力的个体仍然能够产生积极的适应性结果。汶川地震中的有些灾民能从心灵创伤中迅速恢复就是一个例子。

这三种倾向描绘出了个体在遇到大的压力事件时积极健康应对的整个过程。拥有复原力的个体在遇到重大的创伤时，通过与环境的复杂互动，最终获得了积极的适应性结果。

复原力最容易从遭遇重大压力事件的弱势、高危人群身上看到。而针对复原力的研究最初就是从父母有心理疾病的人群、受虐待的儿童和慢性疾病（如癌症）患者，扩展到处于不利社会经济地位的人群、生活在暴力环境中的个体、遭受自然灾害影响的群体、离异人士及其子女、农民工子女、留守儿童、艾滋孤儿等的。随着复原力研究范围和对象不断扩大，现在的复原力研究已经开始针对普通人群了。

研究的另一个重要发展就是将复原力的研究成果应用于临床干预。例如，我国台湾的心理学家利用复原力的研究成果对台湾“9·21”地震灾民进行干预。“9·11”恐怖袭击之后，美国的心理学家也利用复原力的原理进行心理安抚和援助。这期间比较清晰的有三个阶段的复原力研究浪潮。

第二节　复原力的保护性和危险性因素

复原力的研究可以分为三个阶段，第一个阶段主要研究保护性和危险性因素。

在复原力这个概念出现以前，研究者们就发现，同样处于非常糟糕的环境下，有的人表现为人际交往能力差、物质滥用、心理健康水平低下，而另一些人却不会这样，他们和普通人一样，积极向上，对生活充满热情，心理健康水平高。那么，到底是什么原因使他们产生如此巨大的差异呢？带着这个疑问，研究者们开始了对复原力的研究。

一、保护性因素

20世纪六七十年代，诺曼·加米泽（Norman Garmezy）及其同事开始了一项对精神分裂症儿童的研究。在这项研究中，他们从病理心理学的角度考察那些容易患精神分裂症的高危儿童，帮助他们寻求健康的适应方式。随着研究的不断进展，到了1974年，他们开始摆脱当时基于症状的医学研究模式，转而关注那些经历生活困境但却适应良好的儿童，想要知道在如此糟糕的环境下，他们为什么能够适应良好。

这种思路并不是加米泽的研究团队独有的，还有一些研究者也开始了类似的研究。例如，研究对象的父母有严重的疾病，但他们成功抵制了这些疾病的影响并仍然保持健康心态（Anthony & Koupernik Eds.，1974）。

能够看出，在以上研究中，大家都关注一个问题：是什么让这些原本可能出现问题的人保持心理健康？其中的原因就在于保护性因素。

“2005感动江城十大人物”中，有一对小姐弟引起了大家的注意，他们就是“在逆境中追赶阳光的姐弟”——王昱人、王昱权。他们是同父异母的姐弟，他们的爸爸前后结婚两次都离婚了，而且由于患有严重的精神疾病，发作时曾把他们打得头破血流，甚至有一次差点掐死他们。两位母亲生活也不富裕，赚钱很辛苦，没有办法给他们很好的生活条件。有这样不幸的家庭，或许很多人都认为他们的成长之路会布满荆棘，他们会不断遭遇挫折和失败。实际情况却是，姐弟俩不但成绩好，而且多才多艺，拉得一手好二胡。他们平时靠卖报纸、捡废品和大家的捐助维持生活。这些年，他们光捡废品就卖了3万多块钱，但是他们把捡废品卖来的钱都买了书，自己在家办公益性学生沙龙，每周末去福利院、精神病院等地献爱心。

大家不禁惊讶：在那样一个不幸的家庭，这么好的两个孩子，到底是怎么成长起来的？

姐弟俩有自己的答案。王昱人说：“在成长过程中，我们总结出一条经验，那就是‘成长导师规律’。我们认为，对于青少年而言，成长导师很重要。我和小弟就有很多成长导师，特别是当我们身处困境时，很多叔叔阿姨关心、帮助过我们，他们大多在物质生活上也并不富裕。”

保护性因素，指能减轻个体所受的消极影响、促使个体复原力发展的因素。上面故事中的姐姐所说的“成长导师”，其实就是一个保护性因素。这个“成长导师”的说法也在加米泽等的研究中得到了证实。那些经历过长期逆境的孩子，当他们与一个有能力的成年人建立了积极的关系时，他们会表现得更好或更成功，他们会是优秀的学习者和问题解决者，他们有能力与他人交往，并可以感知到自我或社会价值。另外，迈克尔·路特（Michael Rutter，1987）还提出，保护性因素使个体能调节或缓和暴露在危险性因素中的影响，降低问题行为的发生率或增加成功适应的可能性。

针对保护性因素的研究还有很多。例如，埃米·沃纳（Emmy Werner）自20世纪50年代就开始在夏威夷考艾岛进行研究，这项研究历时30多年，研究对象是2岁以前遇到过4种或更多危险性因素的个体，这些危险性因素包括长期贫困、父母受到的正规教育很少、父母酗酒或有精神疾病等。结果发现，被研究的群体中，有1/3的人非常脆弱，当他们成长到儿童中期和青少年期时，他们会比一般个体存在更高比例的心理社会问题。但是同时，另外2/3的儿童发展状况良好，表现出较高的复原力。沃纳从发展状况良好的儿童身上发现了一些共性，包括：女性、精力充沛、具有社会责任感、适应能力强、宽容、成绩导向、具有良好的沟通交流能力以及较高的自尊等。同时，他还指出，良好的家庭或者社会环境对于增强孩子的复原力非常重要（Werner，1993）。

能够看出，保护性因素可分为内在保护因子及外在保护因子两部分。内在保护因子是指个体本身所具有的心理能力、人格特质和生活态度。外在保护因子则是指在家庭、学校和社区或同辈的环境中能促进个体适应以缓解危险性因素影响的因素。当个体的内在保护因子与外在保护因子产生交互作用时，个体的适应效果就能得到提升。

亚当·柯瑞曼（Adam Karemer）等综合众多研究，针对儿童提出了一个保护性因素的框架，将外在保护因子又分为家庭、社区（含学校）和文化或社会（见图6-1）。

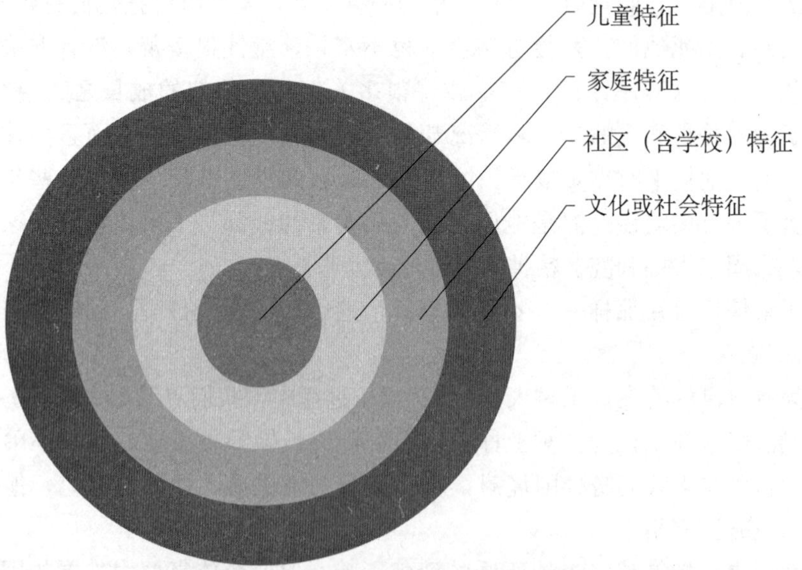

图6-1 保护性因素的框架示意图

在这个框架中，来自四个层面的保护性因素具体如下。

- 儿童特征。
  - 婴儿期展现出乐群及适应性的气质。
  - 良好的认知能力和问题解决技能。

■ 有效的控制情绪和行为的策略。
■ 自我悦纳，高自尊。
■ 高气质乐观。
■ 具有社会和自我推崇的特征，有才华、魅力、幽默感。

● 家庭特征。
■ 家庭环境稳定，有支持性。
◆ 父母冲突少。
◆ 教养方式民主。
◆ 兄弟姐妹关系融洽。
◆ 能获得其余家庭成员的支持。
■ 父母参与儿童教育。
■ 社会经济地位较高。
■ 父母受过高等教育。
■ 父母有信仰。

● 社区（含学校）特征。
■ 社区质量高。
◆ 社区安全，暴力事件少。
◆ 有支付得起的住宅。
◆ 社区有娱乐中心。
◆ 社区环境好，空气清新，水质良好。
■ 学校条件好。
◆ 教师受过良好训练，有丰厚的报酬。
◆ 放学后还有课外小组等安排。
◆ 学校有娱乐资源（运动、音乐、艺术）。
■ 公共医疗保健良好。
■ 有应急服务（匪警、火警和医疗急救）。
■ 有良师益友。

● 文化或社会特征。
■ 有儿童保护政策，能确保儿童健康和儿童福利。
■ 社会普遍重视教育，儿童享有受教育的机会。
■ 能有效预防政治冲突事件，保护儿童免受影响。
■ 保护儿童免受身体暴力伤害。

另有研究者将这些保护性因素进行了别的分类。例如，格拉伯格·伊迪思（Grotberg Edith）就认为，复原力有三大来源。

（1）外在支持和资源。这些资源协助个体在了解他是谁（“我是……”）或他可以做什么（“我能……”）之前，能提供他需要的外在支持和资源，以帮助他发展安全感和受保护的感觉，此为发展复原力的基础与核心。

（2）个人内在的力量，包含个体的感觉、态度及信念。包括：可爱且讨人喜欢的，能爱人的，能体谅人及为人着想的，以自己为傲的，自主和负责任的，充满希望、信心、信任的和具有自我控制能力的。

（3）社交及人际技巧，包括能和人沟通、能解决问题、能控制自己的感觉和冲动、能判断自己及他人的个性、能找到可信任的关系。此方面可经由与他人互动学习而来。而且有研究表明，以人际关系为基础的资源在提高复原力中起着重要的作用。那些拥有丰富的人际关系资源的人具有更强的复原力，家人、朋友、同事……特别是那些有过相似经历或是能够给出建议和指导的人对于人们从失败中恢复并获得成功具有重要的作用。

值得注意的是，来自环境的影响因素不仅仅包括现实中实实在在的支持，更重要的是个体所感知到的社会支持，而且后者对复原力的保护性作用更大。

二、危险性因素

另外有一些因素会导致不良后果发生的可能性增大，我们将它们称为危险性因素。危险性因素有可能是非常明显的破坏行为或经历，例如酗酒、吸烟、遭受过暴力事件等；还有可能是不太明显的、慢慢出现的，但是最终有害的因素，如工作压力、不良的健康状况、低教育水平和失业等。

有没有觉得自己这段时间特别倒霉？孩子生病，住在医院里，等着你照顾；匆忙中丢了钱包，里面所有的证件都丢失了；手机突然中毒，什么都干不了；你一直跟的项目这时候需要你去外地开会；开会的前一天突然电脑死机了，你想起来忘了备份最后的策划书……生活好像突然跟你开了玩笑，身边的一切都发了疯。

这些场景看起来很戏剧化，但其实成语“祸不单行”在现实中是存在的！研究表明，危险性因素可以在不同程度上使人们不断陷入频繁的消极事件中，因此会增大消极后果出现的可能性。研究者将其称为“危险性因素的同现”，而且其对发展功能的负面影响并不是线性或者等比增长的，而是呈几何级增长！

那么，危险性因素就是绝对有害的吗？心理学家告诉我们：不是的！危险性因素本身并不会自动导致我们失败或是降低我们的复原力。与此相反，一些研究者发现，如果我们能够发挥自己的才能和优势来积极有效地克服这些危险性因素，我们的复原力反而能够提高。

你还记得上次感冒吗？当流感病毒突然袭来的时候，你一时间无法招架，头疼发热，非常难受。但是由于身体素质好，你很快就恢复了健康。在整个流感季，你再也没有感冒过，获得了对这种病毒的长久抵抗力。

有些人就是这么看待危险性因素的，他们把面对危险的过程比喻成免疫的过程，经历危险的过程使人患上轻微的疾病，从而让人们获得复原力。因此，危险性因素就如同一把双刃剑，带来逆境和挫折的同时，也为成长和超越平凡提供了机会。大家说到危机的时候不也正是这么说的吗？危机＝危险＋机会！

三、价值观

研究表明，生理或者心理方面遇到严峻挑战的时候，赋予事物意义的价值观或者信念能够有效地保护人们。例如，在遇到大的灾害时，有虔诚宗教信仰的人往往可以维持心理健康和幸福感。价值观对应对创伤经历（如亲人去世、家庭暴力、地震海啸等）也有促进作用。价值观可以把一个人的行为和信念协同起来，有助于人们形成自己的处世原则（决策和行为的基础）。因此，那些能够按照自己的价值观行事的人，总能发现自己拥有更多的自由，精力更旺盛，复原力也更强。

那么，价值观是如何增强复原力的呢？其实，道理很简单。价值观能够让人们认识到人生的意义和价值。如果人们对某一理想、目标或使命有坚定的信念，他们就会坚持不懈地去实践。从某种程度上说，这些人无论遇到什么样的困难和挫折，都不会改变自己坚定的信念，都会为了实现理想而竭尽全力。这种坚定的信念不仅可以提高他们自己的复原力水平，甚至可以使那些受到他们影响的人的复原力也有所提高。

综合、合理利用以上三个因素，充分开发、利用自己的复原力资产；不被危险性因素击倒，而是把它当成磨炼自己复原力的机会；坚定目标和信念，永不言弃……我们就可以不断提高自己的复原力，在任何阻碍面前无往不利。

第三节 复原力的过程

复原力研究的第二个阶段强调过程。

第一次浪潮中，心理学家们确定了影响复原力的正向（保护性因素）和负向（危险性因素）的力量。那么，这两种力量是如何作用的？最后个体是怎么获得复原力的呢？为了回答这些问题，研究者们将复原力置于发展系统与生态系统之中，关注过程。他们关注环境的动态变化，基于发展视角解释复原力。这个阶段的研究开始考察儿童对社会环境影响的知觉及对自身经验的解释，儿童个体内部过程开始受到关注。弗拉赫（Flach，1997）指出，复原力是通过瓦解和重新整合的规律获得的。格伦·理查森（Glenn Richardson，2002）进一步提出了复原力过程模型（见图 6－2）。

让我们用一个例子来说明。王茜与男友谈了 3 年恋爱，其间也吵吵闹闹过好多次，最终还是分手了。她一天到晚脑海中不断交替出现各种内容，一会儿是两人在一起说的那些甜言蜜语，一会儿是吵架时说的那些伤人的话。无论闪现的是什么内容，她都伤感不已，每时每刻都以泪洗面，哪儿也不想去，什么也不想干。好朋友来安慰她，说："一切都会过去的。"王茜也相信，一切都会随着时间的推移过去，但是自己现在完全不清楚，当一切过去的时候，自己是否还能和以前一样开心，是否还能再次投入亲密关系中。

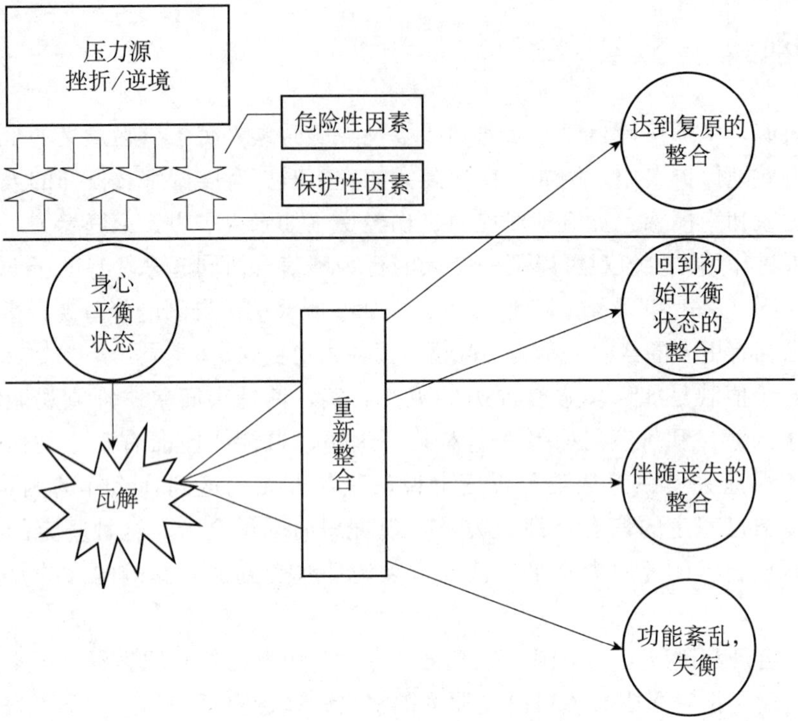

图 6-2 理查森的复原力过程模型

● 对王茜来说，分手是个绝对的压力事件，意味着她会丧失很多，她开始对很多以前坚信不疑的东西产生了怀疑（例如“自己是个招人喜欢的女生”这个信念），也就是说，当这件事来临时，王茜原本平衡的身心状态受到干扰，平衡有可能被打破。

● 为了让自己继续保持平衡，她会调动起很多保护性因素与这些生活中的刺激相抗衡。例如，反复向朋友倾诉，寻求支持。

● 当压力过大，或者这种反抗无效的时候，王茜的身心平衡被瓦解了，她不再开心和平静，无法过正常的生活。为了让自己重新达到平衡，王茜或早或晚，必须进行重新整合。

● 这个整合的过程可能是有意识的，也有可能是无意识的。王茜开始重新审视自己的认知模式，并进行改变。或许她的世界观会改变，或许她的信念体系会提升。当这个整合进行的时候，由于必须改变自己长久以来的信念，王茜会感到很不舒服、很不安全。王茜不知道自己复原以后会是什么样子，对复原的结果没有把握。的确，不同的整合过程会引起非常不一样的结果。

（1）达到复原的整合。经历了这次分手以后，王茜对自己的认知体系进行了梳理，能够客观地评价亲密关系，用一种更开放的态度去接纳自己及前男友的言行。她领悟到，谈恋爱总是会有这样一些波折的，经历了这样的 3 年，自己变得更加成熟了，更有力量去迎接下一段亲密关系。而且她对自己有了更多了解，知道如何调整自己的整体状态，以后遇到类似的压力事件，她也能够很快恢复过来。

（2）回到初始平衡状态的整合。随着时间的流逝，王茜的心情渐渐平复了，她决定接受好友的说法：都是前男友不对，给自己带来了伤害，自己以后断然不能再找这样的男人作男友了。她拾回了自信，又开始觉得自己很不错，又成为开朗自信的人了。王茜暂时恢复了以前的状态，觉得这样很熟悉、很舒服，不再重新整合认知系统，其复原力没有得到增强，失去了成长的机会。以后遇到类似的事情时，她还会和这次一样容易崩溃。

（3）伴随丧失的整合。王茜始终没有想明白为什么会和前男友分手，最后她只能觉得是自己出了问题，她终于接受了“自己是不可爱的”之类的负性信念，觉得自己之前对男友的诸多要求是不对的，于是降低了对未来男友的期待，甚至不那么相信自己能很快再次开始一段新的亲密关系。在这种情况下，虽然她达到了一种平衡，但是这种平衡比之前的平衡水平更低，她放弃了自己原有的一些动力或希望。

（4）功能紊乱，失衡。王茜沉浸在自己的悲痛中，一直没有办法正常生活工作。已经过去了 3 个月，她还在不断回忆起两人在一起的时光。她感到只有吃东西的时候自己会好受一些，所以她开始不停进食，一直到吃不下为止。短短一个月，她的体重增长了 15 斤，所以她更烦恼了，更加需要不断进食。王茜采用了物质滥用、破坏行为，或是类似的不健康方式来应对压力，身心状态失衡。

这个模型强调了两个方面：

（1）整合的结果是可以由个人选择的。该模型认为，当身心平衡状态被瓦解以后，有四种可能出现的结果，它提醒人们复原状态是有意识地选择的一种结果。这也是过程模型特有的价值。每个个体先天都有很多潜能，这些潜能能通过有意识的注意显现出来，而激发这些潜能的方式就是“瓦解-重新整合”。那么，平衡的瓦解就不再是一个纯破坏性的结果，而是达到重新整合、形成更强复原力的一个必经过程。通过这个过程，我们有意识或无意识地选择了整合的方向。

（2）保护性因素与危险性因素的抗衡。这个模型不仅将复原力视为一种动态过程，还认为能否达到复原状态取决于保护性因素与危险性因素之间的抗衡。保护性因素会帮助个体形成正常的适应系统。当外部保护性因素具备的时候，个体发展的需要就得到了满足，这时个体就会很自然地发展起一些个体特征，也就是复原力特质。那么，当挫折或危难来临时，这些复原力特质会保护个体免受危险性因素的影响，韧而不折的“奇迹”就会出现，人们就能够成功地抵抗逆境、促进健康发展。当然，个体面对的往往不是一个简单的应激源，多个应激源经常相互作用并产生累积影响，比如失业在引发财务危机的同时又会引发夫妻矛盾等。因此，在应对逆境的过程中，保护性因素会与多个负性事件的综合影响进行多重相互作用，形成复杂的应对系统。在个体成长的每个发展阶段，能增强复原力的保护性因素与会加剧个体脆弱性的危险性应激之间进行着力量抗衡。只有在保护性因素居强势的转折点上，个体才会适应良好。

王茜的案例可用图 6－3 来表示。

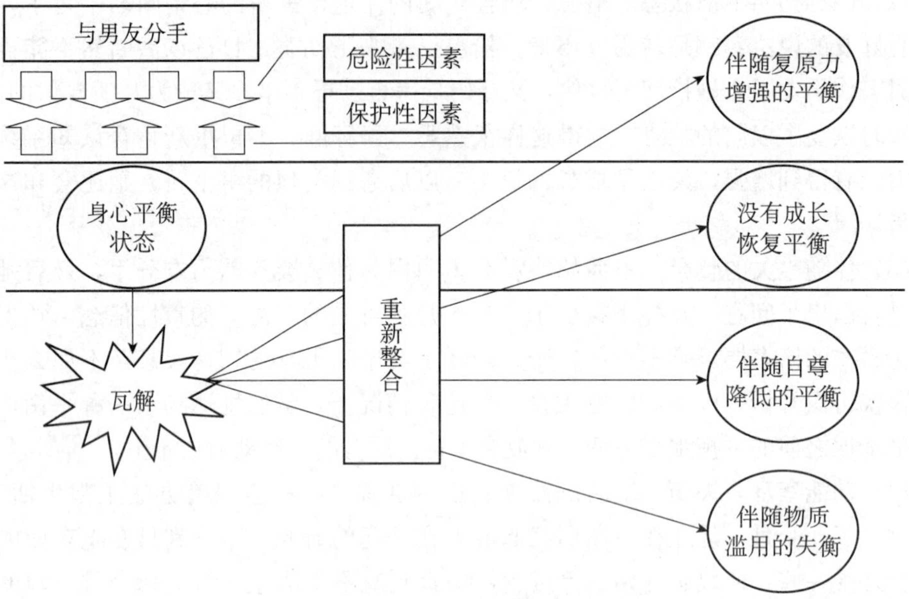

图 6-3　王茜案例的瓦解-重新整合图

第四节　复原力的干预

复原力的第三个研究阶段强调干预。和乐观、希望等研究领域一样，对复原力的研究成熟到一定程度后，就开始转向应用方向，这也是复原力研究一开始就设定的取向。

后现代思维认为人无法从分析和解释中发现存在的事实，强调人在环境中是一个主体精神的创造者，而不是一个被动的反映者，是经由其主体经验的创造并与环境互动从而建构其实体存在的。复原力理论因此扬弃了传统咨询对个案进行病理分析、探讨问题来源的治疗模式，从一个新的视角强调个案积极的能力和特质，并通过与环境互动获得能量，认为心理咨询的重点在于协助个案增进复原力、建立具有整体互动结构的心理健康环境。我国台湾的萧文教授更是指出，心理治疗的目的就是建立健康的个人保护机制，即复原力。

现有的干预方案中，和复原力最初的研究类似，研究对象主要是青少年。干预的目标，有的是提高个体方面的能力，有的是提高外在的保护力度，有的兼而有之。能够看出，这些都是从保护性因素着手的。但是，还没有更完整的体系。下面介绍几种比较著名的复原力训练模式。

一、问题解决模式

最近，阿丽真是手忙脚乱，都是因为新上任的部门经理。所谓新官上任三把火，他想彻底改变这个部门以前的习惯。工作量大了、工作习惯改变了也就罢了，他还想起一出是一出，一会儿让人重新装修他的办公室，一会儿让人重新整理部门规章制度，一会儿让人整理过去一个季度的工作报告，一会儿让人汇报正在进行的项目的进展……而且他完全不考虑员工手上项目有多少，看见谁就给谁派活。阿丽这个坐在经理办公室门口的新人就倒了大霉！阿丽每天一起床，想到又要上班、又要见到经理、又要被催促了结之前手上未结的工作、又要被派新的活、又要被指责工作能力……她就烦闷得要死，好像永远也看不到出头之日一般，觉得自己浑身疼痛，恨不得直接病了住进医院才好。她觉得自己要崩溃了，总有那么一天，自己会跳进经理办公室，和他大吵一架，摔门辞职不干了。

如果你是阿丽，你会怎么办呢？心情不好，身体也开始出问题了，眼看着就要“瓦解”了。如何让阿丽重新整合，提高复原力？

斯腾伯格和萨波尼克（Sternberg & Subotnik，2006）提出了一个 3R 培训方案，3R 分别是责任（responsibility）、推理（reasoning）和复原力（resilience）。这是一种基于问题解决模式的干预方案，不重点处理个案的情绪和病因，而是通过加强个体与环境的互动，关注个体如何有效地解决问题。通过提高个体的问题解决能力，使其更加有效地应对遇到的压力情境，从而增强自我效能感，整合和提高复原力。主要有三个步骤：

（1）责任：为问题及问题解决负起责任。遇到压力情境，很多个体下意识的反应是躲避，逃离这个环境，使自己获得暂时的安全。例如阿丽，有可能真的住进医院，接受家人和同事的关心，不去想工作的问题，一心养好病再说。而问题解决模式告诉我们：这样对问题的解决是于事无补的，最好的方法应该是停下来，为问题本身及问题解决负起责任。

（2）推理：留出时间来思考问题解决的每一个步骤。或许阿丽每时每刻都在不安中度过，如坐针毡，觉得自己随时受到挑剔。这样，她心中有各种情绪，变得易怒、急躁，一有机会就向碰到的所有人抱怨。这时候的她或许应该给自己留出一些时间，仔细思考现在的状况、可能的解决方法，并做出选择，为进一步的尝试做好准备。

（3）复原力：即使遇到障碍也要坚持。当确定好自己可能的解决方案时，一定要付诸行动，遇到困难时坚持行动，这样才有可能出现自己期待的结果。

阿丽的案例可用图 6－4 来表示。

二、认知行为模式

很多干预方法都是从增强保护性因素着手的，使用的多是认知行为模式。孔普弗和布卢思（Kumpfer & Bluth，2004）认为，对自己的处境、能力的知觉，对情境和他人心理的判断，对压力或逆境的分析，对资源的把握和利用的可行性论证，是做出合

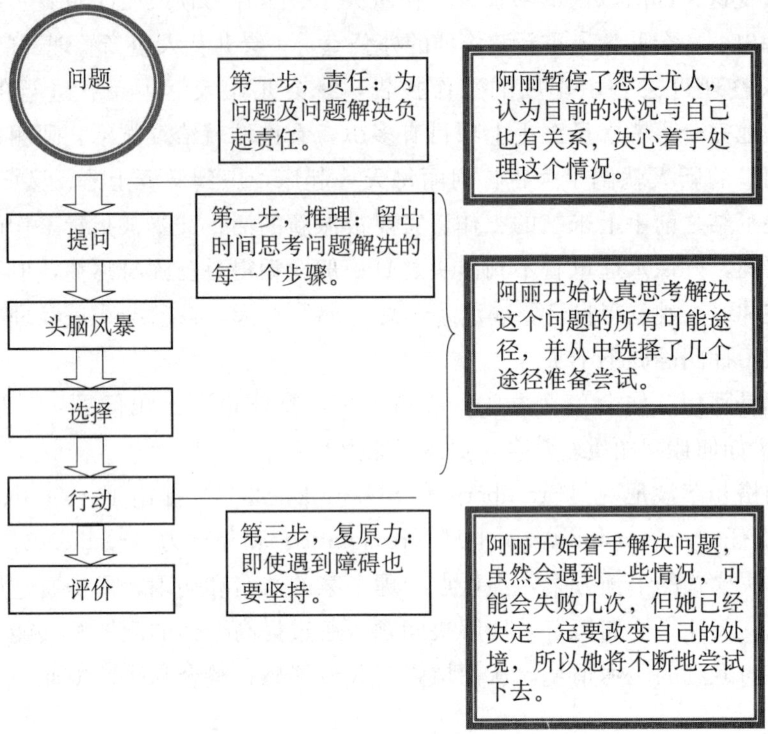

图 6-4　阿丽案例的问题解决模式流程图

理的决策并有效调控自己的行为、实现复原力发展的基础和关键。泰伯斯等（Tebes，Kaufman，Adnopoz & Racusin，2001）更是认为，认知变革常常意味着对不良环境的适应能力增强，是复原力发展的标志。

基于认知行为模式的干预方法包括“我是、我有、我能”的操作化策略、“六策略训练计划”以及香港大学的“成长的天空”等。团体辅导这种干预形式非常常见，能够广泛运用于各种心理障碍和心理疾病患者，同时也能用于正常群体。团体辅导由于能够一次为一个团体的人服务，高效、有感染力，很受大家的欢迎，应用性非常强。学校中的团体辅导大都是以发展为目标的，使学生的潜能得到发展。

三、叙事治疗模式

叙事治疗模式通过与个体一起回顾故事、解构故事、重构故事，使最初感到自己很脆弱的来访者从自己的故事中了解到危险性因素对自己的伤害，重新建构起自己生命的意义，获得更强的复原力。加拿大的迈克尔·昂加尔（Michael Ungar）教授接待过这样一个来访者。

特瑞莎的母亲坚持说 18 岁的女儿需要帮助。她说，特瑞莎 13 岁时受到一个大男孩的性虐待，由此引发了她的一系列问题。与特瑞莎见面后，特瑞莎向教授讲述了自己的成长经历。

小时候的特瑞莎是一个聪明、温顺、安静的女孩，生长在加拿大大西洋沿岸乡村一个白人家庭，父母都是工人。小时候的她感觉自己过于肥胖，在社交中不受欢迎。她记得被同龄人甚至自己的舅舅叫作“猪”“失败者”“矮胖子”。

进入中学后，特瑞莎在学业上非常突出，还跳过一次级。但这种经历非但没有让她增加自信，反而导致她被同学疏远。为了避免孤独，特瑞莎开始尝试加入学校里的一个女生团体，团体中的女孩非常粗野，酗酒、吸毒，整天和男生混在一起。特瑞莎认为，和这些新朋友在一起很舒服，解决了她生命中的不少问题：被接纳为团体中的一员，拥有自己的地位，使其避免了天分和外表所带来的排斥。

母亲口中对女儿实施过性虐待的大男孩是在她女儿和朋友们一次去游泳馆时遇见的。事情发生后，法律诉讼持续了 20 多个月，这期间特瑞莎酗酒和吸毒越来越严重，尤其是在她认识男友加森之后。加森长得高大健壮，有很多行为问题，因打架和酗酒闻名。特瑞莎认为：“接近这个厉害的家伙可以确保没有人敢惹我，他还拿我的聪明出来炫耀!”和男友的交往并没有让她感觉好一些，她甚至感到性虐待的影响远远赶不上 4 年来男友带给她的身体上和情感上的折磨。她继续维持着这种关系，担心离开他后，自己也会失去安全感。她从来没有把这些告诉父母。

咨询师通过三个阶段来处理这个问题。

第一阶段：反思。咨询师通过和来访者的探讨，让特瑞莎看到，她成长经历中的危险性因素（贫穷、虐待、生理缺陷、家庭破裂等）限制了她的力量。这一阶段的讨论基于咨询师对危险性因素有广泛的理解，明白它们是问题发生的前兆。因为危险性因素总是累积发生的，咨询师便利用对话帮助来访者发现生活中交织在一起的种种力量，正是这些力量使特瑞莎的心理处于危机状态。

反思阶段是对社会话语的解构，为建构一种促进健康的叙事打下了基础。

讨论中确定了这些危险性因素：

● “我是肥胖的”理念的由来。她舅舅叫她“猪”，朋友称她“矮胖子”。

“和那群女孩在一起我才能受欢迎”理念的由来。特瑞莎认识到她们使自己在学校有一种归属感和地位感。

● 学习成绩优秀时发生了什么？同学排斥她，她在家里得不到承认。

● 在社区里是怎么成长的？拥有的经济资源有限，让她有一种不充分感。

第二阶段：挑战。建构复原力叙事需要通过坚强的故事来挑战需要解构的旧故事。为了找到健康的叙事，咨询师与来访者重新回顾之前谈到的话题领域，将重心放在来访者生命历程中那些抵御问题、成功应对危险的经历，为新的叙事寻找支持。

● 治疗过程中涉及尽可能多的人，并针对这些社会关系进行工作，因为通常是这些关系维系了脆弱的叙事。特瑞莎的生活中有老师、男朋友、远房阿姨和父母，他们都认为特瑞莎是一个吸毒成瘾的不良少女。

● 和家庭成员一起工作，可以从家庭成员共同的过去中明确主题。探究家庭成员如何处理危机，可以借用他们的故事，帮助青少年建构新的叙事。例如，和特瑞莎的母亲探讨她的早孕、梦想破灭、恐惧及其复原途径。

● 花大量的时间探讨高危青少年应对压力的天才能力，即使这些能力不被社会接受。承认每个行为都有其功能，无须验证它们是否合适。例如，对特瑞莎而言，吸毒是其"摆脱麻木"的方式，是为了减轻精神痛苦。

第三阶段：定义。这一阶段的任务是使来访者接受新定义的叙事，分享一个替代的话题，预示着讲述一个新的生命故事和一个更新过的老故事。

● 鼓励来访者用各种方式探索生活，尤其使用与以往不同的方式。这种探索应该针对生活中的各种情境。咨询师在各方面（如学习、生活等）都询问这样一些问题："谁能够接受你看待自己的新方式?""谁不能够接受?""带着问题生活了这么久，什么东西可能改变?""在你现在的生活中，需要谁来帮助你变得更加健康、更加具有复原力?""现在的你与他人眼中的你有何不同?"

● 当来访者已经获得多元能量，心理功能也更加完善健康时，便可以构思未来的发展了。

● 当新故事开始时，可以对未来做进一步的探索。新故事是对过去老故事的更新，是一个复原故事，这预示着不同于以前的未来的出现。当来访者开始意识到自己与别人不同，确认自己行为中有复原力存在时，就表明他们在寻求新关系，相信自己具有适应的能力。可以问的问题有："有没有更多的方式让你感受健康?""你如何继续向人们展示你的健康状况?"也可以邀请以前的同学和朋友，参与小组反思，展示别人所看到的他们的复原力状况。

复原力代表了个体适应压力环境，并从负面事件中快速恢复的心理能力，是关系个体身心发展的一种重要的心理资源。谢丽尔·桑德伯格（Sheryl Sandberg）和亚当·格兰特（Adam Grant）将复原力比喻为肌肉：在顺境中收缩，在逆境中舒张。然而，人体肌肉过多可能会给心脏带来更多的压力。那么，复原力太强是否也不利于个体的身心发展？心理学研究者查莫洛-普雷姆兹克和卢斯科提出，过强的复原力可能并不利于职场环境中个人和团体的发展（Chamorro-Premuzic & Lusk，2017）。

极端的复原力可能会导致个体过于执着难以实现的目标。在前面，我们分析了乐观偏差和虚假希望的弊端：尽管过往经历清楚地表明目标不可能实现，个体还是会抱有不切实际的乐观和虚假渺茫的希望，并在毫无意义的任务上浪费精力。同样，过强的复原力可能会让人对逆境过于顺从、宽容。在职场中，这种过分的"逆来顺受"体现为忍受无聊的工作或糟糕的老板等。数据表明，75%的美国员工对工作不满的原因在于讨厌他们的上司，65%的人希望换掉老板。然而，并没有人真的按照这种态度行事而选择跳槽或辞职，反而大多选择听天由命。或许，如果他们的复原力没有那么强，他们就更有可能向上级提出意见和建议，或者辞职去选择更好的工作，而不是一味地选择妥协、忍受。

基本概念

复原力　保护性因素　危险性因素

本章要点

1. 目前，学者们对复原力的概念看法尚不一致，但存在三种一致的倾向，即复原力作为能力/特质、过程和结果的概念倾向。

2. 复原力的保护性因素有内在和外在之分。内在保护因子包括个体的心理能力、人格特质和生活态度等，外在保护因子包括积极的家庭、学校和社区或同辈的环境。伤害性因素既包括酗酒、吸烟、遭受过暴力事件等破坏性行为或经历，也包括工作压力、不良的健康状况、低教育水平和失业等潜在浮现的有害因素。

3. 复原力是可以培养提升的，常见的有效干预模式有：(1) 问题解决模式；(2) 认知行为模式；(3) 叙事治疗模式。

4. 复原力过强可能并不利于职场环境中个人和团体的发展。一方面，极端的复原力可能导致个体过于执着难以实现的目标；另一方面，过强的复原力会妨碍领导效能，进而影响团队和组织。

复习思考

1. 什么是复原力？

2. 复原力的保护性因素和危险性因素有哪些？

3. 保护性因素和危险性因素之间有什么样的关系？它们是怎样影响个体的复原力的？

4. 复原力的运行机制是怎样的？

5. 如何对个体的复原力进行干预？

6. 过度的复原力是否有消极作用？

推荐读物

1. 盖泽尔．复原力：逆境中的自我疗愈．北京：中国人民大学出版社，2022.

2. 米勒．内在觉醒：关于联结、疗愈与提升复原力．上海：上海社会科学院出版社，2023.

3. 留佩萱．寻找复原力．北京：中国友谊出版公司，2023.

4. 亨施．心理韧性的力量：在逼仄的人生中做一个善于“回弹”的人．北京：北京联合出版公司，2017.

5. 斯特里查吉克，克劳夫．心理韧性：内心强大的终极秘密．北京：北京理工大学出版社，2017.

推荐电影

《两天一夜 2014》是一部通过讲述主人公桑德琳在两天时间里为了挽救自己的工作而展开的心灵之旅，深刻探讨社会和个人价值观的影片。

第三篇　积极的人格与自我

积极的人格与自我是一种较为稳定的积极心理品质。具有这种品质，我们就会具有积极的心理功能，具备幸福的能力，会使我们拥有持续的幸福。

本篇从积极心理学的美德与性格优势理论开始。第七章介绍了六大美德和 24 种性格优势，这是有史以来对人类的跨文化的积极心理品质做出的最详尽的总结，尤其是其独创的测量方式，为人们如何把握这些积极品质提供了可操作的方法。

第八章的积极的自我与动机是我们独创的内容，在积极心理学体系中一般没有这一内容，而我们认为这一内容应当补充到积极心理学的教材中，它可以弥补性格优势与美德理论深度不够的不足。多年来，社会心理学、精神分析与人本主义在积极自我和动机方面积累了大量的研究成果，可以借鉴到积极心理学中。如自尊的理论和自我同一性理论回答了积极自我的认知机制和发展的问题，可以解释为什么有些人更加自信和自爱；而有关心理需要和成长性动机的理论，可以有效地说明人类追求美好体验的动力机制，使积极心理学具有了一定的进化心理学的色彩。

第七章

性格优势与美德

【教学目标】

明确性格优势与美德的内涵，知晓性格优势的特点；明确何谓六大美德以及 24 种性格优势；了解培养性格优势的方法。

【学习重点】

掌握性格优势、美德的核心概念；理解性格优势的 10 个特点；了解六大美德与 24 种性格优势；知晓性格优势如何测量；了解性格优势如何运用。

【读前设问】

1. 结合本章所学内容，观察你所熟悉的宗教推崇什么美德。
2. 你认为自己有哪几种性格优势？这些性格优势给你带来什么影响？
3. 你能不能在周围认识的人中找出 24 种性格优势的杰出代表？他们突出的性格优势对他们的生活有什么益处？

中华民族自古以来就非常重视人的美德的培养，西方的积极心理学的美德与性格优势研究就直接借鉴了中国传统文化中美德的内容。

中华传统美德可谓内容丰富，包括仁、义、礼、智、勇、勤、恕、忍、慈、和等，这些思想无一不为积极心理学的美德与性格优势理论所吸收和接纳。中华传统美德的基本内容也构成了各种文化都不排斥的重要内容。

第一节　美德与性格优势概述

一、什么是美德和性格优势

（一）美德的基本内容

古往今来的哲学家们对美德（virtues）进行过大量的论述，试图列出优先于其他品质的核心美德（智慧、勇气、爱等），但这些论述并没有得到广泛的认可，核心美德可能因不同的文化和个人而不同。

那么，什么是美德呢？美德是从更加概括和宏观的角度，从文化、宗教及进化的角度，对于人类的美好的性格特质进行的概括。美德也是性格的核心，广泛受到道德伦理学家和宗教的重视。

积极心理学综合了东西方对宗教、哲学和历史等多领域的各种调查，最后概括出六大美德，它们是智慧、勇气、正义、仁爱、节制、升华。积极心理学认为这六大美德在人类社会中是普遍存在的，甚至可能通过进化过程刻录于我们的基因中。进化的自然选择决定了这六大美德成为解决人类种族生存和繁衍中重大问题的必要手段，而是否具备这六大美德决定了一个人是否具有良好的性格基础。

（二）性格优势的定义

一位来自哈佛大学的心理学家乔治·范伦特（George Vaillant，2000）进行过一项堪称心理学史上最为完整的追踪调查。这项调查发端于20世纪30年代，跨越70余年，被调查者包括268名哈佛学生和456名波士顿当地的同龄人，他们最初是青春少年，到后来成为耄耋老人（若有幸健在）。如此浩大繁复的一项研究，旨在探寻某些人格特质的机能与意义，包括利他、乐观、幽默、延迟满足等。结果发现，那些在各个生命阶段经常表现出这些特质的人，在年老时生活更幸福，身体更健康，寿命也更长久。范伦特将这些具有积极适应功能的特质称作“成熟的防御机制”，积极心理学家则赋予其另一个名称——“性格优势”。

性格优势（character strength）这个概念是从心理学的角度对美德的定义，是有关美德的具体心理内容，是定义美德的过程或机制，是区分一种美德与另一种美德的途径。它被定义为反映在个体的认知、情绪以及行为等各个心理层面的积极特质。例如，智慧这一美德可以通过创造力、好奇心、好学、开放性思维、洞察力等性格优势来获得。这些性格优势的共同之处在于它们都与获得、利用知识有关，但是它们之间又是有区别的。

各种性格优势在生活中非常重要并且无处不在。然而，具体到个人层面，几乎不可能出现一个具备全部性格优势的人。但只要一个人呈现某一美德中的一两种性格优势，我们就可以说他具有较好的个性。

实际上，心理学对于这些积极特质的关注由来已久，比如，乐观、感恩或创造力都是流行多年的研究主题。问题是，以往研究者从来都是将这些积极特质视为独立的变量，彼此孤立开来进行研究。而今，积极心理学创造出“性格优势”这样一个整合概念。林利等（Linley，Joseph，Harrington & Wood，2006）认为，这使心理学家得以在一个系统框架下重新理解这些优秀的人格特质。

（三）情境主题

情境主题（situational themes）是个人在特定的情境下表现出某种性格优势的行为

习惯。它比性格优势更加具体，是受环境影响的行为表现。盖洛普公司调查发现，在工作情境下，最需要企业管理者或员工表现出的性格优势主要有同理心（有效预期并很好地满足顾客或员工的需求）、包容心（让员工感觉自己是组织中的一员）和积极力（善于发现他人和情境中的积极面）。虽然这三种“主题”体现的是工作场合中如何与人相处，但是从稍微抽象一点的层面来看，同理心、包容心和积极力都体现了“友善”的性格优势。从更加抽象的层面来看，友善这一性格优势与爱和社交智慧一起，都体现了更大范围的美德——仁爱。

二、性格优势的特点

皮特森和塞利格曼邀请心理学界的一些专家组成讨论小组，通过头脑风暴法来提名人类的优秀品质，形成了性格优势的初步列表。皮特森整理前人关于性格优势与美德的论述并收集当代各界的看法，对初步列表进行修订，然后通过以下 10 个特点来判断各品质是否真正属于性格优势的范畴，最终形成了 24 种性格优势。

性格优势的 10 个特点如下。

（一）性格优势有利于自我实现

性格优势不仅能帮助个人克服逆境和修正心理功能紊乱，还能促进个人朝自我实现的方向发展，追求有品质的生活。这一点即是我们反复强调的积极心理学对传统心理学病理化取向的突破。积极心理学家们认为，运用性格优势的过程本身就是自我实现的过程。

（二）性格优势由其道德价值所决定

尽管性格优势常常给个人带来满意的结果，但并不是说必须带来这些满意结果才是性格优势。实用主义的观点认为，性格优势通过促进以下结果的产生来减少痛苦和功能紊乱，如主观幸福感、自我接纳、敬畏生活、身心健康、胜任感、效能感、掌控感、丰富的和支持性的社交网络、受尊重并尊重他人、满意的工作等。一些统计学的证据表明，性格优势和这些令人满意的结果之间确实存在持久的关系，并且具有跨文化的一致性。

然而，这些结果并不是定义性格优势的必要因素。如果我们只把能带来好结果的特质定义为性格优势，那我们就回到了激进行为主义的观点——行为只由奖励和惩罚来决定。我们更倾向于认为性格优势与感受、行为都有关，但又不是感受和行为本身。仅仅是由外部因素决定的行为不能称为性格优势，因为它是被外因诱哄的、强制的，甚至是靠软硬兼施才实现的。性格优势必须是有道德价值的，这是判断性格优势的一个重要标准。

（三）一个人发挥出性格优势，并不影响周围人发挥同样的性格优势

在许多情况下，他人的性格优势会提升自我的美德，因为性格优势是我们普遍能

够并且确实在追求的。我们周围友善、好奇、乐观的人越多，自己也会表现出更多的友善、好奇和乐观。性格优势并非零和博弈的结果，每个人都可以表现出与性格优势一致的行为，所有人都可以是赢家。

当然，许多人并不一定赞同这个观点。有人认为，那些不够勇敢或者不太善良的人，可能因为看到别人道德上值得赞扬的行为而产生羞愧感，反而影响对美德的模仿和学习。可是，人们感到羞愧之后到底是畏缩、不想实施好的行为还是被激发出好的行为呢？积极心理学家更倾向于认为人们会因为对道德行为的所见所闻而提升自我。

（四）对于性格优势的反义词，通常只能想到贬义词

以“灵活”为例，要求说出它的反义词时，有人很容易想到贬义的“固执”，当然也有人会想到褒义的“执着”。几乎所有的性格优势都能在词典里找到其褒义的反义词，但是通常人们从大脑中提取出其褒义反义词的难易程度，决定其是不是符合要求的性格优势。也就是说，对某种品质，考虑其反面时，如果人们通常只能想到贬义词，那么它就是符合要求的性格优势。

（五）性格优势是类特质的

性格优势在一系列的认知、情感和行为中表现出来，并且可测量。因此，它必须是类特质的，在一定程度上具有跨情境的一致性和跨时间的稳定性。类特质是指性格优势既可能是恒定的，也可能根据需要和用处而增强或减弱。认识性格优势的这一特性对于测量性格优势具有重要的意义。恒定的性格优势如友善和幽默等，在不同情境下都能比较一致地表现出来，对这类性格优势的测量可以通过精心设计的问题（例如，“你喜欢戏弄别人吗?”）来实现。另一类特质比如勇敢等，并不是随时随地都能表现出来的。从逛街的路人身上，我们很难找到勇敢的表现，但当街上发生偷窃和抢劫时，就会看到每个人不同程度的勇敢表现。

（六）每种性格优势各不相同，不可拆分组合

每种性格优势都是与其他性格优势不同的，并且不能被拆分为其他几种性格优势，即它不能由其他几种性格优势组合形成。以“宽容”为例，它并没有被纳入本章的24种性格优势之中，因为虽然它符合判断性格优势的大多数标准，但是它其实是“开放性思维”和“公平”这两种性格优势混合的产物。再比如说“耐心”，它是“自我控制”“毅力”“开放性思维”混合的产物。

（七）具有某性格优势的典范能帮助我们更好地理解该性格优势

每种文化都有其重视的性格优势和美德，它们通过故事、传说、寓言、教义、格言、诗词、歌曲等形式来传播和传承，塑造典型的具有某种性格优势的人物，使得性格优势更加充实、生动具体、便于理解和模仿。儿童成长的过程中充满了这样的模范人物，有些是真实的，有些是虚构的。但是，文化有自己的偏好，文化认可和重视的

性格优势能够在典范身上有很好的体现，并且被给予很高的赞美；而总有一部分，是可能会被忽视的。中国古代寓言故事或古代名人故事，更多地赞扬正直、谦虚、坚持不懈等品质，关于美的领悟、幽默、信仰等则较少。当然，当今的儿童有更多机会接触不同的文化。至少在中国，青少年可以接触到更多样化的性格优势。

（八）一些性格优势在某种程度上是天生的

加德纳（1983/2013）的多元智能理论关注一些具有某些天赋的儿童，他们在童年早期就表现出音乐、数学、运动等领域特殊的能力。他认为这种天赋是人类固有的。而对于性格优势，研究者认为，对某方面的敏感性可能就是具有该性格优势“天分”的证据，当然，这并不适用于所有性格优势。

（九）某些人可能完全缺少某种性格优势

仍然借用加德纳（1983/2013）的多元智能理论，某一种智能或技能的缺失可能是神经病学上的损伤导致的。一种更普遍的观点是，是否拥有某种能力，正好将人们区分开来。在性格优势领域，我们用“性格缺陷”这个词，来代表完全缺乏某一种或几种性格优势。想象一下对世界和他人完全没有好奇心的人，或者缺乏爱和被爱的能力的人，这样的人肯定是存在的。要说明一下，在这里用到的“性格缺陷”这个词只是代表缺乏某一种或几种优势，并不带有日常生活中使用这个词时的评价色彩。

（十）性格优势是可以培养和发展的

心理学家们相信，性格优势确实是可以培养的，但是培养的方法要因人而异。学校、家长可以针对孩子某些性格优势上的“天分”，通过一些仪式或训练来培养或加强其在这方面的性格优势。

埃里克森（Erikson，1959）把人类心理的发展划分为八个阶段。在应对每阶段特殊社会心理任务的同时，性格优势得以产生和发展。

第二节　六大美德与24种性格优势

皮特森和塞利格曼（Peterson & Seligman，2004）构建了优势的价值实践分类体系（Values in Action Classification of Strength），该体系提炼出人类本性中的六大美德，即智慧、勇气、正义、仁爱、节制与升华。它们对应个体性格中的24种优势，分别是创造力、好奇心、开放性思维、好学、洞察力、勇敢、毅力、正直、活力、社会责任感、公平、领导力、爱、仁慈、社交智慧、宽容、谦虚、谨慎、自我管理、美的领悟、感恩、乐观、幽默、信仰。数量众多的性格优势引发了积极心理学家们用各种不同维度进行分类。

皮特森和塞利格曼（Peterson & Seligman，2004）将这些性格优势分为基调优势

（tonic strengths）和阶段优势（phasic strengths），这有点类似于特质与状态之分。基调优势是指不论在稳定还是变化的过程中都可能出现的优势，比如好奇心、谦虚、活力等；阶段优势则是根据特定情境的要求或多或少地表现出来的优势，比如，一个人可能只在恐惧的情况下才表现出勇敢，只在中等难度的任务上表现出创造力，只在面对复杂的问题时才表现出开放性思维。我们要意识到，基调优势和阶段优势同样重要，但是鼓励的方式不同。对于基调优势，最好不要因为某人表现出这一优势而去惩罚他。而对于阶段优势，可以通过合理的奖惩措施去训练。比如，许多勇敢的消防员克服恐惧在救火中勇敢无畏的表现就是不断学习直到自动化的一个过程。

这 24 种性格优势按照其涉及认知还是情感，又可分为“头脑”优势与“心灵”优势。积极心理学家将认知层面的性格优势称为“头脑”优势，而将情感层面的性格优势称为“心灵”优势。有研究报告称，东方人占优的性格优势大多为“心灵”优势，而西方人较明显的性格优势大多为“头脑”优势。这种差异也能在文化比较中找到解释。众所周知，古希腊先哲苏格拉底尊崇智慧，提出“美德即知识”，西方文明因而有着逻辑思辨的理性传统。至于中国，儒家思想的核心在于仁爱，“温良恭俭让”自古以来都被视为中华民族的人格典范。

一、智慧

智慧（wisdom）包含智力，但并不等同于智商（IQ）或者一个人获得的学术荣誉；智慧包含知识，但并不能简单等同于读过多少本书、听过多少讲座、掌握多少真理。俗语说，可以碰到上千个学者，但不一定能碰到一个智者。那么，智慧到底是什么呢？克雷默（Kramer，2000）认为，智慧就是对生活情境、人事具有深入而广泛的知识，并对如何运用这些知识有发人深省的辨别力。巴尔特斯、史密斯和施陶丁格（Baltes，Smith & Staudinger，1992）认为，智慧是面对各种生活事件做出最好的判断和建议的能力。埃里克森（Erikson，1959）认为，如果个人成功克服生命最后阶段的危机，获得了自我完善（接纳生命中的胜利和失望）而非绝望（认为自己的一生都白费），他就有以智慧的美德为一生的特征。埃里克森（Erikson，1959）把智慧定义为“以对人生本身超然的关心，来面对死亡本身”。因此，智慧这一美德包括帮助人们在生活中获得和运用知识的各种优势——创造力、好奇心、开放性思维、好学和洞察力。

（一）创造力（creativity）

判断某种想法和行为是不是创造力的表现，要看其是否同时满足原创性和适应性这两个必要条件。首先，有创造力的人所产生的想法或行为必须是原创的，即新颖、令人惊讶或不寻常的想法或行为。其次，这些想法或行为是具有适应性的，能够给自己和他人的生活带来便利。我们知道，精神分裂症患者就常常表现出不寻常的想法和行为，但是这些想法和行为并不具有适应性，因为它们不仅不能解决生活中的问题，反而会造成更大的困扰和麻烦，所以它们不是创造力的表现。反之，只有适应性却缺乏原创性的想法和行为在日常生活中随处可见，如每天刷牙、洗脸等日常活动。

（二）好奇心（curiosity）

好奇心就是一个人对新经验和新知识发自内心的渴望。好奇心是一种积极的情绪，具有动机的作用，能激励人们去探索和接近目标。好奇心也与人们认为该新事物是否有价值，以及接受新事物的开放程度有关。好奇心强的人会觉得探索新事物、解决新问题的过程充满乐趣。比如，海边的人们发现海上漂着一个箱子，有的人可能看一眼就毫无兴趣地走开；有的人则可能出于好奇，游过去把箱子捞回来，迫不及待地打开看看箱子里是什么。如果打开后发现箱子是空的，有的人的好奇心也许就此满足了。也有的人看到空箱子，好奇心却更加旺盛，他更加想知道："这个箱子里原来装着什么?""有没有可能哪天箱子里的东西也被冲上岸?""箱子是从哪里漂过来的?"所以说，即使是对同一件事情产生的好奇心，其频率、强度和持续时间也都是因人而异的。

积极心理学认为，好奇心会诱发积极的情绪感受，从而激励人们去尝试新的活动，探索新环境。同时，应对和整合新的经验会产生胜任感和掌控感，进而产生更多的积极情绪。在此基础上，好奇心会不断地加强。

（三）开放性思维（open-mindedness）

大多数情况下，人们会不自觉地以支持有利于自己当前观点的方式去思考问题。这种方式更多的是以直觉作为做决定的向导，常常忽视那些与已经确定的信念相违背的证据。与之相反，少数人会积极地为自己偏好的信念、计划、目标搜集反面证据，并且正视和重视这些证据的价值；他们坚信，敢于抛弃旧有的信念是一种品质，任何信念、观念都应该不断得到新证据的修正。后者所具有的，就是我们要讨论的开放性思维。

之所以说开放性思维是一种性格优势，就是因为它抵制了人们的思维弱点——赞同强势的观点的倾向。伦理学家称之为矫正性的美德，因为它纠正了这种普遍存在的"我方偏差"（myside bias）。

（四）好学（love of learning）

在我们朴素的观念里，好学常常跟勤奋刻苦联系在一起，但事实上，好学本身并不总是伴随着痛苦，好学的目的也不是取得好成绩或获得成功，好学最原始的含义是喜欢学习。而这里所讲的好学，并不是特指学生热爱在学校的学习，而是所有人都可能具有的一种对未知感兴趣、渴望学到新知识的性格优势。好学是一个全心投入某项活动的过程，这项活动并不一定带来直接的成果或者通向外部标准定义的成功（如发表学术论文等），而是随着时间推移，个人会学习到更深、更广的知识，并且对他人理解相关知识做出大量的创造性的贡献。学习过程本身比得到好的评价更重要。

每个人都有自己喜欢、感兴趣的特定领域。在感兴趣的领域，人们愿意花更多时间去学习，哪怕它很难，学习的过程也不会令人痛苦；在做感兴趣的事时，人们能够全情投入，能够在面对挫折和挑战时坚持不懈地努力。所以，在更具体的层面，对特定领域的持久、可发展的兴趣，也可以被看作好学的品质。

好学的人之所以好学，是因为他们在获得知识和技能的过程中体验到积极的情绪，好奇心得到满足，学习新知识的过程本身就让他们感到愉快。对缺乏好学优势的人而言，在遇到挫折和挑战时，原先的积极情绪很可能被这些挫折和挑战引起的消极情绪影响；在找到新的解决途径之前，消极情绪一直是学习过程中的基调，这样的学习必然是痛苦和低效的。反之，好学的人会始终坚持，因为对他们来说学习是一种积极的体验。

（五）洞察力（perspective）

什么是洞察力呢？它与智力并不完全相同，它使人表现出出众的学识、判断力以及给予建议的能力，它使人在重要和困难的问题（比如生命的意义）上发表独特的见解，它能为自己或他人带来利益（或者福利）。

哈特曼（Hartman，2000）通过对中年妇女的追踪研究发现了几项对智慧和洞察力的发展起影响作用的因素。在她的调查中，路径分析表明，人格对个体中年期的智慧发展起着重要的预测作用，创造力和繁殖动机同样能有效帮助预测中年期的智慧和洞察力的发展。此外，她还发现，成年人生活阅历的积累也有利于洞察力的发展。

二、勇气

孔特-斯蓬维尔和特默森（Comte-Sponville & Temerson，2002）指出，勇气（courage）普遍存在并具有多样性。在恐惧的时候，不同文化中的人们应对恐惧的行为是不一样的。克服恐惧的能力就是可贵的美德——勇气。普特南（Putnam，1998）描述了三种类型的勇气：身体的、道德的和心理的。身体上的勇气，表现为克服对身体的伤害甚至对死亡的恐惧来拯救自己和他人；道德上的勇气，表现为即使面对失去朋友、工作、隐私甚至声望的威胁，也能够坚持道德的完整性和真实性；心理上的勇气，表现为面对使人衰弱的疾病、有害的个人习惯或不利环境时，勇于面对心魔的内在力量。

与普特南提到的三种勇气相比，我们认为勇气不应该只局限在令人惊心动魄的勇敢行为上，还应该包括细水长流的勇敢无畏。勇气不仅体现在外在的行为表现中，也体现在内在的使得这些勇敢行为得以发生的认知、情绪、动机和决策等；勇气不仅仅需要身体的勇猛，更需要正直和毅力——意志坚定地避免沉湎于安全、舒适和自鸣得意。孔特-斯蓬维尔和特默森（Comte-Sponville & Ternerson，2002）说，只有拥有勇气，我们才能在面对最坏的自己或他人时仍然屹立不倒。

（一）勇敢（bravery）

在不同的情境中，勇敢常常有不同的含义，但是它们有相同的本质。谢尔普（Shelp，1983）把勇敢定义为：在危险的情境中，理性地评估风险，尽管有恐惧，仍然自发地努力去争取或保持对自己和他人有利的结果。对这一定义的理解需要强调三个方面。首先，勇敢的行为一定是自愿的、自发产生的，被赶鸭子上架的不是勇敢。其次，勇敢必须包含判断力——能够对风险进行评估并能够承担行为的后果。因此，勇敢的人必须有爱冒险的倾向，同时又能克制鲁莽。最后，勇敢只有在危险、损失、风险或潜在的伤害存在的前提下才会出现。勇敢的可贵正在于人们抑制了天生的对危险的逃避反应，做出更恰当的应对。勇敢的人拥有的不是“无所畏惧”，而是对“畏惧”的成功掌控。

勇敢能唤起一个人的社会道德和社会良知。勇敢首先必须要有判断力，这是评价一个人的行为能否反映出勇气的重要部分，人们以此来区分勇敢和鲁莽。勇敢被认为是做正确的事情，包括直面现状或者反对有害的思想等，它需要运用人的道德品质。除了明确的道德环境，菲戈（Finfgeld，1999）还把为他人服务、坚定地向更高的人生目标努力视为勇敢。对旁观者来说，朝着有价值的目标努力前进比简单的冒险行为显得更勇敢。因此，即便一个杀人犯在他犯罪的时候运用了十分的力量，我们也绝不愿认同他是勇敢的人。

（二）毅力 （persistence）

毅力就是指人们克服障碍和困难，消除疑虑，自觉自发地为达成预定的目标而不懈努力的一种意志品质。做一件事持续的时间长短，并不是判断其是否有毅力的唯一标准，因为当一个人持续做一件对他来说是有趣的并且回报丰厚的事情时，他根本不需要忍受或者不需要克服挫折，比如那些网络成瘾、没日没夜地玩游戏的少年，并不具备坚持不懈的品质。毅力，也叫作意志力，代表坚持不懈、不屈不挠，是一个人完成学习、工作、事业的“持久力”。它与人的期望、目标结合后，会发挥出巨大的作用。毅力综合了一个人自信、果断的品质，以及专注、自制和忍受挫折的能力。

我们探讨的毅力是相对狭义的毅力。比如，研究态度的学者会用“信念坚定”或“态度坚定”来形容面对相反证据时人们信念和态度的维持。事实上，信念和态度的维持并不需要积极的行为，因而这个心理过程不符合我们对毅力的定义。同样的道理，只是固执地思考一个目标也不被认为符合毅力的定义。

（三）正直 （integrity）

正直是指一个人能够始终表里如一，不管是在公共场合还是私底下，都能真实地面对自己，准确地表达自己的内部状态、意愿和承诺。这样的人能够真正地接纳自己的感受和行为，并为它们负责，不掩饰，不伪装，承认它们本来的状态，并因此获益无穷。

“integrity”这个单词源于拉丁语 integritas，包含了稳定的、不轻易受干扰的整体的概念。这个概念经过 50 多年的研究仍然是模糊的、界定不清的，在中文中更难以找到能准确表达其含义的词语，通俗来讲跟“表里如一”这个词的含义比较接近，但是“表里如一”并不是一个恰当地表示性格优势的词，因此本小节将其翻译成“正直”。我们从行为标准上将其定义为：

（1）日常行为模式与个人信奉的价值观相一致。
（2）公开为自己的道德信念辩护，即使这些信念并不是主流。
（3）关爱他人，帮助有需要的人，能觉知别人所处的境地和需要。

（四）活力（vitality）

活力（生命力）是对生命和能量的主观体验，是幸福感的一个能动的方面。有活力的人总是充满能量、功能完备的。活力是一种动态的、有动力的现象，作为衡量机体健康的重要指标，它与许多生理、心理因素具有直接的和交互的作用关系，具有生理和心理双重本质。在躯体层面，活力代表了身体健康，机体功能正常，没有疲劳感和疾病；在心理层面，活力反映了个人较高的意志力水平和自我效能感，以及良好的自我整合。因而，当一个人身体健康，心理整合而非分裂，体验着有意义、有目标的生活，没有迷惘、盲目、与人隔离之感时，他就能感受到充满活力的状态。一个有活力的人，其生命力和充沛的精力不仅体现在自己的活动上，还常常极具感染力地激发周围人的活力。

尽管活力与能量有关，但是活力并不等同于能量。能量只有当是积极的、可用的时，才是活力。比如，当某人处于紧张、愤怒或者战战兢兢的状态时，他也是充满能量的，可这种能量要么表现为向外的想要攻击他人，要么表现为向内的互相冲突。因此，我们就不能说他充满活力。某些情况下，如存在内心冲突或者人际冲突时，人们的精神也是处于高度唤醒的状态，但这不仅不能使人充满活力，反而使人疲倦无力。由过度唤醒或者咖啡因引起的亢奋，是一种精神紧张的状态，也不能等同于真正的活力。当然，活力更不同于纯生理的卡路里能量。

三、正义

正义（justice）这一美德通常代表公平。最直接的就是指人人平等。当然，我们都知道，要做到绝对的公平是不可能的，所以我们需要以一种更务实的方式来践行正义。勒纳（Lerner，1980）认为，在西方个人主义国家，正义就是公平——资源应该按照贡献和价值合理分配，每个人最终都该得到他应得的部分。而在集体主义国家，公平更倾向于资源平均分配或者按需分配。不管对正义持什么样的观点，都有一个共同的前提，即建立公平的标准。正义这一美德下的性格优势，除了公平，还有社会责任感和领导力这两种公民特质。

（一）社会责任感（citizenship）

如果一个人认为自己对公共利益负有义务感，并在情感上认同这种义务感，我们就说这个人具有较强的社会责任感。社会责任感强的人有一些共同的特点：他们使命感强，社会信任水平高，具有良好的团队精神，对朋友忠诚，对人类的本性持积极态度，关心国家和群体事务，热心公益、志愿活动和环保事业，希望为下一代创造一个更美好的世界。

社会责任感体现在人际交往和社会关系中，它促使一个人看重自己与其他人、与群体的社会纽带，并努力保持和增强这种关系。它让个人不会仅仅局限于一己的得失，而是更多地关注他人福祉、群体效益和社会利益。社会责任感强的人决不会为了个人利益而牺牲他人或群体的利益。另外，社会责任感还具有跨时间和跨情境的稳定性，即不管在什么时间、什么环境下，高社会责任感的人都会尽力维护群体的利益，而不是谋取个人私利。

最后，需要指出的是，社会责任感强并非意味着盲从。并不是说一个社会责任感强的人就一定会按照社会当权者的意志做决策，顺应时下占统治地位的社会风气来行事；相反，这些人往往会从民族大义、人性发展等更高的角度出发，不安于现状，质疑社会的不合理和不公正。所以，社会责任感强的人通常也是激进主义者，比如美国黑人运动领袖马丁·路德·金和印度民族解放运动领袖圣雄甘地。

（二）公平（fairness）

公平属于规范范畴，是关于社会现象的评价性概念，是道德判断的产物。我们不自觉地会根据自己的价值观、处世准则、社会习俗对事件中的道德情境、人际关系等进行道德推理，进而进行道德判断，包括：什么是对的，什么是错的；什么是道德所倡导的，什么又是道德所禁止的。而道德判断一旦做出，每个人心中也就有了对公平的清晰图景。

心理学家认为，道德推理是促进道德发展和道德行为实践的关键因素。人们面临道德困境时，经常会用两种道德推理方法来进行舒缓和排解，即公正推理法和关怀推理法。由此可以界定出道德的两种研究取向：公正取向和关怀取向。

关怀取向在两个方面有别于公正取向：第一，道德领域的界定准则不同。关怀取向将人类经验中的关怀、同情、关系理解纳入道德范畴。第二，目标不同。公正取向是为了给大家提供权衡道德权利和道德责任的准则；关怀取向则帮助人们满足他人的需求，维持良好的人际关系。公正取向与关怀取向并不互为镜像，它们是组织道德判断基本成分的不同方法，二者互相补充、互相影响。

（三）领导力（leadership）

领导力是指能够引导跟随者朝向一个共同的目标并激励他们努力实现这个愿景的个人品质。拥有领导力的人在社会中经常扮演强势角色，他们能够游刃有余地管理自己的事务，同时还能影响其他人的行为、态度、信念、感受等。这种影响力可以来自正式的组织任命，也可以来自跟随者的推举。

领导力主要包括两方面的内容：第一，为跟随者界定、树立和澄清一个共同的目标，指引方向；第二，帮助他们易化实现目标的过程。由此可见，领导行为是一种涉及人际交互的社会现象，领导者特质、跟随者特质以及所处情境都会对领导行为产生影响。

四、仁爱

仁爱（humanity）与正义有一点相似，都涉及提升他人的福利，但是仁爱更多地涉及与他人的交往，是一种有关人际的美德。仁爱重视的不仅仅是公正，它更看重在公平交换的前提下表现出更多的慷慨、不求回报的善行、对他人的体谅等。

在心理学领域被广泛研究的利他行为和亲社会行为也属于仁爱这一美德。巴特森和艾哈迈德（Batson & Ahmad，2001）研究发现，即使是在回报遥遥无期的情况下，人类也可能采取利他行为，说明共情可能才是人类能够采取高尚的利他行为的原因。巴特森等（Batson，Klein，Highberger & Shaw，1995）认为共情甚至还能引起超越公平原则的利他行为。无论利他行为的动机为何，重要的是，人类有能力并愿意展现慷慨、友好和善行，同时激励身边的人去效仿。

（一）爱（love）

爱包含对对象的认知、行为和情感三个方面。爱有三种原型。第一种爱的原型是子女对父母的爱。就像子女爱父母一样，我们爱那些为我们付出感情，保护、关爱我们的人。他们一直优先考虑我们的利益，在我们需要的任何时候都会出现。有他们在，我们会充满安全感；与他们长期分离，我们会焦虑不安。第二种爱的原型是父母对子女的爱。这是对那些依赖我们提供安全感和照顾的人的爱，就像父母爱孩子一样。我们全心地照顾、保护他们，全力地帮助、支持他们，为他们的利益做出牺牲，把他们的需要放在首位，只要他们高兴我们就感到幸福。第三种爱的原型就是浪漫的爱。它包含激情和性欲，以及与那个"特别的人"在身体与情感上的亲密感。

人与人的关系常常包含不止一种爱的形式。比如说朋友之间的友谊，可能包含"父母对子女"和"子女对父母"两种形式的爱，因为他们既互相倚靠又互相照顾。爱也会随着时间的推移，表现出不同的形式。年幼时，我们对父母当然是"子女对父母"的爱；可是当我们长大成熟、父母老去时，我们对他们更多的是"父母对子女"的爱，因为这时是我们在照顾和保护他们。爱也可以从最初的这种形式，转变成其他类型。例如，恋爱中的情侣最初只有"浪漫的爱"，但是经历过相互扶持的人生，最终会转变成"父母对子女"和"子女对父母"那样互相照顾的爱。伴侣关系是唯一一种涵盖了这三种形式的爱的特殊社会纽带。

（二）仁慈（kindness）

仁慈与慷慨、抚育、关怀、同情、无私的爱是一组密切相关的概念，它们都包含一个共同的基础，就是对他人的善意。这与唯我主义完全相反，唯我主义认为他人的价值仅仅在于他们对我们有用。仁慈基于一种基本的人性观，即他人是值得关注的，并且非功利主义地为他人的福祉着想。这一态度将仁慈与仅仅基于责任和原则而对他人表示出的尊重区分开来，它使得人们不求回报、不计得失地实施更多的助人行为。

仁慈常常出现在道德传统和宗教生活中。当今世界几乎所有主要的宗教，如犹太教、伊斯兰教、佛教等都包含这种理念。

仁慈与社会心理学家关注的利他主义有一定的重合。利他主义者将实现他人的福祉，而非得到公众认可和寻求内心满足感的手段，视为行为的最终目标。那种超越了基于血缘亲属的亲缘利他和超越了计较回报的互惠性利他，哪怕牺牲自己的利益也愿意去帮助陌生人甚至敌人的行为，才是真正受到社会高度赞扬、接近道德和宗教层面的利他行为。然而，仁慈比单纯的利他主义更加复杂，因为它需要更深的情感卷入。

（三）社交智慧 （social intelligence）

泽德纳、罗伯茨和马修斯（Zeidner，Roberts & Matthews，2008）认为，社交智慧一般是指处理人际关系的能力，包括与他人建立亲密和信任关系、说服他人、运用社会信息促进和他人的合作、辨别个人和群体的社会支配和社会政治关系等。社交智慧涉及心理学上的两种智力：社会智力与情绪智力。从概念来说，这两种智力互相之间是有重叠的，情绪智力及其衡量指标“情商”则更为人所知。

情绪智力理论的提出者戈尔曼（Goleman，1998）认为，情绪智力包含五个主要方面：

（1）了解自我，监视情绪时时刻刻的变化，能够察觉某种情绪的出现，观察和审视自己的内心体验，这是情绪智力的核心。只有认识自己，才能成为自己生活的主宰。

（2）自我管理，调控自己的情绪，使之适时适度地表现出来。

（3）自我激励，能够依据活动的某种目标调动、指挥情绪，能够走出生命中的低潮重新出发。

（4）识别他人的情绪，能够通过细微的社会信号，敏锐地感受到他人的需求与欲望。这是与他人正常交往、实现顺利沟通的基础。

（5）处理人际关系，具备调控自己与他人的情绪反应的技巧。

五、节制

人们常说，凡事要有节制。节制（temperance）就是一种善于控制、避免过度的美德。节制常常体现为人们在饮食、喝酒、抽烟、性等行为上的自制。

把节制翻译成心理学术语就是自我调控，班杜拉（Bandura，1997）认为它是人们在没有外界帮助的情况下，监督和管理自己的情绪、动机和行为的能力。许多研究结果表明，缺乏自我调控的能力会导致各种各样的个人和社会问题。但是，这些研究仅仅说明了无节制是有害的。那么，有节制有什么益处呢？鲍迈斯特（Baumeister，2000）指出，拥有某种性格优势代表着获得了去做正确的事并避免犯错的能力。学会并合理运用节制，本质上就是给了我们这样的能力。齐默曼和巴里（Zimmerman & Barry，2002）研究表明，能够做到节制的儿童、青少年或成人会更幸福、多产和成功。鲍迈斯特、希瑟顿和泰斯（Baumeister，Heatherton & Tice，1995）论述了自制力的自然选择："'抑制'有利于更和谐的社会互动，而进化无疑会偏爱那些能够控制自己的不利冲动的人。"所以，节制是自我克制的一种形式，它最终会给自己和他人带来丰厚的回报。其中，宽容、谦虚、谨慎、自我管理是节制极具代表性的性格优势。

（一）宽容（forgiveness）

宽容是那些被侵犯和伤害的人的一系列亲社会行为。当人们选择原谅时，他们会更积极正面地看待伤害自己的人和行为，报以仁慈、善良和慷慨，而不是对其仇恨或逃避，即古人说的"以德报怨"。宽容也可以看成仁慈的一种表现。

虽然宽容并非严格意义上的宗教美德，但它深厚的历史和哲学基础都深深扎根于宗教的土壤。作为传统的西方品德，宽容在犹太教和基督教中都有着相当的分量，被视作与他人和谐相处的基石。世界上的大部分宗教都重视宽容的价值，尽管它们对于宽容的定义并不尽相同。在世界五大宗教（犹太教、基督教、伊斯兰教、印度教、佛教）的描述中，我们总结出了一个重要的观点：宽容意味着对伤害和背叛的赦免。

（二）谦虚（humility）

现代西方文化总是假借自信的名义鼓吹自负。其逻辑是，人们只要自我感觉良好，就会觉得快乐并且做一些积极向上的事情，社会也会变得更和谐。因此，人们过于重视自信，以至于夸大自己的能力，把自己视作比一般人更为强大的存在，并且乐于听到不切实际的吹捧，从而演变成了自负。不可否认，自我感觉良好的确有很多益处，例如形成积极向上的情感和自信以追求生活目标。但是，过分强调自信的社会风气带来了一些负面的影响。当我们过于注重自身的时候，我们往往会忽视面前的危险，忽视谦虚的重要性。

那到底什么才是谦虚呢？为什么我们需要谦虚这种性格优势？朱恩·坦尼（June Tangney，2000）在回顾了以往的研究文献后，总结出以下几个谦虚的主要特征：

（1）能正确地评估自己的能力和贡献。

（2）能承认自己学识的不足和缺陷。

（3）能接受新的言论、与自己相反的观点并采纳意见。

（4）能正视别人的能力和贡献，也就是说能暂时放下自我中心。

（5）能欣赏与自己的观念截然不同的人和事。

谦虚主要表现在客观评估自己的贡献并延伸到着装讲究和社会行为等方面。社会心理学常常关注谦虚这一性格优势在行为层面的表现，如哈雷利和韦纳（Hareli & Weiner，2000）认为谦虚是不要太盲目自信，赫斯林顿、伯恩斯和古斯塔夫森（Heatherington，Burns & Gustafson，1998）则认为谦虚是在他人面前不炫耀自己的成功。

（三）谨慎（prudence）

谨慎是一种对未来的认知能力，采用实用的理性和自我管理来实现个人的长远目标。谨慎的人对自身的行为和决定所带来的结果表现出卓越的远见和审慎的态度。他们往往能抵挡住短期利益的诱惑，高瞻远瞩，避免因小失大。中国传统文化强调慎思笃行。

日常生活中，谨慎的例子是非常常见的：储蓄以备不时之需；准备应急方案；避免冲动行事；决策时能充分考虑到远期和近期的代价和获益，并兼顾与其他生活目标是否冲突；制定现实的、可实现的个人目标。

谨慎的人往往有以下特征：

（1）对未来有先见之明，能做出足够的思考、关注和计划，胸怀长远目标。

（2）有毅力克服眼前利益的诱惑和不利的冲动，能坚持采取那些当前看似无趣却有长远回报的行为。

（3）在日常生活中的选择都经过深思熟虑，较为务实。

（4）能调节自己的多种目标和兴趣，使它们处于一种和谐稳定、不冲突的状态。

这里需要更正一些对谨慎的误解：

（1）谨慎并不意味着过度地克制自己、胆小、懦弱和缺乏自主性与能动性。它其实是一种温和适中的自我约束，并非自我否定或者自我抑制。

（2）谨慎并不意味着自私和算计。尽管谨慎者有时在乎个人目标和利益多过道德规范和社会惯例，但那些目标和兴趣往往都关系到积极的人际关系和他人的幸福感。

（3）谨慎不但表现在金钱、工作或成就上，而且延伸到生活的方方面面。

（四）自我管理 （self-regulation）

自我管理是指个人为追求目标、达到特定的标准，而对自己的反应进行控制和调节。这些反应包括思想、情绪、冲动、表现和其他行为等。追求的目标和标准包括理想、道德禁令、社会规范、工作绩效甚至他人的期望等。自制是自我管理的同义词，但它通常仅用于表达控制自己的冲动，按照道德规范行事。自律同样跟自我管理相关，但它的意思更狭隘一些，是指抵制住诱惑，去做自己并不愿意做的事情。

自我管理中，最重要的一点就是要控制和改变自己的反应。人类这样复杂的生物，时时刻刻都在对来自内部和外部的刺激做出反应，然而，对所有这些刺激都做出反应显然是不可取并缺少适应性的。因而，控制自动的第一反应非常重要。有时，人们需要控制自己朝着特定的方向思考问题而不是任由思绪漫游；有时，人们需要改变情绪反应，掩饰最初的感受，来抑制痛哭一场的冲动。面对困难任务时，人们愿意付出更多的坚持和努力，来取得更好的表现。自我管理的许多行为都涉及对一些反应的抑制，比如节食的人要克制住冲动，不去吃那些美味但是高脂肪的食物。自我管理行为也可能涉及行为的开始，比如还没睡够的人在冬天的早晨“逼”自己离开温暖的被窝。

六、升华

升华（transcendence），也可译为超越，主要包括与更高的事物——对高于我们自身的意义和目标的信念——的联系。升华与虚无主义，即生命无意义截然相反。

维克多·弗兰克尔（Viktor Frankl）在《寻找生命的意义》一书中写道：

> 在提倡人应负责任和必须实现生命潜在意义时，我想强调，要发现生命的真正意义应当到现实世界中去，而不是在人的内心世界寻找，仿佛自成一个封闭系统。这个基本特性，我称之为“人存在的自我超越”。它意味着作为人，活着永远不是为了自己，而是为了某事或某人——而不论其是有待实现的意义，还是有待相遇的某个人。人献身事业或爱某个人，越是忘我，就越富有人性，越充分地实现自我。

根据弗兰克尔的观点，我们应将升华与宗教信仰相区分，后者只作为升华这一美德的重要内容，代表了对圣贤、更强的力量或上帝的信念及相关的行为。宗教信仰是对于神圣的对象而言的，而升华并不局限于此，它还可以是世俗的某人或某事，它激发敬畏、乐观甚至感恩，让我们日常的碌碌所为显得微不足道，让个人显得渺小。它让我们在意识到自身渺小的同时提升自我，从无意义感中获得拯救。

（一）美的领悟（appreciation of beauty and excellence）

美的领悟指对美和卓越的欣赏，在心理世界和社会中发现、识别、欣赏真善美的能力。具有欣赏美和卓越的优势的人在生活中，比如在树林中或城市街道上散步、阅读小说或报纸、倾听他人的人生经历，或者观看比赛、电影时，常常体验到与敬畏相关的一系列情绪（包括敬畏、赞叹和崇敬等）。而缺乏这一优势的人，就像眼睛被蒙上了眼罩，对生活中生动和美的事物视而不见，对身边美丽的风景和他人的优势、美德、成就漠不关心。心理学家认为，那些心灵和思想都对美和卓越保持开放的人，能在生活中找到更多的乐趣和意义，更能与他人建立深厚的亲密关系。

我们的生活中主要存在三种形式的美：（1）物理的美（主要是视觉上欣赏到的美景和听觉上感受到的美妙的音乐等）；（2）本领和才能（精湛的技巧和不凡的才能）；（3）德行（善良、仁慈、宽容等本节介绍的美德和优势）。这三种美都能引发观察者与敬畏相关的情绪，美景令人产生敬畏（敬畏大自然的鬼斧神工，感到自身的渺小），本领和才能令人钦佩，德行让人感到崇敬。所有这些情绪反应都是一种自我超越的情绪，敬畏是这种情绪的核心。为了使语言简练，我们将这种能对任何形式的美和卓越产生情感回应的特质称为美的领悟。

本节所讲的美的领悟这一概念其实是在过去审美（对物理美的欣赏）的基础上综合了后两种美的结果。在这一更广义的概念下，美的领悟并不仅仅是教育、社会阶层和意识形态的产物。即使是那些极少接触诗歌和艺术的人，也能具有美的领悟。所有人都可能在生活中接触到各种各样的美和卓越，创造兼收并蓄和充满敬畏的生活。

（二）感恩（gratitude）

感恩是一种感激的情绪，或者收到礼物时快乐的反应，不管这份礼物是实实在在的利益还是自然之美带来的片刻震撼。通常情况下，感恩也可以理解为一个人因为另一个人的行为而获益后的感觉。一个人收到礼物会感恩，送礼物的人因为礼物的价值得到赞同和欣赏也会感恩。但是，没有自己对自己感恩这么一说。

个人和超个人的感恩之情是有区别的。个人的感恩是感谢给予他们利益的人，超个人的感恩是对上帝、更高的力量或者宇宙的感激。在马斯洛的高峰体验中可以看到典型的超个人感恩，他写道：

> 人们在高峰体验时或者之后会感到无比幸运或者庆幸，甚至普遍会认为："我不配拥有它。"有宗教信仰的人会在这时感谢他们的主，或者命运，或者其他的自然力量，或者仅仅是感谢好运。

（三）乐观（optimism）

希望、乐观、未来意识和未来取向代表了一种指向未来的认知、情绪和动机状态：思考未来，对自己渴求的事件和结果的出现充满期待，以促进它们发生的方式去行动，并坚信只要自己付出一定的努力，保持此时此刻的激情，想要的结果就一定会出现。尽管这组特质之间有一些细微的差异，比如希望包含更多的情绪因素，而乐观更强调对未来的期待，未来意识和未来取向指导个人从现在朝向未来，但实际上它们常常是同时存在的，与许多因素和结果的相关程度也极其类似。我们在这里更强调它们的共同点，把它们放在一起作为一种性格优势——乐观。

（四）幽默（humor）

幽默到底是什么，学术界并没有明确的定义。目前有两种主流的概念系统。第一种源于美学，幽默被定义为使人发笑或愉快的特质，并且不同于"美"或"和谐"等美学特征，但这个定义并未被实验心理学证实。第二种认为幽默包括"对有趣现象的感知、解释、享受、创造和传播"。这种定义引领了目前英美心理学的研究，但也带来了问题：幽默被赋予正面含义，其可能的负面特质会被忽视（Chapman & FootEds.，1976）。

不同文化对幽默有不同的描述，所认定的幽默的表现也不尽相同。但目前普遍认为，幽默是：（1）一种诙谐愉快的认知；（2）一种复合的、乐观的态度，使得个体在逆境中也能看到光明，保持良好的心境；（3）使别人发笑的能力。

（五）信仰（spirituality）

信仰代表了一系列的有说服力的、无处不在的、稳定的信念及相应的行为，其本质是相信生命存在超越（非物质）的维度。它们引导着人们构建自身存在的意义以及自身和外界的关系。

信仰中极为重要的一个部分是宗教信仰，下列一些问题能够区分个人是否有宗教信仰：

你目前更偏向于哪个宗教？

你是教会或宗教团体的成员吗？

你多久参加一次宗教和礼拜活动？

你觉得自己有多虔诚？

宗教在你生活中的重要性如何？

你祈祷、冥想、阅读宗教书籍或聆听宗教课程的频率是多少？

你是否相信存在一种神圣的力量将所有人联系在一起？

你是否相信死后有来生？

你是否相信每一个生命都有其使命？

你是否能感受到上帝与我们同在？

你是否寻求上帝（或更高的力量）的支持和指引？

你对上帝（或更高的力量）的信念是否能帮助你理解生活的目标和人生经历的意义？

尽管不同的精神信仰有各自具体的内容，但所有文化体系中都存在一种终极的、超然的、庄严的、神圣的力量。具体说来，所有的宗教都致力于帮助人们解决存在的问题（如对个体存在的目的和意义的探询），面对生活的苦难，设置规条和价值体系指引人们的关系（与自己、与他人、与社会、与自然、与神等）。

将24种性格优势划归六大美德的过程，并不是严谨的实证研究。有的时候，某种优势是否属于某一美德可能存在争议。比如，幽默可以作为仁爱的一种性格优势，因为玩闹和奇思妙想可以建立社会联结；也可以被分类为智慧的一种性格优势，因为智慧帮助我们学习、展现和运用知识去展现幽默。但是，研究者最终将幽默界定为与乐观和信仰一样，是体现升华这一美德的性格优势，因为它使得人和宇宙等更宽广的事物相联系，跳出人类自身的限制，以更高的视角嘲弄人类本身。所以，在阅读本节的时候，希望读者不要过分地纠结于这24种性格优势划归六大美德的细节。因为美德过于抽象和概括，所以研究者并没有测量六大美德，只测量了24种性格优势，然后运用合理的统计研究方法（因素分析等），将24种性格优势分到了这六大美德之下。

第三节　性格优势的测量

一、性格优势的测量工具

相信读者已经对24种性格优势有了一定的了解。那么，对24种性格优势的测量，读者需要了解：

- 有的性格优势一直是心理学家们感兴趣的课题，所以前人已经发展了一些比较有效的测量该优势个体差异的工具。当然，也有例外。谦虚尽管是多数研究者认可的品质，但到目前为止并没有有效的测量工具。勇气同样没有有效的测量工具。
- 前人对多数的性格优势的测量采用自我报告问卷，但其问题的格式和长度不尽相同，缺乏可同时测查24种性格优势的统一问卷。部分性格优势还需要其他的测量方法作补充。比如，对公平的测量就需要使用脚本法——向受测者呈现一个道德两难的小故事，要求其做出选择或回答。对开放性思维的测量要求受测者写出或说出复杂问题的解决方法，然后由专家对其编码评分。

● 绝大多数的测量工具只适用于成人。对于同一性格优势，针对未成年人的测量往往跟针对成人的测量大相径庭，这极大地阻碍了对生命发展不同阶段性格优势发展变化的纵向研究。因而，我们需要一种能够适用于各年龄阶段的测量工具。比如，青少年体现好奇心和勇敢的方式可能与成人不同，那么测量工具就要能体现出这种不同。

为此，皮特森和塞利格曼（Peterson & Seligman，2004）设计了自我报告问卷（分为成人版和青少年版），以统一测量本章介绍的24种性格优势。

（一）优势实践价值调查表

针对成人的性格优势问卷叫作优势实践价值调查表（Values in Action Inventory of Strengths，VIA-IS），这一问卷继承了迪纳和塞利格曼等早期对各种性格优势进行测量和分类的研究，并从盖洛普公司开发的测量工作情境主题的“优势识别器”测验中获得灵感，最终发展而来。

VIA-IS采用李克特5点量表，项目描述通常是“我常常……”“我总是……”，每一陈述都反映了一种性格优势（负面描述的项目反向计分），要求受测者对该描述符合自身情况的程度作答。24种性格优势各包含10个项目（其中3道题目是反向计分），表7-1列出了每种性格优势的正反计分例子各一个，在整个量表中所有项目是随机排列的。所有题目作答后，计算受测者在各性格优势上的平均分，得分越高表明受测者该性格优势越突出。其中，位列前五的性格优势被界定为显著优势(signature strength)，它代表个体性格中最为突出的积极品质。

表7-1 VIA-IS测量项目示例

指导语：本问卷的主要目的是了解人们的性格优势。每项陈述都反映了社会赞许的一种优势，希望您诚实、准确地选择最符合自身真实情况的描述。无须深思，根据第一反应迅速作答即可。谢谢！请对每一项陈述选择：
○ 非常像我
○ 像我
○ 一般
○ 不像我
○ 非常不像我
（下面只列举例题，选项略）

创造力	当别人告诉我怎么做这件事时，我会不自觉地思考其他方法。 我并没有什么特殊的动力去从事原创性的工作。
好奇心	我从不感到厌烦。 我兴趣很少。

续表

开放性思维	只有了解了所有情况，我才会做决定。 如果我喜欢这个选择，我就不会再考虑其他的可能性。
好学	我想尽办法参与学习活动。 我阅读非小说文学时常常觉得无趣。
洞察力	人们觉得我比同龄人聪明。 别人很少寻求我的建议。
勇敢	我能够忍受强烈的反对。 我常常不能坚持我的信念。
毅力	即使障碍重重，我也会完成该做的事。 我常常不能坚持自己的决定。
正直	我总是遵守诺言。 有时候我觉得自己像个骗子。
活力	我希望完全地投入生活，而不是当个旁观者。 每天早上我会害怕起床。
爱	有人像关心他们自己一样关心我的感受和幸福。 我不太容易接受他人的爱。
仁慈	我永远有时间帮助朋友。 我很少给他人提供帮助。
社交智慧	我总是知道别人采取某些行为的原因。 我常常不知道自己为什么会出现这样的想法和感受。
社会责任感	我从不缺席小组会议或团队活动。 我单独工作比在团队中工作效率更高。
公平	我坚决地按照公正和公平的原则行事。 如果我不喜欢某人，我就不愿意帮助他解决难题。
领导力	在团队中，我试图让每个人都融入进来。 我不擅长计划团队的活动。
宽容	我总是期望人们能够放下过去的错误重新开始。 我不轻易接受道歉。
谦虚	我为自己是个普通人而骄傲。 我喜欢谈论自己。
谨慎	“宁可事先谨慎有余，不要事后追悔莫及”是我最喜欢的座右铭之一。 我的朋友觉得我的言行总是很冲动。
自我管理	我是个很自律的人。 我没有定期锻炼的习惯。

续表

美的领悟	我常常被影视作品中展现的美震惊到说不出话。 我常常忽略身边的美，除非有人向我指出来。
感恩	我常常对关心我的人表达感谢。 当我看着我的妻子时，我并不觉得心存感激。
乐观	我总是看到事物的积极面。 我对未来 5 年要做的事并没有清晰的计划。
幽默	每当我的朋友感到沮丧时，我都会想办法逗他们开心。 很少人觉得跟我待在一起是有趣的。
信仰	在过去 24 小时内，我至少花了 30 分钟的时间祈祷、冥想和沉思。 我并不相信终极力量或上帝的存在。

（二）阶段优势实践价值调查表

心理统计学研究发现，某些性格优势（勇敢、公平、宽容、乐观、正直、领导力、谨慎、自我管理）的 VIA-IS 得分跟被他人提名是否具有相应性格优势的结果不一致。我们在前文提到了基调优势和阶段优势。VIA-IS 测量的即是人们的典型反应（“我常常……”），而非特殊情境下的反应。相反，提名朋友或熟人是否具有某性格优势时，人们常常是想到了某些特殊情境下他的表现。因此，皮特森和塞利格曼改进了前人常用的测量优势的问卷，设计了一个新的问卷，即阶段优势实践价值调查表（Values in Action Rising to the Occasion Inventory，VIA-RTO）（见表 7-2），来考察人们的阶段优势，作为对基调优势测量的补充。

表 7-2 VIA-RTO 项目举例

请回忆会让你感到极度恐惧的情境。 你处于这种情境的频率是： ○ 非常频繁（一周至少一次） ○ 较频繁（一个月一次） ○ 有时（一年几次） ○ 较少（一年一次） ○ 几乎没有（一生一次）
请回忆你处在这样的情境中时通常是如何表现的，你是否让恐惧影响了自己的行为？请在以下空白处简单描述一下。 根据这些情境中你的表现，你觉得勇敢是不是你的性格优势之一？ ○ 绝对是 ○ 可能是 ○ 不确定 ○ 可能不是 ○ 绝对不是

一项样本量为 60 人的研究，要求受测者填写 VIA-RTO 问卷，并请一位非常了解

该受测者的家人或朋友（知情人）独立评估该受测者相应的性格优势，结果非常清晰明了。对于绝大多数的性格优势，几乎所有的受测者都遇到过相应的情境；但是，对于少数性格优势，有不少受测者从未遇到过相应的情境（如极度恐惧的情境——测量勇敢）。对于大多数的性格优势，知情人能对受测者做出评价。只有少数优势，知情人报告不能判断受测者是否具有。排除这两种情况之后，自我报告和他人报告的性格优势之间存在较强的相关（相关系数为0.40～0.60），说明该问卷是很有效的。

二、性格优势的测量推动实证研究发展

VIA-IS的诞生促成了对性格优势的实证研究。帕克和皮特森（Park & Peterson，2009）认为，诸如乐观、仁慈、社交智慧、自我管理、洞察力等优势不仅能够有效缓解压力或创伤事件带来的消极效应，还能促进个体的自我成长。帕克、皮特森和塞利格曼（Park，Peterson & Seligman，2005）发现，活力、感恩、爱、好奇心等优势与生活满意度之间密切相关。

在跨文化研究中，幽默是美国人的显著优势之一，而它在东亚人身上的排序却比较靠后。这种差异反映了不同文化群体的人格特异性。相比西方社会，幽默的功能与价值从未在东亚社会中受到过认可与推崇。东亚文化深受儒家思想影响，谨言慎行、知书达礼是儒家强调的社会交往规范。在历史上，幽默甚至常被东亚民众视为心智或政治上肤浅幼稚、有失体统的表现。

三、性格优势测量的争议

皮特森和塞利格曼（Peterson & Seligman，2004）主要使用自我报告法对性格优势进行测量，这一工作曾经受到社会学家们的质疑：自我报告法陷阱重重，其效度会严重受到社会赞许性的影响。塞利格曼回应说，诚然，自我报告法或多或少会受到社会赞许性的影响，但是他们更倾向于从积极心理学的角度来看待这个问题：不管作为研究者还是作为实践者，他们都倾向于相信，每个人自己才是自身问题的专家。面对物质滥用、饮食障碍等心理问题时，目前的研究和临床诊断都偏好自我报告法——症状问卷或者结构访谈。那么，为什么研究人的积极面时不能使用这一方法呢？

每个人都具有性格优势，对其进行测量是为了帮助人们更清晰地反思自己具有的性格优势。自身的性格优势本来就不能完全脱离自我的解读，性格优势也并不会轻易受到社会期待的反应定势的影响，因为它们本来就都是社会赞许的，受测者完全没有必要伪装或修饰。当然，对其中一些性格优势来说，自我报告法可能不是最好的方法（如勇敢和正直），但总的来说，自我报告法还是很有效的。

在这一节，我们了解了性格优势是如何测量的，积极心理学家们为了推进性格优势的实证研究在测量学上做了哪些努力，现在对于性格优势有什么行之有效的测量工具可以使用，以及在性格优势的测量中存在哪些争议和有待解决的问题。

不管是筛选性格优势，还是为性格优势下个精准的定义，或是为测量性格优势修订有效的工具，都耗费了积极心理学家们巨大的时间和精力，凝聚了积极心理学家们的心血。而他们在性格优势的研究上所获得的这些成果不但为讨论性格优势创造了一个统一的术语体系，而且大大促进了积极心理学理论体系的发展完善。

拓展阅读

运用性格优势的活动建议

前面具体阐述了什么是积极心理学领域的六大美德、24 种性格优势，相信读者已经对性格优势的内涵以及美德与性格优势的体系有了相当程度的了解。那么，这些性格优势到底有什么作用？在平时生活中又该如何运用呢？以下是一些运用性格优势的活动建议，可尝试按照这些活动建议在日常生活中进行性格优势的强化练习。

1. 好奇心

● 在选择职业时，试着寻找需要每天接触新信息的工作，如新闻传媒或科研教学工作。

● 尝试去做一些挑战你既有知识或经验的事情。

● 每年至少旅游一次，探访不同的地区、城市或国家。

● 每周至少花一小时去接触大自然，细心发现蕴藏其中的无限新奇。

2. 好学

● 每周至少两次空出专门时间，去学习 5 个新的英语单词或中文成语，并尽量在平时应用它们。

● 每月阅读一本关于你感兴趣的话题的非小说类书籍。

● 经常去图书馆或博物馆，每次都记录下学到的新知识或了解的新事物。

3. 创造力

● 对自己擅长做的一些工作或日常事务，试着去发现不同于一贯套路的、有创造性的解决方法。

● 发展一项可激发创造力的艺术爱好，如绘画、雕塑、陶艺或摄影，可以报名相关课程，也可自学。

● 养成“废物利用”的习惯，为不再需要的事物设计出原本用途以外的其他用途。

4. 开放性思维

● 参加一项跨文化的活动或加入一个跨文化的团体，接受不同文化的冲击。

● 找一个你强烈认同的观点，从正反不同的角度进行自我辩驳，思考自己是否可能是错误的。

● 回顾自己以往一些失败经历，反省失败的原因并分析是否存在某些惯性的模式，以后尽量规避。

● 做重要决定时，写下所有可能的有利和不利后果，理性做出选择。

5. 洞察力

● 锁定一位公认的智者（在世名人或历史人物都可），阅读或观看有关他的书籍或电影，学习他应对人生重要问题的智慧。

- 当朋友向你寻求建议时，帮助他全面审度他的处境，并给出自己的见解与建议。
- 思考一些影响你生活的科学研究（如克隆）所蕴含的道德意义。
- 投身一些你认为关系到全世界福祉的公益事业（如反对核武器）。

6. 勇敢

- 为某个比自己弱小的人挺身而出，帮他争取应得的权益。
- 当团体中出现某个新奇前卫或不受欢迎的观点时，若你认同这个观点，大胆为其辩护。
- 针对团体中不合理的规范或不公正的对待做出反抗。
- 不要害怕成为别人眼中的另类，只要自己认为正确就行。

7. 毅力

- 制定一个较高的目标（比如考取某种职业资格），哪怕难度再大，也要坚持完成。
- 找出至少两个你认为有意义、投入其中能带给你流畅体验的爱好，让它们成为你日常生活的一部分。
- 如果你想中途停止一项工作，忽略自己的这种想法，集中精力在进度上。
- 每天起床，列出你想今天去做但也可以拖到明天再做的事，确保它们都在今天完成。

8. 正直

- 监督自己的言行，每次说谎就记录在专门的清单上。试着让每周的清单越来越短。
- 每天晚上入睡前，回想在一天中是否做了违背自己意愿而刻意去做的事情，并下决心改正。
- 自我克制，不对朋友撒谎（包括不是发自内心的称赞或鼓励）；若你说了这种谎言，立即承认并道歉。

9. 活力

- 每周定期锻炼身体。
- 每周至少进行一项户外活动，如爬山、骑单车、快走或慢跑。
- 通过养成一些好的睡眠习惯，如遵守固定的睡眠时间、不在睡前3～4小时进食、不在床上处理工作或学习、晚饭后不再喝任何含咖啡因的饮料，来提升自己的睡眠质量，以此保证精力充沛。

10. 爱

- 经常主动拥抱或亲吻那些你爱的人。
- 发现并欣赏你爱的人所具有的优点。
- 帮助你爱的人实现他的某项自我提升计划，如重新规划职业生涯。

11. 仁慈

- 和朋友外出时，主动支付费用。
- 日行一善，多小的善事都可以，并且不求回报。

● 和许久未见的朋友聚会时，在谈及自己的生活前，先询问他们的近况，并用心倾听。

12. 社交智慧

● 经常问问与你亲近的人，是否自己有时没能在情感上理解他们。一同讨论如何能更理解彼此。

● 与亲近的人相处时，直接表达自己的需求和愿望，不要让对方觉得猜不透你的心思。

● 每隔一段时间便参加一项陌生的社交活动，如行业或学术的会议，让自己表现活跃，结交些新朋友。

13. 社会责任感

● 参加一些帮助社会弱势群体的志愿工作。

● 主动询问你的邻居，尤其是上了年纪或行动不便的人，看他们是否需要任何帮助。

● 积极完成团队分配给你的工作，并乐于承担额外的工作。

14. 公平

● 不论对人还是对事，时刻警惕自己是否受个人喜恶影响而做出了有偏见或不公正的判断。

● 每次参加群体的讨论或活动，有意识地促进每个人平等参与，尤其当你发现有人受冷落时。

● 在朋友们闹矛盾时，无论你的观点倾向于哪一方，都保持不偏不倚的态度。

15. 领导力

● 在团队中组织一次活动，或负责一项任务，统领全体团队成员同心协力、集思广益。

● 为某位朋友或同事策划一个充满惊喜的生日派对，调动其他的朋友或同事都来积极参与其中。

● 组织一次家庭的大聚会，想办法设计一些让长辈和晚辈都感觉有趣的活动。

16. 宽容

● 当别人的行为让你觉得无法理解时，尝试探究他们的深层动机并理解他们。

● 若有人惹恼你，站在他的角度重新看待事件，尝试原谅他。

● 主动联系曾经冒犯过你的人，要么直接告诉对方你原谅了他，要么在交谈中表达你的善意。

17. 谦虚

● 发现别人做得比你好的地方，并赞扬他。

● 不论何时与人交谈，都尽量避免自吹自擂或刻意地炫耀自己的成绩。

● 找一位信任的朋友，请他如实告知你存在的缺点。

18. 谨慎

● 时刻谨记“防患于未然”，并以此来计划日常生活。

● 与别人交谈严肃话题时，权衡自己要说的话将给别人造成的影响。

● 做出重大决定之前，问问自己可以在多大程度上承担它所带来的后果。

19. 自我管理

● 抵制一些不好的诱惑，如不吃垃圾食品、不过度沉溺网购、用嚼口香糖替代吸烟。

● 克制自己不在背后议论别人。当忍不住想说别人的闲话时，找一些分心物来阻止自己。

● 当某件事让你反应过激时，先努力使自己镇静下来，再用理智重新思考事情的来龙去脉。

20. 美的领悟

● 培养自己的摄影爱好，随时拍下所见到的美景或任何让你感到美好的人或物。

● 常去博物馆或展览馆欣赏艺术作品。

● 每天至少留意一项悄然发生在你身边的自然之美，如日出日落、云卷云舒、花草树木等。

21. 感恩

● 对你爱的人心怀感恩，你的生命因他们的存在而美好。常用言语或行动向他们表达你的这种情感。

● 只要别人帮助了你，哪怕是些琐事，也要表示感谢，而不要将它们视为理所应当。

● 每天想想自己是否将生活中某些不起眼但很重要的事认为理所应当，如体检时身体健康，或外出旅行一切顺利。学会珍视并感激上天赐予你这些平凡的美好。

22. 乐观

● 当处于逆境时，不过多纠结于消极情绪，首要的是想想以前是否克服过类似的逆境，从中借鉴经验。

● 回想遇到过的一些坏事，试着发现它们其实带给了你一些好处。

● 将你所做过的错误决定列张清单，告诉自己既然无法重新来过，那么现在和将来就都尽力做到最好。

23. 幽默

● 当有朋友心情不好时，想办法逗他开心。

● 常搜集新笑话并讲给家人或朋友听。

● 面对生活中大多数的场合或情境，总试图去发现其中有趣轻松的一面。

24. 信仰

● 每天花点时间冥想。

● 每天阅读有关宗教信仰、精神灵性的书籍或文章。

● 探寻自己在生命中最看重的东西，即你生活的根本目的，努力将所有的行为都与这一目的联系起来。

概念术语

性格优势　美德　情境主题　基调优势　阶段优势　头脑优势　心灵优势　智慧　创造力　开放性思维　好奇心　好学　洞察力　勇气　勇敢　毅力　正直　活力　社会责任感　领导力　仁爱　仁慈　社交智慧　情绪智力　节制　宽容　谦虚　谨慎　自我管理　升华　美的领悟　感恩　乐观　幽默　信仰

本章要点

1. 美德是从更加概括和宏观的角度，从文化、宗教及进化的角度，对于人类的美好的性格特质进行的概括。美德也是性格的核心，广泛受到道德伦理学家和宗教的重视。积极心理学最后概括出六大美德，它们是智慧、勇气、正义、仁爱、节制、升华。

2. 性格优势是反映在个体的认知、情绪以及行为等各个心理层面的积极特质。性格优势有利于自我实现。性格优势根据其道德价值可分为 24 种。

3. 性格优势是可测量的，有若干从不同角度测量性格优势的量表。这些量表尽管都是主观自主的，可能存在赞许性效应，但还是对于人们了解自己的美德具有指导意义。

复习思考

1. 什么是性格优势？
2. 美德与性格优势有什么区别和联系？
3. 人在特定情境下表现出来的某种行为习惯是性格优势吗？
4. 性格优势的特点有哪些？
5. 性格优势如何培养？
6. 六大美德是什么？
7. 24 种性格优势分别从属于哪一类美德？
8. 你的显著优势是什么？
9. 性格优势测量的工具有哪些？
10. 性格优势体系的建立对传统心理学有什么影响？
11. 关于性格优势的测量有何争议？

推荐读物

1. 郭雯．性格优势与美德．南京：江苏凤凰教育出版社，2013.
2. 卡尔．积极心理学：关于人类幸福和力量的科学．北京：中国轻工业出版社，2008.

3. 斯奈德，洛佩斯．积极心理学：探索人类优势的科学与实践．北京：人民邮电出版社，2013.

4. 彼得森．积极心理学：构建快乐幸福的人生．北京：群言出版社，2010.

5. 思摩尔，沃甘．性格的重建：30天重塑自我，给人生一个重新出发的机会．北京：台海出版社，2018.

6. 迈尔斯 I，迈尔斯 P. 天生不同 人格类型识别和潜能开发．北京：人民邮电出版社，2021.

第八章

积极的自我与动机

一个人经常不由自主地怀有一些自我否定的想法和感觉，产生一些自我否定的行动。这样做非常容易，根本没有困难。

——阿尔伯特·艾利斯（Albert Ellis）

【教学目标】

了解积极自我的表现、心理特点与功能；了解有关积极自我的一些研究与实现积极自我的可能途径；了解建立积极自我的过程；了解积极自我的形成途径；了解积极动机的含义，明确自我决定理论的基本内容。

【学习重点】

掌握与积极人格相关的理论；理解自我同一性与积极自我之间的关系；掌握自我决定理论对动机的几种分类；了解自我决定理论；掌握自我提升的含义和表现；了解积极错觉与心理健康的关系。

【读前设问】

1. 你通常觉得自己是个怎样的人？你喜欢自己吗？
2. 你对自己完成一件事有自信吗？如果有，这种自信来自何处？如果没有，这种挫败感又源于什么？
3. 你是否经常评价自己？你采用哪些方式来进行自我评价？你觉得自我评价对你的影响是正面的还是负面的？
4. 你形成积极的自我了吗？你处于自我同一性的哪一阶段？

第一节　积极自我的内涵

党的十八大提出大力弘扬集体主义、社会主义思想，增加民族的自尊心、自信心。对于个体而言，加强自尊对于促进心理健康也是非常重要的内容。

自我是一个复杂的心理存在，只有人类具有自我意识和自我评价，并能提出“我是谁”这样的问题。积极状态体现在较高的自我评价和积极对待自我两个方面。积极自我的两个特点是高价值感与高胜任感。高价值感使人表里如一，具有自主性和热爱自己。高胜任感让人相信自己是有能力的。

一、自尊

（一）自尊的一般含义

自尊通常被定义为一种带着深深的情感的自我评价，主要包括自我价值感和胜任感，即自爱和自信。关于这种自我评价，从结构上，可以分为整体自尊和具体自尊。整体自尊是一种总体上的、抽象的、对自己是否有价值和是否有能力的评价。具体自尊是指具体的、各种环境下的自我价值评价，如家庭、工作、学习、体育方面的具体领域的自尊。目前，认同第一类自尊的人占据多数。人们更加同意，自尊是指一种高级的、涉及自我价值和胜任能力的评价的一般结构。

（二）自尊的影响因素

自尊受亲子关系和父母教养方式的影响。库珀史密斯（Coopersmith，1967）发现，自尊与家庭财富、受教育程度、居住的地理环境、社会阶层、父母职业等因素没有显著相关，儿童与重要他人的关系会对自尊产生显著影响，而儿童早期最为重要的成人通常就是父母。高自尊通常与父母无条件的爱和接纳有关。高自尊者在充满安全感的家庭中长大，得到了父母的引导和关心；父母不但懂得就问题与孩子进行讨论，而且在道德方面也成为孩子的行为典范，使孩子内化父母的权威，并且具有自主性。相比之下，低自尊的人通常在专制、冷漠、随意的家庭教养方式下成长，父母对孩子要求过高或者要求不一致，经常拒绝或辱骂孩子，且不能为孩子提供有效的行为榜样。低自尊者不热爱自己，抗挫折能力差，自尊缺少稳定性。许多研究还证明了父母教养方式会影响儿童总体自尊发展水平以及自尊发展的速度和方向（魏运华，1999；张文新，林崇德，1998）。

（三）自尊的发展

克尼斯（Kernis，1993）和约翰逊（Johnson，1998）认为，自尊形成后就相对稳定，不轻易发生改变，但在重大转折时期也可能会有某种改变。例如，总体上，学前儿童自尊水平较高，青春期有所下降，但30岁以后又会逐渐提升。研究表明，30岁以后的人主观幸福感和自我满意度有逐渐上升的趋势。

（四）高自尊的功能

研究发现，高自尊的人，也就是说适当热爱自己的人，通常比低自尊的人更加幸福（Baumeister，Campbell，Krueger & Vohs，2003；王玲，张育贤，2011；陈容，李丹，2013）。高自尊的人往往给自己制定中等难度的、可实现的目标，工作与学习更加有效，他们热爱自己，不自卑，所以可以以人人平等的观念对待他人、尊重他人，同时，他们也具有较高的道德水平，有做人做事的原则。

二、自我效能感

（一）自我效能感的提出

自尊的重要内容之一是胜任感。心理学中，胜任感也叫作自我效能感（self efficacy），是班杜拉（Bandura，1977）社会学习理论体系的重要组成之一，指个体在执行某一行为操作之前对自己能够在什么水平上完成该行为活动所具有的信念或判断。在一般情况下，如果我们确信自己有能力完成某一任务，我们就会采取行动，而不是逃避。自我效能感主要来自自己的成功体验、个人的情绪状态、别人的忠告。

高自我效能感能帮助我们树立合理的行动目标，积极完成目标，并在受挫情况下调整心态，坚持下去。高自我效能感使我们对世界、他人和自我充满信任，不因失败而过于自责，失去自信。

（二）自我效能感的维度

自我效能感主要包括水平、强度、延展性三个维度。

自我效能感的水平指一个人所认为的自己完成特定目标行为的难易程度。通常自我效能感水平更高的个体会选择更有难度的任务，而自我效能感水平较低的个体则会选择简单的任务。

自我效能感的强度指一个人对自己实现特定目标行为的确信程度。在挫折与失败面前，低自我效能感强度的个体易产生自我否定与怀疑的消极情绪，而高自我效能感强度的个体则不会轻易否定自己或放弃。

自我效能感的延展性指个体在某个领域中自我效能感的强弱在多大程度上会影响到其他领域。一些人只在狭窄的领域里具有高自我效能感，而一些人在广泛的活动与情境中都具有较高的自我效能感。

（三）自我效能感的影响因素

自我效能感主要受到四方面因素的影响。其中影响最大的是个体行为的结果。数次行为的成败不断累积，渐渐使个体形成对自身能力的评价。第二个因素是观察到的替代经验。与自己相似的人的成功能促进自我效能感的提升，其失败则很可能会降低观察者的自我效能感。第三个因素是他人的评价、劝说与自我规劝。其中，基于直接经验或替代经验的劝说与鼓励能比缺乏事实基础的言语劝告产生更大的影响。第四个因素是个体的情绪与生理状态。比如，紧张、焦虑这类负面情绪容易降低人们对自我效能感的判断。

自我效能感的成因是复杂的。上述几种信息在个体差异的基础上，对自我效能感的形成发展起到重要作用。

（四）高自我效能感的功能

自我效能感的提升有助于积极自我的形成。马加莱塔和奥利弗（Magaletta & Oliver，1999）以及钱铭怡（1995）研究发现，自我效能感与主观幸福感、生活满意度之间存在显著正相关，与焦虑、抑郁水平之间存在显著负相关。此外，高自我效能感的个体对自己更有信心，对生活的自我控制感更强。

在其他领域，高自我效能感也有重要作用。梅奥、帕斯特和迈因德尔（Mayo，Pastor & Meindl，1996）发现，较高的自我效能感会促使一个人尝试更具挑战性的工作，设置较高水平的目标，表现出较强的承诺，从而提高工作绩效。在教育领域，克留格尔（Kruger，1997）发现教学效能感高的老师的教学质量更高，其学生的学习成绩也更好，学习效能感对学生成绩有积极影响。

第二节　稳定的自尊很重要

稳定的高自尊非常重要，具有稳定高自尊的人不会四处张扬、炫耀自己。还有一种不稳定的高自尊，也称为防御性自尊，具有这种自尊的人表面上追求成功、好强，但对失败和来自他人的批评十分敏感；他们一方面爱自吹自擂，另一方面遇到批评和失败又马上感到自卑（Schneider & Turkat，1975）。心理学家姆鲁克（Mruk，1999）认为，这种具有防御性自尊的人对自己的能力评价低而对自己的价值感评价过高，热爱自己但又觉得自己能力不够，所以自尊表现出不稳定性，一方面自恋，另一方面自卑。

一、无条件的自我接纳

自我接纳指个体在情感和态度上对实际自我的接纳，是自我意识的重要组成部分，也是在自我评价基础上形成的一种自我态度，是自尊心理最基本、最核心的特征。

一个人面对复杂多变的现实生活，很容易变得焦虑不安。正如艾利斯所说："一个人经常不由自主地怀有一些自我否定的想法和感觉，产生一些自我否定的行动。这样做非常容易，根本没有困难。"

稳定的高自尊通常伴随着自我接纳。这种积极人格特质总是与外向、宜人、执着和自制有关。稳定的高自尊的人独处时，好像十分平静，不像具有神经质人格的人那样进行过多的自我监控和丰富的自我对话，他们做到这一点似乎不是装出来的，而是自然而然的。对自己的坦诚与从容来自一种内心的力量，这种自信促使一个人接纳自我、肯定自我、拥有平凡而务实的精神。

多数人以为，人的脆弱性不过反映了生活中的磨难，后天的环境中充满挫折和不幸，挫败和失望是家常便饭。然而，现代认知治疗理论（cognitive therapy）更相信，人的不安和自我否定主要不是来自客观环境的挫折，也不是来自不利处境，而是源自人的态度和认知，主要是人将自己的目标和需求都变成了强求和苛求（Sacco & Beck，1995）。

心理不健康的人对于自己的态度是较为苛刻的，许多人总是在挑剔自我、有条件地接纳自我。所谓“有条件地接纳自我”，是指根据自己的行为表现的好坏决定是否接纳自我，而不是根据自身的存在来接纳自我。当依据自己的行为表现来评价自我时，人们容易产生自我贬低和缺少安全感。

（一）无条件的自我接纳的提出

艾利斯（Ellis，1996）提出的无条件的自我接纳（unconditional self-acceptance，USA）认为，个体应该“充分地接受自己，不论他们是否有高自我效能感，也不论他人是否接受或喜爱自己，人们都应该将自己看作一个有价值的愉快的人”。因为个人在时空之中是不断变化的，人是包含过去、现在与未来的过程性存在（on going process），是难以评价的，所以，对自我的流变，我们应该选择无条件接纳。

（二）无条件的自我接纳的作用

无条件的自我接纳对心理健康的发展大有裨益。张伯伦和哈加（Chamberlain & Haaga，2001）研究发现，无条件自我接纳的程度与抑郁、焦虑水平呈负相关，且自我接纳程度越高的人，幸福感越强，对消极事件的情绪反应也越积极，即无条件自我接纳程度高的人抗挫能力更强，心态通常保持在积极愉快的水平。

（三）无条件的自我接纳与正念

如何实现无条件的自我接纳呢？艾利斯（Ellis，1976）注意到，佛教中的自我消解与无条件的自我接纳有所联系。这种自我（ego）的消解与对真我（self）的全神贯注也就是“正念”（mindfulness）有关。正念这一概念也源于佛教。布朗和莱恩（Brown & Ryan，2003）认为，正念与自尊有相似之处。卡巴-金（Kabat-Zinn，2003）提出，正念是“一种有目的、不加评判地将注意力集中于此时此刻的方法”。夏皮罗等（Shapiro，Carlson，Astin & Freedman，2006）认为，这种态度使人对待当下的自己时更加平静。张伯伦和哈加（Chamberlain & Haaga，2001）以及汤普森和沃尔茨（Thompson & Waltz，2008）的研究证明，正念、自尊与无条件的自我接纳呈正相关。卡莫迪和贝尔（Carmody & Baer，2008）也认为，正念干预可以使个体增加积极情绪体验、减少消极情绪体验，从而增强主观幸福感，提升自我接纳的程度。

二、无条件的自我价值

稳定的自尊的基础是无条件的自我价值。无条件的自我价值是指一个人有价值只是因为其存在本身。根据这个标准，可以得出如下结论（刘翔平，2010）：“我出色，并不是因为我把事情做好了，或者表现出色，也不是因为某些人欣赏我，而是因为我活着，因为我存在着。”这些观点想表达的是，人的自我价值是无条件的。

（一）自我价值的概念与建构

自我价值（self-worth）是自尊的核心部分，是一种多维度、多层次的心理结构。国内学者提出，中西方的自我价值观念结构有所差异（雷霆，高尚仁，杨中芳，1991；杨中芳，1991）。黄希庭和杨雄（1998）针对中国青少年编制了青年学生自我价值感量表，发现中国青少年的自我价值感可以分为个人和社会两种取向，每一种取向分别涵盖了生理、心理、人际、道德和家庭五个方面。

（二）条件性自我价值

早在19世纪末，詹姆斯就提出人们在活动中会偏向选择能维护自我价值感的领域，认为“我们对这个世界的感受完全取决于我们让自己去做的事”。这种维护、提升自尊的行为称为条件性自我价值（contingencies of self-worth）。这种条件性自我价值，并非真正积极的自尊，它是狭隘的、有局限的，有时会给人们的生活带来危害，限制人的全面健康的发展。

研究发现，将自我价值建立在学业上的学生，每周会花更多时间学习，但当控制了学业能力测验（SAT）得分后，学生对学习能力的重视度与GPA并无显著相关（Niiya，Brook & Crocker，2010）。这可能是由于尽管学生花了更多时间，但其对成功的过度重视带来的焦虑影响了其效率。这种条件性自我价值还可能带来不良行为。比如，基于权力的自我价值可能导致欺凌，基于成功的自我价值可能导致欺骗（Leary & Baumeister，2000）。研究还发现，酒精和毒品的使用、不规律的饮食都与基于外貌的自我价值呈正相关（Niiya，Brook & Crocker，2010）。

如果一个人将自我价值建立在某一特定领域，那么当他不能回避会导致失败的情境时，这种条件性自我价值可能就会带来危害。比如，在学业上时好时坏的表现会导致时高时低的自我价值。而克尼斯等（Kernis et al.，1998）研究表明，自我价值的不稳定容易引发抑郁。

（三）无条件的自我价值的功能

生活中，有些人特别不爱玩牌，这种人本能地回避麻将或者扑克之类的带有博弈性质的游戏，一方面是由于他们玩不好，另一方面是由于他们怕输。输了有什么可怕呢？不就是玩吗，又不是赢房子、赢地的？问题在于，他们不能从游戏的角度来对待输赢，而将输赢置于面子和自尊的高度，所以一旦从事这类游戏，他们就会过于认真，非常紧张，感受不到游戏的乐趣。他们在玩的过程中的潜台词是：“这可是关系到我是否聪明、是否能干、是否有运气的重要问题，如果我表现不好，我就是一个笨蛋，别人会笑话我。”他们缺少轻松和幽默，总是将生命的神经绷得紧紧的。

在每个人成长与社会化的过程中，挫折与失败在所难免，但这并不表明一个人本身的价值有问题。面对未知与挑战，采取积极心理学的策略会让我们更加自信与从容。许多研究发现，从初中到大学，学生的自我价值通常呈现下降趋势，特别是社会取向的自我价值（杨雄，黄希庭，1999）。这可能是因为随着年龄增长，个体社会化程度不断提升，自我意识也不断发展，因此，个体感受到越来越大的压力，有了更多的需求（韩进之，杨丽珠，魏华忠，1987）。这一过程既有客观成分也有主观成分。无条件的自我接纳与自我价值能让人更加积极地面对挑战，促进自我实现。

第三节　自我同一性

一、自我同一性概述

真正能够长久维系自尊的力量来自自我认同。自我认同又叫作自我同一性，指的是过去、现在和未来的时空中对自己内在一致性和连续性的自我感觉和体验。

自我同一性概念最初是在第二次世界大战中，由著名心理学家爱利克·埃里克森（Erik Erikson）在锡安山退役军人康复诊所治疗战争创伤时提出的。当时诊断的大多数病人是从战场上下来的，他们没有什么身体疾病。他们既不曾有弹震症，又不是装病者，而是在战争的紧急状态下失去了个人同一性和历史连续性之感，即失去了神经中枢控制感。用精神分析的术语说，这种控制由人格中的自我机构负责，所以，才叫作自我同一性的丧失。后来，埃里克森发现，这种自我同一性混乱还可以发生在具有严重内心冲突的青年以及与社会发生冲突的反社会者身上。

埃里克森曾去印第安部落进行研究，他发现印第安部落里的年轻人很容易形成自我同一性，很少有心理疾病发生，他们心理的成熟过程远比现代文明社会的人顺利。当进入青春期后，绝大多数年轻人能够自然地成为能狩猎的人，团结周围其他社会成员，极少有人偏离这个成长方向。他们在成长过程中，身体功能上的快乐和社会期望相一致，形成了现实的自尊。印第安部落的年轻人自发地将自己的将来发展整合成一种集体性，达到与他人相符。越是与他人相符的，越是自我同一性强的；越是自我同一性强的，越是与他人相符的。快乐与义务、个人和集体是无冲突的，越是快乐的越是义务，越是个人的就越是集体的。所以，自我同一性不等于对个人角色的认同和表面的热烈，而是理想和道德上的相对稳定性。

二、自我同一性发展模型

（一）同一性资本模型

寇特（Côté，1996）提出了同一性资本模型，从心理学和社会学角度整合了对同一性的理解。同一性资本模型认为，个体对“自己是谁”进行“投资”，之后在“同一性市场”中获益。而同一性资本指的就是个体用于应付个体所生活的世界对他提出的要求的资源，可以分为两个部分：有形资本和无形资本。有形资本包括个体进入社交圈和机构的“通行证”，例如录取通知书等。无形资本顾名思义是不能直接看见的，例如自我效能、自我力量等。同一性资本模型比较抽象，维度也比较多，很难进行操作性研究。

（二）自我同一性发展的因素模型

布斯马和库恩（Bosma & Kunnen，2001）总结了前人关于自我同一性发展因素的解释，建立了自我同一性发展的因素模型，该模型也叫作同一性发展机制模型。他们认为，同一性发展可以看作一个重复的过程，每一次重复就是个人与情境的一次交互作用，在这些交互作用中可能会发生冲突。人们会尽力调节对情境的解释，以将冲突同化进自己已有的同一性中。如果个体不能同化某些冲突，这些冲突就会继续存在并且累积，同时逐渐消除已有的承诺，直到顺应或者发生同一性改变。顺应的变化就引起了同一性的发展。

三、积极的自我与自我同一性

（一）自我同一性与自尊

个体的自尊和自我同一性之间存在紧密的关系。自尊与自我同一性的各种状态有关。自我同一性完成状况与自尊存在显著正相关，而自我同一性延缓状况和自我同一性早闭状况与自尊存在显著负相关（叶景山，2006）。

（二）自我同一性与安全依恋

埃里克森认为，青少年自我同一性的形成是以他们与抚养者的分离和个体化的完成为基础的。与父母之间亲密情感依恋水平不同会对个体的自我同一性状况产生不同的影响，一方面会有利于同一性完成，但另一方面会导致同一性早闭（张乾一，文萍，2011）。

拓展阅读

大学校园中的不就业族与自我同一性混乱

小敏已经大学毕业三年了，可她仍然每天背着一个流行的背包，在校园里整日留心招贴板上各类考学信息，比如这里的研究生班、那里的外语进修班。和她在一起的还有几个年龄相仿、经历相同的人，这些人“扎堆”生活，合租住房，互通考试信息，准备考研究生或者考托福出国。这些毕业后主动选择不工作的人被称为“不就业族”。

这群不就业族以女生居多，通常都在二十三四岁。他们一般在学校中都是学习成绩不错的，有些甚至是保送上大学的；他们的家庭一般也不是工人或农民家庭，而是教师或者是一般干部家庭，有一定的社会地位，但社会地位并不是特别高。这些人当中，有些是大学毕业后有过短暂的就业史，但不久就嫌工作不理想而辞职了；另一些人则根本就没有努力找过工作，他们一心想把书念好，期望考上研究生之后再找一份理想的工作。如果问他们一个最基本的问题——靠什么生活，他们通常很坦然地回答：靠家里呗！

为什么他们不能像其他人一样毕业去找工作就业？为什么他们会坦然地接受家中的资助？为什么他们选择了一种在旁人看来没有安全感的生活方式？带着这些好奇，我们试图分析一下他们的心态。

小敏是家中的老小，一个姐姐已经大学毕业工作并结婚了。小敏原本大学毕业后去了家乡的一所区级的小医院工作，可她一想到自己一生就要这样平凡和单调，尤其是面临默默无闻的危险，就觉得无法忍受。她说从小父母就鼓励自己要好强、出人头地，自己在学校里也一直是名列前茅的佼佼者，怎么能甘于工作的平凡？这样一份普通的工作如何向自己的志向交代？当她把考研的志向对自己的父母表达后，她得到了他们的支持。然而，第一年失败了，于是她便考了研究生课程班，一晃两年过去，学习结束了，可她仍然没有获得自己想要的生活，因为研究生课程班既不给学位又不管就业。于是，她又萌发了下一个想法——考托福出国。眼下，四年过去了，可收获的影子还没看见。

表面上看，这是由过强的进取心，或者说理想自我与现实自我的关系没有处理好造成的。实际上，问题并不这么简单。根据埃里克森的理论，不就业族的心理问题的根源在于自我同一性危机。

到了青年时期，人的心理发展的主要任务是形成自我同一性。通常，自我同一性使青年既有理想，同时又能脚踏实地地做事情，一步一个脚印，在具有安全感的心理氛围下扎实进步。比如，如果一个大学毕业生由于种种原因没有考上研究生，他会首先考虑就业，学会生存，然后才是选择适当的时机实现读研究生的理想。

而反观这些不就业族，他们内心充满矛盾和同一性混乱。首先表现为虚荣心。由于在学校一直是表现出色的学生，所以他们把追求荣誉当作生活的动力，认为生命的意义在于表现出众，学习上受到表扬，让父母高兴。他们认为，只有攻读研究生才能维持这种荣誉，而工作总是意味着平凡和单调，甚至是默默无闻，有沦为无名小辈的危险。这种与读书的荣誉形成巨大反差的事情怎么能属于自己呢？失去了老师和父母的关注，简直是生命的末日。

其次是时间前景的混乱。这是说他们有一种对时间的总体上的强大紧迫感，而在朝向具体的生活目标的努力上却好像力不从心，无法专心投入，因此浪费了大量时间。在迟疑和徘徊中，他们焦虑不安、不知所措，一会儿一个想法，浪费了许多有效时间，与此同时却对时间和长大十分担心。他们难以投入一件具体的事情，但又同样难以放弃同一件事情。

再次是勤奋感的混乱。伴随着工作质量的困扰，他们一方面不能专心于需要完成的任务，另一方面却出现专心于一种自我破坏性的过度阅读的情况。比如，小敏每天都要花费大量时间读杂志或小说，希望通过阅读获得精神安慰。但是，她读的书是杂乱的，她读书漫无目的，更像是一种对现实的逃避。

最后是对异性难以形成亲密感。在与异性相处时，他们容易体验到特殊的紧张，感觉到威胁。对他们来说，陷入爱情意味着一个破碎镜像，既伤害了自己也伤害了别人。

小敏谈到男朋友时，会表现出与自身年龄不一致的腼腆与回避，对于这个话题好像特别不敏感，不是不好意思，而是觉得自己不配。这是由于她没有解决自我同一性问题，也就不能解决与另一个已经具有自我同一性的个体的接触问题，好像两个不同种类的人无法沟通一样。

在这种无归宿的道路上的精神流浪是危险的，对个人很不利。这好像是种对自己负责（以追求进步的名义）的态度，其实是对自己最不负责的，而且首先是对亲人不负责。亲人如果说真话的话，一定是期望他们先有安身的工作和关心他们的异性。家长其实并不希望子女拥有一个虚幻的荣誉，而是希望他们拥有一种真实的生活。家长之所以支持孩子的流浪，实在是出于一种无奈和被迫，因为他们不愿意伤害自己的孩子。

他们的主要问题是没有找到自己，失落的自我没有精神归属，漂泊在空中。心理学家詹姆斯说过，真正的轰轰烈烈是被外界事物抓住，“但又不想做出任何承诺。如果做了承诺，就觉得态度马上变得迟钝而平淡无奇；撤掉这些承诺时，就感觉到了一种深邃的、热烈的狂喜，心甘情愿地、不顾任何痛苦地去做任何事情”。这段话转译成中国的老话，就是“顺其自然，为所当为”！这八个字也是自我同一性完成者具备的可贵素质。

第四节　积极的动机

在积极心理学看来，积极的自我状态背后的力量是积极的行为动机，属于人类高级动机。那么，这个高级动机是什么？有什么特点？还是让我们先从讨论什么是低级动机开始吧。

简而言之，动机是人们行为的动力，行为则是动机的外在显现。皮特里和戈文（Petri & Govern，2012）认为，动机是人的行为开始、导向和维持的动力。动机最早是以本能的概念被引入心理学的，这一点可追溯至早期的精神分析理论。

弗洛伊德认为，个体所有的心理能量源于身体内部寻求发泄的兴奋状态，这些兴奋状态即本能，也称为驱力。人类最基本的本能包括生本能与死本能，本能使得个体产生冲动或紧张，从而驱使人们采取行动来使冲动得到满足、使紧张得到释放。弗洛伊德认为人类的所有行为都由“性”和“攻击”的本能所支配，他提出了驱动人类行为的心理力量——力比多。

在弗洛伊德之后，各种各样的动机理论层出不穷。人格心理学家凯利曾提出一种有趣的分类，他将所有动机理论分为两类：一类是“推”的理论，在这类理论中，常见的术语包括驱力、动力、刺激，个体的行为就像是被身后一只大手推动的；另一类是“拉”的理论，在这类理论中，我们可以看到诱因、目的、期望等概念，它们就如同放在眼前的“胡萝卜”，牵引着人们的行为。

然而，有些动机理论既不是“推”的理论也不是“拉”的理论，而是强调人们在没有明显的外部奖励时对活动本身的兴趣以及为实现自己的潜能所做的自发的努力，这便是积极心理学所关注的积极、高级的动机。

一、成长性动机

我从不曾发现有人天生就像一张白纸，可以任人填写涂鸦；或者如一块有延展性的锡块，任人锻造成各种不同的形状。……人类给予我的印象最为深刻的事实是其表现出的有方向性的一种倾向，倾向于朝着完美、朝着实现各种潜能的方向发展。

——卡尔·罗杰斯

生命具有永恒不断的创造力，因为在它内部蕴含着过剩的精力，它不断流溢，越出时间和空间的界限；它不停地追求，以形形色色的自我实现的形式表现出来。

——泰戈尔

20世纪60年代，美国心理学界兴起一场人类潜能运动，人本主义心理学家是这场运动的主角，他们在探寻人类动机的过程中，提出颠覆以往的“推”“拉”理论的全新观点。其中，人本主义心理学家罗杰斯主张，人生而具有一种趋向成长和自我实现的动机，这种动机引导着个体的行为“向积极性、建设性而迈进，向成熟化、社会化而成长”，最终使个体的潜能得到最大限度的发挥。然而，人本主义的动机主张对于实证研究的直接影响相对较小。如今，它的这种思想在积极心理学的动机研究中得到了最好的诠释与肯定。

（一）内部动机

前面已介绍过，在流畅体验研究中，契克森米哈曾对一些艺术家做过研究，这些艺术家每天都以极大的专注力投入艺术创作之中，而且重要的是，他们并不寄希望于这些作品能给自己带来名气或财富，他们的创作动力源于创作过程本身。我们把这种行为的动机称为内部动机。内部动机是由个体内在兴趣、爱好等精神需要引发的动机。当一个人在内部动机的驱使下进行某种活动时，他不会计较是否能获得外在的物质奖励，因为活动本身已成为最大奖励；在活动过程中，他能充分感受到身心的满足与愉悦。与之相反，如果人们做某件事是因为老师或者家长的要求，或是为了得到外部的物质奖励，这种动机则为外部动机。研究表明，相比外部动机，人们在内部动机驱动下从事某种活动时，会表现出更浓厚的兴趣，取得更出色的成绩，也会激发出持久的坚持性与独特的创造性，人们的自我评价与自尊水平也会得到提升，并且还伴随着更强烈的主观幸福体验。

拓展阅读

内部动机与德西效应

也许大家听过这样一个有趣的故事。一位老人退休后独自到一个安静的小山村生活，可是村里的小孩特别顽皮，总是喜欢在老人的门口丢石头玩，嬉笑声让老人无法休息。于是，老人想了一个办法。一天，老人对正在玩耍的小孩说："孩子们，你们每天下午都来我这里扔石头吧，我给你们每人1美元。"小孩们听到非常高兴，闹得更加起劲，老人也果然兑现了他的诺言。这样过了几天，老人又说："孩子们，我没那么多钱了，只能给你们每人25美分。"小孩们还是来了。又过了几天，老人宣布不再给任何奖赏。小孩们面面相觑："不给钱谁还扔石头啊!"

老人的智慧实际上反映了心理学中的"德西效应"。1971年，美国罗彻斯特大学的心理学家德西做了一个实验，他让大学生们解答妙趣横生的智力难题。起初，所有学生都没有奖励。而后，德西将被试分为两组，第一组被试解出一道难题便可得到1美元的报酬，第二组被试则仍然没有任何报酬。结果发现，第一组被试在解题时确实十分努力，可是一到休息时间继续解题的人数就会明显减少；第二组被试则有更多人在休息时间仍坚持解题。这项实验表明，当人们进行一项感到愉快的内部驱动的活动时，提供外部物质奖励反而会使人们的兴趣降低。德西效应告诉我们，内部动机的产生源于对某种活动的自发兴趣，但是如果活动带有强迫性、目的性，内在动机就会减弱。

（二）自我决定理论

美国心理学家德西和瑞恩（Deci & Ryan，1985）提出了自我决定理论。自我决定理论强调自我在动机过程中的能动性，认为人具有自我实现的倾向。他们把自我决定当作一种人类机能品质，认为自我决定构成了内在动机。受人本主义影响，他们认为，人类与生俱来有着发展自己的兴趣、发挥自己的潜能、最大限度地战胜挑战的自我决定倾向。这种倾向引导人们从事自己感兴趣并有益于能力发展的行为，这构成了人们行为的内部动机。

自我决定理论是一种宏观理论。德西和瑞恩（Deci & Ryan，1987）将人类的行为动机区分成两种类型：自主动机（autonomous motivation）和受控动机（controlled motivation）。自主动机是指个体按照自己的兴趣、意愿进行某种活动的动机，这种动机不受他人的影响与控制；受控动机是指个体由于内部或外部的要求而进行活动的动机。瑞恩和德西（Ryan & Deci，2000b）认为，自主动机和受控动机是个体行为的原因，是个体采取行为的动机。

自我决定理论强调人对行为的自我决定程度，即自主程度。它将动机视为自主程度高低有序的连续体，而自主动机和受控动机处于这个连续体的两端。范斯滕基斯特和谢尔顿（Vansteenkiste & Sheldon，2006）以及瑞特勒等（Ratelle，Guay，Vallerand，Larose & Senécal，2007）在这个自主连续体上，将自主动机分为内部调节（intrinsic regulation）、整合调节（integrated regulation）和认同调节（identified regulation）三种具体形式，将受控动机分为外部调节（external regulation）和内射调节（introjected regulation）两种具体形式。

内部调节、整合调节和认同调节处在连续体相对自主的一端且相互邻近。内部调节是指个体的行为完全出于个体内部的兴趣与爱好，完全不受外部因素影响，是自主程度最高的动机。整合调节是指接受了外界的目标并将其作为个体自己的目标，然后将这些目标整合为个体的核心价值观和信念，是自主程度较高的动机。认同调节是指个体认同行为的价值并将其内化，是一种比较自主的动机。外部调节和内射调节处在连续体相对受控的一端且相互邻近。外部调节指个体的行为完全不是出于自己的意愿，而是为了获得奖励或者避免惩罚，是受控程度最高的动机。内射调节是指个体的行为受内部因素控制，是为了避免自己的内疚感和自我责备，是受控程度较高的动机。德西和瑞恩认为，相互邻近的动机比不邻近的动机关系更紧密。

在这个从自我决定到非自我决定的动机连续体中，德西等又将动机分为内部动机、无动机和外部动机。其中，内部动机无疑是高度自主的动机类型，它代表了自我决定的原型。无动机是最缺少自我决定的动机类型，它的特点是个体认识不到自身行为与行为结果之间的联系，对所从事的活动毫无兴趣。外部动机根据自主程度由低到高又分为三种类型：（1）外部调节，是指个体的行为完全遵循外部规则，目的是满足外部要求或是获得附带报酬；（2）卷入调节型，是指个体的行为既受到外部规则的控制，又伴有一定的自我卷入，人们从事一项活动是为了避免惩罚或是增强自我，认为这种活动应该去做，如果不做就会有损自尊；（3）认同调节型，是指个体对行为的目标或规则进行有意识的评价，认为这种行为是有价值的，从而将其纳入自我范畴，在这种情况下，人们在很大程度上能体验到自己是行为的主人，这是最具有自主性的外部动机形式。

二、积极动机与自我提升

美国心理学家詹姆斯曾说："自我是个人心理宇宙的中心。"也就是说，自我意识参与每个人心理活动的方方面面。然而，在自我意识的形成过程中，我们搜寻关于自我的信息时，并不会表现得客观冷静；相反，我们心里都会有特定的目标，这些目标指引我们在脑海中形成我们想要成为的自我形象。我们会对关于自己的积极信息感到自豪，同时会对关于自己的消极信息感到羞愧，但是大多数人喜欢对自己感觉良好，因此发展出了一种动力，这种动力激励着我们去体验积极、规避消极，最大限度地体验自尊。这种动力就是自我提升（self-enhancement）动机。

所谓自我提升，就是指个体追求积极自我意象的驱力，它与个体适应和社会适应有着密切的关系，在个体发展的过程中起着至关重要的作用。自我提升是肯定自我的驱力、维持自尊的途径以及寻求自我评价的动机。斯蒂基特和斯特鲁比（Sedikides & Strube，1997）的自我概念提升策略（self-concept enhancing tactician，SCENT）模型认为，自我提升既可以通过直接公开地增加自我概念的积极性来实现，也可以通过自我验证、自我评定、自我改善等间接的方法来实现。

在现实生活中，自我提升有很多不同的表现，包括：（1）优于平均效应，即人们通常认为自己比一般人拥有更多的积极品质和更少的消极品质；（2）自我服务偏向归因，指人们倾向于将积极结果归因于自我的内部因素，而将消极结果归因于外部因素；（3）选择性地接受和忽略，即人们很容易接受与自我有关的积极结果，而严格审查与自我有关的消极结果或者忽略消极结果；（4）自我妨碍，指的是个体不能确定自己是否能完成任务时，就会为自己的成功设置外部障碍，从而将失败归因于外部障碍，而将成功归因于自己；（5）选择性地进行社会比较，人们通常会选择下行比较，即与不如自己的人进行比较来达到自我提升的目的。

（一）自我评价维护

社会比较是人们获取自我观念的一种重要途径，人们把自己的特征与他人进行比较，并由此得出关于自己特点的线索。心理学家费斯汀格（Festinger，1954）最早对社会比较进行研究，他假定人们具有了解真实自我的需要，因而往往会选择与自己相似的人进行比较，以此来获得可靠的信息。然而，大量研究表明，人们在很多方面不愿意与类似自己的人比较，而是倾向于选择比自己强或者比自己差的人作为比较对象，这两种情况分别被称为上行社会比较与下行社会比较。这种有偏见的社会比较无疑能帮助人们获得与保持积极的自我观念。例如，假设你是一个校队的篮球队员，如果你与职业球员比球技，你也许不会太有自信，但是如果比较对象换成其他人，你就可能得出“我是个出色的篮球运动员”这样的结论。

威尔斯（Wills，1981）提出了一种下行比较理论，认为当个体在生活中遇到消极事件时，个体会倾向于进行下行比较，以维持自己的主观幸福感和积极的自我评价。所以，下行比较可以通过降低个体自我评价的对照标准，来维持积极的自我评价，是个体应对消极事件时维持心理健康的一种机制。

心理学家泰瑟（Tesser，1988）则考察了上行比较的可能影响，并提出了自我评价维护模型。自我评价维护模型认为人们喜欢与自己关系亲密的人进行社会比较，该模型尤为关注人们与自己的家庭成员、亲密朋友等进行比较的情境，例如，拥有一个超级优秀的姐姐或是样貌出众的室友会让你感觉如何。该模型还认为，在社会比较中，人们比较的领域是关键因素。如果比较的领域是你不太看重的，那么即使被关系密切的人比下去，你也会心平气和。但是，如果某个领域是你非常在意的，情况就会完全不同。例如，如果你和你的室友一同争取某次实习机会，她最终赢得了老板的青睐，那么你很可能会因她的成功感到妒忌与威胁。人们具有自我提升动机，总会趋向能让他们感觉良好的情境，避免会让他们感觉不好的情境。由此，自我评价维护模型推测，在自己比较看重的领域，人们会选择比自己差的人做朋友，相反，在自己不太看重的领域，人们会选择比自己强的人做朋友。

此外，研究还发现，高自尊的人不像低自尊者那样过度接受自身的错误和自责，他们经常认为错误不是自己的原因，而是外部的原因。这种逃避责任的态度会令朋友、同事和配偶不快乐。这种人过去一度被认为是冷漠的、不可信的、自我中心的、反社会的、知错不改的。但是，以积极心理学的观点看，这些外部归因表明了高的自我评价、面对困难时较少的抑郁倾向、对抑郁的不敏感、更加健康的心态，并且有助于增强心理治疗的效果。从维护心理健康和抗抑郁的标准看，对错误的外部归因是有利的；从人际关系的标准看，这种归因是有害的。如何解决这个矛盾？有人指出，当涉及个人自身能力评价时，如失败是否因为能力问题，将错误与失败进行外部归因是正确的，积极的人将成就归于自己、错误归于外部，这是错觉灵活性的表现。然而，当涉及责任问题时，或当人们思考如何把事情做好、提高效率、总结教训时，外部归因是有害的。还有人指出，外部归因是否有利，要看是否损害他人。这要看一个人的目的和动机，如果归因的目的是维护个人的健康，则外部归因是有利的；如果这种归因损害了他人利益的话，则其是有害的。

高自尊的人还经常利用酸葡萄效应来维护好心情，即通过贬低消极结果的重要性和个人失败的重要性进行心理调节。积极的人失败时，将焦点放在自我确定的资源上。这叫适应性的选择，即改变了事情和行为的价值。出国留学失败，他们会解释说："这是天意，国内机会更多，国内的生活更加适应。"如果寝室的同学关系不好，他们会说："我有外面的朋友，我才不在乎呢。"他们有向外发展的资源，低自尊者则没有这种资源。这使得积极的人情绪稳定，精力集中于外部问题的解决，成绩更好，不被人际关系困扰。

（二）积极错觉与心理健康

我们通常认为，抑郁的人都会表现出较低的自我评价。有人曾说，抑郁的人总是"忽视生活中客观存在的积极因素，继续保持自我挫败的、导致痛苦的生活态度"。然而，积极心理学家阿洛伊和艾布拉姆森（Alloy & Abramson，1988）有关控制能力的研究却颠覆了传统观点。根据抑郁个体可能因自我贬低而低估自己对事件控制能力的假设，她们设计了如下的实验程序：在有些条件下，被试按键可以控制灯是否变亮；在另一些条件下，被试按键与灯是否变亮完全没有关系。最后要求被试判断自己按键的行为在多大程度上影响灯是否变亮。研究结果出乎意料，抑郁被试并未低估自己的控制能力，他们能够客观、正确地做出判断；反倒是那些正常被试总是高估自己的能力，表现出某种过分积极的认知偏差。

而后，心理学家不断发现，正常人总是自我感觉良好，他们认为自己比别人更加聪明、更加公正、更有能力、更有魅力、人缘更好，甚至开车技术更出色；他们认为自己更有可能经历许多积极事件（例如，拥有美满的婚姻或是长寿的人生），而不太可能经历消极事件（例如，罹患癌症或是发生意外）。泰勒和布朗（Talyor & Brown, 1988）指出，人们常常倾向于过分积极地评价自己，夸大自己对事件的掌控能力，而且对未来有不切实际的乐观倾向，并将这种现象称为积极错觉（positive illusion）。他们认为，这种错觉有助于个体心理健康水平的提升，而且越来越多的证据表明这种积极错觉是保证个体心理健康的关键。

一般认为，心理健康包括以下几个成分：（1）较高的主观幸福感；（2）有能力形成和维持良好的人际关系；（3）有能力参与有意义的、有建设性的工作；（4）有能力应对生活中的应激事件。积极错觉已经被证明对这些标准都具有促进效应。

概念术语

自尊　自我效能感　无条件的自我接纳　正念　条件性自我价值　无条件的自我价值　积极人格　自我评价　自我同一性　内部动机　外部动机　自我决定理论　自我提升　社会比较　积极错觉

本章要点

1. 自尊通常指一种整体的自我评价，偏向情感维度。自尊与个体早期的亲子关系和家庭教养方式有关，且作为一种人格特质在成长过程中较为稳定。

2. 自我效能感指个体对自己在一定情境下能否完成某一任务的主观感受。

3. 无条件的自我接纳与自我价值有助于积极自我的形成，也是积极自我的重要特征。

4. 建构积极自我的心理过程涉及有无条件的自我接纳、无条件的自我价值、积极人格的形成、自我评价。

5. 建立自我同一性的过程是积极自我的形成过程。

6. 内部动机是由个体内在兴趣、爱好等精神需要引发的动机，不受外界因素影响。

7. 自我决定理论强调自我在动机过程中的能动性，认为人具有自我实现的倾向。

8. 自我提升是指个体追求积极自我意象的驱力，它与个体适应和社会适应有着密切的关系，在个体发展的过程中起着至关重要的作用。

9. 积极错觉指人们常常倾向于过分积极地评价自己，夸大自己对事件的掌控能力，而且对未来有不切实际的乐观倾向。

复习思考

1. 影响自尊的因素有哪些？

2. 自我效能感是什么？

3. 你认为自尊和自我效能感有什么异同与联系？
4. 有哪些心理过程可以构建积极自我？
5. 积极自我的建立和自我同一性有什么关系？
6. 自主动机和受控动机的含义分别是什么？
7. 自我提升在生活中有哪些表现？

推荐读物

1. 布朗．自我．北京：人民邮电出版社，2004.
2. 刘翔平．自尊有毒．北京：中信出版社，2014.
3. 希拉迪．重建恰如其分的自尊．北京：化学工业出版社，2022.
4. 塞利格曼．认识自己，接纳自己．杭州：浙江教育出版社，2020.
5. 马斯洛．超越人性：走向全然的自我实现．北京：台海出版社，2023.

推荐电影

《孔雀》通过刻画兄妹三人不同的性格，呈现了一个同时具有安全型、回避型和反抗型三种完全不同性格的成员的家庭故事。

第四篇　积极的关系

积极的关系是积极心理学的核心内容，也是幸福感最为重要的来源。在本篇中，我们分别介绍积极的爱、感恩和宽容。

积极的爱是我们新添加的对积极心理学理论的补充。积极心理学体系中很少讨论爱与亲社会行为，而是直接研究感恩与宽容等有关具体问题。然而，我们觉得，从理论体系上，先了解有关人类的爱和亲社会行为的来源与原理，可以从更加宏观的角度夯实积极关系的理论基础，为理解具体的积极关系行为提供指导。

由于爱和亲社会行为在社会心理学中已经具有多年的研究积累，因此，我们在第九章中介绍来自社会心理学和人际关系心理学的有关爱和亲社会行为的研究成果，包括新社会行为的起源、发展和积极作用，爱的理论与影响因素等。

在第十章，我们介绍感恩的研究，这个领域是积极心理学研究成果较为丰富的，包括感恩的定义和测量、感恩的积极作用和提升感恩的方法等。

第十一章介绍的是宽容，这个概念一直是某些宗教所强调的美德。在当代心理学中，研究者证明了宽容确实有助于心理健康，并提出了自我宽容的新概念。自我宽容可以说是对积极自我理论的一个重要补充。

第九章

积极的爱

【教学目标】

了解亲社会行为的定义、理论及其测量方法，掌握亲社会行为的积极功能；了解不同理论家对爱情的定义，掌握不同的爱情理论和结构模型；了解亲密关系的形成和维持过程中各个不同的影响因素；了解亲社会行为和爱对主观幸福感的作用。

【学习重点】

明确亲社会行为的理论和功能；了解积极的爱的理论和维度；掌握积极的爱的影响因素。

【读前设问】

1. 你觉得亲社会行为是怎么形成的？
2. 你觉得亲社会行为对人的影响有哪些？
3. 你觉得什么是爱？爱有哪些要素？
4. 你觉得拥有积极的爱的人有哪些特质？

社会主义核心价值观的重要内容之一是友善，即能够关心他人的福祉。这与积极心理学理论不谋而合，积极心理学的第一要义是“他人很重要”。本章主要介绍积极关系。

广义上讲，爱是一种善意、一种主动，是积极情绪和积极关系的综合，也是积极心理的核心内涵，包括亲社会行为和爱情。由于爱的心理十分复杂，所以，相关实证研究涉猎不多，但是，这并不能说明爱不重要。本章主要介绍亲社会行为与爱的有关内容。

第一节　亲社会行为

积极关系首先具有利他的成分。社会心理学中的亲社会行为研究为这个领域提供了丰富的内容。

一、亲社会行为的内涵

亲社会行为（prosocial behavior）是指助人、慈善捐赠及自我牺牲、获得回报的可能性非常微小的行为，通常对他人有益或对社会有积极影响。可以把亲社会行为划分为分享、合作、助人和抚慰等类型（Rosenhan，1978）。

二、亲社会行为的理论

（一）进化理论

亲缘选择理论（kin selection theory）指出，为了更好地使自己的基因得到延续，个体会首先帮助那些与自己有亲缘关系的人，亲缘关系越近，亲社会性越强（Hamilton，1964）。研究发现，相对于无关的人，个体更倾向于帮助亲属。当面对的帮助对象都是亲属时，个体的亲社会行为也会表现出一定的选择性（Barrett，Dunbar & Lycett，2002）。在火灾现场，相对于不健康亲属，他们更愿意帮助健康的亲属逃生，因为这部分亲属更有可能生还，更有可能传递与之相关的基因（Burnstein，Crandall & Kitayama，1994）。

亲缘选择理论从个体的角度对亲社会行为进行解释，群体选择理论（group selection theory）则解释了群体层面的亲社会行为。个体对群体内和群体外成员表现出来的亲社会行为差异很好地支持了群体选择理论。德·德鲁（de Dreu，2010）等研究发现，当资源被群体内成员而不是群体外成员共享时，人们更愿意合作，更愿意帮助群体内成员。此外，研究发现，合作抚养后代的群体，其成员的成活率更高、数量更大（Kokko，Johnstone & Clutton-Brock，2001）。

亲缘选择理论和群体选择理论能够较好地解释亲属间、群体内的亲社会行为，但是无法解释陌生人之间的亲社会行为。此类行为可以用互惠理论解释。特里弗斯（Trivers，1971）将“互惠利他”（reciprocal altruism）定义为帮助他人的行为。互惠利他的理论指出，亲社会行为在给个体带来损失的同时，也会带来利益，这种利益有时是即时的，有时是延迟的。有研究发现，那些曾经受过别人帮助的人可能也会帮助别人，而且在帮助别人的时候，自己的地位和荣誉会提高（Wedekind & Braithwaite，2002）。

（二）认知理论

多维迪奥等（Dovidio，Piliavin，Gaertner，Schroeder & Clark，1991）提出的损失-奖赏激励模型（the “arousal：cost-reward” model）指出，人们在提供帮助之前会先进行认知决策加工，对行为实施给自己带来的损失和奖赏与不提供帮助可能带来的损失进行比较。如果亲社会行为造成的损失过大，那么助人的可能性就会降低。该模型认为，助人行为的目的是使奖赏最大化、损失最小化。奖赏可能包括提高地位、带来荣誉、改善情绪等；可能的损失则是耗费时间、精力、金钱等；不提供帮助的损失则可能是产生内疚、羞愧等情绪（Guéguen & DeGail，2003）。

社会信息加工模型（social information processing model，SIP）（Crick & Dodge，1994）提出，亲社会行为的产生分为四个阶段。第一阶段是线索编码（encoding），即注意到他人需要帮助的社会线索，觉察他人痛苦的能力在这一阶段非常重要。第二阶段是线索解释和表征（interpretation and representation），即解释前一阶段注意到的线索，判断他人所处的情境，心理理论和观点采择能力在这一阶段非常关键。第三阶段是反应生成（response search），个体基于当前的情境生成各种可能的行为反应倾向。第四阶段是反应决定（response decision），个体对上一阶段生成的多种可能的行为反应倾向进行评估，包括自己是否具有实施亲社会行为的能力，以及不同的行为反应倾向给自己和对方带来的结果，从而选出最佳的行为。

第二节 亲密关系

一、爱的定义

早在心理学家开始研究爱情之前，西方哲学家就开始了对爱情的思考。在古希腊神话传说中，人类力量无穷，对神界构成了威胁，宙斯为了削弱人的力量，把人劈成两半，男人为阳，女人为阴，人生来就会寻觅自己的另一半。在这个传说中，爱情源于人恢复原本的完整的倾向。德国哲学家黑格尔继承并发展了这一观点，认为爱情的最高准则就是双方灵魂的整合同一（引自张卫东，杨学传，2003）。

随着心理学的逐渐发展，各个领域和理论逐渐形成并大放异彩，不同学派的心理学家对爱情的定义也存在较大的差异。精神分析学派鼻祖弗洛伊德认为，爱情是性欲的升华，性欲是爱情的核心，强调婴幼儿时期性欲和俄狄浦斯情结对成人爱情的影响（引自陈香，张日昇，2011）。行为主义之父华生则认为，爱情是一种由性感带刺激引发的天生的情感（引自杨洋，2012）。艾瑞克·弗洛姆（Erich Fromm）指出，爱是一种主动的能力，能够减少分离感和孤独感，健康成熟的爱是在保持自己的尊严和个性的条件下的结合（弗洛姆，1956/2003）。鲁宾（Rubin，1970）对爱情的定义是，个体对待特定他人的一种态度，包括思念对方、与对方身体接触的愿望，以及特殊的行为。通常而言，爱情由三种成分构成，即亲密依赖的需求、帮助对方的倾向、排他性和占有性。

拓展阅读

爱与心理健康

在与相爱的人相处时，我们感受到无拘无束，感到无条件的信任和安全，可以无条件地奉献，身心相融，感觉到放松、欣赏与满意，充满了希望和幸福。

爱作为一种积极的情感和关系，对于人生的丰富和心理健康具有重要的意义。

美国的一项调查发现，幸福感处于前10%的人都拥有一个相知相爱的伴侣。在已结婚的成年人调查对象中，有40%的人回答说自己的生活很幸福，而没结婚的成年人中回答说自己很幸福的人数为23%。令人满意的爱在人的幸福因素的排列中，比工作、职业和金钱更为重要和有价值。

根据一项对抑郁症的调查，结婚的人当中患抑郁症的人数最少，其次是没结婚的人，而离婚者当中患抑郁症的人最多，有意思的是离婚两次以上的人比离婚一次的人更多地患抑郁症。而在一项对美国人的调查中，对于“你认为生活中最不幸的事情是什么”这一问题，有半数以上的人说是爱情的破灭。

二、爱的理论和维度

（一）爱情三原色理论和六维度模型

李（Lee，1973）以文学作品和来访者的感情经历为材料，创造性地使用爱情故事卡片分类法进行分析研究。他认为，爱情的三原色是“激情”“游戏”“友谊”，代表爱情的三种主要风格：激情型的爱情是强烈的情绪体验，游戏型的爱情是吸引异性青睐的一场游戏，友谊型的爱情是缓慢发展起来的情感与伴侣关系。三原色的再次组合产生爱情的三种次要风格：占有型爱情包含激情和游戏，以占有、忌妒、强烈情绪化为特征；利他型爱情包含激情和友谊，是一种无私的爱，是不图回报的；现实型爱情包含游戏和友谊，是一种务实的或功利的风格。主要风格和次要风格构成了爱情的六种形态。一个特定的人在不同的亲密关系中可能会表现出不同风格的爱。即使在同一段关系中，爱情风格也可能随着时间的推移或情境的变化而变化。

C. 亨德里克和 S. 亨德里克（Hendrick & Hendrick，1986）根据上述模型，编制出等级评定的爱情态度量表。他们的研究发现，六种爱情风格相互独立，且与尊重、沟通、亲密及人格特质存在稳定的相关关系。

（二）爱情三角形理论和故事理论

斯腾伯格（Sternberg，1986）采用定量分析与定性分析相结合的方法，提出了爱情三角形理论。他认为，爱情是个三角形，三条不等长的边分别为亲密、激情和承诺。亲密要素（intimacy）是能促进亲近、联结、结合等体验的情感，具有热情、理解、交流、支持等特点，能引起温暖体验。激情要素（passion）是以身体上的欲望为特征的，是一种内驱力，这种内驱力能引起浪漫关系、身体吸引、性完美及亲密关系中的其他现象。承诺要素（commitment）是指做出将自己投身于爱情的决定及维持这份亲密关系的努力，包括投入、义务感和责任心。

爱情三要素之间的不同组合又分出八种爱情关系类型：无爱（三要素皆无）、喜欢（只有亲密要素）、迷恋（只有激情要素）、空洞的爱（只有承诺要素）、浪漫的爱（包含亲密和激情要素）、友谊的爱（包含亲密和承诺要素）、愚昧的爱（包含激情和承诺要素）、完美的爱（三要素皆包含）。

虽然爱情三角形理论揭示了复杂的爱情关系，但现实生活中的爱情往往涉及不止一个三角形。于是，斯腾伯格又提出了多重三角形理论，包括现实三角形和理想化的三角形、自我的三角形和对方的三角形、自己知觉到的三角形和对方知觉到的三角形。这些三角形能够帮助准确预测亲密关系满意度和质量（引自李朝旭，1996）。

在提出了爱情三角形理论后，斯腾伯格（Sternberg，1999）又提出了爱情故事理论，以原型为出发点，探究个体的爱情观和体验，得出了 26 种主要的爱情故事。成瘾型渴望依恋，常常因为担心失去伴侣而焦虑。艺术型迷恋对方的外表，注重伴侣的状态。商业型的动力是金钱，双方的关系更像商业伙伴。收藏型关系中的伴侣是独立的，互相填补。食谱型能够以特定的方式巧妙地解决爱情中的问题。幻想型渴望童话般不切实际的爱情。游戏型以嬉戏而非认真的态度对待感情。园艺型耐心地灌溉和呵护爱情。支配型又分为独裁和民主两类，独裁类中一方控制另一方，民主类中双方平等。历史型爱情中发生的事情会成为永久的记录，包括物质和精神记录。恐怖型以恐吓对方为趣。房子和家类型的爱情以家为核心维持发展。幽默型爱情是有趣而奇特的。神秘型爱情的全貌不会完全显现出来。监督型彼此监督，防止越界。情欲型爱情要降低身份取悦对方。复原型是指在经历情感创伤后恢复并接受事实。信仰型把爱情看成指导一切感情和行为的信条。牺牲型在爱情中全然而无私地奉献自己。科学型爱情能够作为科学研究的对象被剖析。科幻小说型爱情中，对方像外星人一样，特殊而迷人。裁缝型爱情是指人们能像裁缝一样，随心所欲地将爱情塑造成自己想要的样子。戏剧型爱情是剧本，双方都是无创意的演员。旅行型将爱情视为一场旅行。战争型爱情是一系列压倒性的战争。师生型爱情中，双方是老师和学生的关系。

（三）爱情四因素理论

耶拉（Yela，1996）在爱情三角形理论的基础上，提出爱情四因素理论，这四因素分别为性的激情、浪漫的激情、亲密和承诺。性的激情指的是对肉体适当的渴望与需要；浪漫的激情是心理层面对爱情的渴望、需求、想法和信念；亲密是伴侣之间的一种联结，其特征是信任、支持和交流；承诺指对恋爱关系的一种长期的打算，让人有稳定感，并有面对一切困难的决心。

四因素理论对三角形理论进行了进一步的细化和阐释，将激情区分为性的激情和浪漫的激情，并且更深入地探讨了亲密和承诺的含义。因此，爱情四因素理论可以被视为对斯腾伯格理论的扩充和发展。

三、爱的影响因素

（一）个人特质

1. 安全型依恋

依恋被定义为个体与生活中特定对象间强烈的情感联系（John Bowlby），它既是安全人格形成的基础，又是积极关系的来源。

在婴儿期，个体通过与主要照料者持续不断地互动，逐渐形成不同类型的依恋关系以及相应的内部工作模式（internal working model，IWM）。安斯沃思等（Ainsworth，Blehar，Waters & Wall，1978）认为，内部工作模式是关于自我和他人的心理表征，反映了儿童与照料者之间情感联系的质量和心理预期的性质，并对知觉、理解和行为有长期稳定的影响。内部工作模式本质上是一种稳定的认知模式，随着时间的推移，这种认知模式在社会化过程中不断得到强化，会逐渐变得无意识、自动化，成为对自我、重要他人及自我与他人关系的稳定的认知模式。个体倾向于用已形成的内部工作模式来理解新的信息，早期经验会引导个体对得到何种对待和关注形成模式化的预期，思考如何信任和支持他人，对他人的需要给予何种类型的关注，以及在亲密关系中的交往策略。由此可见，内部工作模式是构成其他社会人际关系的基础。鲍尔比（Bowlby，1973）认为，早期依恋类型在人毕生的情绪和社会性发展当中有着重要的意义。

如果婴儿期的照料者敏感性较强，并给予婴儿持续的积极关注，个体就能在早期的关系中体验到爱和信任，就会形成安全型依恋和积极的内部工作模式。安全型依恋的特征包括寻求与依恋对象的亲近和拒绝与其分离，将依恋对象当作安全基地和避风港。安全基地是指持续值得信赖并能够提供安全感的对象，这个依恋对象的存在让个体能够安心地在陌生环境中进行探索。避风港则是指个体在遭受不幸和挫折时会寻求与依恋对象的亲近，获得对方的关注和支持，从逆境中恢复。拥有安全型依恋和积极内部工作模式的个体对未来的挑战充满信心，更可能和朋友及未来的伴侣建立起安全和互相信任的关系（Cummings，2000）。这些特征同样适用于多数婚姻或忠诚的非婚姻的浪漫关系。拥有积极的内部工作模式的个体会觉得自己是可爱的、值得信赖的，并且相信别人也觉得自己可爱（Weiss，1982）。

鲍尔比（Bowlby，1951）还发现，如果早期照料者的敏感性较弱，对婴儿的关注不持续稳定，即时而热情、时而冷漠，婴儿就可能形成焦虑型依恋，表现为过于担心会失去依恋对象的爱。如果早期照料者对婴儿表现出稳定的冷漠，婴儿就可能形成回避型依恋，此类个体会因为害怕遭受拒绝而表现出冷漠并主动回避与依恋对象亲近。焦虑型依恋和回避型依恋的个体都会形成消极的内部工作模式。焦虑型依恋的个体会形成消极的自我表征和积极的他人表征，认为自己是糟糕的、不值得爱的，而他人是完美的，相信其他人会像父母一样不关爱自己。回避型依恋的个体则会形成积极的自我表征和消极的他人表征，认为他人是糟糕的，不值得被优秀的自己关心和支持。这两类个体成年后，都会因为害怕自己在亲密关系中受到伤害而无法形成积极的爱。

哈赞和谢弗（Hazan & Shaver，1987）认为，安全型依恋的人更多地拥有浪漫型的爱，而较少持有偏激的、盲目的、完全奉献式的爱。他们在婚恋关系中，拥有更积极的爱情。回避型依恋的个体则更容易选择游戏型的恋爱方式。焦虑型依恋的个体更多地拥有占有式、过度依赖式的爱情。安全型依恋者即使在离异、丧偶的情况下，也认为自己的爱情是愉快的和值得信任的。他们信任对方，也非常自信。在出现争议和冲突时，安全型依恋的个体更倾向于通过言语参与、自我暴露等方式进行讨论，采用更有效的方式达成共识。相反，回避型依恋者则拥有对爱情的恐惧体验，回避亲密行为。当出现问题时，他们很少采用妥协或折中的方式，通常会退缩逃避。焦虑型依恋的个体既渴望投入爱情，又有着强烈的不安和担忧，常常表现出一种不慎重的、神经质的投入。焦虑型的个体在解决冲突时，倾向于对伴侣施加压力，控制解决问题的全过程，通过责备、身体或语言攻击的方式迫使对方同意自己的观点，表现出强烈的敌意和害怕被抛弃的焦虑情绪（Feeney & Noller，1990）。

2. 自尊

自尊被心理学家称为"社会关系测量仪"，它是指个体对自身全面的自我评价（刘洁，2014）。自尊也可以有效地衡量个体与他人人际关系的质量（Dugatkin & Godin，1993）。自尊水平低的个体倾向于对伴侣的消极情绪做出消极的应对，并且会因此对自身产生更消极的评价（Fletcher，Simpson & Thomas，2000）。另外，自尊水平低的人有时还会低估伴侣对自己的爱意，从而对亲密关系造成损害。当亲密关系出现挫折或冲突时，自尊水平高的人会更加尽力去修复彼此之间的亲密关系，而自尊水平低的人则会采取防御性策略把自己保护起来，而不去努力维护亲密关系（Frazier，Byer，Fischer，Wright & Debord，2010）。

研究发现，自尊水平高的被试由于对拒绝的敏感性较弱，在面对亲密关系受到威胁的情况时会更加忠诚于伴侣。而自尊水平低的被试在亲密关系中会感受到更多的问题，并认为那些问题是伴侣对自己的爱意和承诺的削减导致的，会贬低自己的伴侣并使亲密程度降低（Murray，Rose，Bellavia，Holmes & Kusche，2002）。

（二）情绪与情感

1. 情绪反应

情绪每时每刻都影响着个体的行为反应，个体每时每刻也都进行着情绪调节。个体通过情绪调节来缓解亲密关系中的消极情绪，保持积极的关系互动，同时向伴侣及时表达情绪，进行有效的沟通（白智敏，永春，2016）。莱文森和戈特曼（Levenson & Gottman，1985）设计了一项追踪研究，考察夫妻间的生理指标和情感唤起因素，并探究这些因素对婚姻关系满意度变化的预测作用。实验设置了激烈冲突和缓和冲突两种实验情境，记录下每对夫妻在不同程度的冲突情境中沟通和交流的片段，并统计他们在实验过程中的一系列生理数据。随后分别给丈夫和妻子回放冲突情境中的交流情况，并让他们报告当时的情绪感受。三年后，收集各组被试的婚姻满意度数据，并与三年前的结果进行比较。实验结果显示，三年前记录的冲突情境中的生理指标对三年后的婚姻满意度有较好的预测作用；三年前在冲突情境中生理和情绪唤醒较激烈的夫妻，三年后的婚姻满意度降低得更多。另外，被试对伴侣的负性情绪的言语反应也在一定程度上预测了他们三年后婚姻满意度的降低趋势，说明情绪因素与亲密关系满意度有密切的关系。

2. 情感支持

亲密关系中的双方可以为彼此提供大量的支持，而这种支持正是维持亲密关系质量的重要因素。双方之间的支持包含多个方面，情感支持、语言支持与行动支持等都可以对亲密关系的质量产生积极影响。其中，情感支持对亲密关系的影响作用尤为突出（隗晶林，王希华，2012）。在曼恩等（Man，Chen，Bond，Hui，Chan & Friedman，2012）对冲突、支持和关系满意度的关系研究中，只有当个体感受到情感支持，感受到被接受和理解时，关系中另一方的支持行为与关系满意度才显示显著相关。由此可知，积极的情感支持是维持亲密关系质量的重要因素，并促进积极的爱的形成。

（三）行为模式

1. 自我表露

人本主义心理学家西德尼·朱拉德（Sidney Jourard）首次提出了自我表露的概念，将自我表露定义为告诉另一个人关于自己的信息，真诚地与他人分享自己个人的、私密的想法与感觉的过程。在亲密关系中，自我表露也是影响关系质量的重要因素。伴侣在不同情境中的自我表露越多，他们的婚姻或恋情往往会越幸福。研究显示，自我表露和情感投入与关系满意度之间存在密切的关系（Bartz & Lydon，2008）。

自我表露能够促进关系双方之间的喜欢、信任和满足，其深度和广度在很大程度上反映了个体对亲密关系的定义和质量评估。同时，亲密关系的质量反过来又会影响自我表露的内容、意义和作用。因此，与情感表露更少的个体相比，情感表露更多的个体往往对亲密关系有更高的满意度。

2. 冲突解决

冲突是亲密关系当中不可避免的一个部分，它指人与人之间的不相容性。卡纳里、库帕克和迈斯曼指出，冲突本身并不足以影响亲密关系的质量，但亲密关系双方的冲突解决方式会对关系质量造成严重的影响（Canary，Cupach & Messman，1995）。在冲突发生后，有着积极行为（如倾听、妥协、承诺）的伴侣们报告他们的关系更积极，有着消极行为（如攻击、退缩、争吵）的伴侣们报告了更消极的关系。

3. 自发交流与非言语信息解读

在亲密关系中，许多行为层面的因素都会对亲密关系的质量产生影响。夫妻间自发交流模式可以较好地帮助预测夫妻对婚姻生活的满意度。安全型依恋的个体通常对伴侣的非语言信息解读得更为积极和准确，对关系的满意度也较高（Noller & Feeney，1994）。对非语言信息的敏感性以及自发交流的沟通模式都会影响到亲密关系的质量及满意程度。

（四）认知风格

1. 积极归因

归因即人们对事件的解释方式。亲密关系中双方对伴侣的行为归因包括责任和因果的归因。责任归因指的是个体对事件应负的责任，与亲密关系有着更加紧密的联系。因果归因涉及影响事件发生的因素，包括确立事件的产生、结果及分析等。

研究发现，幸福的伴侣和不幸福的伴侣对亲密关系中事件的解释方式存在显著差异。幸福的伴侣倾向于将对方良好的行为归因于对方内在的原因，而把对方的不良行为归因于情境等外部因素。不幸福的伴侣则相反，倾向于将对方良好的行为归因于运气等外部因素，而将对方的不良行为归因于人格等内部的、稳定的因素（Fincham，Paleari & Regalia，2002）。

这两种不同的归因方式反过来又会分别促进或阻碍亲密关系质量的提高，从而影响到伴侣对亲密关系的满意程度。同时，对亲密关系满意程度的下降也会使消极归因增加，从而导致更多的冲突行为，使亲密关系满意度愈加降低，对伴侣的感情造成威胁（刘漪蓉，2012）。

2. 动机

皮特曼和海勒（Pittman & Heller，1987）将内外部动机这一概念推广到亲密关系的研究当中，并且阐述了内部动机和外部动机在亲密关系中的不同贡献。在亲密关系中，个体的内部动机被激发时，在日常的亲密关系活动中会感受到愉悦和快乐，并更加积极地参与到亲密关系中。研究发现，内部动机会激发更多的兴趣，内部动机还会激发更多的积极情绪、更高的认知弹性，还有更强的耐心和持续性（Deci & Ryan，1985）。这些宝贵的心理资源不仅可以促进个体的问题解决，还有助于提高亲密关系的质量。基于内部动机主动地维持关系，有利于适应性夫妻行为的产生，同时能促进夫妻幸福感的提升。

另外，牺牲行为在亲密关系中也是一个十分重要的因素，它体现了个体为了提升伴侣的幸福感或提升关系质量而放弃自我利益的行为。牺牲行为的动机对亲密关系无疑有着重要的影响。

第三节　积极的爱对主观幸福感的影响

当代积极心理学的大量研究表明，自私的人并不幸福，相反，只有对他人充满爱与采取利他行为的人才会具有更强的幸福感和更加有质量的人生体验。

一、亲社会行为对主观幸福感的影响

研究表明，个体主动的积极行为对主观幸福感具有提升作用，亲社会行为是其中

的一个典型。研究发现，捐赠、利他、亲社会花费等“给予式”亲社会行为能为个体带来情感上的自我奖励，激活与奖励加工有关的脑区，从而促使个体体验到幸福（Harbaugh，Mayr & Burghart，2007）。这种幸福的体验甚至比个体自己获益时更强。

有研究者研究了公司分红多少对幸福感的影响。研究中，公司年底分红的差别非常大，有人分得50万元，有人分得20万元或5万元。半年内多次测量这些不同的人的幸福感，结果发现竟然没有差别。经过探索，研究人员终于发现，只有花钱方式可以帮助预测幸福感，即用收入给别人花钱多的人更加幸福。

后来，又有人做了一项研究：早晨给大学生测量幸福感，然后发给大学生20美元、10美元或5美元，再把大学生分成两组，要求第一组给自己买小礼物如贺年卡、钥匙链等，第二组给他人买一个小礼物，如给女友、朋友或父母等，晚上再测量一次幸福感。研究结果表明，为他人买礼物的人更加幸福。

还有人以幼儿园大班小朋友为被试做了类似的研究。早晨测量幸福感后，给小朋友们发小熊饼干，然后将小朋友分为两组，要求一组将饼干留下来由自己享用，另一组将饼干给他人享用，如爸爸妈妈或好朋友。晚上回来测量幸福感，结果表明，将饼干给别人享用的孩子幸福感更强。

这些研究都表明，善于分享、奉献的人更加幸福，而自私的人没有那么幸福。

二、爱对主观幸福感的影响

不同国家和文化下的研究都表明，爱情和婚姻对主观幸福感有显著的预测作用。已婚的人比未婚、离婚、分居、独居、寡居的人幸福感更强烈。已婚男性的主观幸福感显著高于单身男性（邢占军，金瑜，2003）。爱情幸福感是大学生总体幸福感的重要组成部分，是影响大学生总体幸福感的一个因素（姜峰，房三虎，2009）。研究发现，无论是来自个人主义文化的美国被试，还是来自集体主义文化的韩国被试，同伴式爱情和激情式爱情都能显著预测主观幸福感（Kim & Harfield，2004）。

一项研究中，让98对处于恋爱关系中的情侣和60对已婚的夫妇对自己的伴侣进行评价。研究结果表明，被试对其伴侣的评价结果十分接近被试对理想化伴侣的评价结果；而且，理想化自己的伴侣的被试以及被伴侣理想化的被试均具有更强的主观幸福感（Murray，Holmes & Griffin，1996）。

积极心理学的研究指向的结果是一致的。越是爱他人、有良好的关系质量、有许多好朋友的人，愿意积极分享的人，就越幸福。积极的爱与关系对于心理健康和幸福感都是必不可少的因素。

概念术语

亲社会行为　利他主义　爱　亲密关系　爱情三原色理论　爱情集束理论　爱情三角形理论　爱情四因素理论　安全型依恋　情感支持　自我表露　责任归因　趋近

动机 回避动机

本章要点

1. 亲社会行为是指助人、慈善捐赠及自我牺牲、获得回报的可能性非常微小的行为，其相关理论包括进化理论和认知理论。

2. 爱的影响因素包括个人特质、情绪与情感、行为模式和认知风格。

3. 亲社会行为和爱对主观幸福感具有提升作用。

复习思考

1. 有关亲社会行为的不同理论解释有什么区别和联系?

2. 不同理论对爱情的定义各有什么特点?

3. 如何在现实生活中发展亲社会行为?

4. 如何在现实生活中建立和维持积极的爱?

推荐读物

1. 塞利格曼．真实的幸福．杭州：浙江教育出版社，2021.

2. 斯腾伯格．爱情心理学．北京：世界图书出版公司，2010.

3. 米勒，珀尔曼．亲密关系：第5版．北京：人民邮电出版社，2011.

4. 弗洛姆．爱的艺术．上海：上海译文出版社，2011.

5. 彭凯平．活出心花怒放的人生．北京：中信出版社，2020.

6. 鲍尔比．依恋三部曲：依恋、分离、丧失．北京：世界图书出版公司，2018.

7. 凯伦．依恋的形成：母婴关系如何塑造我们一生的情感．北京：中国轻工业出版社，2017.

8. MIKULINCER M，GOODMAN G S. Dynamics of love：attachment，caregiving，and sex. New York：Guilford Press，2006.

推荐电影

《美丽人生》是一部感人至深的意大利影片，讲述了一位父亲为了保护儿子在第二次世界大战时期的犹太难民营中创造出充满爱与幽默的虚构现实。

第十章
感　恩

感恩即灵魂上的健康。

——尼采

【教学目标】

明确感恩的学术定义；了解如何通过科学工具测量感恩；了解感恩的积极心理功能；了解提高感恩水平的科学方法。

【学习重点】

把握感恩的概念和定义；掌握感恩的测评工具；了解感恩对个体心理的积极功能；知晓基于感恩的心理干预策略。

【读前设问】

1. 结合本章所学内容以及你的实际生活，谈谈当别人向你伸出援手时，你是如何反应的。

2. 感恩对你意味着什么？迄今为止，你认为最值得你感恩的一件事或一个人是什么或是谁？为什么？

第一节　感恩的定义和结构

感恩自古以来就是中华民族所崇尚的传统美德，是中国传统文化的重要组成部分。我国自古以来就是一个懂得感恩的国家，从“滴水之恩，涌泉相报”到“知恩不报非君子”，从“羊有跪乳之恩，鸦有反哺之义”到“谁言寸草心，报得三春晖”和“衔环结草，以报恩德”，都体现了我国的感恩思想。清明节可以说就是中国特色的感恩节。

东西方文化都把感恩作为交往中的美德之一。美国前总统富兰克林·罗斯福(Franklin Roosevelt) 家失窃，被偷去了许多东西，一位朋友闻讯后，忙写信安慰他，劝他不必太在意。罗斯福给朋友写了一封回信：“亲爱的朋友，谢谢你来信安慰我，我现在很平安。感谢上帝，因为：第一，贼偷去的是我的东西，而没有伤害我的生命；第二，贼只偷去我部分东西，而不是全部；第三，最值得庆幸的是，做贼的是他，而不是我。”面对失窃这样的事，这样的想法无疑是与众不同的。罗斯福总统选择以感恩的态度去面对不幸，发现了关系中积极健康的因素。

积极心理学倡导人际关系的积极，而积极关系的核心内容之一就是感恩。哲学家西塞罗曾经说：“感恩不但是一切美德中最伟大的，而且是其他美德存在的基础。”感恩在人际交往中无处不在，亲子之间需要感恩，朋友之间需要感恩，情侣之间也需要感恩。这些关系中存在感恩，不但可以促进关系的稳固，更能使人们在关系中体验到幸福。感恩存在于生活中的很多地方，每个人对感恩并不陌生。那么，到底什么是感恩？它为什么会产生？又为什么会有那些神奇的作用呢？

一、感恩的定义

感恩（gratitude）一词源于拉丁词根 gratia，意为优美、高尚、感谢。衍生出来的意思就是带着善良的心、慷慨的心做事，感受给予和获得之美。

埃蒙斯和麦卡洛（Emmons & McCullough，2003）认为，感恩建立在个体对于外界正性刺激有意的感知基础之上。这种所谓的外界正性刺激，可以是别人给予我们的一件礼物，也可以是我们对上帝、命运的感知，或者是我们感受到的自然界的美丽或伟大。但是，仅有外界正性刺激并不能使人自动产生感恩之情，还要有主观上的积极的感受和体验。拉扎勒斯夫妇（Lazarus & Lazarus，1994）认为，作为一种情感，感恩需要具备两个条件：（1）对获得的积极刺激的感知；（2）对积极刺激来源的认可。个体如果能有意识地觉知到，施惠者是主动地、努力地施惠，则会扩大这种感恩的体验。进一步地，皮特森（Peterson，2006b）扩展了感恩体验的来源，认为感恩情绪的产生，不局限于接收到他人恩惠后产生的一种感谢和喜悦的情感，也可能是来自对大自然或环境的欣赏以及享受。

在认知上，伯特茨和米勒德（Bertocci & Millard，1963）认为，感恩是个体愿意承认在自己的经历中存在不应得的价值增量。这意味着，在认知层面，感恩实际上是一种受惠者对所受恩惠的理解和认识。同样，埃蒙斯和麦卡洛（Emmons & McCullough，2003）也认为，感恩源于对他人对个体采取的善意行为的一种感知。

而从行为的角度，根据中世纪哲学家托马斯·阿奎纳（Thomas Aquinas）的观点，感恩是利他行为的动力基础，首先需要感谢施惠者，然后才能产生合适的反应。麦卡洛（McCullough，2001）进一步提出，感恩在利他行为中具有重要的道德意义，具有三种基本功能：第一，感恩作为一种道德显示器（moral barometer），可以使个体从其中得到一个分数，这个分数代表了他人对个体的亲社会行为发生后，个体所感知到的情感程度，即感恩可以显示出施惠者对受惠者施惠；第二，感恩作为一种道德动机（moral motive），会激发人们在成为他人亲社会行为的受益者之后采取亲社会行为，即感恩可以促进受惠者对他人特别是对施惠者的亲社会行为；第三，感恩作为一种道德强化物（moral reinforcer），通过强化之前人们的善举来增加他们采取亲社会行为的可能性，即感恩可以强化施惠者以后的亲社会行为。

虽然很多心理学家从不同的角度对感恩进行了不同的描述，但是也存在一定的共性。总结起来，感恩就是对外界（超自然界、自然界、人）的积极刺激进行感知后产生的持久的、稳定的感谢状态，并因此诱发了积极的关系，而且这种状态和关系具有泛化的性质。

值得注意的是，感恩的产生是基于双方的，不是一方可以单独完成的，它至少需要感恩者与施恩者这两个对象。如果我们在接受别人的恩惠的时候，发自内心地表达出感恩之情，这种情感就会被别人感知到，从而更加愿意对我们施惠，我们本身也从中得到了益处，同时更愿意对别人进行施惠。一旦这种良性的循环建立，人们之间的关系就会发展得很好，更加被社会认可，社会更加和谐，我们的主观幸福感也会随之增强。

二、特质感恩和状态感恩

感恩究竟是一种特质，还是一种状态？这引起了学界的讨论。

罗森伯格（Rosenberg，1998）与麦卡洛等（McCullough，Emmons & Tsang，2002）认为，感恩是一种特质，即感恩水平高的人，在任何情境中对任何施惠者都会表达出感恩情感和反应，感恩水平低的人则相反。麦卡洛等（McCullough，Kilpatrick，Emmons & Larson，2001）认为，作为一种积极的人格特质，感恩是个体受感激情绪驱动去了解和回应施惠者。感恩水平高的个体更容易或更频繁地被周围环境中的美好激活，倾向于更加敏锐地感知到感恩线索，也会更加强烈地予以感激回应。

然而，拉扎勒斯（Lazarus，1991）和格罗斯、约翰和理查德斯（Gross，John & Richards，2000）则认为，感恩随着周围情境的不同，具有一定的波动性，因而对感恩的评估一定要考虑到情境的影响。虽然学界还未达成共识，但波诺和弗罗（Bono & Froh，2009）认为，人们普遍接受一种整合的观点，即感恩作为一种特质会有一定的跨情境的稳定性，但情境对人们是否采取感恩行为或感恩强度的大小也有很大的影响。

第二节　感恩的测量

感恩的定义被越来越多的人了解并研究之后，如何测量感恩就变成了一个值得探讨的问题。一些心理学家和社会学家尝试运用自我报告量表对感恩进行测量，取得了一定的成果。受到普遍认可和使用较广泛的两个量表就是六项目感恩问卷与感恩、愤恨和感激测验。下面就对这两个量表进行介绍。

一、六项目感恩问卷

麦卡洛等（McCullough，Emmons & Tsang，2002）开发了一套由 6 道题目组成的单因素感恩量表，即六项目感恩问卷（Gratitude Questionnaire-Six Item Form，GQ-6），分别测量了感恩情绪的四个方面：（1）频率，即个体每天能报告出感恩的次数，越多则感恩水平越高；（2）强度，即个体能体验到的感恩情绪的强烈程度，越高则感恩水平越高；（3）范围，即个体感恩方面的广度，越广则感恩水平越高，如对不同人、不同事、不同环境都感恩；（4）密度，即个体感恩的对象的数量，越多则感恩水平越高。GQ-6 信度和效度的各项指标很好，魏昶等（2011）已经将其本土化。

这份量表具有一些优势。首先，由于题目很少，所以被试不会产生疲劳效应，只需要针对这一个因素进行自我报告。其次，每道题目都很有针对性地去调查某一方面的问题，所以效度很高。GQ-6 如表 10－1 所示。

表 10－1 六项目感恩问卷（GQ-6）

请从下面 7 个选项中选择一个数字，来表示你同意下面描述的程度
1　　2　　3　　4　　5　　6　　7
非常不同意　　　　不确定　　　　非常同意
（1）在生活中，我有很多的人或事要感谢。
（2）如果把我觉得要感谢的所有人或事列出来，那一定是一份非常长的单子。
（3）当我审视这个世界的时候，我觉得我没有多少需要感恩的人或事。
（4）我对很多人都怀着感恩的心。
（5）随着年龄的增长，我发现我更多地去感激那些曾经成为我生活中一部分的人、事、处境。
（6）我要经过很长时间的检验和审查才会感谢某人或者某事。

注：（1）（2）（4）（5）题为正向计分，即 1 代表 1 分，2 代表 2 分，以此类推；（3）（6）题为反向记分，即 1 代表 7 分，2 代表 6 分，以此类推。满分为 42 分。得分在 28 分以上即可表示感恩程度很高。

二、感恩、 愤恨和感激测验

针对 GQ-6 存在的一些缺点，沃特金斯等（Watkins，Woodward，Stone & Kolts，2003）开发了感恩、愤恨和感激测验（Gratitude，Resentment and Appreciation Test，GRAT）进行改善。该量表分为三个维度：（1）富足感（sense of abundance，SA），即不会有被剥夺的感觉；（2）感激他人（appreciation of others，AO），即对他人或社会的感激；（3）简单快乐（simple happy，SH），即日常生活中的快乐。量表由 44 道题目组成，信效度较好（见表 10－2）。孙文刚等（2010）对 GRAT 进行了本土化，最终修订成中文版 GRAT。中文版 GRAT 由三个维度组成，与原量表一致，但通过项目区分度和探索性因素分析，删除了原量表中的 10 道题目，保留了 34 道题目。修订后的内部一致性信度为 0.91，分半信度为 0.902。在两周到两个月的重测检验中，重测信度也很高。在以生活满意度和主观幸福感作为效标进行检验时，发现 GRAT 与两者也存在很强的相关。

表 10-2　感恩、愤恨和感激测验（GRAT）

请从下面五个数字中选择一个数字，来表示你同意下面描述的程度

1	2	3	4	5
非常不同意		不同意		非常同意

(1) 如果没有很多人的帮助，我不知道我现在会在哪儿。(AO)
(2*) 我觉得生活给了我当头一棒。(SA)
(3*) 好像所有人在生活中都比我获得的好处多。(SA)
(4*) 我总是得不到和别人一样多的休息时间。(SA)
(5) 有时我会痴迷于落日的美丽。(SH)
(6) 我的生活很好。(SA)
(7*) 我生活的供给总是不足，经常会缺这少那。(SA)
(8) 我经常想，活着就是幸福。(SH)
(9) 我经常会沉浸在自然的美丽之中。(SH)
(10) 我对我受到的教育很感恩。(SA)
(11) 我的生活中经常会有一些人给我一些有价值的指导，这些对我的成功很重要。(AO)
(12*) 好像人们经常想阻止我的进步。(SA)
(13) 我觉得虽然自己的功绩很重要，但是记住别人是如何帮助自己成功的更加重要。(AO)
(14*) 我觉得，在生活中我应该得到更多好东西。(SA)
(15) 每年秋天我都会享受地观察叶子变黄的美景。(SH)
(16) 在我基本掌控了生活之后，我不禁会想起那些一路上支持和帮助过我的人。(AO)
(17) 感恩的一部分是享受它的美。(AO)
(18) 有时我会沉浸在音乐的优美之中。(SH)
(19) 我非常感谢父母对我的教育。(AO)
(20*) 即使没有别人的帮助和支持，我也会因为我个人的努力获得现在的成就。(AO)
(21*) 在圣诞节我收到的礼物无论数量还是质量都不如别人。(SA)
(22) 有时我会觉得为什么我如此幸运地出生在这么好的环境中。(AO)
(23) 我最喜欢的节日是感恩节。(AO)
(24) 我觉得我是个非常幸运的人。(SA)
(25) 我觉得在生活旅途中，适时地停下来欣赏一下身边的美景很重要。(SH)
(26*) 有太多的坏事发生在我身上。(SA)
(27) 我对季节的交替感到很舒服。(SH)
(28*) 审视我所经历的，我真的觉得世界欠我的太多了。(SA)
(29) 我觉得一些在别人身上发生的好事也一定会在我身上发生。(SA)
(30) 我很喜欢坐下来欣赏雪花飘落。(SH)
(31*) 我觉得我遇到了太多的坏事。(SA)
(32*) 虽然我的道德修养比很多人强，但是我却没得到应有的公平回报。(SA)
(33) 吃饭过后，我经常会想，这顿饭真是太棒了。(AO)
(34) 我很喜欢听冬天炉火噼啪作响的声音。(SH)
(35) 我觉得坐下来想想自己的幸福很舒服。(SH)
(36) 我觉得能欣赏生活中的小事很重要。(SH)
(37*) 我觉得生活快把我撕裂了。(SA)
(38) 我经常会深深地感谢那些帮我做事的人。(AO)
(39*) 我觉得很多人都不喜欢我。(SA)
(40) 生活中无时无刻的小幸福就是人生的最大幸福。(SH)
(41) 我爱春天满眼的绿色。(SH)
(42*) 我似乎从来都没得到过别人那么多的休息时间。(SA)
(43) 我觉得要感激自己所过的每一天。(SH)
(44) 我非常感谢我的朋友们和家人。(AO)

注：未带星号的题为正向计分，即1代表1分，2代表2分，以此类推；带星号的题为反向计分，即1代表7分，2代表6分，以此类推。满分为220分。得分值在160以上表示感恩度处在很高的水平，得分值为120～160表示感恩度处在中等水平。SA代表富足感，SH代表简单快乐，AO代表感激他人。

第三节 感恩的积极心理功能

一、感恩与主观幸福感

感恩可以给身心带来积极的变化，常怀感恩之心的人更加幸福。沃特金斯等（Watkins，Uhder & Pichinevskiy，2015）认为，感恩作为一种积极特质，与个体的适应性功能具有紧密的联系，特别是主观幸福感。麦卡洛与同事（McCullough，Emmons & Tsang，2002）在大学生样本中发现，感恩水平能够显著正向预测生活满意度、积极情绪、乐观以及活力程度。沃特金斯等（Watkins，Woodward，Stone & Kolts，2003）在研究中验证了这一发现，即感恩水平高的个体对生活更加满意，体验到更多的积极情绪。

状态感恩同样可以促进个体的主观幸福感。埃蒙斯和麦卡洛（Emmons & McCullough，2003）采用实验法，验证了感恩对主观幸福感的独特的预测作用。他们在研究中将随机抽取的被试随机分配到三种实验条件下：实验组的被试，被要求每周写一篇日记，以尽量简短的语言记录上周发生的五件令其感恩的事情；对照组的被试，被要求以非常简短的语句报告上周发生的五件令其心生抱怨的麻烦事；控制组的被试，则被要求记录上周发生的五件对其产生影响的事情，并不特定要求是积极影响还是消极作用。三组被试在实验启动之前要对自己的基本情况进行自我评估，包括生活满意度、积极情绪与消极情绪水平，即接受基线水平的测量。经过十周时间的感恩日记干预研究，实验结果表明，三组被试在积极情绪以及生活满意度方面有着显著的差异。实验组的被试对生活的一般评价以及幸福感显著高于其他两组，他们很少抱怨生活中的琐事，较少出现情绪不良反应，对现有的生活感到满足。由此可以看出，历经感恩干预的人们在生活中体会到了更多的幸福，整体的状态也非常积极向上、朝气蓬勃。

根据弗雷德里克森（Fredrickson，2001）提出的积极情绪的扩展-建构理论，当人们体验到积极情绪的时候，这种积极情绪会帮助人们找到更多的社会资源来保持这种情绪，从而建立稳定的行为-情绪的反射模式。而这种模式在经历了多次强化后会具有持续性和泛化性。也就是说，二者可以螺旋式增长，成为彼此的催化剂。伍德、弗罗和杰拉蒂（Wood，Froh & Geraghty，2010）综述了大量实证研究，进一步确认了感恩在提升主观幸福感方面的有效作用。所以，感恩作为一种具有持久性的积极情感，可以使人们在获得幸福感的同时，消除消极的情感；更可以使感恩的对象和感恩的行为泛化，从而使整个生活充满了感恩的味道。同样的一枝玫瑰，有人说："花下有刺，真讨厌！"有人说："刺上有花，真好！"看到刺的人，挑着毛病，盯着不足，他们注定是不快乐的。而看到花的人，则有着感恩的心，认为尽管刺扎手，但那些刺上却有着芬芳的花朵，从而感受到幸福。所以，拥有感恩之心的人是幸福的。我们的幸福生活也会在这种氛围下持续升温。

二、感恩与社会支持

社会支持是指个体从他人或社会网络中获得的一般或特定的支持性资源，这种资源可以帮助个体应对工作生活中的问题与危机（王雁飞，2004）。如同样是面对失败，有人利用社会支持系统，找朋友倾诉，或者与父母沟通，得到了有力的支持和帮助，从而缓解了抑郁情绪。这种社会支持是在互动过程中逐渐变化的。良性的社会支持循环系统是建立在支持者与被支持者相互信任、共创的社会关系基础之上的。一旦相互间的社会关系破裂，这套社会支持系统也会随之土崩瓦解。虽然社会支持对于我们的工作绩效、主观幸福感、身心健康、压力应对都有正面的影响，但是社会支持系统也是比较容易被破坏的，而感恩对于社会支持的维护有着很好的作用。

高感恩水平的个体，其亲社会性更强，更加倾向于帮助别人。麦卡洛等（McCullough，Emmons & Tsang，2002）发现，高感恩个体更愿意去帮助、支持以及同情其他社会成员。巴里特和德斯迪诺（Bartlett & DeSteno，2006）在研究中采用三个实验，进一步验证了感恩情绪能够激发个体的亲社会行为，并且即使帮助他人需要耗费很多精力，高感恩个体也愿意伸出援手，而这种积极的效应是独立于积极情绪产生作用的。在实验室中启动个体的感恩情绪，同样发现其表现出更多的亲社会行为。因此，当一个人具有较高的感恩水平时，他们往往表现出更具有亲和力，更加随和，因此更容易和社会产生积极的关系。一项关于感恩和亲社会行为关系的元分析研究表明，特质感恩与亲社会行为存在较强的正相关；同时，状态感恩启动也显著促进亲社会行为，且这种影响稳定存在（何慧，王影，李伟强 & 袁博，2018）。该结果再次证明了无论特质还是状态，感恩对亲社会行为都存在显著的积极影响。

与此同时，高感恩个体所获得的人际支持也更多。弗罗等（Froh，Sefick & Emmons，2008）在青少年样本中发现，感恩水平能显著帮助正向预测得到的同伴和家庭支持。格兰特和基诺（Grant & Gino，2010）从施惠者的角度进一步探索了感恩与亲社会行为的交互作用，研究发现施惠者在接收到受惠者的感激表达之后，会施以更多的援手。这一作用的心理机制在于，当施惠者给予受惠者恩惠的时候，受惠者感知到并做出感恩的回应，这时，施惠者会在自我评价上对自己做出积极的评价，认为自己是一个善良的人，同时感受到的感恩也对这个积极的评价做了验证性的强化。这使得施惠者更愿意采取亲社会行为，同时愿意泛化到其他的人或事上面。这会使得他在社会支持系统中稳固自己的地位。而受惠者在接收到施惠者的恩惠时，同样会对自己做出积极的评价，他会认为这是因自己的道德水平高或者某个优秀的人格特征而应得的恩惠，这种积极的并且是道德上的积极自我评价会促使他以感恩的行为来巩固这种积极评价。这两方面的作用力推动了社会关系的稳固，也使这套社会支持系统能更加持久地维持下去。

此外，感恩也有助于提升宽容的程度，抑制破坏性的人际行为。麦卡洛等（McCullough，Emmons & Tsang，2002）在研究中发现，高感恩个体更愿意宽恕别人的过错。内托（Neto，2007）对宽容和感恩的关系进行研究，结果显示，在多元回归模型中，感恩对宽容的解释率很高。我们如果时刻怀着感恩的心，那么对很多事情就会有不同的归因。例如，我们会对一个人的不理智行为积极地进行外部归因，认为他的心情不好，那只是暂时的冲动行为，而不会进行内部归因，认为他就是一个坏人。这样的归因方式可以让我们更容易理解别人、宽容别人。布林等（Breen，Kashdan，Lenser & Fincham，2010）采用自我和朋友双重报告的形式，进一步验证了感恩和宽容之间紧密的联系。因此，高感恩个体在关系中的宽容程度更高，更容易接纳对方的错误，有助于维持同伴关系的稳定。

三、感恩与其他身心健康因素的关系

（一）感恩与睡眠

众所周知，睡眠障碍以及睡眠质量不佳，在医学界已经被证实是导致人体机能紊乱、整体健康水平低下的重要因素。因此，睡眠质量与心理健康有着非常重要的关系。伍德等（Wood，Joseph，Lloyd & Atkins，2009）对睡眠与感恩的关系进行了研究，发现感恩水平高的人具有更高的睡眠质量。研究分析认为，感恩水平高的人在睡眠的初期更倾向于想一些积极的事情，而不会纠缠在对那些消极事情的解释上面。这有助于保持睡前的心理平静，缩短睡眠潜伏期，进而促进个体恢复精力，保持身体健康。

（二）感恩与生理健康

当人们表现出善意的举动时，大脑会释放出多巴胺，血液中复合胺的含量也会增加，而这两种物质都会使人感觉愉悦。德沃等（DeWall，Lambert，Pond，Kashdan & Fincham，2012）发现，感恩水平高的人，愤怒、敌意以及攻击行为更少，也更容易降低血压、戒烟和减轻体重。伍德等（Wood，Joseph，Lloyd & Atkins，2009）则研究发现，学会感恩还有助于调节情绪，减轻压力，降低患忧郁、失眠等神经性疾病的概率。

感恩的情绪不仅会让人对生活的主观感受更美好，也的确会给人的健康指标带来更为实际的积极影响。埃蒙斯和麦卡洛（Emmons & McCullough，2003）开展过一项以神经肌肉病患者作为研究对象的实证性干预研究。在多所医院的协助下，他们找到了一些先天或成年后发作的神经肌肉异常的患者。神经肌肉异常的人往往会出现四肢肌肉无力、萎缩的现象，有时也会有麻木、易疲劳、肌肉疼痛等症状。有的患者还有眼肌、咽喉肌的无力，出现视物重影、眼球活动障碍、发音和吞咽困难等症状，严重者无法吞咽，甚至可能因呼吸肌无力而死亡。神经肌肉异常因为多是缓慢起病，所以很难及时得到救治。这些患者被随机分配到感恩组或控制组中，前一组被试被要求每天记录 5 件令自己感恩的事情，而后一组被试只需要每天完成生活评估。为期 15 周的实验干预结束后，结果显示，感恩组的被试不但在积极情绪、主观幸福感、生活满意度、未来预期等主观感受指标上的得分更高，而且他们比起控制组被试，对身患疾病的抱怨更少，在干预期间病症发作的次数也更少，而且每晚的睡眠时间更长，只需要花费较少的时间就可以入睡，醒来后的精神状态也较佳。

杜斯瓦米和奥兹（Doraiswamy & Oz，2015）主持的一项涉及生物、心理、神经科学的跨学科研究发现，感谢别人这一小小的举动会让大脑释放出包括多巴胺和5-羟色胺在内的“奖赏性”化学物质，这会使得人们感到平静与快乐。与此同时，大脑还会释放催产素，它有助于缓解焦虑，促进人与人之间的社会联系。另外，在表达谢意时，人体内的压力激素如皮质醇等的水平会降低，让人感觉压力减轻。英国《每日邮报》对此评论：“如果感恩之心是一种药，那么它将是全球最畅销的产品，因为它几乎影响所有主要的器官系统。”

此外，感恩水平确实会影响到人们血液中某些特殊蛋白质的含量。而这些蛋白质含量的异常则会导致人们患上慢性炎症，继而引发一系列慢性的健康问题，如癌症、糖尿病和心脏病。米尔斯等（Mills et al.，2015）研究发现，心脏衰竭的患者，其感恩水平越高，体内的炎症性生物标记越少，心脏运行的功能越强。

（三）感恩与抑郁

根据伍德等（Wood，Maltby，Gillett，Linley & Joseph，2008）的多项目临床研究，感恩能够预防并抵御多种精神障碍的发生，与抑郁情绪以及创伤后应激障碍（PTSD）等病理状态呈显著负相关。在风湿性关节炎患者中，感恩水平较高的个体较少体验到抑郁和焦虑情绪，对自己身体的康复持乐观的态度。

抑郁是一种没有乐趣存在的状态。罹患抑郁症的人不但无法从现有生活中体验到快乐，而且对于已经出现在生命中的美好往往无动于衷。然而，迪萨巴托等（Disabato，Kashdan，Short & Jarden，2017）发现，人处于感恩状态时，会更为关注发生在自己身上的较为积极的事情，往往可以表现出积极回忆的偏向，即提取愉快高兴的回忆多于伤心烦恼的回忆的倾向，并且能较为容易地回想起他人为自己所付出的各种心力，从而使感恩之心得到强化。而这些过程，与抑郁发生时的消极回忆偏向、功能性失调信念以及其他的消极认知截然相反，有助于驱散人们思维中抑郁的阴霾。压力是抑郁发作的前奏，感恩之心则可以为我们建构起雄厚的社会支持以及心理防御资源，从而有效地对抗压力的侵扰。

感恩之心愈加由衷而发的人，就愈加不会罹患抑郁症。塞利格曼等（Seligman，Steen，Park & Peterson，2005）通过一项实验证明感恩可以减轻抑郁症状。他们把大学生随机分成两组：一组被试什么都不做，即控制组；另一组被试写信感谢曾经帮助过自己的人，即感恩实验组。这些帮助必须切实、有意义，类似送礼物等的小恩小惠不算在内。研究发现，写信表达感恩的大学生对生活满意度更高，其中曾有中度抑郁的人自觉症状减轻。研究者分析，感恩之所以有益于减轻抑郁症状，关键之处在于感恩之情必须发自内心，也就是说你必须知道发生过一件积极的事，因此才能予以回应。森夫和梁（Senf & Liau，2013）在东亚文化背景下进一步验证了感恩对缓解抑郁症状的作用。

感激他人，让我们把关注点放到他人身上而不是持续地关注自我，古丹（Gudan，2010）认为这同样会减轻抑郁的表现。抑郁症患者更加关注自己，因此心境往往会更加恶化。而因为他人对自己的付出而细想别人的好处，可以将注意力转移到他人的身上。卡兹玛瑞克等（Kaczmarek，Kashdan，Drazkowski，Bujacz & Goodman，2014）研究认为，这是通过认知的正向化以及关注点的扩展转移，对摆脱抑郁的情绪产生作用的。林（Lin，2015）的研究表明，感恩的心态可以显著帮助预防大学生因抑郁情绪引发的自杀倾向。

古丹（Gudan，2010）认为，感恩之心不仅可以帮助人们建立起牢固的积极思维方式，同时也可以矫正抑郁症患者顽固的消极思维惯性，使得他们能够拥有愉悦的社交以及个人生活，阻碍抑郁症的发作。而且，感恩者们具有的自我认知往往是比较正向、积极的，也就是说他们拥有较佳的自我观感。在他人为自己提供帮助时，受惠者会将其视为慷慨的善意之为，进而产生尊重感以及肯定，从而抛下抑郁症所固有的消极信念——这个世界充满了邪恶和残酷，善意与美好、爱与仁慈之心根本不存在。

感恩对于我们的生活有着如此多的影响，而这些影响对于我们的生活和健康都是极其重要的。相信每个人都会希望自己能够时刻怀着一颗感恩的心去对待别人，这样既可以使自己的人际关系得到改善，用心感受美好的生活，又可以使自己的身心健康得到保持；既得到了别人的积极反馈，又强化了对自己的积极自我评价。既然如此，那么我们应该如何学会感恩呢？

第四节 学会感恩

一、细数感恩

顾名思义，细数感恩（count blessings）就是让被干预者按照一定的周期列举一些自己感激的人或事。其作用产生的心理机制在于，通过对生活经历和事件予以感恩的解读，从细微中觉察到他人给予的恩惠；通过整体上提高感恩水平，实现主观幸福感的提升。

埃蒙斯和麦卡洛（Emmons & McCullough，2003）陆续做了三项研究：研究一让大学生坚持 10 周，感恩干预组每周写 5 件感恩的事情，其中一个控制组每周写 5 件烦恼的事情，另一个控制组则每周写 5 件自己和别人冲突的事情。最终结果显示，细数感恩组大学生后测感恩水平显著提高。研究二让大学生坚持 2 周，感恩干预组每天写 5 件感恩的事情，其中一个控制组每天写 5 件烦恼的事情，另一个控制组则每天写 5 件下行社会比较的事情。最终结果显示，细数感恩组大学生感恩水平显著提高。同时发现，每天都进行细数感恩的大学生，比研究一中每周细数感恩的大学生感恩水平提高得更多。研究三让神经肌肉疾病患者坚持 3 周，感恩干预组每周写 5 件感恩的事情，控制组则不做任何干预，最终也发现，细数感恩可以提高感恩水平，并能提高生活满意度、积极情绪水平等。

不仅如此，细数感恩在一些心理极端人群中的干预效果也得到了实证支持。邓衍鹤、朱一杰、李毅和刘翔平（2016）对正在监狱中服刑的暴力型犯罪者进行了为期5周的细数感恩干预，发现干预后暴力犯的感恩、主观幸福感水平显著高于控制组，而攻击性水平显著低于控制组。这拓展了现有的研究视野，揭示了感恩对心理健康的作用并不局限于积极状态的提升，同时也表现于消极状态的抑制和缓解。

细数感恩策略为感恩教育提供了一个最重要的视角，就是要让人们懂得如何去发现恩惠，学会敏锐地感受和觉知别人对我们的帮助，培养感恩的认知思维方式。只有感知到别人对我们的恩惠，才会触发我们的感恩之心。

二、感恩拜访

所谓感恩拜访（gratitude visiting）策略，即鼓励个体表达感恩，通过写信以及登门拜访的形式对施惠者予以感谢。塞利格曼发现，写信感谢施惠者可以有效地提高被试的感恩水平。他在网上进行实验，让成年被试在一周内书写一封感恩信，并寄给想感谢的对象；控制组的被试则被要求对早期的某段经历进行回忆和书写。结果显示，接受了感恩拜访干预的被试，在干预后的即时测量以及一个月后的追踪测量中，均报告了更高水平的感恩和主观幸福感，以及更低的抑郁水平。对于感恩拜访干预效果的机制，塞利格曼解释为，在书写感恩信的时候，个体会对感恩对象的施恩行为进行回忆，体会那时的积极情绪，这种积极情绪可以扩展个体的思维。在寄给感恩对象之后，他们会得到这个感恩对象的回馈，这也是一种积极刺激，可以提升他们的社会支持，从而使得他们更加幸福并缓解抑郁情绪。

弗罗等（Froh，Kashdan，Ozimkowski & Miller，2009）在儿童和青少年群体中对感恩拜访的干预效果进行了检验。在两周的干预过程中，被试接受了每两天一次、每次10～15分钟的干预，即让被试书写感恩信并寄出；控制组的被试则书写日常事件及对其的感受和想法并寄出。结果发现，与控制组相比，干预组的低积极情绪个体在干预后的即时测量和两个月后的追踪测量中，均报告了更高水平的感恩和积极情绪。

感恩拜访干预策略在感恩教育上的意义在于，感恩需要知行合一。有了理论，只是第一步，如果没有在实践中学会表达，人们还是不懂得如何去感恩。陶行知说过："教育要通过生活才能发出力量，而成为真正的教育。"践行感恩，多向他人表达感激才是真理，我们的感恩也会因为别人的感知和反馈而得到强化。在有很多的理论来支持我们应该感恩的同时，我们应该在实际中体会如何向施惠者表达感恩，体会感恩给我们带来的积极体验。这种体验往往会产生意想不到的效果。有时候，哪怕别人给予点滴之恩，对我们来说都是雪中送炭，这时，如果我们感激别人，哪怕只是简单地表达一句"谢谢"，都会使双方沉浸在感恩所创造的氛围中。因此，作为感恩的教育者，我们也应该更多地提供表达感恩的机会，并抓住点滴的感恩情感进行积极的强化，使本来可能没有意识到的施惠者体验到感恩这种情绪对自己和别人的积极推动作用。

三、团体感恩分享

无论是细数感恩还是感恩拜访，从形式上看均属于个体的自我练习。然而，正如埃蒙斯（Emmons，2007）所言，感恩是一种在关系情境下激发的社会情绪。因此，在一种感恩弥漫的团体情境下，个体的感恩状态更容易被激活。石国兴和祝伟娜（2008）对初中生进行了以班级活动为形式的感恩列举活动，主要活动内容有：（1）你我有缘来相识；（2）生活真美好；（3）爱在身边；（4）学会感谢；（5）做出回报；（6）回顾和展望。结果发现，团体感恩分享（gratitude sharing within a group）活动显著提高了初中生的感恩水平、生活满意度以及积极情绪。

觉察力是感恩的前提，人们不可能对不知道的事情感恩，因此必须先注意到值得感恩的事情。为此，我们必须提醒自己，努力提高自己的觉察力。在团体中寻求其他伙伴的帮助提醒以及经验分享，来提高自己觉察值得感恩之事的能力，不失为一种好的方法。这些伙伴的作用在于，通过集体的活动，分享各自的感恩体验，并协助你对自己负责，彼此形成一种互相依赖的密切关系，当你偏离正确的轨道时提醒你注意。因此，参加感恩的团体活动有助于养成感恩的习惯，提高感恩觉察力。

邓衍鹤等（Deng，Xiang，Zhu，Li，Yu & Liu，2018）在团体感恩分享的基础上开发了一套感恩提升的干预模式，即“感恩五样”团体干预。顾名思义，就是对五个对象进行感恩，对象可以是人、事、物、自然或社会环境、观点、理念、信仰、神灵等。在该主题活动中，每位成员先在一张纸上写下值得自己感恩的五个对象。写完之后，成员们要看着自己写下的这五个对象，感受一下当时的心情以及情绪。接下来用铅笔将这五个对象中的一个重重地划掉，这代表着这个对象在你的生命中消失了，可能是死了，也可能是不存在了。此时此刻，一定要深入失去的情境之中，尽力体会此刻的心情。之后，再逐步地将剩下的四个对象一个一个地划掉，每个人都要好好地体会此时的感受。整个活动持续 20～30 分钟，之后发给每个人橡皮，将所有被划掉的对象上面的铅笔印记涂掉，这象征着这些对象又出现在每个人的生活中，然后再次体会自己的感受。在之后的团体分享阶段，成员们交流划掉感恩对象时的痛苦，包括在划掉第一个、第二个、第三个直至最后一个时的不同感受；交流在恢复感恩对象时的喜悦；分享这五个对象对于自己的意义，以及如何对这五个对象进行感恩的表达和反馈。在这一过程中，每个成员都可以提出自己的问题，其他成员则分享并体验成员之间的建议和帮助。邓衍鹤等在对监狱服刑人员的干预研究中发现，相较于控制组，接受“感恩五样”团体干预的被试表现出更高的积极情绪和感恩水平。

人与人的互动对于心态的调整可以起到助力的作用。情绪具有强大的感染力，哈特菲尔德、卡乔波和瑞普森（Hatfield，Cacioppo & Rapson，1993）认为，团体中其他成员的情绪表达会产生涟漪效应，其他人会随之萌发出同样的情绪。因此，多与那些知恩、感恩的人在一起，多参加感恩分享的团体活动，自然就会受到积极正面的影响，培养出令人愉悦的感恩之心。而感恩的教育，正是基于对生活中点滴美好瞬间的体察，以及良好的团体氛围。

第五节　感恩的局限

以往关于感恩积极作用的研究似乎都建立在“感恩是一种美德”这一重要前提下，但为了全面理解感恩，我们也必须思考：感恩一定是有益的吗？哪些情况下的感恩是有害的？我们倾向于将感恩看作从高到低的连续体，连续体的中间部分才真正代表了感恩的合理、适中水平，其行为后效也是有益的；而连续体两端过高、过低水平的感恩对个人来说可能是无益甚至有害的。彼得森和塞利格曼（2004）从道德伦理立场出发，认为只有适中的感恩才是积极意义上的感恩，过低水平的感恩是势利，缺乏感恩则是粗鲁，过度的感恩则是讨好。类似地，谢尔顿（2010）认为，如果感恩夹杂了有意伤害的行为，其本质会被破坏，这种感恩是有害的；有害感恩（harmful gratitude）包括三种类型：伤害性感恩、反常感恩和恶性感恩。

虽然关于感恩引发消极后果的实证研究较少，但我们仍可以从中找到一些关键证据。例如，研究者发现，感恩增强了个体的从众心理，加剧了个体遵循社会规范的倾向；具体而言，感恩促使个体跟从大众做出选择，即使这个选择的结果是完全错误的（Ng et al.，2017）。艾格和同事（Algoe & Zhaoyang，2016）发现，如果伴侣在情感上反应较为迟钝，对伴侣心怀感激的个体甚至会比控制组（对伴侣无动于衷）的个体产生更多的消极情绪。该结果说明，在伴侣反应迟钝的浪漫关系中，抱有太多的感激之情可能会适得其反，造成更大的心理落差。此外，Wood 等人（2016）提出，在虐待关系中，受虐者可能会对施虐者怀有感激之情；显然，这种感恩是畸形且有害的，因为它会使受虐者更加容忍施虐者，从而使这段关系更加牢固。从道德伦理立场来看，这种感恩与其称为感恩，倒不如称为讨好，因为已经触碰了道德的底线。从后果来看，这种有害的感恩不但加重了受虐者的受虐程度，而且阻碍了施虐者对自己伤害行为的认识与纠正。此外，研究者发现感恩可以提高个体的社会智力水平。结合社会智力水平的消极心理后效，研究者猜想感恩可能会促使个体为了自己的利益而讨好他人，而并非帮助、回报他人（Gulliford，Morgan，Hemming & Abbott，2019）。研究者部分证实了上述猜想（Zhu et al.，2020），他们发现如果某项道德规范侵犯了个体的感激对象的利益，那么他们在感恩的驱使下会不惜违反这些道德规范，选择为他们的“恩人”开脱、辩护。

可见，脱离了道德约束，感恩也可能存在阴暗面。未来值得继续探索感恩的阴暗面，这不是对以往关于感恩积极作用的研究的挑战，而是对感恩领域研究的补充与完善。

拓展阅读

感恩的氛围

西点军校的研究者曾经用猴子做过一个实验。一个笼子里面有五只猴子，笼子顶上挂着一串香蕉。规则是，无论谁碰香蕉，作为惩罚，实验人员都会用高压水枪喷所有五只猴子。在经过了一段时间的实验之后，这五只猴子都明白了这条规则，所以都不会去碰触香蕉。这时，实验人员从这五只猴子中带走了一只，同时放进一只新来的猴子。这只新来的猴子由于不懂之前的规则，自然就会去够香蕉吃。结果，还没等这只猴子碰到香蕉，它就先被另外四只以前就在笼子里面的猴子群殴了一顿。新猴子不明白为什么，又去碰，又被打。经过几次尝试，它慢慢明白了：香蕉是不能碰的。于是，它也遵守了这条规则。实验人员依照此种方法把之前就在笼子里面的另外四只猴子一只一只地用新的猴子换走。这些新猴子一只一只地明白了不能碰触香蕉，碰触就会被打。最后，原来的五只猴子都被换走了。但有一件东西留下了，那就是“氛围”，也就是谁都不能去碰触香蕉。在人类社会也是这样，一旦前人把感恩的氛围创立好，后来的人就会按照这个氛围下的规则做事，如果他违规了，他就会被视为非群体人员，从而失去群体的归属感，这是任何一个人都不愿意的。所以，感恩的氛围与个体表达感恩有着高度的相关性。

《概念术语》

感恩　状态感恩　特质感恩　感恩干预　细数感恩　感恩拜访　有害感恩

《本章要点》

1. 感恩就是对外界（超自然界、自然界、人）的积极刺激进行感知后产生的持久的、稳定的感谢状态，并因此诱发了积极的关系。

2. 受到普遍认可和使用最广泛的测量感恩的两个量表是六项目感恩问卷（GQ-6）与感恩、愤恨和感激测验（GRAT）。

3. 感恩作为一种积极特质，与个体的适应性功能具有紧密的联系。

4. 感恩与积极的心理状态有紧密的正向联系，如主观幸福感、积极情绪、生活满意度以及意义感；而与消极的心理状态有显著的负相关，如抑郁症状以及消极情绪。

5. 感恩对于社会支持的维护有着很好的作用。

6. 基于感恩形成了很多干预和教育策略，如细数感恩、感恩拜访和团体感恩分享。

7. 脱离了道德约束，感恩也可能存在阴暗面，例如造成盲目从众、因表达感恩却得不到回应而产生心理落差、在虐待关系中感恩（讨好）对方、为表达感恩而违反道德规范等。

复习思考

1. 感恩的定义是什么？
2. 感恩对主观幸福感有什么影响？
3. 感恩的积极心理功能有哪些？
4. 提高感恩水平的干预策略有哪些？
5. 感恩的评估方法有哪几种？
6. 感恩一定是有益的吗？哪些情况下，感恩是有害的？

推荐读物

1. 邓衍鹤. 感恩的心. 南京：江苏凤凰教育出版社，2014.
2. 卡普兰. 感恩日记. 北京：新世界出版社，2020.
3. 韦斯曼. 爱与感恩的无限力量. 北京：华夏出版社，2011.
4. 瑞安. 感恩的奇迹. 北京：中国科学技术出版社，2024.
5. EMMONS R A. Thanks!：how practicing gratitude can make you happier. Boston，MA：Houghton-Mifflin，2008.

第十一章
宽 容

一只脚踩扁了紫罗兰，紫罗兰却把香味留在那脚跟上，这就是宽容。

——安德鲁·马修斯

【教学目标】

明确宽容在心理学上的定义，区分自我宽容和人际宽容；了解宽容的测量方法；了解自我宽容的实现途径；了解宽容对个人的身心健康、情绪调节和人际关系的影响；了解宽容干预的研究、方式和常用模型；了解宽容作为一种信念所能带来的意义。

【学习重点】

掌握宽容的心理学定义；区分自我宽容和人际宽容；了解宽容的测量方法和相关研究；掌握宽容作为一种干预方式的三种模型。

【读前设问】

1. 你觉得自己是一个宽容的人吗？
2. 你身边有非常宽容的人吗？你觉得他们是怎样的人？
3. 你觉得宽容自己和宽容他人有什么区别？哪种能力更重要？
4. 你听过一些关于宽容的故事和新闻吗？你是怎么看待它们的？
5. 如果宽容会对人产生积极作用的话，那么你认为咨询师可以怎样通过它来帮助来访者？

第一节 心理学视角下的宽容

宽容是人性中一种非常美好的品格。宽容是一种非凡的气度、宽广的胸怀，是对人对事的包容和接纳；宽容是一种高贵的品质、崇高的境界，是精神的成熟、心灵的丰盈；宽容是一种仁爱的光芒、无上的福分，是对别人的释怀，也是对自己的善待；宽容是一种生存的智慧、生活的艺术，是看透了社会人生以后所获得的那份从容、自信和超然。

无论古今中外，宽容都受到人们的赞美和歌颂。《左传》便有“宽以济猛，猛以济宽”的说法来宣扬宽容；清代民族英雄林则徐也曾经写过“海纳百川，有容乃大；壁立千仞，无欲则刚”，这不仅表现了他个人的心胸气概，更反映出人们对于宽容的重视；鲁迅所说的“度尽劫波兄弟在，相逢一笑泯恩仇”中的宽容更是体现了一种大度、一种淡然。

宽容既是中华民族自古以来的文化传统，又是其他国家大力推崇的珍贵品质。法国著名作家雨果就曾经说过：“世界上最宽阔的是海洋，比海洋更宽阔的是天空，比天空更宽阔的是人的胸怀。”俄国著名诗人普希金说过：“没有宽宏大量的心肠，便算不上真正的英雄。”纪伯伦也说过：“一个伟大的人有两颗心：一颗心流血，一颗心宽容。”可见，无论是哪个国家、哪个时代的人，都早已把宽容作为一个评判出色的、健康的人的标准了。

现代社会，人们在无硝烟的战争中“拼搏”“奋斗”“钩心斗角”“算计利用”，早已身心疲惫。大家都在寻求一个安静的避风港，让自己的心得以宁静，让自己能快乐地生活。现代积极心理学家们也关注到了“宽容”，认为它作为一种积极心理，在我们生活的很多方面起着有益的作用。丹顿和马丁（Denton & Martin，1998）研究发现，宽容可以有效地作用于抑郁、愤怒、焦虑、恐惧、自责、后悔等情绪问题，治疗曾因受过父母伤害而无法接受他们的青少年，甚至可以缓解严重疾病患者的心理压力。如果我们能了解宽容，体会宽容，慢慢地养成宽容之心，我们的世界将会非常美好，我们的心境也将会非常平静。下面，就让我们走进“宽容”的殿堂，体会其中的奥秘与神奇吧。

一、宽容的定义

最早对宽容进行阐述的是犹太教和基督教。在犹太教中，salah 一词用来指代宽容，它是指上帝对人们的罪恶的消除。在基督教中，aphiemi 一词用来指代宽容，意为消除罪恶，赦免惩罚，恢复上帝与犯过者之间和谐的关系。犹太教和基督教都主张，犯过者如果能够悔过并改正他们的行为，就应该得到宽容。与犹太教不同的是，基督教的教义包含着无条件的宽容，它代表上帝对人类无条件的爱。在《牛津高阶英汉双解词典》中，“forgive”的含义是停止对他人的愤怒或责备，停止想要去惩罚他人的行为，这与中文中“原谅”的意义接近。

直到 20 世纪八九十年代，积极心理学界才真正将宽容纳入科学研究的范畴之中，出现了很多与宽容相关的研究结论。比如，诺斯（North，1987）认为，宽容是个体克服对冒犯者消极的情感和判断，并以同情、仁慈和关爱来对待对方的过程。该定义是从情感和认知角度定义宽容的，关注受害者受到伤害后对待冒犯者的态度及情绪的变化。随后，恩莱特和帕克（Enright & Park，1997）拓展了诺斯的定义，认为宽容包括认知、情绪、行为三个方面的内容。他们认为宽容是受害者在受到不公正的伤害后，消除对冒犯者的负面认知、情绪和行为反应，并出现正面的认知、情绪和行为反应的过程。

具体地讲，当个体宽容时，在情绪方面，愤怒、憎恨、悲伤等消极情绪逐渐被中性情绪取代，最终转化为积极情绪，如同情心和爱心；在认知方面，个体不再做出谴责性的判断和持有报复的念头，而是表现出积极的思维活动，如祝福对方、尊重对方；在行为方面，个体不再采取报复性的行动或做出此类提议。

麦卡洛等（McCullough et al.，1998）则认为，宽容是一种人们受到冒犯后其亲社会性动机的改变。这种改变有两个内容：一个是动机结构的变化，另一个是一种亲社会行为的出现。他将宽容与动机相联结，将其视为一系列动机变化的过程。其中，亲社会行为指的是当人们宽容时，他们会更愿意采取有益于伤害者或者与伤害者的关系的行为，更不愿意采取伤害伤害者或者破坏与伤害者的关系的行为。而在中国本土化的研究中，罗春明和黄希庭（2004）认为，宽容是一个从惊恐愤恨、惊疑惧悲、惊怕恶羞等复杂的负面情绪向正面情绪转变的过程。

戈特曼（Gottman，1993）曾做过一项研究来解释宽容的动机结构。在研究中，他要求夫妻双方在面临冲突时对对方的情感做出评估，这种评估的内容被归类为三个情绪反应范畴：第一是积极的情绪反应，包括友好、爱和建设性倾向；第二是受伤害的攻击，其情绪反应主要表现为伤心、无辜、恐惧或焦虑；第三是正义的愤慨，包括愤怒、轻蔑或考虑到报复。经过分析发现，其中有两类与人际互动有关的消极情绪，它们与两种影响人们采取冒犯行为的动机系统相对应，分别为：受伤害的攻击，其对应的动机是在人际行为和心理上避免与冒犯者发生互动（即回避动机）；正义的愤慨，其对应的动机为寻求复仇（即报复动机）。但还存在一种重要的积极情绪反应，即以减少伤害或攻击为特点的仁爱动机。三者的混合构成了一种独特的心理状态，决定着行为的选择。当前，两种消极动机（即回避动机和报复动机）增强时，仁爱动机就会相应减弱，这将会推动个体倾向于做出复仇选择。而如果后一种动机增强，个体更可能选择宽容。举例来说，当处在这种关系中的被冒犯者报告说，他没有能够宽容冒犯者的伤害行为时，那么回避和报复这两种动机就会显现出来，推动个体朝导致人际关系恶化的消极方向改变，导致对冒犯者的回避和复仇行为增加。相反，当被冒犯者报告说，自己已经宽容对方了，那么仁爱动机便会驱使个体朝建设性积极关系方向发展。由此可见，宽容本身并不是一个独立的动机。个体在遭受冒犯之后，由于受到自身的亲社会动机影响而选择宽容，这体现了人性的仁爱性。

巴特森和什瓦布（Batson & Shwalb，2006）从亲社会行为的角度对宽容进行了解析："我们对他人表现出关心通常是因为我们能够体验对他人的同情，并能够借助同情去处理与他人的冲突。"在人际关系心理学中，这种亲社会心理包括适应性调节和自我牺牲两个部分。其中，自我牺牲是指个体能够超越直接的个人需要而倾向于思考他人利益，并看重人际关系的价值。宽容、同情、适应性调节和自我牺牲的共同特征在于，个体在行动中可能需要做出一定的努力，这种努力会对建立或恢复与他人的积极关系有益。

综上可见，虽然研究者对宽容的理解多种多样，对宽容的定义也不尽相同，但大家都认为，宽容包含伤害者、冒犯行为和受害者三个基本要素。目前，在西方心理学界已经形成这样一种共识，即宽容由一组连续的、多维度的，而非单一的社会心理动机组成，包括认知、情绪、动机和社会性等成分。这对于进一步科学地研究宽容具有非常有益的价值。而且从各种定义中可以看出，受害者内在对伤害者产生的亲社会性改变是宽容的基础和无可争辩的特征，正是这一共同的特征构成对各项研究进行整合的基础。

二、人际宽容与自我宽容

我们在日常生活中所说的宽容更多的是心理学中的“人际宽容”。上面介绍的定义也是针对人际宽容做出的。而宽容还有另一种含义，即指向自我的态度和情感，心理学上称为“自我宽容”。

梅杰等（Mauger，Perry，Freeman & Grove，1992）率先指出，除了人际宽容之外，还有自我宽容也值得研究。鲍尔等（Bauer et al.，1992）则进一步提出：“自我宽容是当事人由自我疏远的状态转向自我亲近、自我接纳的过程。”之后，恩莱特和帕克（Enright & Park，1997）对自我宽容的定义做出了更新，即“个体在面对自己已经认识到的错事时，愿意放弃对自己的不满，并给予自己同情、宽大和关爱”。这个定义揭示了自我宽容的整个过程：（1）有一件“错事”发生；（2）个体对自己有消极的情感反应；（3）个体自我接纳并改善自己的行为。霍尔和芬彻姆（Hall & Fincham，2008）认为，在这个过程中，个体报复和侵犯自己的动机会减弱，而原谅和善待自己的动机会增强。与人际宽容不同的是，自我宽容更加困难，因为自我宽容没有外在的对象，宽容与被宽容的主题都是自己，很容易让人钻牛角尖，且自我不宽容的后果会很严重，甚至会有“畏罪自杀”的危险。

麦卡洛（McCullough，2001）认为，在人际宽容中，对冒犯者的两种消极应对措施是逃避和报复，同时也与共情和沉思等因素相关。基于这种论述，霍尔和芬彻姆（Hall & Fincham，2005）总结了自我宽容与人际宽容的区别（见表 11 - 1）。他们认为，自我宽容与人际宽容在伤害的形式，与受害者的调和，逃避、报复与善待的对象，以及不宽容的后果上存在区别。在人际宽容中，伤害的形式只能是行为；而在自我宽容中，除了行为，思想、欲望和感觉都能对自己造成伤害。在行为标准上两者有区别，自我宽容的个体会确定某种标准，只有达到这种标准，个体才会宽容自己；而在人际宽容中则不需要这种标准。另外，对象上有区别。在人际宽容中，受害者逃避、报复与善待的对象都是他人；而在自我宽容中都是自己。此外，在没有自我宽容时，其后果可能很极端；而没有人际宽容的后果可能比较平和，但却有人际关系的危机。

表 11-1 自我宽容和人际宽容的基本区别

	自我宽容	人际宽容
伤害的形式	行为、思想、欲望、感觉	行为
与受害者的调和	需要	不需要
逃避的对象	与侵犯相关的刺激（如受害者、情境、思想等）	他人
报复的对象	自我	他人
善待的对象	自我	他人
不宽容的后果	极端的	平和的

第二节 宽容的测量

在宽容的研究中，测量是重要的研究方法。赖伊等（Rye et al.，2001）认为：从宽容的对象来看，宽容的测量可以分为受害者给予宽容及侵犯者寻求宽容的测量；从宽容的内容来看，宽容的测量可分为宽容倾向、宽容自我、宽容他人等的测量；从评定方法来看，宽容的测量可分为自陈报告、同伴报告、旁观者报告以及对受害者行为的测量。总的来说，宽容的主要测量方法还是问卷法。使用问卷无疑更加简单快捷，效果更好，成本更低。测量宽容的量表主要分为自我宽容量表和人际宽容量表。也有研究者把这两者作为宽容的两个维度列在同一量表中进行测量。

一、自我宽容量表

最早的自我宽容量表是梅杰等（Mauger，Perry，Freeman & Grove，1992）编制的自我宽容（Forgive of Self，FS）量表，但是，它并不是作为一个独立的量表出现的，而是行为测量系统（Behavioral Assessment System，BAS）的一个部分，即一个分量表。FS 量表共包含 15 个项目，其内容涉及自我宽容的很多方面，包括对于过去行为的内疚、自认有罪以及对自己的多种消极态度，它使用“对或错”这种二元的计分方式。例如：“我常常因没有好好遵守规则而烦恼。”FS 量表的内部一致性信度达到 0.82，重测信度达到 0.67，各项指标都比较好，符合测量学的要求。总的来说，这个量表虽然题目较少，但涵盖的自我宽容的方面比较全面，又具有较好的信效度，所以被后人广泛使用。但是，它毕竟是作为一个分量表出现的，用其结果来解释自我宽容的程度还是有些不方便，所以，后来又有人编制出了专门的宽容量表。

沃尔等（Wohl，DeShea & Wahkinney，2008）在前人的基础上编制了状态自我宽容量表（State Self-Forgiveness Scale，SSFS）。该量表有两个维度，共有 17 个项目（见表 11-2），分别是：自我宽容感觉和行动（self-forgiving feelings and actions），这个维度下有 8 个项目；自我宽容信念（self-forgiving beliefs），这个维度下有 9 个项目。

每个项目都采用4点计分。自我宽容感觉和行动维度的项目如“当我觉得我做错了的时候，我会同情我自己”或者“当我觉得我做错了的时候，我会惩罚我自己”。自我宽容信念维度的项目如“当我觉得我做错了的时候，我相信我是一个坏人”。沃尔等（Wohl，DeShea & Wahkinney，2008）以被试报告的自我宽容水平（即对问题“当你犯错时，你会宽容自己吗?”的回答的分数）作为因变量，用SFSS中的两个维度作为自变量做回归，结果表明两个自变量的回归系数显著。而且SFSS分数与作为效标的自责、内疚的相关显著，这表明SFSS所测量的东西可以帮助预测一个人的自责、内疚程度，这和其理论构想是一致的，具有比较好的测量学指标。这个量表的优点在于不仅测量了宽容中自我宽容的一面，还测量了宽容他人的一面，涵盖的宽容范围比较全面。但是，SSFS本身也存在问题，比如，很多研究者认为“严于律己”和“宽以待人”是两回事，并不矛盾，不能相提并论，不能用两者的总分数来代替宽容这个构想，所以，他们建议将自我宽容分离出来。

表11-2 状态自我宽容量表（SSFS）

下面有17个描述，请您对每个描述符合您的程度打分，1为非常不符合，2为有点不符合，3为有点符合，4为非常符合。

1. 当我觉得我做错了的时候，我会同情我自己。
2. 当我觉得我做错了的时候，我会否定我自己。（R）
3. 当我觉得我做错了的时候，我会接纳我自己。
4. 当我觉得我做错了的时候，我会不喜欢我自己。（R）
5. 当我觉得我做错了的时候，我会显得很可怜。
6. 当我觉得我做错了的时候，我会显得很释然。
7. 当我觉得我做错了的时候，我会惩罚我自己。（R）
8. 当我觉得我做错了的时候，我会批评我自己。（R）
9. 当我觉得我做错了的时候，我相信我是可以被接纳的。
10. 当我觉得我做错了的时候，我相信我是很好的。
11. 当我觉得我做错了的时候，我相信我是令人讨厌的。（R）
12. 当我觉得我做错了的时候，我相信我是可怕的。（R）
13. 当我觉得我做错了的时候，我相信我是体面的。
14. 当我觉得我做错了的时候，我相信我是堕落的。（R）
15. 当我觉得我做错了的时候，我相信我是值得被爱的。
16. 当我觉得我做错了的时候，我相信我是一个坏人。（R）
17. 当我觉得我做错了的时候，我相信我是可恶的。（R）

注：后面带有字母R的题目为反向计分，即1代表4分，2代表3分，3代表2分，4代表1分。总分在50分以上，代表宽容程度在一般人之上。

二、人际宽容量表

除了自我宽容量表以外，还有专门的一般性宽容量表。其中，影响比较大的有哈特兰德宽容量表（Heartland Forgiveness Scale，HFS）。这个量表由汤普森等（Thompson et al.，2005）编制。HFS分为宽容自己和宽容他人两个维度，主要用来测量被试宽容自己和宽容他人的倾向。整个量表由 24 道题目组成，宽容自己和宽容他人两个维度各包括 12 道题目，采用 7 分等级评定，得分越高，则表明越容易宽容他人和宽容自己，也就是宽容程度越高。在研究中发现，宽容他人和宽容自己分量表的内部一致性系数分别为 0.83 和 0.71，总量表的内部一致性系数为 0.87。编制者还指出，HFS 与其他多种宽容量表间的相关显著，有较好的效度。其中的宽容自己分量表在小样本中的内部一致性信度系数为 0.72～0.75，其间隔 3 周的重测信度达到 0.72，间隔 9 个月的重测信度达到 0.69。

第三节　宽容的积极作用

宽容作为人类的积极品质之一，有利于化解人际冲突，有助于保持心理健康和幸福感。

一、宽容与敌对情绪的缓和

宽容有助于缓和个人的敌对情绪。研究表明，特质宽容水平较高的个体往往具有较少的愤怒、敌意等消极情绪（Riek & Mania，2012），并且更容易原谅那些冒犯或者伤害过自己的人（McCullough，Fincham & Tsang，2003）。同时，状态宽容也可以明显减少敌对情绪。例如，研究者通过启动宗教信徒的宽容信念，成功减轻了被试在威胁条件下的敌对反应（Schumann，McGregor，Nash & Ross，2014）。此外，研究者在对韩国女性青少年攻击性受害者进行了 12 周的宽容（宽恕）干预后，发现个体的敌意归因水平明显下降（Park，Enright，Essex，Zahn-Waxler & Klatt，2013）。

恩莱特（Enright，1991）认为，当我们宽容某个伤害过我们的人时，我们伤害和回避对方的想法同样也会减少。不过，从治疗的角度来说，我们如果协助个体减少了对于对方的回避行为，实际上也就帮助个体缓解了自身的敌对情绪状态。因此，缓和敌对情绪自然也就成为宽容提升中的一个重要方面。总而言之，宽容的人更有可能采取一些积极行动，改变与他人的敌对状态，在这一过程中，原本的消极情绪逐渐转化为中性情绪、积极情绪，在态度上表现出同情、关爱，在行为上表现为愿意与对方共同参与某些活动、提出建议等。

二、宽容与积极人际关系的恢复

许多研究者都发现，人们通常更倾向于宽容那些与自己关系比较亲密的人，而对于与自己距离比较远的人或是陌生人则比较难宽容。麦卡洛等（McCullough et al.，1998）通过路径分析法发现，不仅人们会因为人际关系的亲密、投入及满意而表现出宽容，而且宽容也会反过来缩短个体与冒犯者之间的关系距离。因此，愿意宽容冒犯者的人通常也更容易与冒犯者重建友谊；与之相反，对伤害过自己的人不能表现出宽容，也往往更会令彼此间的关系伤害进一步加剧，最终导致这种关系的完结。与此类似，宽容水平较高的青少年既不会主动欺负他人，同时也不太可能受到欺负。可见，宽容似乎成为人际关系的润滑剂和黏合剂（Quintana-Orts，Rey & Worthington Jr，2021）。

但也有心理学家注意到，在某些情况下，人们的宽容可能会纵容伤害者的伤害行为，而使自身处于危险的情境。卡茨、斯特里特和阿里亚斯（Katz，Street & Arias，1997）的研究发现，当受到某些比较严重的肉体伤害时，宽容行为可能会使伤害者认为可以滥用这种关系，从而经常采取冒犯行为。因此，受害者也需要谨慎评估冒犯行为，辨别出哪些情况下能够宽容伤害者。

宽容有时甚至可以将敌人变成朋友。两度当选美国总统的亚伯拉罕·林肯（Abraham Lincoln）正是用这种方法“消灭”政敌的。在竞选总统前夕的一次演说中，林肯在参议院遭到了羞辱。一名参议员说：“林肯先生，在你开始演讲之前，我希望你记住自己是个鞋匠的儿子。”林肯答道：“我非常感谢你使我记起了我的父亲，他已经过世了，我一定记住你的忠告，我知道我做总统无法像我父亲做鞋匠那样做得好。”这番话使参议院陷入了一片沉默。

接着，林肯转过头来对那名傲慢的参议员说：“据我所知，我的父亲以前也为你的家人做过鞋子，如果你的鞋子不合脚，我可以帮你改善它。虽然我不是伟大的鞋匠，但我从小就跟我的父亲学会了做鞋子的技术。”然后，他又对所有的参议员说：“对参议院的任何人都一样，如果你们穿的那双鞋是我父亲做的，而它们需要修理或改善，我一定尽可能地帮忙。但有一点可以肯定，他的手艺是无人能比的。”说到这里，所有的嘲笑都化作了真诚的掌声。

有人批评林肯总统对待政敌的态度，认为应该想办法打击他们、消灭他们才对。但林肯总统温和地说：“我们难道不是在消灭政敌吗？当我们成为朋友时，政敌就不存在了。”正如林肯纪念堂墙壁上所刻的“对任何人不怀恶意，对一切人宽大仁爱”的字句，林肯以宽容的精神为自己创造了一种融洽的人际环境。

三、宽容与身心健康

在身体健康方面，伤害事件会使人们产生愤怒、憎恨、焦虑等负面情绪，这些不良的情绪体验是危害个体身体健康的重要因素。阿弗莱克等（Affleck，Tennen，Groog & Levine，1987）研究发现，谴责他人和敌意与不佳的健康状况相关。麦卡锡等（McCraty，Atkinson，Tiller，Rein & Watkins，1995）也发现，经常谴责他人的个体患心脏病的概率远高于其他个体，而相对地，积极的情绪状态可以提高免疫力，降低心脏病、高血压和呼吸系统疾病的发病率。另外，斯沃弗和霍林（Swaffer & Hollin，2001）发现，愤怒与类似感冒的一些常见疾病相关，愤怒会引发血压的波动，以及冠心病和其他心血管疾病。对于这些负性情绪对身体健康的危害，沙伊特（Scheidt，1996）曾提出慢性交感神经系统的过度唤醒理论。该理论认为，影响内分泌腺的交感神经系统的过度唤醒是影响健康的重要机制。减少该系统的过度唤醒，能提高免疫力，减少心血管系统的负荷。研究表明，不宽容者体内的糖皮质激素较多，由此可损伤免疫功能而引起多种健康问题。罗梅罗等（Romero et al.，2006）测量了81名患乳腺癌且正在接受治疗的妇女的自我宽容、精神性与心理适应力。研究发现，自我宽容是低水平的情绪紊乱和高生活质量的有效预测源，而且对自我宽容的干预能减轻压力。一项研究回顾了2000—2018年间55篇有关宽容和身体健康的论文，涵盖了纤维肌痛、脊髓损伤、慢性心力衰竭、创伤性脑损伤、中风、糖尿病等11种疾病；结果表明，在所有的55项研究中，有40项（73%）研究证明宽容对身体健康有积极作用（Toussaint，Worthington，Williams & Webb，2019）。

类似的研究仅是开始，它们大部分集中于不宽容会导致的身体健康的代价。而对于宽容的潜在健康收益，也有一些探索。麦卡洛和威特利特（McCullough & Witvliet，2002）运用组内重复测量设计，让大学生想象对现实生活中一位伤害者的宽容反应（理解，共情伤害者）和不宽容反应（再现伤害的情境，心怀怨恨），并测试了他们的生理反应。结果发现，被试在进行不宽容想象时，心血管反应更大（心率、血压），交感神经系统更活跃（皮肤电水平），负性情绪水平更高（如愤怒、悲伤），控制感更弱。与之相反，被试在进行宽容想象时，他们的生理反应较小，负性情绪水平较低，积极情绪更多，而且有着更强的控制感。这些结果表明，人们选择不宽容伤害者，会付出情绪和生理代价；而当他们选择宽容时，会产生心理和生理收益。由于宽容的主要作用是可以有效减少因伤害事件而产生的负面情绪，因此它有助于人们处理好自己的情绪，进而保持身体的健康。现在，研究者越来越关注宽容与身体健康的关系。

在心理健康上，一些研究证明了宽容对心理健康的积极促进作用。赫比和恩莱特（Hebl & Enright，1993）研究了宽容、焦虑、自尊和抑郁的关系，他们运用恩莱特（Enright，1991）的干预模式，将26位平均年龄为74.5岁的老年妇女分为控制组和实验组进行干预。在8周的实验结束后，他们发现实验组的宽容意愿高于控制组，两组被试的焦虑和抑郁评分都有所降低，而且高宽容和高自尊、低焦虑以及低抑郁相关。在对平均年龄为36岁的12位乱伦受害妇女的研究中，弗里德曼和恩莱特（Freedman & Enright，1996）发现，接受了宽容干预的实验组的宽容和希望宽容的评分比控制组提高更多，抑郁和焦虑的得分降低。而且，实验组的妇女其心理健康和自尊的评分也有很大提高。考利和恩莱特（Coyle & Enright，1997）对因伴侣决定堕胎而受到伤害的男性被试的研究发现，接受了宽容干预的实验组其宽容评分提高，而悲伤、愤怒和焦虑水平降低。萨德法·阿克塔和简·巴洛（2018）回顾了以往宽容对心理健康的干预研究，这些研究涵盖了青少年到老年人被试；他们发现宽容干预方案可以有效减少抑郁、愤怒和敌意，缓解压力和痛苦，并且促进积极情绪。近期一项研究表明，新冠疫情期间，年纪越大的老年人感受到的压力水平越低，宽容水平越高，进而心理健康状况也越良好；宽容在压力和心理健康之间起到了中介作用（L. Toussaint，Cheadle Dezutter & Williams，2021）。

四、宽容与主观幸福感

作为积极心理学的重要部分，关于宽容与主观幸福感关系的研究日益受到学术界重视。丹顿和马丁（Denton & Martin，1998）研究发现，宽容有助于增加正性情感，使内心更加平静、和谐，并有助于提高个体的主观幸福感。对一些特殊群体进行宽容相关干预，可以有效地减轻他们的心理压力，增强他们的幸福感（李兆良，高燕，2010）。

研究表明，宽容的人更加幸福。汤普森等（Thompson et al.，2005）认为，个体对侵犯者、侵犯行为和侵犯行为后果的反应在一开始是消极的，而宽容可以促使消极反应逐渐转变为积极反应。这种转变使个体产生了积极的认知，进而引发积极的行为。因此，宽容的人往往能够从积极的方面来看待自己，自信水平更高，当遇到困难时相信自己有能力解决，并以积极的态度面对，从而维持较强的主观幸福感。国内研究者也得到了相同的结论。例如，李湘晖（2007）采用整群分层抽样法抽取了南京市两所大学的323名本科生，并测查了他们的宽容水平和主观幸福感。结果发现，大学生的宽容水平与幸福感总分及对生活的满足和兴趣、愉快的心境等因子分均呈显著的正相关。具体而言，宽容水平越高的大学生主观幸福感越强，宽容水平越低的大学生主观幸福感越弱。同时，愉快的心境、对生活的满足和兴趣、松弛感反过来又影响了宽容水平。张海霞和谷传华（2009）采用汤普森等编制的宽容量表调查后发现，宽容倾向能显著地帮助正向预测自尊与主观幸福感，其中宽容自己、宽容他人能分别显著地帮助预测自主与主观幸福感。张建育和胡雪琴（2011）也发现，提高个体的宽容水平可以更好地增强其主观幸福感。国内外学者们对有关宽容与幸福感关系的文献进行元分析后一致认为，宽容的人普遍有较强的主观幸福感和较高的生活满意度，并且拥有更多的积极情绪。这一结论在多种文化背景下均得到了印证（Gao，Li & Bai，2022；Hanke & Vauclair，2016）。

此外，也有研究者认为，宽容对主观幸福感的作用中，有一部分是以人际关系为中介实现的。波诺、麦卡洛和罗特（Bono，McCullough & Root，2008）发现，宽容能够对亲密关系产生积极的影响，进而影响幸福感。而对一般人际关系的满意度，宽容具有一定的影响力；宽容水平越高，对人际关系感到满意的可能性也越大。研究者认为，这种影响主要来自两个方面：一是宽容可以提高个体处理各类人际冲突的能力，预防人际冲突事件的恶性循环，因而有利于人们建立起积极的人际关系，提高对人际关系的满意度，促进主观幸福感的增强；二是良好的人际关系可以帮助人们获得各种有效的社会支持，提升人际适应能力，增强主观幸福感。如果一个人倾向于从消极的方面来看待人际冲突事件，并对他人表现出报复、怨恨等消极的社会行为，则不仅不利于他们从同伴那里获得积极的评价，还容易导致各种消极情感，使人际关系恶化，主观幸福感也因此降低。因此，人际关系满意度在宽容对主观幸福感的影响中具有部分中介作用（刘会驰，吴明霞，2011）。

第四节 如何提升宽容水平

20 世纪 70 年代，在克洛斯（Close，1970）和汉特（Hunter，1978）的研究中，宽容开始被运用到心理咨询与治疗实践中。到了 80 年代末 90 年代初，大量关于宽容治疗的文章开始出现在主流杂志上（例如，Hebl & Enright，1993）。尽管已有研究证实，宽容对于医学和临床与咨询心理学是大有裨益的，但是在相关领域的实际应用中，对于宽容的应用还是相对较少的。同时，由于种种原因，宽容干预中仍存在诸多误区，对心理咨询与治疗师的临床实践有着很消极的作用，这表现为来访者会误解宽容的含义和目标，从而对咨询师和咨询过程本身产生明显的愤怒和阻抗。其实，很多时候，人们并不是因为不宽容而无法处理愤怒，反而是因为不知道或者不能合理地处理自己的愤怒，而无法实现那些原本可以实现的宽容。

一种令人遗憾的现状是，目前在心理治疗领域，对于愤怒情绪在各种心理问题和疾患中扮演的角色，并没有一致的看法，这导致人们往往不太关注愤怒情绪，甚至在有些时候还会有意无意地忽略愤怒情绪。比如，认知行为学派很少阐述愤怒情绪在抑郁症患者的首发和病症持续与发展的过程中有怎样的作用。在此类抑郁症治疗过程中，许多治疗师只会将工作局限于让患者表达愤怒的情绪，并由此引导其发现自身的适应不良的认知模式。当不合理的认知被矫正后，治疗师们会很愿意相信，愤怒也就自然冰消了。而在心理动力学治疗的视角下，因愤怒情绪引起的抑郁往往是来访者将愤怒向内投射到自己身上的结果。因此，在治疗过程中，心理动力学治疗师们坚信，若能通过鼓励表达和宣泄愤怒，帮助来访者将这种愤怒投射的落脚点从自己身上移出来，抑郁症就可以被治愈。然而遗憾的是，许多患有重度抑郁症的来访者，即使服用了大量的抗抑郁药物并处在康复期，也很难进入这样的治疗过程中。而有些来访者甚至在其表达了郁积于心的各种愤怒后，仍然感到自己的抑郁症状并没有得到本质上的改善，甚至从根本上否认这些帮助和建议的有效性。那么，宽容作为一种积极的情绪和行为，是怎么在心理治疗中发挥作用的？治疗师又应如何引导受害者宽容对方呢？为了解决这个问题，研究者们在对宽容他人的心理过程进行细致研究的基础上提出了宽容干预的理论模型。下面介绍其中一个治疗模型。

恩莱特和巴斯金（Enright & Baskin，2004）组建了一个名为“人类发展研究小组”的学术联盟，对宽容和宽容治疗的临床应用进行了深入细致的科学研究，在总结前人对宽容研究的基础之上，尝试建立了宽容的过程模型。该模型经过不断扩展，最终发展成为今天被广泛应用的宽容干预模型（见表 11－3）。该模型共包含四个阶段，每一阶段又由若干环节构成。

表 11-3 宽容干预模型

体验伤害的阶段 (uncovering phase)	1. 检验心理防御机制 2. 正视愤怒，目的是释放而不是隐藏愤怒 3. 适当的时候体验羞愧 4. 觉察到对伤害事件的过度关注 5. 觉察到对所受伤害的回想 6. 意识到将自己的不幸与冒犯者的“幸运”做比较 7. 意识到伤害对自己造成的影响是永久的 8. 觉察到“公正世界”的信念应有所改变
决定宽容的阶段 (decision phase)	9. 意识到现有的应对策略对当前的情境不起作用 10. 将宽容作为一种选择 11. 做出宽容的承诺
实施宽容的阶段 (work phase)	12. 将冒犯者置于当时的情境中，对其过错进行重新认知 13. 对冒犯者共情 14. 觉察到对冒犯者的同情 15. 承受痛苦
收获成果/深化的阶段 (outcome/deepening phase)	16. 思索经历磨难和给予宽容对人生的意义 17. 意识到自己也有得到他人宽容的需要 18. 认识到他人也会受到伤害 19. 认识到自己会因此而树立新的生活目标 20. 意识到对冒犯者的消极情绪逐渐减少，积极情绪逐渐增加；意识到内心的释然

该模型细致地描述了宽容一个人可能会经历的心理过程。

阶段一是体验伤害的阶段，其目的是帮助个体认识、体会和接纳自己在受到伤害后可能出现的一些消极反应，如愤怒、羞愧、对事件的过度关注、拿自己的不幸与冒犯者的“幸运”做比较等。这些消极反应加深了个体的愤怒和悲伤的情绪。只有当个体认识到自身存在这些消极情绪及认知后，他才能做出改变，进而促使自身的情绪得到宣泄。

阶段二是决定宽容的阶段。该阶段的目的是向个体阐明宽容的含义，引导其将宽容作为一种可供选择的策略，并考虑是否愿意宽容。在这一阶段，个体将重新审视自己的所作所为，当他发现先前的一些应对策略毫无意义时，他就会思索宽容的意义，并考虑是否通过宽容来解决问题，进而做出宽容的承诺。

阶段三是实施宽容的阶段。在这一阶段，个体将从新的角度看待冒犯者，重新构建对他的认知，并体会他的困惑、脆弱或压力，增加对他的同情。在这一阶段，个体不再纠缠于自己曾受到怎样的伤害，而是能主动地站在对方的角度考虑、理解对方。

这时，他甘愿忍受痛苦，放弃报复，从而获得内心的平静。

阶段四是收获成果/深化的阶段。这一阶段的目的是巩固个体的宽容意愿，促使其真正地宽容冒犯者。首先，引导他思考这场磨难带给他的积极影响。研究表明，赋予遭遇更积极的意义能够促使个体宽容。其次，引导他认识到每个人都是不完美的，有时自己也需要得到他人的宽容。再次，引导他认识到他人也会像自己一样受到伤害，这时，个体先前那种孤立无援的感受会减少。同时，还要引导他树立新的生活目标，进而激发他对未来生活的希望。通过以上种种措施，个体渐渐意识到自身的消极情绪逐渐减少，积极情绪逐渐增加。最终，其内心得以释然，从而真正地宽容了冒犯者。

该模型详细描述了宽容的心理过程，这对我们理解受害者、帮助其走出困境具有指导意义。第一阶段侧重于对受害者心理的分析，着重讲述了哪些情绪、想法或行为可能困扰受害者，这有助于加深我们对他的理解。其余三个阶段为促进宽容的阶段。首先，引导受害者树立宽容意识。其次，改变受害者对冒犯者的消极认知，促进受害者共情。最后，促使受害者真正地宽容冒犯者。当然，每个宽容者并不一定都要经历上述所有过程。上述过程是逻辑上的顺序而不是心理上的不变的顺序。不同个体之间存在着差异。有的个体会出现后退或跳跃现象。

大量研究表明，基于该模型的宽容干预能有效改善个体的心理状态，促进个体宽容。此外，对有宽容经历的个体的研究发现，该模型所包含的各个环节与宽容者所描述的宽容过程非常相似。对临床工作者的调查研究也证实了该模型的合理性。

拓展阅读

运用宽容干预模型来治疗抑郁

一、体验伤害的阶段

体验伤害的阶段的主要目标是让来访者对他们过去受到的不公正的伤害有更清楚的洞察，觉察了解这些伤害对于他们内心的影响。这个阶段包括 8 个单元，涉及以下议题：愤怒、羞愧、精力丧失、认知性复述、比较伤害者与自己、面对因伤害导致的永久性的改变，还有就是对“公平世界”价值观的改变。对于抑郁来访者，咨询师试图找出他们的主要伤害和愤怒，而重点探讨的是来自重要他人，特别是原生家庭的伤害。

这个阶段也是发现时期，要找出来访者的愤怒，洞悉他们所受到的伤害，以及由此产生的深远影响。还有一个方面是需要询问和观察的，即来访者表达愤怒的方式。当来访者认识到这些时，他会十分惊讶：自己从不曾了解自己的愤怒竟如此之深。起初，来访者会十分抗拒，因为他无法接受自己有如此多的愤怒，并对此感到愧疚和产生罪恶感。同时，他也没有掌握安全的排解方式。咨询师会感到困难，并遇到较大挑战。通过教授来访者如何处理和解决愤怒，也能够帮助来访者从否认等机制中走出来。在这个过程中，来访者也会体验到相当大的痛苦；但丰厚的回报是，来访者开始觉察解决和治疗的重要性。

在认知性复述议题上，咨询师可以请来访者思考自己是否愿意尝试着去原谅那些伤害过他的人，以此引起来访者对宽容的思考，同时也能够帮助他觉察自己的情绪——除了愤怒，还有未消解的沮丧、悲伤等痛苦的情绪。另外，咨询师也要对来访者进行“宣传和教育”，即如果他不去坦然诚恳地面对和处理愤怒与伤害，那么抑郁就无法缓解和消除，这个过程需要来访者付出很多努力。咨询师还可以通过讲述他人是如何克服困难、做到宽容的，帮助来访者克服自己的抗拒。这一阶段结束后，来访者会感到有些放松，强大的情绪压力有所缓解。

在第一阶段，咨询关系很重要。咨询师要有同理心、真诚、温暖，提供一个充满接纳的环境，建立安全信任的关系和氛围，让来访者能放心地觉察和表达愤怒，否则后面的阶段都将很难有效进行。虽然咨询师能够提供一些帮助，但只有个体自己能够掌控他的抑郁。

二、决定宽容的阶段

在这一阶段，来访者的治疗动机进一步加强。咨询师主要与来访者探讨其是否决定宽容他人。来访者需要一段时间来讨论他的愤怒，慢慢放下。另外，来访者也需要减轻自己决定宽容对方后心理和情绪上的痛苦。有时，来访者心中的愤怒还有未消解的部分，他可能做出伪装宽容的决定。咨询师要告诉来访者，不要勉强宽容，不要为了宽容而宽容，可以给自己多些时间。让来访者区分认知性宽容和情绪性宽容，只有从内心感觉到开始愿意原谅对方，才能达到真正的宽容。

咨询师可以建议来访者更多地了解对方的生命经历，这对宽容他人是有帮助的。同时，要避免来访者对宽容的含义有所误解，咨询师要向其解释，宽容并不意味着伤害者就可以不用为自己的行为负任何责任、不需要付出代价，宽容并不等同于纵容。宽容也不是懦弱的象征。有时，抑郁者害怕去宽容，唯恐这一举措会将自己置于更加脆弱的境地。其实，宽容者不是缺乏自信的人，相反，他是生命中的强者。宽容他人不代表伤害者就占了便宜，相反，宽容他人的人才有着丰厚的获益。另外，宽容他人不意味着就要和伤害者重修旧好，决定宽容一个人与重新信任一个人不是一个概念，要告诉来访者不是让他去与伤害者寻求亲近。

在此治疗阶段，咨询师通常与来访者讨论如果不宽容，继续愤怒、仇恨下去，带给后者的负性影响都有哪些。例如：情绪上不必要的沉重负担、生理疾病痛苦可能会让来访者将愤怒发泄到无辜的人身上，损害他的各种人际关系；伤害者还在通过控制他的情绪伤害他；等等。那么，同样，了解宽容后的获益也是必要的。例如：有稳定的情绪，不再受情绪痛苦的折磨和控制；能够建设性地表达情绪；罪恶感降低；人际关系改善并更加亲密；不会持续担心自己愤怒冲动的后果；等等。

三、实施宽容的阶段

这是宽容治疗的核心阶段，包括的单元有：角色取代、慈爱心、同理心、重架新框、接受伤害的痛苦等。咨询师希望通过宽容练习来达到使来访者敞开心胸、理解伤害者并且宽容伤害者的目的。来访者不断陈述伤害事件并不能达到宽容。咨询师建议，来访者不但要在咨询过程中使用宽容练习，平时生活中也可以每天两次、每次几分钟去练习宽容伤害者。来访者的愤怒和悲伤越强烈，就越要多花一些时间练习，去宽容伤害者。来访者要形成习惯，将练习变成例行程序。抑郁症患者的这种每日练习往往要持续数月甚至数年。做过宽容练习的来访者发现这么做能够降低愤怒攻击的强度和频率。由于情绪更加稳定，来访者感到似乎重新充满了正性的能量，不再试图控制自己的愤怒念头和冲动。

抑郁症患者的症状往往来自原生家庭，他们在与早期重要他人，特别是父母的互动中，受到了不公正的对待甚至伤害。但到了成人期，他们的愤怒被发泄到了现实的人际关系中。一些来访者极度否认自己对父母的愤怒，觉得在意识中这是难以接受的，所以要去伪装愤怒，发泄到不该发泄的人身上。对父母的宽容，可以在咨询中采用心理剧的技术。即进行角色扮演，重现当时的情境，让来访者在这个过程中，大声地表达自己的不满、愤怒、期望，还有对对方的宽容等。咨询师扮演伤害者；来访者想象自己小时候在该情境下的样子，并且回应和倾听伤害者。咨询师也可以扮演被伤害者，让来访者觉察和思考伤害者做出该行为反应的可能原因。

在角色取代的单元，通过增加来访者生命中的榜样形象，来帮助其恢复心理功能，建立对他人的基本信任感，这样可以使来访者有资源和力量去做到宽容。很多人在没有发展出爱和信任的能力与新关系之前，无法相信宽容可以帮助他们停止痛苦。愤怒在此时是一种支撑来访者的力量，让他们感到自己的存在和强大；如果连愤怒也放弃，那么他们会产生更深的抑郁和空虚感。所以，在放下之前，咨询师要帮助来访者发展出替代的、富有建设性的，同时不会带来内在伤害的关系和客体对象。咨询师本身就可以作为一种榜样，为来访者提供安全的并且可以让他们信任的基地。咨询关系是一种非伤害性的、平等的、值得信赖的关系，这种新经验能够让来访者感觉到更多希望，促进他们的宽容进程。咨询师温暖、积极的支持可使来访者逐步将宽容内化为生命价值体系的一部分。

认知性宽容练习不仅包括单纯地宽容对方，还包括让来访者放下愤怒，放弃报复的念头。咨询师要向来访者传递这样一种信念：宽容练习需要花一定的时间和努力，不是一蹴而就的，来访者不会那么容易就达到宽容；有时，不是来访者做了宽容的决定就达到了真正的宽容，可能内心的愤怒还未处理消解完，要跟随内心的感受和声音。

此阶段结束时，来访者会再一次检视其“公平世界”的价值观念。

第五节 宽容与信念

宽容自己与宽容他人不仅是亲社会情感引起的动机和行为的改变，还是一种高级的人生信念，与精神有关。所以，宽容的培养离不开信仰教育或信念教育。信念就是带着感情的认知，它不是事不关己的冷认知，而是与自己利益有关的热认知。由于带有情感，所以信念具有主观性和坚定性。

1991年11月1日，在美国艾奥瓦大学发生了一起令世人震惊的事件：一名刚刚获得太空物理博士学位的28岁中国留学生卢刚枪杀中国留学生山林华及美国三位教授和一名副校长后自杀。

当天下午3点半左右，艾奥瓦大学物理系大楼309室正在进行天文物理专题研讨会。当研讨会上正展开激烈的讨论时，卢刚出现了。他带着一个提包，悄悄推开门，坐在了房间的角落里，静静地听了5分钟。他突然从包里取出手枪朝着他的导师戈尔兹教授开枪，戈尔兹教授应声倒下。他又冲上前在教授脑后补了一枪，继而又向史密斯教授开了两枪。在场的人一时还没反应过来，以为他拿玩具手枪搞恶作剧，直到看到两位教授身上鲜血如注，才知道他在杀人。一名中国学生不堪刺激当场昏倒。另一名中国学生吓得夺门而出，去打报警电话。这时的卢刚已经把枪口对准了他嫉恨已久的“竞争对手”山林华，一连朝他的脑门和胸膛开了好几枪，山林华当即身亡。在一片混乱声中，卢刚又从三楼跑到了二楼，推开系主任办公室的门，一枪射杀了系主任柯森。他确认系主任身亡后，又跑到现场确认戈尔兹、史密斯、山林华是否都死了。其中，史密斯教授还没有死，三个人正准备把他抬去抢救。这时，卢刚站在门口挥舞着手枪叫他们出去，然后走到躺在地上的史密斯教授跟前，对准他惊恐万分、带着哀求眼神的眼睛又补了一枪，直到他死去。卢刚又疯狂地跑到生物系大楼寻找射杀目标，在没有找到目标之后又冲进行政大楼，闯进副校长安妮·克里黎利的办公室，朝她胸前和太阳穴连射两枪。副校长的女秘书惊恐地拿起电话报警，他又朝女秘书脖颈射了一枪，然后举枪自杀。

凶杀事件中无辜被牵连的副校长安妮在当地具有非常高的声望，她生前经常帮助别人，支持公益事业。她出殡的那一天，整个城镇的人都自发地为她送行。那一年的圣诞节到了，报纸上刊登了一封信，是写给卢刚的父母的，信中写道：“亲爱的卢父、卢母，你们好，中国有句古话叫作‘每逢佳节倍思亲’，在圣诞节到来之际，我们非常怀念我们在这起不幸事件中失去的亲人，但是此时此刻，与我们一样悲伤的一定是你们两位老人，因为在这起不幸的事件中，你们也失去了心爱的儿子。希望两位老人节哀，保重身体。愿上帝保佑你们。”简直不敢相信，这封信是安妮的亲属写的，是专门写给凶手的父母的。这封感人的信堪称体现宽容的经典之作，安妮的家属已经不再纠缠于过去的伤痛，而是主动安慰卢刚的家属。这种博大的胸怀值得我们学习。

无独有偶，在发生韩国留学生赵承熙残杀32名大学生的弗吉尼亚理工大学，大学生们悼念死者的时候居然点燃了33根蜡烛——同时悼念凶手，因为他们认为他是不幸的：精神和性格上有缺陷，是他生命的不幸。

在当代社会，很多人相信的生存逻辑是“人不犯我，我不犯人；人若犯我，我必犯人”，这里的心理问题在于“必”字。我们知道，有关不公正的认知与体验是存在个体差异的，有些人夸大了不公正，非常在意别人不友好的态度，这完全与自卑有关。上面提到的在美国制造校园凶杀案的韩国凶手赵承熙就是一个自卑的人，也被认为是精神病人，他总是把同学的嘲笑记在心中，夸大了别人的敌意。其实，即便有人嘲笑他说话结巴，也是善意的玩笑，并没有不把他放在眼里的意思。他则歪曲了现实，觉得周围的人都在歧视他，“我要让他们瞧瞧我的厉害”。

在我们的社会中，宽容经常被认为是软弱的表现，宽容别人、原谅别人被认为是一件丢人的事情——明明吃亏了，却不敢报复对方，缺少男子气。很多人热衷于恩怨相报，对于来自别人的伤害或不公正一定要奋起反击。可是，仇恨、复仇、报复就是无休止的循环。而且这些不宽容的行为必然与愤怒、挫败、自卑、残忍等消极方面密切相连。

而宽容是从更高的角度对个人恩怨的一种领悟，能够从历史和关怀的角度看问题，是一种化解仇恨的好方法，也是一种最具有情绪创造性的好办法。在宽容中，人们往往从善良、过失、人的不完美的立场看问题，人的情绪是平和的、接纳的，眼睛看到的都是人性中的积极方面。

宽容可能孕育宽容，被理解、被宽容的人会努力反省自己的过错与性格的弱点。国外有一档电视节目，让强奸犯与受害妇女对话，让强奸犯向受害妇女道歉。但受害妇女并不接受道歉，而是表达对强奸犯的仇恨与不宽容，恨不能冲上去痛打对方一顿。但是，在心理学家的开导下，受害妇女开始理解宽容的力量，尽量尝试着原谅犯人。犯人终于被感动了，发自内心地向受害人忏悔，并发誓不再侵犯妇女。心理学家总结说，我们不原谅罪犯非常容易，但只有一个结果，即他们更加仇恨社会、更加仇视妇女。只有从理性的角度，我们才能选择宽容与原谅。

宽容是一种积极的心理品质，也是一种战胜消极心理的强大力量。有时我们虽然意识到宽容的必要性，但在情感上还是没有力量和勇气来实践宽容，毕竟我们情感上习惯了不宽容。所以，宽容精神必须与信仰教育联系起来，必须作为一种带着感情的认知，而不是一个道理来认识。

第六节 宽容的边界

如前文所述，宽容对化解人际冲突、提升心理健康水平和幸福感有重要的积极作用。然而，研究者也逐渐注意到宽容潜在的消极作用。

在一段亲密关系中，对伴侣的错误行为（例如，出轨、家暴等）过度宽容可能并不是一件好事（McNulty，2019）。麦克纳尔蒂（2010）认为，对伴侣的过错，个体过于宽容并不会让其真正悔改，反而催生了伴侣的侥幸心理，纵容了伴侣继续犯错的倾向；相反，不留情面、绝不饶恕反而会让伴侣真正意识到事情的严重后果，进而改正错误。麦克纳尔蒂从斯金纳“操作性条件反射理论”的角度解释了这一猜想：个体会因为某一行为受到积极反馈而一直重复该行为，即受到“强化”；相反，个体会因为某一行为受到消极反馈而停止重复该行为，即受到“惩罚”。在亲密关系中，如果一方的错误行为没有得到对方的原谅，反而受到惩罚（例如，怒斥批评、被拒绝、感受孤独等），那么他们会尽力减少错误行为，避免再犯错误。相反，如果他们得到了对方的原谅，那么他们较少甚至不会受到惩罚，这种看似幸运的结果无疑“强化”了他们的行为，因此他们可能会再次犯错。麦克纳尔蒂先后通过两项研究证明了这一观点。在第一项研究（McNulty，2010）中，被试每天在日记中报告他们的伴侣在当天是否有负面、消极的行为表现，以及他们是否原谅了这些行为。结果表明，如果个体原谅了对方在前一天的负面行为，那么对方在第二天再次有负面行为的可能性就会增加。鉴于该研究中的自我报告法可能增加了结果的偏差，即越是宽容的人越敏感从而越有可能报告负面行为，麦克纳尔蒂又开展了第二项研究。新的研究（McNulty，2011）考察了新婚夫妇对伴侣的宽容水平和伴侣在四年期间的不良行为倾向之间的关系。刚结婚时，新婚夫妇双方报告了他们对伴侣可能表现出的不良行为（例如，攻击行为）的宽容程度。之后每年，夫妻二人都会报告他们对伴侣表现出心理（言语上的）和生理（身体上的）攻击行为的倾向。结果表明，个体对伴侣的宽容程度越高，则伴侣在四年中言语和身体攻击的倾向也越强；相反，个体对伴侣的宽容程度越低，则伴侣在婚后言语和身体攻击的倾向也越弱。此外，也有研究表明，寻求并获得宽恕的施虐者更有可能在获得宽恕当天和随后的一天再次实施家庭暴力（Burge et al.，2016）。综上所述，宽容在亲密关系中并非万能的，对伴侣的不良行为过于宽容可能会付出极大的代价。宽容有一定的边界。

自我宽容，即个体在知错认错后原谅自己，有助于减少个体由于犯错而产生的消极心理（例如，焦虑、抑郁等），帮助个体更好地改变自我。然而，该过程中也存在一些负面影响，比如自我宽容使个体认识不到其错误行为或不良行为的严重性，减轻了他们的负罪感和责任感，这可能会打击个体彻底改正不良行为的决心，以至于其继续保持这些不良行为。例如，沃尔和汤普森（2011）发现，戒烟者的自我宽容减轻了吸烟的负罪感，从而削弱了个体的戒烟意愿。类似地，根据自身赌博问题的严重程度，可以将赌徒分为危险赌徒和严重赌徒。相比严重赌徒，危险赌徒对自己更加宽容，悔改的意愿也更低。而随着赌博问题越来越严重，赌徒才逐渐抛弃对自己的宽容和原谅，迫切希望做出改变（Squires，Sztainert，Gillen，Caouette & Wohl，2012）。近期一项研究中，研究者调查了对以往透支经历的自我宽容与未来的透支行为之间的关系，并检验了个人能力观在其中的调节作用（Peetz，Davydenko & Wohl，2021）。结果表明，个体对透支经历的自我宽容可以显著帮助预测未来的透支行为，但该影响作用只反映在持能力增长观的个体身上，而不会反映在持能力实体观的个体身上。研究者解释道，对于持能力增长观（倾向于认为能力可塑）的个体，对过去透支行为的自我宽容（原谅）意味着该行为已经“结束”，而未来的透支行为是不受过去影响的“新的开始”，因此他们会再次表现出透支行为。而持能力实体观（倾向于认为能力不变）的个体认为，未来和过去的透支行为本质上几乎无异，只是一种时间上的延续；无论自己是否已经原谅过去的行为，他们都不会在未来继续透支。总之，对不良行为或生活习惯的自我宽容或原谅可能并不利于自身的积极改变，这是自我宽容较为阴暗的一面。

综上所述，我们应当根据我们对现实的评估来合理选择宽容。只有当不宽容造成了严重的心理问题、妨碍了人际关系和影响了生活质量时，我们才需要选择宽容。如果不宽容有利于我们实现生活的目标和维护将来的关系，我们就可以选择不宽容。

概念术语

人际宽容　自我宽容

本章要点

1. 宽容包括认知、情绪、行为三个方面的内容。宽容是受害者在受到不公正的伤害后，消除对冒犯者的负面认知、情绪和行为反应，并出现正面的认知、情绪和行为反应的过程。

2. 宽容是一种人们受到冒犯后其亲社会性动机的改变。这种改变有两个内容：一个是动机结构的变化，另一个是一种亲社会行为的出现。

3. 自我宽容是指个体在面对自己已经认识到的错事时，愿意放弃对自己的不满，并给予自己同情、宽大和关爱。

4. 常用的宽容量表有状态自我宽容量表（SSFS）和哈特兰德宽容量表（HFS）。

5. 宽容有助于缓和敌对情绪、修复人际关系、提升主观幸福感，有利于身心健康。

6. 目前一个被广泛应用的宽容治疗模型是恩莱特等提出的宽容干预模型。

7. 对他人和自己过分地宽容，会造成消极的后果。一方面，宽容在亲密关系中并非万能的，对伴侣的不良行为（例如，出轨、家暴等）过于宽容可能会付出极大的代价。另一方面，对不良行为或生活习惯的自我宽容或原谅可能并不利于自身的积极改变。要灵活地选择宽容。

复习思考

1. 宽容的心理学定义是什么？
2. 人际宽容和自我宽容有什么异同与联系？
3. 怎样对宽容倾向进行测量？
4. 宽容对于个体有怎样的益处？
5. 怎样通过宽容来进行治疗？
6. 宽容有哪些潜在的阴暗面？

推荐读物

1. 王硕，李少颛．宽恕的力量．南京：江苏凤凰教育出版社，2013.

2. 彭凯平．活出心花怒放的人生．北京：中信出版社，2020.

3. 罗斯金．学会宽恕．上海：上海社会科学院出版社，2020.

4. 塞利格曼．认识自己，接纳自己．杭州：浙江教育出版社，2020.

5. MCCULLOUGH M E，PARGAMENT K I，THORESEN C E. Forgiveness：theory，research，and practice. New York：Guilford Press，2000.

篇终

积极心理学的应用与展望

21 世纪将会出现一股新的潮流，它将帮助人们了解和建立如何使个体、团体和社会丰盛的方法，这便是积极心理学。

——马丁·塞利格曼

【教学目标】

了解积极心理学的应用范围、特点和技术；了解积极心理的环境塑造；学会在日常生活中进行积极的自我调适；理解积极心理学应用的自身局限和未来发展方向。

【学习重点】

掌握积极心理学给个体身心带来的影响、积极心理形成的必要环境；理解积极心理学应用的繁荣成果和广阔前景；了解积极心理学在家庭、学校、工作等不同环境中的应用特点和技术。

【读前设问】

1. 你觉得积极心理学能给个人和社会带来哪些方面的改变?
2. 举例说明并解释积极心理学的作用机制。
3. 如何塑造积极的环境?
4. 在日常生活中，你是否应用过积极心理学技术进行自我调适? 效果如何?

第一节　积极心理学在生活中的应用

一、积极心理学在家庭中的应用

积极心理学在家庭中有着广泛的应用，主要涉及夫妻关系（婚姻）和亲子关系两个方面。家庭是个体成长的港湾，也是人格塑造和社会化的核心场所。和谐的人际关系、完善的家庭功能和及时的社会支持都是保证个体幸福、快乐的重要因素。从情感、认知到行为，积极心理学强调个体是一个独立的家庭成员，也是家庭不可或缺的一分子。如何处理好个人与家庭的关系，如何正确认识和谐家庭的意义，如何建立高效的沟通等，是目前积极心理学关注的主要方面。

（一）婚姻

当代中国越来越多的年轻人选择不婚不育。那么，这种单身的生活方式真的有利于提升幸福感吗？积极心理学的研究给出了答案。

卡尔等（Carr，Freedman，Cornman & Schwarz，2014）研究发现，在已婚人群中，有40%的人认为自己很幸福；在未婚人群中，这一比例为23%。莱特南和约卡玛（Lehtinen & Joukamaa，1994）研究表明，抑郁症的发病率在以下人群中从高到低依次为：多次离异者、单次离异者、未婚者、已婚者。可以发现，结婚不仅让人觉得更加幸福，同时也让人更加健康、心理问题更少。这说明，长期稳定的夫妻关系对于个体的身心健康非常重要。同时，夫妻关系也是家庭系统中的核心，对整个家庭是否健康有序起到了重要的作用。正如美国心理学家迈尔斯所说，良好的、亲切的、互惠的、平等的、长久的亲密关系是个体幸福最好的预言师。那么，如何营造美满的婚姻，让两人都在这一关系中得到滋养？积极心理学家对于如何获得幸福的婚姻做了一系列的探索和研究，主要涉及情感、认知和行为三个方面。

1. 婚姻中的积极情感

情感在婚姻中起着不可估量的作用，是亲密关系的基础。积极心理学家详细地研究了情感在幸福婚姻中的作用。斯考比等（Schoebi，Way，Karney & Bradbury，2012）研究发现，幸福的夫妇与婚姻不幸的夫妻相比，表达更少的消极情感、更多的积极情感。积极心理学倡导在家庭中增加积极情绪的比例。华盛顿大学心理学家约翰·格特曼（John Guttman）指出，一对夫妻在日常生活中积极情绪与消极情绪的比值应当保持在2∶1以上，否则婚姻关系将难以维系。积极情绪指的是正面肯定、快乐、满意、兴趣、情爱等。心理学家迈克尔·麦卡洛（Michael McCullough）认为，经常体验到感恩的人们更加快乐、富有同情心、注重精神，也更少抑郁和焦虑。

婚姻中，积极情绪可使人精神振奋、想象丰富、思维敏捷、富有信心、学习效率高；消极情绪则使人感到枯燥乏味、想象贫乏、思维迟钝、心灰意冷、学习效率低，也更容易患各种身心疾病。由于情绪情感的外显性和弥散性，消极情绪不仅影响自己，导致不恰当的回应，同时也能很快被对方感知，从而带来消极结果。所以，积极心理学家建议，进家门之前，先处理好自己的情绪，尝试运动等情绪处理方式，而不要影响到夫妻关系。

2. 婚姻中的积极认知

如何看待婚姻中的一系列事件决定了后续的情感和行为反馈，对个体婚姻满意度有着重要的影响。研究者们发现，婚姻中的积极认知主要可以归纳为以下方面。

(1) 归因风格。归因或对事件的解释方式对婚姻满意度的影响较大。归因指的是人们对发生的与自己有关的事件原因的解释。人们一般将个人行为产生的原因分为内部和外部两大类。内部原因指个体自身所具有的、引发其行为表现的品质和特征，包括个体的人格、情绪、心境、动机、需求、能力、努力等；外部原因指个体自身以外的、引发其行为表现的条件和影响，包括环境条件、情境特征、他人影响等。良好的婚姻关系往往具有正确的归因方式。对于家庭中的消极事件，如丈夫下班后回家晚了，将其归因为暂时的、特殊的外部因素（堵车）；而对于积极的事件，如妻子通过考试了或者把某一件事情做成功了，将其归因为人格特质。这样对于维持婚姻幸福有很大的作用。归因风格不仅能帮助预测对配偶行为的反应，还可以帮助预测婚姻幸福水平以及今后婚姻的走向。

(2) 共情。共情（empathy），也就是我们常说的换位思考，即站在别人的角度设身处地地理解和感受对方。日常生活中难免有些误会和争执，这个时候需要"以你心，换我心"，站在对方的角度，就会发现感受和想法都是不同的。如果对一件事情绪难平，就问自己一个问题："如果我是他，我会怎么做？会怎么想？"之后平静下来，再进行下一步的积极的沟通。共情不仅能融洽婚姻关系，同时也是与他人交往的重要能力。如果个体能够理解和感受对方的思想与情绪，那么误会就会自动消失，双方的关系也会逐渐变得亲近。作为一种高级的情感能力，共情并非天生的，是在后天的生活和学习中逐渐培养起来的，所以如果自己共情水平不高，并不需要担心，只要把握共情的要领，在生活和家庭中多多尝试，慢慢就会变得擅长。当共情能力能自如运用之后，还可以尝试向更高级的慈悲心（compassion）发展，以共情为基础，感受别人，如同自己亲身经历一样；帮助别人，如同在帮助自己。

(3) 欣赏。很多夫妻在恋爱期、婚姻蜜月期都感到难舍难分，"相看两不厌"，但日子久了，最初的狂热劲慢慢消隐在平淡如水的生活中。当初那么欣赏的人怎么会是这样一个普通人？难免琐碎中会生出失望。保持亲密关系的一个前提条件是要保持对彼此的欣赏。欣赏的主要对象是性格和精神方面的东西。积极心理学强调要重视并发现配偶的性格优势。要能不断在生活的细微之处发现、挖掘对方的优势，夫妻间最有价值的欣赏是觉察到别人没有觉察到的长处和细微的进步，因为这才是知己者的欣赏。要让对方感受并知晓你的肯定。真诚的欣赏可以使对方产生自我价值感，满足心理需要，并为增进夫妻感情付出更多努力。处理夫妻关系最忌讳的就是忽视对方的积极表现。研究发现，漠视对亲密关系有破坏作用，这传递的实际上是一种不尊重、不接纳的信号。一个人不但要有能力发现对方的优点，更要及时地表达出对对方的欣赏，积极的语言和温暖的非言语表情、行为表达都是主动的途径。

3. 婚姻中的积极行为

芬彻姆和布拉德伯里（Fincham & Bradbury，2011）研究发现，婚姻中的行为特点能够解释婚姻满意度的25%。研究证实，如果夫妻双方的积极行为数量多于消极行为数量，则婚姻关系是较令人满意的。一般在幸福的亲密关系中，夫妻行为一致的行为比不一致的行为要多一些；不幸福的夫妻则刚好相反，不一致的行为远远多于一致的行为。另外，格特曼和佐哈（Guttman & Zohar，1987）的研究还发现，幸福的婚姻关系中，行为往往不那么可预测；而不幸福的婚姻中，一些消极行为则可以预测，如过度指责、贬低等。一般情况下，问题婚姻的特点表现为，抱怨的次数远远多于祝福的次数。婚姻初期对于对方为自己的付出通常还会感动，但日子久了，便习以为常。许多夫妻把对方为自己所做的，小到倒一杯茶、披件衣服，大到照料生病的自己、事业上的帮助都视为理所应当，这是最常见的破坏婚姻幸福的方式之一。为了解决这一问题，格特曼建议在婚姻中进行感恩训练。这也是维持婚姻最根本的原则之一。亲密关系中永远不要出现这样的语句：她帮我是因为她应该这么做。夫妻之间可以每周进行一次感恩的表达，最好当面，也可以是以书信的形式，感谢对方在这段时间为自己所做的，感谢生命中彼此的存在、拥有和相知。不断做这样的练习，直到在心里形成感恩的习惯，你会发现婚姻关系越来越和谐。

（二）亲子关系

> 让孩子感到家庭是世界上最幸福的地方，这是以往有涵养的大人明智的做法。这种美妙的家庭情感，在我看来，和大人赠给孩子们的那些最精致的礼物一样珍贵。
>
> ——华盛顿·欧文

孩子积极的品质得益于良好的亲子互动和家庭氛围。生长在美满和谐的家庭中，孩子才更有可能拥有健康积极的人格。积极心理学主要强调培养儿童的幸福感，塑造儿童健全的积极人格。具体而言，主要有以下方面。

1. 无条件接纳、欣赏、爱

无条件接纳是指无论自己的孩子是什么样的，都要接纳他，而不应从心底对他产生嫌弃和厌恶感。关爱孩子，而没有任何附加条件。弗洛姆在《爱的艺术》（*The Arts of Love*）中说道："母亲的爱是无条件的，只要我是妈妈的孩子就能够得到她的爱。母亲的爱是幸福，是祥和，不需要去赢得，也不需要为之付出努力。"

事实上，现在很多家长都是有条件地爱着孩子。大多数时候，家长把学习成绩看得比孩子的幸福感更加重要。为了提高成绩，家长使用各种思想教育手段和控制手段。不少父母都有很多未完成的心愿，把自己的希冀寄托在孩子身上，把孩子当作家庭成功和荣誉实现的工具。这些都是有条件的爱。如果孩子没有达到自己的要求，就觉得孩子不够好，而不那么爱他，态度发生转变；如果孩子成绩提高了，满足了自己的期望，就加倍爱他。这样的爱是不成熟的。在这样的氛围影响下，孩子往往会根据成绩好坏来评价自己的价值，长大后，缺少对自己价值的真正认可，而形成不稳定的自尊。

卡尔·荣格（Carl Jung）说过："不要努力成为好的、对的、完美的，而是要努力成为完整的、充满生命力的。"积极心理学倡导家长充分发掘孩子的潜能，让孩子的生命就像一棵奋力生长的树，茂密、坚实、挺拔，每个枝条都充分舒展，叶子闪闪发亮，自由地呼吸，散发独一无二的气息。作为家长，要做到无条件地欣赏孩子，积极发现孩子的优势和身上的闪光点，并提供环境激发孩子在这些方面的潜能，促进孩子的优势得到最大化的发挥。对于孩子正确的行为，要及时给予鼓励、强化，让他们感受到取得进步、获得赞赏的喜悦，成为自主的、有创造力的、不断成长的人。只有当孩子认为无论自己怎样，家庭都会成为自己的避风塘，父母都会帮助自己时，孩子才会形成足够的安全感和勇气、稳定的信心和自尊。

2. 培养乐观与坚毅

积极心理学倡导培养孩子的乐观精神，让孩子养成从积极角度看问题的能力。在此，乐观精神的培养不在于说教，而是家长的以身作则。要营造快乐的家庭气氛。在具有良好氛围的家庭中，成员彼此关怀，互相理解，感情融洽，而父母和孩子的身心状态都很好。皮特森（Peterson，2000a）研究表明，夫妻恩爱，家庭美满，可使寿命延长达10～20年。而在悲观的家庭氛围下，彼此感情淡漠疏离，令人压抑，无倾诉容纳之所。家庭成员心境恶劣，往往患诸多疾病的概率大大上升。

家长还要善于从逆境中发现事情的积极方面，灵活地处理挫折和失败。家长要努力控制自己，不要将悲观的人生观展示给孩子。家长应当每天和孩子多交流开心的事，多讲开心的话题，这样的“开心练习”可以训练孩子捕捉积极的能力。

挫折对一个人的成长是必不可少的。积极心理学研究人的心理复原力，即面对挫折时能以客观而又乐观的心来应对的能力。心理复原力强的孩子在以后的生活中，遇到挫折能客观认识和对待，并且坚强地战胜它。在这个方面，家长要培养孩子自身克服挫折的能力，培养孩子承担责任的意识，不包办代替。

二、积极心理学在学校中的应用

青少年心理问题正在构成对我国教育的挑战。抑郁与自杀的低年龄化，各类心理疾病在学校中高发，使得我国教育部门更加重视学生的心理健康问题。然而，传统的学校心理健康教育通常仅仅关注学生的弱点和错误，这已不符合时代的要求，应该与时俱进，给心理健康教育注入积极心理的因素，更多地关注和建设学生的优势和正面的力量。

具体来说，积极心理学取向的心理健康教育应当包括三层含义：其一，关注人的积极的认知加工以及积极地看待世界的方法，如乐观、希望、自我接纳、自尊、宽容、逆境中的心理复原力、审美体验、智慧灵性等；其二，关注人的积极的情绪体验，包括幸福感、满意感、流畅感、快乐感等；其三，关注人对社会的积极态度，包括社会凝聚力、利他行为、社会责任感、宽容、仁慈、爱的能力等。其中，幸福感教育尤为重要。

英国顶尖私立学校威灵顿公学前校长、著名历史学家安东尼·谢尔顿（Anthony Sheldon）博士说：“任何学校最重要的任务就是培养具有幸福感和安全感的青年男女，这比政府公布的最新学校成绩排名更重要。”正是在这种思想的指导下，威灵顿公学开设了幸福课，作为个体、社会和健康教育的新内容出现在学校课表上。幸福课的授课对象是面临“中考”压力的10年级和11年级学生，讲授幸福课的教师是接受了积极心理学培训的原宗教课教师。

在中国，学生的幸福感教育尚未得到重视。中国调查网的《中国大学生主观幸福感调查与研究报告》指出，只有30%左右的大学生对自己的生活总体上持满意的态度，而有接近70%的大学生对自己的生活满意程度较低。造成幸福感低的原因排序居前六位的依次为：缺乏明确的生活目标（占58%以上），精神空虚（占47%），不够努力（占46%），就业压力大（占44%），缺乏成就感（占43%），期望值过高（占41%）。也有调查显示，我国青少年儿童随着年级的提高，幸福感有所下降，即出现小学生幸福感高于中学生、中学生高于大学生的现象。为此，可以通过下列途径提高学生的幸福感。

（一）增加学生的积极情感体验

首先，要帮助学生经常体验愉快的情感，这样有助于学生发展自我感受能力、自我决定能力，促进人际关系。良好的感受又会使人产生做事的兴趣，更愿意从事冒险和有创造力的事情，从而产生“螺旋式上升的情感体验”。增加学生愉快体验的途径有这样几条：让学生尝试享受这些新体验，即有意识地关注愉快，并通过回忆或故事讲述等方式进行积极情感的再体验；指导学生用积极的情感对所体验到的心理现象甚至是心理困扰做出积极的解释；帮助学生做到满意地对待过去、幸福地感受当下和乐观地面对将来；还可以通过增强学生活动的多样性或提高学生日常愉快活动的总量等，来增加学生愉快体验的次数。

其次，日常生活的精神体验和快乐体验应该富有变化和挑战，具有新意，而不是一成不变。

再次，促使学生主动参与到快乐活动中。积极心理学家指出，社会活动和体育活动是情绪提升的两种最有力的活动形式。因此，要倡导主动参加集体活动和体育活动。此外，休闲娱乐也能够成为增强积极情感和愉快感的一种重要方式。

最后，还有一种方法可以使学生有效享受积极的情感体验——幸福日记：每天晚上记录下三件当天顺利的事情，体验这些事情带来的感觉。

（二）挖掘学生积极的性格优势

积极心理学家发现所有的文化都推崇6种美德，即智慧、勇气、仁爱、正义、节制和升华，具体包括24种性格优势，如创造力、好奇心、开放性思维、好学、洞察力、勇敢、毅力、正直、活力、爱、仁慈、社交智慧、社会责任感、公平、领导力、宽容、谦虚、谨慎、自我管理、美的领悟、感恩、乐观、幽默、信仰（具体可见第七章）。这些性格优势或多或少在每个学生身上都会有所表现，关键是要让学生学会自己发现，积极寻找自己和他人的性格优势，并逐步培养那些自己不具备的品质，同时帮助学生学会用自己的性格优势去积极地生活。

（三）引导学生体验与追求人生的价值和意义

积极心理学看重生活的意义对提升幸福感的作用。因此，要为学生创造积极参与社会服务的机会。塞利格曼建议个体需要拥有机会为他人、社区和社会做出贡献，在此过程中他们能够发现和体验到社会幸福感。

自我决定和娱乐活动能够为个体提供一些“制造意义”的机会。在紧张的学习生活之余，给学生提供专门的途径和机会，让学生投入社会和志愿服务中，如义务支教、清扫公共场所、到敬老院为老人服务等，这些形式的公益服务可以让学生体验存在的价值和奉献的快乐与幸福。

要引导学生积极追求人生价值。我们的生命有三个层次，即“生理生命”“内涵生命”“超越生命”。“生理生命”指人作为生物体的存活；“内涵生命”涉及人生的幸福程度，即单位时间里经历的事情越多，内涵生命越丰富，就等于延长了“生理生命”的存在；“超越生命”则涉及人对“生理生命”限囿的超越，即人寻找永恒与不朽的冲动与努力。引导学生体验幸福，不能仅仅让他们满足于生理上一时的快感，更要让他们不断地从人生的一次又一次超越中体验自身价值的实现，体验超越自身带来的快乐。这样的超越既包括学习成绩的不断提高，也包括优势的建构、缺点的克服，更是指对人生意义的坚持追求。

三、积极心理学在工作中的应用

在当前经济发展放缓的情况下，出现了就业难、找工作难和职业倦怠的现象，积极心理学可以发挥其积极作用。

积极心理学可以促进员工保持积极的心理状态，有助于组织产生更好的绩效。塞利格曼对美国大都会人寿保险公司的 1 100 名观察对象进行长达 5 年的追踪后发现，具有积极情绪的员工其业绩比具有消极情绪的员工高出 88%。如何将积极心理学更好地应用在工作中呢？主要可以从以下三个方面着手。

（一）构建积极的工作环境

员工的积极心理管理首先离不开积极的工作环境。只有在一种良好的、积极的环境中，才能更好地培养并维持积极的人格。积极的人格又能帮助员工形成积极的情感体验，获得主观上的幸福感。环境因素影响着个人因素，个人因素决定着其心理过程。

积极的工作环境由两个方面构成：积极的物质环境和积极的精神环境。按照马斯洛的需要层次理论，物质环境是和员工的生理需要和安全需要相关的一系列因素，例如薪资、工作条件、保险与保障条件、工作工具与设备等。我们只有首先保证员工的基本生存需要，才能让其产生更高层次的需要。一个饿着肚子的员工是不可能在工作中获得幸福的。

精神环境主要是指与员工的社交需要、尊重需要和自我实现需要相关的因素，在工作中就包括领导者的个人因素、与同事的关系，以及工作制度与工作氛围等。

领导者个人的理念、价值观等个人因素会直接影响员工对组织的价值判断。员工会从一个优秀的领导者身上看到组织的希望，看到自己在组织中的希望。如果遇到一位糟糕的领导者，他们不仅会对领导者本人感到失望，而且会把这种失望的情感转嫁到工作中，进而对组织感到失望。在组织中，应加强员工之间的人际交往，建立和谐的人际关系，体现人性化管理的基本理念，体现大家庭的温暖，满足员工职业归属的需要和自我实现的需要。有效的人际沟通是释放和缓解压力、提高自信心、营造良好人际关系、增强组织团队凝聚力的重要途径之一。

另外，工作环境中最重要的一点就是工作氛围。要培养积极的工作氛围，就必须在工作中体现出一种爱的氛围。其本质是帮助、关心员工，给员工提供各种实现个人目标的可能，让员工自己去抓住机遇，自由地发挥自己的才能，达到个人幸福与组织幸福的统一。

（二）认识工作的意义

选择什么样的工作，如何对待工作，从根本上说不是做什么事和赚多少钱的问题，而是关于生命意义的问题。工作就是付出努力以达成某个目标。工作是个体与社会联结的一个渠道，因而它要求意义和价值的支持。然而，这种意义和价值并不是工作自动提供的，而是需要个体在工作中寻找与挖掘的。在不同的人的心目中，工作本身的定位或者说定向是有区别的。有学者区分了三种性质不同的工作定向：职业定向、事业定向和天职定向。

职业定向指个体把自己从事的工作仅仅看作谋生的手段，他所做的一切主要是为了获得金钱或物质报酬，这样的人只有当能够得到自己满意的金钱或物质报酬时才会感到满意，但是自我并没有投入工作中，而是游离于所从事的工作之外，一旦不能从工作中获得物质利益，他便立即产生不满意感，产生抱怨等消极情绪，降低工作效率，甚至会产生离职倾向。

事业定向是指个体在看待工作时，主要关心的是自己在工作中所取得的成就和进步，而非金钱或物质利益。成就和进步的表现主要是职位的提升、权力的扩大和更接近核心层等，因此职位、权力、名气和地位等就成为影响事业定向的个体获得幸福感的最主要因素。事业定向的人只是将自我的认知部分投入工作中，而情感部分却没有。他虽然思考了工作背后的社会意义和社会价值，但仍然处于一种外在支配状态，工作并没有和其本身的内在价值系统完全融合。如果其职位升迁停止或个体在主观上认为升迁的机会不大，他就会产生痛苦的负面情绪，丧失工作的积极性和热情。

天职定向是看待工作意义的最高层次。人们把某一项工作当作天职完全是因为对工作本身产生了巨大的兴趣，工作的意义已彻底融入自己的生命，金钱的获得和职位升迁、权力增加已变得意义不大。天职定向的员工的工作满意感不再受外加条件影响和束缚，他考虑的唯一因素即工作本身。只要做这项工作，即使不能获得相应的金钱或物质利益，即使无相应权力名气的获得，他也会感到幸福，充满成就和自我效能感。天职定向的个体的自我已完全投入工作之中，变得专注忘我，工作本身成为工作的最大目的和意义，他在工作中很少产生抱怨、讨厌、不满与痛苦等负面情绪。

工作从职业定向向事业定向或天职定向转化称为升华，反之则称为退化。我们更应探寻人生希望获得的是什么，要过怎样的生活，并把所追寻的东西融入工作中。要尊重和热爱自己的工作，充满激情地工作，让工作与生命相照应。纪伯伦说："从工作里爱生命，就是贯彻了生命最深的秘密。"当工作融入生命后，生命的意义就在工作中得到了充分体现，那是真正脚踏实地的不轻掷的人生。有这样的爱，内心的力量就会不知不觉地滋长，人也会变得更强大、更有存在感。

从具体操作层面来说，管理者要让员工享受工作过程的快乐。员工所感受到的压力通常源自很难实现的工作目标。通常来说，实现目标会获得幸福感，但实现目标所获得的幸福感是短暂的，关键是如何保持一种持续的幸福感。目标赋予生命一种意义、一种选择，而不是简单的实现与否。不只是实现目标，对包括朝目标迈进在内的每一刻，我们都应该感到幸福。我们应该享受人生的每一段旅程，而不只是目标实现的那一刻。

所以，作为管理者，要帮助员工多用自己的主观幸福感来度量工作和生活的价值，减少对外界所定义的成功的期待。积极状态虽然不排除外在的指标，例如一个处于积极状态的人可以拥有外在的、较高的经济地位和社会地位，但积极状态主要不是指这些外在的东西，它们只是一个人奋斗和机遇的结果。达到积极状态需要一个人具有出色的综合心理素质，以及积极的人生态度。这种心理素质和态度促使一个人热爱自己、热爱工作、热爱生活，拥有快乐和幸福。另外，管理者要帮助员工接纳自己，正确地认识到自己的价值。员工只要正确利用自己的优势，倾听自己内心的需求，就会明白自己工作的意义，对工作产生积极的情绪。

（三）培养员工积极的人格品质

积极心理学认为，激发出人格中那些美好的东西，将有助于工作中产生幸福感与快乐。下面几种方法可以帮助你在工作中完善健康人格。

1. 保持强烈的自我实现动机

在现实中，具有积极心理的人一般也是有着强烈的自我实现动机的人。他们有奔向所制定目标的能力。因此，员工要保持积极工作的动机，从较高的层次认识工作的意义，将工作融入自己的人生目标之中，提高认知水平，对岗位工作本身形成高的价值判断。

2. 保持乐观与希望

具有积极心理的人心中怀有希望之源，相信自己可以不断提升水平，终会拥有理想的事业成就，并以此保持乐观和努力向上的势头。有研究发现，乐观系数高的人在处理问题时，会比一般人多20%的机会得到满意的结果。这样的人会期望一个挑战性的岗位，其收入会不断增加，并能收获新的友谊和新的成功。同时，积极的人的乐观是现实的，无夸大的成分。他知道自己的目标与定位，把问题看作向能力和决心挑战的机会。

美国心理学家弗鲁姆（Victor H. Vroom）提出的"期望理论"认为，人们在预期自身行动将会有助于达成某个目标的情况下，才会被激发去行动以达成这个目标，即：激发的力量＝目标效价×期望值。从这个公式可以看出：激励实质上是选择过程，促使人们去做某些事的心理依赖于“目标效价”和“期望值”两个因素。因此，目标必须是员工所迫切追求的，其设置必须恰当。如果期望值与目标效价两者之间有一个为零，则激励作用也将消失。确立目标是管理者的重要工作。一个明确而远大的组织发展目标，就是一个诱饵，促使员工心甘情愿地去敲希望的钟，对组织和自己的未来充满信心。

3. 保持客观的自我认识

拥有积极心理的人对自己有客观的认识和充分的肯定，相信自己具有一定的能力以及待开发的潜能，有很强的自我价值感和自我效能感，能为了实现自己的价值而主动地努力工作，在面对充满挑战性的工作时不会畏惧退缩，也有信心并能付出必要的努力来获得成功。

要提高员工的自我价值，管理者应懂得赏识员工和尊重员工。皮格马利翁效应告诉我们，人们会不自觉地接受自己喜欢、钦佩、信任和崇拜的人的影响和暗示。而这种影响和暗示，正是让人梦想成真的基石之一。赏识会对员工的心理及行为产生不可估量的作用。员工期待来自管理层的赞扬。管理者要充分认识到员工的积极因素，并加以肯定与赞赏。我们经常听到的来自员工的抱怨，不是“太累了”或“太苦了”，而是“干了这么多，也没说个‘好’”。类似的牢骚很能说明问题，员工需要得到赏识，而管理者又太吝啬了，舍不得对员工竖起大拇指。尊重员工、相信员工、鼓励员工，可以帮助员工扬长避短，克服自卑、懦弱等消极心理，树立自信心。

威廉·莎士比亚说过：“我们得到的赞扬就是我们的薪水。”管理者应该及时地、慷慨地把这笔薪水支付给应得的员工。有心理学家统计，普通员工只发挥自身能力的50%～80%。对于需求较高的人来说，精神激励更有利于自身能力的发挥。赏识有利于激发员工的积极性，带给员工自我价值实现的愉悦和满足，使员工在获得成功和发展的过程中体验工作带来的乐趣和生命的意义。

4. 提高心态开放程度

积极的人能不断调整心态，以开放的态度适应和接受变化，不断形成新的观念，扩充自己的认知领域，汲取精华营养，而不固着于存在于潜意识的陈旧东西。自我开放能形成或破坏一种习惯，在思想中产生一种永久的变化，帮助你达成目标。从我国组织发展现状来看，各类组织正处于快速成长与转型之中，解放思想、转变观念以适应变革也正是员工自我修养的重要内容。

5. 保持认知的积极性和灵活性

法国作家雨果说过：“思想可以使天堂变成地狱，也可以使地狱变成天堂。”你不能样样顺利，但可以事事尽心；你不能左右天气，但可以改变心情；你不能选择容貌，但可以展现笑容；你不能预知明天，但可以过好今天；你不能改变别人，但可以改变自己。工作中总会遇到各种波折与困难，这就需要通过自我调适来适应环境的变化。

积极心理状态下的自我调适是主动的。我们在遇到危机时要看到压力后面的动力，遇到挫折时要看到挫折后面的成长，遇到成功时要看到成功后面的失败。任何硬币总有两面，任何事情都有两个以上的选择，我们要做的是选择积极的应对心态，这样不但能缓解负性情绪，而且能使问题导向积极正面的结果。

第二节　日常生活中的积极自我调适方法

心理学家发现了一些可以提升积极心理的自我调适方法，介绍如下。

一、发现最好的自己

（一）最佳的自己

想象一下你生活在一个所有梦想都变为现实的世界中。现在用 20 分钟时间写下你的想象。连续 4 天这么做。

（二）最好时刻的你

想象一下最好时刻的你，并且用一页纸记下故事发生的情景。回顾你所写的东西以及你表现出来的性格优势。在一周内每天都读这个故事，并且思考你的性格优势。

（三）描绘你的未来

撰写一个卡通剧本，而你是其中的主角。在卡通剧本的每一个画面中，描绘你实现目标的每一个必要的步骤。在一周内至少重复 3 次这个过程，并且每天回顾你的卡通剧本。

（四）我的故事

描写一段最能反映自己本质特征的故事。首先要看到，有些故事让你以一种局限的眼光看待自己，也让你过着不真实的生活。找到它们，重新改写，然后写出新的故事，以展示更真实的你。

二、发现生活的意义

是什么让生活变得有意义？塞利格曼提出，当我们感觉我们在做超越个体利益的更高层次的事情时，我们将会发现意义。

弗兰克尔曾提出让生活变得有意义的三种方法：

(1) 承担一个项目，好好工作，或者做一些对你身边的人和世界产生积极影响的事情。

（2）去寻找一些有重大影响的人或者事情，例如观察大自然的绚丽，或者和其他人进行深入内心的沟通。

（3）以正确的态度对待不可避免的苦难，并考虑它如何影响我们的生活以及我们如何克服它。

积极心理学家强调我们如何从更广泛的领域发掘生命的意义，从家庭、工作及灵性的层面找到实现人生目标和成就的不同方案。

小练习

假设你的生命结束了，有家报纸将要做一个专版来报道你生命中的荣誉。这个专版包括访问你的家人、朋友、同事以及其他接触过你的人，还有其他想给你颂辞的人。记住，专访要代表你最想描述自己的话，而不是你想象其他人会实际怎么说你。针对如下问题写下你的答案。

（1）你期待怎么写你呢？为什么？

（2）谁帮你投稿？他们会说什么？

（3）人们说你做出的贡献是什么，以及你的影响力有多大？

（4）专访中人们赞赏你的哪些成就和才能？

（5）人们认为你最大的优势是什么？

（6）你的遗产有哪些？（赠予你的爱人、工作、社区和社会。）

这项练习能帮助你发现什么才是对你最有意义的。那么，你有什么所得？你的回答有没有告诉你最在乎的是什么呢？你想要做什么贡献？如何过完你的人生？

重新看你的专版：你正在过的生活与你期望过的人生很不同还是很相似？哪些地方你需要改变？你可以从以下几个方面重新审视自己：

（1）与自己的关系（自尊与自我欣赏、自我照顾与接纳、生活方式）。

（2）与家人的关系（配偶或情侣、父母、子女）。

（3）你的友谊和社交生活。

（4）你的事业与工作（与同事的关系、工作-生活平衡）。

（5）你的爱好与兴趣。

（6）你的精神生活与灵性修养。

（7）你的短期、中期与长期目标。

（8）你的誓言与承诺。

第三节　积极心理学在心理治疗中的应用

心理咨询和治疗领域也受积极心理学的影响，出现了积极心理学取向的治疗理论和实践，如接纳与承诺疗法（ACT）、内观认知疗法（MBCT）、辩证行为疗法（DBT）

等，这些基于积极心理学的积极心理治疗方法同样受到普遍重视，并获得了长足的发展。

一、心理治疗：从消极走向积极

自弗洛伊德首创精神分析治疗以来，心理学界涌现了数百种心理治疗的方法和流派。整体而言，这些心理治疗的方法和流派所偏倚的都是对来访者负向方面的修复——症状、创伤、痛楚、缺陷，还有障碍。虽然自第二次世界大战以来，临床心理学在心理问题的评估、理解和治疗方面取得了极大的进展，但人类身上所固有或可塑造的诸多积极因素并未得到足够的关注，如个体的优势、积极情绪、幸福感和积极认知与行为等。有研究对传统心理学领域的研究进行对比统计，结果显示关注消极与关注积极的研究数量比例高达 17∶1（引自苗元江，余嘉元，2003b）。实际上，即便是那些患有最严重的心理疾病的人，要求的也不只是减轻痛苦，他们也需要更高的满意感、更多的愉悦与快乐。人们需要积极建构的力量，而不只是纠正缺陷；人们需要有意义、有目的的生活，这些并不会因为痛苦减轻了就自动产生。

积极心理治疗（positive psycho therapy，PPT）认为，心理治疗不仅应对损伤、缺陷和伤害进行研究，还应对力量和优秀品质进行研究；心理治疗不仅是对损伤、缺陷的修复和弥补，也是对人类自身的潜能、力量的发掘；心理学不仅是关于疾病或健康的科学，也是关于工作、教育、爱、成长和娱乐的科学。积极心理学试图打破“消极心理学”模式在心理治疗领域的“大一统”局面，使积极心理学和病态心理学在临床领域达到某种平衡。在积极心理学理念的倡导下，越来越多的心理学家意识到，“消极心理学”的治疗模式不能给人们带来幸福和健康。因此，心理学家们开始逐渐将积极理念纳入咨询，其中第一位尝试者是威尔伯特·福代斯（Wilbert Fordyce）。他发展出了包括 14 项技术的“愉快”的干预方式，主要有：更加有行动感、更社会化、投入有意义的工作中、与爱人形成更深刻更亲密的关系、降低期望、优先考虑幸福等。他发现，接受干预的学生变得更加快乐，抑郁症状也减轻了。后来，乔瓦尼·法瓦（Giovanni Fava）等发展出了幸福治疗法（WBT），包括建立环境掌控感、发展个人成长和生活的意义、发展自主、自我接纳以及发展与他人的积极关系几个部分，为情感障碍患者提供了除药物和传统心理治疗以外的治疗途径。迈克尔·弗里希（Michael Frisch）则提出了生命质量疗法（QOLT），它是结合认知治疗以及生活满意取向的一种疗法。近几年来，接纳与承诺疗法和正念等积极心理学取向的心理治疗也得到了快速的发展和大家的认可。

总而言之，积极心理治疗将积极心理学思想运用到心理治疗领域，拓宽了传统的心理治疗范畴。积极心理治疗的理念是，治疗的有效性不仅通过减轻负性症状来实现，还可以通过直接建立积极情感、核心优势和意义感来实现。即使当我们处于艰难困境时，积极情绪、优势和生活意义也可以最大化地为我们服务。对于一位抑郁的来访者而言，帮助他发现和运用优势，比如乐观、希望、热情和社会技能等，对于他抵抗抑郁会起到重要的作用。同时，建立积极资源也有助于症状的缓解和心理康复，还可以增强心理抵抗力，预防复发。积极心理治疗的优势之一便是预防。相比解决存在的问题，让问题不再出现显得更加高明。

二、积极心理治疗的假设

积极心理治疗的实施基于以下三个假设。

（一）心理疾病症状是在个体成长、满足和幸福的潜能受到阻碍时产生的

传统精神病理学假定，心理疾病症状产生的条件是：症状从无意识层面渗入意识层面，适应不良的行为被环境强化，非理性和错误的想法影响了行为和感觉，糟糕的关系模式导致愤恨。相反，积极心理治疗假设来访者身上既有好的也有不好的状态和特质，这些状态和特质之间会相互影响，同时也会受所处的文化环境影响。所有来访者都有自我成长、满足和快乐的潜能，当这样一种趋势被阻断后，心理疾病症状就出现了。

（二）积极情绪和优势与不良症状一样，都是真实存在的

这一点不是辩护，不是盲目乐观，不是戴着玫瑰色眼镜看世界，更不是说临床治疗中不需要关注症状的缓解。积极心理治疗认为，来访者的积极情绪和优势是真实的，是他们自身本来具有的因素。雷锋的为人民服务精神、甘地和马丁·路德·金为人权而斗争的意志、埃莉诺·罗斯福的利他主义，都被认为是他们自身因素中有价值的和本真的特质，而不是为了对付焦虑、愤怒和自卑产生的反应。由于人们的优势和缺点一样是真实存在的，因此在进行治疗时，优势和缺点应该被均衡地关注。

（三）“修补错误”与“建立力量”要并重

大部分的传统治疗以情绪困扰和心理疾病为矫治内容。在流行电影和电视剧中对心理治疗的描述，已经使社会大众相信，心理治疗一般都是对人们的自卑情结的疏解以及对其受到伤害的自尊的修复。这种偏见带来了糟糕的后果，即大部分来访者认为自己有很多问题和缺陷，并且认为他们自己是恶劣环境和遗传因素的牺牲品。他们的愤怒情绪远远超过感恩之情。如果一名来访者感到咨询师没有把他的问题当成很严重的问题，那么他对心理治疗的期待就会破灭，而咨询关系也会遭到破坏。积极心理治疗则认为，即使是那些具有最严重的心理疾病症状的来访者，也对自己将如何生活这一问题，比对自己如何从病痛中解脱更为关注。来访者希望得到更多的愉悦、满足与快乐，而不仅仅是更少的悲伤与烦恼。因此，积极心理治疗认为治疗的过程并不仅仅要讨论和处理愤怒、挫败、嫉妒和竞争，而更应该是一个帮助来访者培育希望、播撒乐观、学会感恩、懂得同情、知道满足、变得谦虚、提升情绪智力和社会智力的过程。同时，积极心理治疗认为仅仅讨论困扰不足以建立牢固的治疗关系，更不是治疗的本质。除了运用温暖、无条件的积极关注和倾听共情等一般的治疗技巧外，治疗师更应

该帮助来访者注意生活中的积极情绪和优势。传统治疗理论取向的治疗师可能会问："哪些弱点和缺陷导致了你的困扰?"而积极心理学取向的治疗师可能这样问："你运用哪些优势来应对你的困扰?"

不过，我们也要看到，由于负面情绪倾向和症状的压力，陷入困境的来访者要体验到积极的感觉并不那么容易。积极心理治疗也承认，讨论困扰、疾病症状要与引入积极情绪和优势并重。正如安吉拉·达克沃斯（Angela Duckworth）等指出的，"建立力量"的方法可以弥补"修正错误"的方法的不足。所以，积极心理治疗师和来访者既讨论罪错也关注善良，既讨论屈辱也关注赞美，既讨论自私也关注对他人的同情和友爱，既讨论傲慢也关注谦虚，既讨论阻碍也关注和谐，既讨论仇恨也关注宽容，既讨论伤害带来的痛苦也关注从中得到的成长。积极心理治疗的主旨在于为个体、家庭和团体创造平和、满足和积极向上的状态。我们必须既懂得愤怒和敌意产生的原因，也明白同情、友善和爱产生的条件。积极心理治疗承认，人们的自然倾向是更加容易回忆负面的事情，产生更多负面情绪，并且会想到可能出现的最糟糕的情况。来访者大多是在负面的记忆、关注和期望以及将这种负面倾向无限扩大化的驱使下来寻求治疗的。塞利格曼认为，积极心理治疗通过建构积极的经验来逆转来访者的这种负面倾向，使他们更多地想到希望。积极心理治疗认为，均衡而清晰地关注弱点和优势有利于建立牢固的治疗关系；在这样的治疗关系中，治疗师不再是诊断心理疾病的专业权威，而是关注来访者丰富的内心世界和真实存在的专家。

三、积极心理治疗的目标

当代积极心理治疗追求的目标主要遵循塞利格曼的快乐体验三分法理论。根据这个理论，"幸福"这一概念有三种科学成分：积极情感，即喜悦的生活；投入，即专注的生活；意义感，即有意义的生活。

（一）喜悦的生活

喜悦的生活包括对现在、过去和将来都充满积极的情感。学习一些技巧，可以让这些正向积极情感更浓烈、更持久。与过去有关的积极情感包括满意、知足、实现感、自豪、平和、从容，相应的练习涉及感恩、宽容、提升积极记忆等。与未来有关的积极情感包括希望、乐观、信任、确信感等，特别是希望与乐观，可以有效缓解抑郁。与现在有关的积极情感包括对即时的愉悦感到满足，学会欣赏和享受当下，相应的练习涉及增强积极体验、提高注意力等。很多研究证明，缺乏积极情感会导致抑郁，而建立积极情感有助于缓解抑郁症状。

（二）专注的生活

这是幸福的第二层含义。它是指在学习、工作、亲密关系和休闲中投入以及全神贯注地生活。如本书前面章节所论述的流畅体验，这种专心致志于一项活动时的心理状态会让人感觉不到时间的存在并忘记自己的存在。塞利格曼提出，提升专注感和流畅体验的方法之一是确定个体最大的优势，然后帮助个体发现运用这些优势的机会与方法。意大利的米兰治疗小组曾经发展出一个治疗干预项目，旨在转换来访者的日常生活结构，使他们对现实变得更专注和投入。治疗结果表明，提高专注力有效地降低了患者的抑郁与焦虑水平。

（三）有意义的生活

幸福的第三层含义是对意义感的追求，包括运用个体的人格优势与才智，积极地投入工作或事业，远远超出对个人利益的谋求。有很多这样的“积极的事务”，如宗教、政治、家庭、社区、民族等事务。这种奉献不仅能创造有意义的生活，还会产生满足感和对幸福生活的信念。一个人如果过着有意义的生活，就不再会认为生活是不幸的，而是会从生活中获取最大收益。缺少意义感不仅是一种症状，也是致病因素之一。

积极心理治疗倡导有意义的生活，但具体的意义还要由来访者自己确定。每个人的人格和生活环境不同，对于有意义的生活也有不同的理解。例如，内向的来访者比较容易从不需要太多人际交往的活动中获得满足感，外向的人则重视从人际交往中寻找生命的意义。治疗师不能采用以一概全的治疗方式。另外，活动的结构和次序应该保持灵活性以适应每个来访者的不同特点。

在治疗过程中，不要让来访者感觉到所谓的积极活动就是给他开处方。正像医学研究证明吃蔬菜和锻炼对我们有益处一样，积极心理治疗的内容必须被清楚地解释，使大家知道可以从积极情绪、优势和意义中获益。此外，治疗过程中，消极的和病态的症状也不会受到忽视，相反，来访者需要用传统的疗法来消解负面情绪。因此，关注积极情绪、优势和意义的积极心理治疗不是对传统疗法的替代，而是对传统疗法的补充。

四、积极心理治疗的意义

积极心理治疗的有效性检验结果表明，相比传统心理治疗的65%，超出90%的被试报告有很大的获益，这说明积极心理治疗在心理治疗领域具有很强的实用性和很高的认可度。

塞利格曼及其同事做过一项随机对照试验（randomized controlled trial，RCT）研究，这是通过增强个体的积极力量来促进个体心理健康的短期纵向研究。他们先让411名被试参加一个抑郁量表（CES-D）和一个幸福量表（SHI）测试，获得一个基础分数。在接下来的一周，这些被试被分成五个实验组及一个对照组。对照组被试只是被要求流水账式地记录自己一天的生活情景。而五个实验组被试则分别被要求做五项所谓的快乐练习中的一项，这五项快乐练习是：（1）感恩练习；（2）每天记下三件生活中美好的事；（3）记录自己近期生活中一个最辉煌的时刻；（4）用新的方式使用自己最具代表性的性格优势（被试通过一个在线测试来获知自己最具代表性的五项性格优势是什么，然后在一周内分别将它们用不同的方式表现于不同的生活领域）；（5）了解自己最具有代表性的性格优势。一周的实验结束以后，塞利格曼及其同事分别在一周后、一个月后、三个月后、六个月后再用 CES-D 和 SHI 对这些被试进行重新测试。结果显示，那些经过快乐练习的被试都比实验前体验到了更强的幸福感，同时消极情绪（如抑郁等）减少了，其中参加第（2）（4）项练习的被试的这种变化持续时间最长，六个月后依然能测到这种变化，对照组则没有任何变化。

总的来说，积极心理治疗将积极心理学理念融合到心理治疗中，帮助来访者发现他们的性格优势，学会感恩，看到最好的自己，并深入发掘事情积极美好的一面，增强来访者的积极体验以及发现正向资源的能力。积极心理治疗不仅能帮助来访者减轻和缓解不良的负性症状，还能让他们生发出快乐的本能、生命的活力与希望，使他们的受益更持久，甚至终生获益。积极心理治疗设计包含的目的性行为活动都是人们日常的、普通的和标准化的活动，如绘画、制作陶器、烘烤面包、读书、写作、人际交往、帮助别人、品鉴自然和艺术，以及攀岩等。积极心理治疗强调的不仅是做这些事情，更重要的是要让来访者聚焦于活动的过程而不是结果。这些活动利用来访者独有的优势，使效果持续得更加持久，而且来访者不会轻易地遗忘。另外，这些活动为成长以及对生命意义的追寻提供了无数有创造性的方法。不仅仅是来访者，一般的个体也可以练习，从而帮助自己强化积极的思维习惯，习得乐观。它们能促进和帮助人们发现生活的美与希望，专注而忘我地从事日常工作，找到生命的意义感与满足感。

拓展阅读

形成积极生活态度的建议

● 切断与你过去失败经历的所有联系。

● 找出你一生中最希望得到的东西，并立即着手计划去得到它。

● 确定你需要的资源之后，便制订如何得到这些资源的计划，不要过度，也不要不足。

● 培养每天说或做一些使他人感到舒服的话或事的习惯，你可以利用电话、明信片或一些简单的善意动作来达到此目的。

● 使自己认识到打倒自己的不是挫折，而是自己面对挫折时所抱的心态。训练自己在每一次不如意的处境中都能发现与挫折等值的积极的一面。

● 务必使自己记住：懒散的心态很快就会变成消极的心态。

● 当你找不到解决问题的答案时，不妨帮助他人解决问题，并从中寻找你所需要的答案。在你帮助他人解决问题的同时，你也正在洞察解决自己问题的方法。

● 每周静心阅读一次你喜欢的书。

● 和你曾经以不合理的态度冒犯过的人联络，并向他致以最诚挚的歉意。这项任务越困难，你就越能在完成道歉时摆脱掉内心的消极体验。

● 思考我们在这个世界到底能占有多少空间，是否与我们为他人利益所提供的服务的质与量以及提供服务时所产生的心态成正比。

● 改掉你的坏习惯，连续一个月每天减少一项恶习，并在一周结束时反省一下自己的成果。如果你需要顾问或帮助，切勿让你的自尊心使你却步。

- 要知道自我可怜是独立精神的毁灭者，请相信你自己才是自己唯一可以随时依靠的人。
- 把你过去所发生的所有事件都看作为了激励你上进而发生的事件，因为即使是最痛苦的经历也会为你带来财富。
- 放弃想要控制别人的念头。在这个念头摧毁你之前，你先摧毁它，把你的精力转而用来控制你自己。
- 把你的全部思想用来做你想做的事，不要给那些胡思乱想的念头留有余地。
- 向每天的生活索要合理的回报，而不要光等着回报跑到你的手中，你会因为得到许多你所希望的东西而感到惊讶。
- 以适合你自己生理和心理的方式生活，别浪费时间以免落后于他人。
- 除非有人有足够的证据证明他人的建议具有一定的可靠性，否则别接受任何人的建议，你的谨慎将会使你避免被误导或被当成傻瓜。
- 务必了解人的力量并非全然来自物质和地位。
- 让自己多多参加各种运动以保持自己身体的健康状态，生理疾病很容易造成心理的失调，你的身体和你的思想一样要保持活力，以维持积极的行动。
- 增强自己的耐性，并以开阔的心胸包容所有的一切，同时要与不同族群和不同信仰的人多接触，学习接纳他人。
- 承认爱是你心理和生理疾病的最佳良药，爱会改变和调适你体内的化学元素，实践爱的最好方式就是付出你自己的爱。
- 以相同或更多的价值回报给你好处的人。
- 抱着这种念头：当你付出之后，你必然会得到等价或更高价值的东西。
- 要相信你可以为所有的问题找到适当的解决办法，但也要注意你所找到的解决办法未必都是你想要的办法。
- 经常参考别人的经历提醒自己。
- 对于善意的批评采取接受的态度，利用这种机会做一番自我反省，并找出应该改善的地方。
- 和其他有志于成功的人组成智囊团，共同讨论你们的进程，并从更丰富的经验中获取好处。
- 分清楚愿望、希望和欲望，只有强烈的欲望才会给你驱动力。
- 避免任何具有负面意义的说话形式，尤其应消除吹毛求疵、闲言碎语或中伤他人名誉的行为。
- 锻炼你的思想，使它能够导引你的命运朝着你希望的方向发展。
- 无论何时何地都表现出真实的自我，没有人会相信骗子。
- 相信无穷智慧的存在，它会使你产生为掌握思想而奋斗所需要的所有力量。
- 信任和你共事的人，并承认当发现和你共事的人不值得你信任时，就表示你看错了人。
- 每周阅读本建议一次，半年后你一定会有所变化。

第四节 建构积极的社会环境

积极心理的形成离不开社会环境，因为人受环境的影响。那么，要想形成积极心理，我们要如何建构积极的社会环境呢？

一、积极的政策

积极心理学对政府职能转变和政策制定亦有较强的指导意义。塞利格曼说过，社会学、政治学、人类学和经济学都在社会制度方面做过许多研究，但这些学科犯了与心理学同样的毛病，即把重点放在那些对人造成损害的社会制度的研究上，如种族主义、性别歧视、马基雅维利主义、独裁统治等。这些社会科学以发现和揭示所有给人的生活带来困难和痛苦的制度为己任，其最大的作用莫过于帮助我们减少一些伤害我们的条件。相对于积极体验和积极人格，对积极的社会环境的研究和关注较少，但积极心理学很重要的任务之一就是呼吁营造积极的社会环境，建立和完善相应的政策与设施，提升公民的幸福感。

改革开放以来，我国经济高速发展。但经济发展了，就自然意味着人民幸福了吗？有证据表明，许多国家的人们都有过这样的经历，即：经济增长了，但主观报告的幸福感却没有提升，反而有所下降。这说明，经济发展仅仅可以增加财富，并不能带来幸福感的相应提升。

当前，我国政府愈加重视均衡发展和高质量发展，主张共同富裕、绿色环境、扶贫等理念，主张共同享受改革发展的成果；重视民众的精神生活，主张建构和谐人际关系与幸福的生活。积极心理学正好可以在此为政策制定者提供帮助。应用积极心理学视角来制定法律法规以及公共政策，可以提升人们的生活质量。我们需要在不同的领域测量人们的幸福指数，将其高质量发展作为政策制定和评估的指标。例如，在金融政策领域，量化评估金融政策的影响，不仅要从其对金融市场的影响入手，还需要测量投资者的情绪与幸福感。投资者对金融市场的情绪变量，如财务焦虑或投资压力，都影响着金融变量，如消费债务、消费支出、消费者财富、公司投资、新股上市、证券市场需求、流动性、价格、供给、发行量等，同时情绪变量也被这些金融变量影响着。

从积极心理学的视角，政府的政策制定应该从关注公民的情感反应和公共政策的积极取向两个层面来提升公民的幸福感。

（一）关注公民的情感反应

公众情感与环境、健康、安全风险等因素称为非经济风险因素，其重要性并不比经济风险因素低。金钱提供了公认尺度来量化经济风险。而作为非经济风险因素，主观幸福感与快乐的测量可以引导对非经济环境的洞察，与经济发展、环境保护、微观经济和税收一样具有重要的引导性。诺贝尔经济学奖得主、著名心理学家丹尼尔·卡尼曼和同事发展出了一些实证的方法，来测量个体和国民幸福感。比如，卡尼曼和经济学家阿兰·克鲁格提出U指数，来测量人们感受不高兴的情绪状态的时间段。他们认为，要通过设计合理的公共政策来增强主观幸福感，如制定公共政策去影响人们对不同活动如照顾孩子、上下班、工作与娱乐等的时间分配，从而减少不高兴的时间段，增加高兴的时间段。

（二）公共政策的积极取向

传统的政府政策取向是家长式的，限制公民的选择和机会。从积极心理学的视角出发，政府应该通过积极公共政策来帮助个体和社区变得更好，提升公民的幸福感。举例来讲，政府对肥胖人口或冠心病患者的身体健康问题的回应，若采用传统的家长式取向，则可能会限制或取消人们购买或食用高脂肪或其他不健康的食品的选择权，如禁止这些食品在饭店、咖啡厅甚至超市销售。积极取向则是，政府倡导体育健身，并提供大量的体育锻炼设施，从而达到更好、更具持续性的效果。

二、积极的媒体

大众传媒已经深深地影响公众对社会的认识。新闻报道在社会问题的认定过程中和公众对社会问题的认知过程中，是一个信息提供者，同时也是社会舆论的影响者和推动者。因此，新闻报道对社会的建构起着重要作用。媒体发挥这种作用时，亦应该借鉴积极心理学的视角和观点，遏制不良社会问题的发展趋势，树立和培养公众的积极人格，增强公众的幸福感。一般来讲，社会媒体对公众的积极影响要发挥媒体的两大功能：宣导功能与抚慰功能。

（一）宣导积极的力量

传媒可以传授知识，指导人们的行动；可以解释信息，也可以引导受众做出决定，这就是传媒的宣导功能。从积极心理学角度来讲，媒体应该从以下几个方面发挥宣导作用。

1. 形成积极的社会舆论

大众传媒要传播哪一类信息，对这类信息做何种解释，都鲜明地体现着宣传者的价值导向。大众传媒要利用其传播强度和广度，形成强大的、积极的、正向的舆论环境，使得生活于其中的受众能够清楚地认识到培养积极人格的重要性以及该如何培养积极人格。要加强对好人好事的报道，对人性闪光点和优势进行宣传。人性中的积极品质就存在于生活中，等待人们去挖掘。

2. 激发积极的情感体验

如今，随着传媒传播的艺术作品的急剧增加和质量的不断提高，艺术对人们情感的激发作用日渐显著。在艺术创作中，应该避免过多的消极因素，而要以积极因素为主，以积极情感来打动人，让受众通过艺术的感染力增加积极的情感体验。

3. 提供幸福的榜样

大众媒介可以提供多种示范行为，以便让各类受众选择和仿效。应该利用这种示范效用，报道获得幸福感的人和事例来感染受众，让受众知道该如何培养积极人格、增强幸福感。

（二）抚慰消极的情绪

传媒的抚慰功能主要体现为它可以释放公众的消极力量，使之产生积极的情绪。置身于传媒之中，接受传媒的熏陶，人们原有的不良情绪可以得到宣泄，从而调整自己，达到心理平衡。具体说来，传媒的抚慰功能主要体现在以下两方面。

1. 消解精神压力

现代社会人们精神负荷过重、神经难以放松、行为习惯紊乱乃至心理防线崩溃，针对这种情况，新闻媒介可以通过议题设置功能，有针对性地组织一些积极的生活话题和娱乐话题报道，将人们的注意力适度地从一些突发事件上转移开来，从而缓解人们的紧张心理。

2. 消解心理障碍

大众媒体可利用自身的平台优势，通过开设诸如心理辅导热线、专家心理咨询等节目或专栏，帮助受众排除心理障碍，消解不良情绪，指导他们以合理的形式追求幸福。

积极心理学不但在促进个体积极心理品质上大有所为，而且在建设积极环境方面，同样可以做出自己的贡献。

第五节　积极心理学的反思与未来方向

一、积极心理学的反思

近几十年以来，积极心理学在社会各个层面的应用虽然取得了长足的发展，但是也暴露出一些问题和不足。在影响不断扩大的同时，这些问题无疑会阻碍积极心理学应用的推广和发展。进一步了解和反思当前存在的局限和不足，有助于我们更好地完善积极心理学相关的理论和实践方法。下面将结合当前研究者们提出的思考和建议，对目前积极心理学的局限进行阐述。

（一）测评手段有待完善

就积极心理学而言，幸福感是其中的一个核心概念。积极心理学的大多数应用也是旨在培养和提升人们的幸福感，以抵抗消极情绪和认知的影响，预防心理问题的发生。幸福感既是人的情绪上的终极体验，也是生活上的追寻目标。因为幸福感的存在，生活才充满意义，而逆境和挫折也能在幸福感的作用下转化为一种精神财富。

然而，问题在于：幸福究竟是什么呢？尽管积极心理学学者对幸福感已经做了很多解答，数千年的哲学、宗教史上也有无数可供参考的定义，但在实际的操作中，如何准确地定义、测评幸福感仍然是一个十分重要而又难以解决的问题。目前来看，大多数学者将幸福感界定为：个体根据自己的标准对现有的生活质量进行综合评价之后获得的一种体验。这种体验与个体理想中的生活相符的程度越高，则幸福感越强，反之亦然。这就是我们常说的主观幸福感。

由此可见，主观幸福感是个体对自我本身和周遭环境及时间的认知评价和情绪感受的综合。但在实际研究过程中，如此的界定难免面临以下困扰。

1. 脱离特定的环境和个人经验

王载宝（Wong，2011）认为，现有定义不能回答主观幸福感的来源、形成和认知过程等问题，实际意义不明显。例如，两位受测者的主观幸福感得分一致，但二者正处在不同的境遇中：一位生活富足，一帆风顺；一位相对窘迫，诸事不顺。那么，二者的得分必然代表了不同的意义。前者的幸福感可能基于真实生活的反馈，后者的幸福感则可能基于主观的调适，二者来源不同，相比的意义便大打折扣。进而，在这种不同的环境中，维持相同水平的主观幸福感需要的意志与认知过程也会不同。越是在逆境中，个体心理调适就越需要资源。然而，目前的研究尚难以区分上述差异，也未能采取有效的办法来排除环境和个人经验对主观幸福感评估的影响。

2. 自陈报告过于主观

虽然自陈报告是广泛采用的心理学方法，但主观幸福感与其他心理变量有着明显的不同。以抑郁自评为例，个体对自己的睡眠、饮食、性欲有着相对明确和直观的感受，对自杀意念、低落和沮丧等也有着深刻的认识。因而在自陈中，只要受测者是配合的，有获取真实测量结果的主观意愿，那么测量结果在大多数情况下就是可信的。当别人被个体问及自身抑郁程度时，大多数人能够做出八九不离十的评断。但就主观幸福感而言，大多数人对这个概念本身缺乏明确的认识。2012年中央电视台“你幸福吗”的街头采访中，各种五花八门的回复（诸如“我不姓福，我姓曾”）便说明，幸福感对大多数人而言仍然是一个神秘且难以洞悉的概念。没有对概念本身的理解，受测者对不同题目的回答便缺乏内在的统一性，而不同题目所呈现的内容也会随之变得笼统，缺乏对核心概念的指向性。纳斯鲍姆（Nussbaum，2008）认为，目前的自陈测量诱导甚至逼迫受测者对自身诸多领域复杂的、不同类型的经验以主观标准整合、评价为一个整体，这是不值得推广的。在诸多相关经验中，有些可能是令人满意的，有些则不那么令人满意。一个单一的平均结果会使接近满意的水平被平均为满意，快要不满意的被平均为不满意。这就像住在富人边上的穷人被算作富人，而住在穷人边上的富人被算作穷人。很明显，这是不尽合理的。加之，每个人各自不同生活领域的经验对主观幸福感贡献的比重和加权是不同的，其评估标准也是不同的。有的人与妻子关系好，即使与父母关系不好，也会觉得幸福；有的人则相反。有的人不知满足，诸事一切顺利仍然不知幸福；有的人虽然生活潦倒，但一点点好事便能心满意足。当尝试用一种单一的、主观的和明确的分数来衡量幸福感的时候，实际上已经把上述这些个体差异都忽略了。当然，自陈报告还存在一些固有的缺陷，诸如受到弥漫性情绪的影响、容易出现社会赞许性和积极自我偏差等。

3. 难以明确道德基础

作为群居动物的人类，幸福感是主观的；但对于群体法则而言，道德感是客观的。有的人把幸福建立在道德法则之上，我们称之为“绿色幸福”（green happiness）；而有的人为了获取主观的幸福违背道德法则，我们称之为“黑色幸福”（black happiness）。马丁（Martin，2007）认为，目前有关幸福感的定义尚没有考虑到个体的道德层面。这便存在一个明显的局限，有的人违法乱纪、违背道德准则，为了追求自己的幸福不择手段，这同样可以带来主观幸福感和自我实现的感觉，然而，这种获得幸福感的方式应被抵制而不是鼓励。虽然在大多数情况下，价值中立式的研究受到广泛认可，但在主观幸福感的范畴中，价值中立态度似乎会削弱人们的道德意识。

为了解决这一问题，有研究者尝试将幸福感的定义清单化，提出了“客观清单理论”（objective-list theory），以对幸福感进行操作性定义。这类清单包括生活状态、身体健康、想象力、创造力、人际关系、归属感和能力发挥等一系列因素。克里斯扬森（Kristjánsson，2010）认为，这种尝试是一个很好的方向，但是仍然存在诸多问题。一是如何保证客观测量与主观自陈的高相关。有时候，有的人自我报告幸福感水平高，客观测量却很低；有的人则相反。二是如何将客观测量的条目划分为维度，整合为一个整体，以及各个条目在总评估中所占的比重如何。如果想要准确地测量幸福感，这些都是不得不解决的关键问题。

综上所述，无论是主观测量，还是客观测量，二者各有所长。而互相补充虽然在理论上是可行的，但实际操作起来却是困难重重。时至今日，积极心理学领域的幸福感仍然是一个复杂而不明确的概念。这导致在实际的应用过程中，我们难以进行可信的评估。难以评估便难以明确哪些改变是由幸福感的变化引起的，哪些变化又可以影响幸福感。这些问题从根本上阻碍了积极心理学的发展。

（二）对积极的一面过度夸大

人类社会发展早期，由于生产力水平低下，人们大多数时间在为温饱问题而挣扎。随着社会的迅速发展，如今的人们已经过上了富足的生活。与早期强调人们的吃苦精神和生存能力相比，现在的人们更多开始追求物质生活满足之后精神上的满足。与此同时，无论是哲学、宗教还是心理学，都逐渐开始关注如何使人们过得更幸福，如哲学有关人生终极意义的探讨、佛教所主张的禅定冥想以及积极心理学所倡导的幸福感。事实上，现在人们的重要任务不是如何生活下去，而是如何幸福地生活下去。传统心理学一直致力于帮助人们最大限度地消除生活中的问题和消极情绪，这似乎暗示了：

只要消除了生活中的消极面，就可以获得幸福。可事实上，仍然有许多人生活上一帆风顺，却不能感受到足够的幸福。有研究发现，与消极情绪的减少相比，积极情绪的增加更能让人觉得幸福。还有研究表明，积极与消极是两个相对独立的维度，而不是此消彼长的关系。这表明，预防和消除消极一面十分重要，培养和增强积极一面也同样重要。弗雷德里克森和洛萨达（Fredrickson & Losada，2005）的实证研究表明，积极的情绪和认知给个体带来了莫大的好处，如更加长寿、更不容易生病、更能应对挫折和压力等。于是，积极心理学应运而生，并就如何提升人的积极心理付出了大量的努力。然而，正是这种对积极的过度关注，逐渐使积极心理学成为被诟病的一个问题。

一方面，过度强调积极的一面，忽视了消极信息潜在的收益。从进化的角度讲，消极的情绪反馈具有保护作用，提醒个体当前环境存在威胁，或者使个体迅速做出反馈以避免进一步的伤害。研究发现，那些能尽快察觉消极线索并且做出反应的个体更容易在危险事件中存活，那些情绪反馈较为激烈的个体更容易获得群体成员的照顾。因此，虽然消极一面带来痛苦的体验，但其适应性的一面也是不可忽视的。盖博和海特（Gable & Haidt，2005）认为，如果过分强调积极，人们很容易形成盲目的乐观，这加大了人们受到挫折和遭遇风险的概率。如哈布龙（Haybron，2007）所说的，任何关于幸福感的理论的一个重要任务就是对愉快和不愉快的经验，尤其是对不幸的遭遇做出可靠的解释。另一方面，积极并非万能的。以风行一时的成功学为例。市面上形形色色的书籍和讲师宣扬“只要付出努力，人人皆可成功”的观点。很多特定的、偶然的成功被无限放大，成为激励人们的故事。然而事实是，越来越多的研究者发现，成功是一个复杂的过程，涉及天赋、方向和机遇等一系列因素。每天满怀信心与希望、努力拼搏固然会有收获，但这并不代表就可以取得和他人一样的成功。

总而言之，进化机制决定了人们的生存必然要依赖各种积极和消极因素的相互作用。积极心理学从理论建构到应用实践，都应该把握住这种辩证的平衡。如果只是片面地考虑积极一面，那就无法了解生活的复杂性。克里斯扬森（Kristjánsson，2010）认为，简单地将积极和消极划分为人格类别与符号，其本身就存在辩证逻辑上的局限。施奈德（Schneider，2011）认为，任何事物都是一把双刃剑，当把消极与悲伤、失败联系在一起时，它是一个实实在在的符号，代表了人们对逆境的厌恶，但当把它与适应、保护联系在一起时，它同样是一个有具体意义的符号，但却代表了截然不同的内容。因而，情境决定了结果。于本质而言，并没有所谓的消极和积极，只是不同事物在不同场景下的现象而已。心理学工作者需要关注的不是如何把心理过程标签化，留下积极的，抹去消极的，而是帮助人们了解心理过程的规律，心理状态会在哪里、在何时以及为什么会发生变化。

在实际的心理治疗中，一味强调积极的一面反而可能会给个体带来负面结果。如著名的心理治疗师海尔德所指出的那样：“作为一名心理治疗师，我经常注意到来访者感觉到不好时会为自己的这种状态感到愧疚和羞耻。他们有时会为不能呈现一种快乐的状态而有歉意，就好像表现出不快乐是一件非常丢人的事情。”这种心态就源自对积极一面的过度宣扬，来访者在潜意识里已经形成了有关积极和消极的标签。这种被动的压抑反而会对来访者造成二次伤害，也影响了情绪的宣泄和与治疗师的工作联盟的建立。因此，在实际应用中，消极与积极是相对的概念，辩证地平衡二者的关系方才是拓展积极心理学应用、夯实积极心理学理论基础的康庄大道。

（三）美德理论不够完善

皮特森和塞利格曼（Peterson & Seligman，2004）提出的美德理论是积极心理学领域的核心理论之一。积极心理学认为，美德是积极的人格，它是一种内在的、稳定的力量，发现和培育积极人格是完成积极自我建构和积极力量增长的重要途径。于是，他们提出了智慧、勇气、仁爱、正义、节制和升华六大核心美德，每类美德又可以细分为一些性格优势，因而形成了共计 24 种性格优势（具体内容参见第七章）。美德理论及其分类系统对人格心理学的研究产生了巨大的影响，但作为一个心理学概念和一种理论，尚不够完善。

1. 没有明确美德的核心概念

皮特森和塞利格曼认为，个体并不需要所有 24 种性格优势，只要拥有其中一部分便可以称为积极。但实际上，这些各自为战的美德成分缺乏一个核心引导和内部一致性。首先，作为一个单一的心理变量，无论从理论角度还是从测量学角度，都应该具备内部一致性，即所有的子成分指向同一个核心概念，这一概念便是引导者，而所有的子成分也必须对核心概念的变化产生影响和贡献。但就美德而言，它似乎更像积极人格的大杂烩。美德理论没有解释清楚这些性格优势有什么共同的特点，又是如何相互影响的。其次，单个或数个性格优势似乎并不能代表美德。一个人可以凭借勇敢来为自己谋取资源，但同时可能会损害别人的资源利益，因此不正义，那么我们可以说这是积极的吗？但只就勇敢而言，根据其定义，不能否定其积极的特征。所以，看似都是美德的成分，但在缺乏一个前提和基本准则的情况下，美德的子成分之间存在复杂的相互作用，而它们的共同特点也难以寻觅。最后，即使被界定为性格优势，也是不稳定的。麦克纳尔蒂和芬彻姆（McNulty & Fincham，2012a）研究了宽恕和仁慈之后发现，这些并不总能够给人带来幸福感，而是受到具体事件和人格特质的影响。也就是说，在一种情境中给个体带来积极收益的某个性格优势，在另一种情境中则可能会给个体带来消极的影响。例如，一味地宽恕别人可能会损害自尊和自我完整性。

2. 缺乏社会背景

麦克唐纳和奥卡拉汉（McDonald & O'Callaghan，2008）研究认为，塞利格曼等提出的美德理论与美国精神病协会制定的 DSM 在本质上是类似的，都是按照一条条的标准来界定是否应该被划归正常或异常、积极或消极。其背后的假设是，存在一个超越一切地域、种族、性别、文化的普世标准，可以供人们来判定好坏。这使得美德脱离了社会背景和具体的情境。这一方面忽略了社会因素对个体美德的影响。具体而言，某个人如果有着不良的品质，会被认为是他个人的失败，而不是社会经济和政治结构等因素造成的。在积极心理学的应用中，也存在强调个人改善而脱离对社会变革和改良的推动的倾向。这无疑是一条相对偏差的道路，因为个人探索带来的幸福感终究是短暂的。马丁（Martin，2007）认为，只有以社会道德伦理为基础的幸福才是长久的。

另一方面，这忽略了美德的两面性。无论是乐观还是其他任何心理品质，直接将其定义为积极的心理特质都是值得商榷的，因为特质是价值中立的，就像内向和外向，它只是描绘了一类人的特征，并不代表好坏的判断。在价值中立的前提下，任何事物都具有辩证的两面性，如同武器，放在坏人手里可能会伤害别人，放在军人手里就能保家卫国。因而，问题的本质不是它是什么，而是人们所赋予它的意义。人的心理特质同样应该主要取决于文化和事件背景。在具体的应用中，积极心理学需要重点关注的就不是如何发掘和培养积极品质，而是如何灵活地调整。只要运用得当，消极的心理品质也可以带来好的结果。据此，麦克纳尔蒂和芬彻姆（McNulty & Fincham，2012b）提出了心理灵活性（psychological flexibility）的概念，这后来也成为积极心理学关注的重点。

也有研究者持不同的观点，认为因为不同情境和文化下性格优势的差异，就不给积极和消极贴标签是武断的。沃特曼（Waterman，2012）所做的有关人格特质的元分析结果显示，在跨越时间和空间的更大背景下，总有一些性格优势几乎肯定可以促进个体的心理健康和幸福生活，诸如积极思考、仁慈，尤其是宗教通常弘扬的善。这表明心理特质是可以贴标签的，而这种做法也会为明确积极心理学的应用提供一个清晰的目标。

综上所述，虽然有诸多争论，但积极心理学对当代心理学发展和人们心理健康的贡献是不容忽视的。将美德纳入积极心理学的范畴是值得鼓励的，但同样需要更多严谨的研究的经验总结来丰富与完善相关的理论。

（四）价值原则有理论局限

塞利格曼曾经自豪地宣称，我们所有的推论以及为幸福开出的处方都是基于经验证据的。这听起来十分令人鼓舞，积极心理学在科学研究原则的指导下得出了禁得起验证的结果。但有一个类似悖论的理论基础没有解释清楚，即积极心理学如何遵循了科学研究的价值中立原则。休谟最早提出了科学研究的价值中立原则。他认为，人类知识可以分为两种：一是关于事实，是或者不是；二是关于价值，应该或者不应该。科学进行的是对事实的探究，而不是价值评判。经过逻辑实证主义的补充，科学价值中立包含四个主要方面：一是研究者价值中立，研究时不包含期待和情感，奉行科学的禁欲主义；二是研究对象价值中立，不包含期待和倾向；三是研究方法中立；四是研究结果中立，即研究结果是一个确认的事实，它只是一个纯粹的描述而不包含引导、诱发和激励成分。

可以认为，科学心理学遵循了价值中立原则。标准的实验流程、随机双盲和客观报告结果都是研究者们为了遵循价值中立原则而付出的努力。就积极心理学而言，事实是研究者们把一个明确的价值体系建立在价值中立原则之上。泰勒（Taylor，2001）认为，对积极的界定与追求本身就是一种价值判断，基于此，积极心理学便没有遵循价值中立原则。例如，告诉主试、被试对研究不要有预期和价值判断（双盲），因为只有这样得出的结论才是科学可信的。然后，在实际操作过程中，参与者们又不得不产生价值明确的认知和行为。实际上，所谓的双盲便是一种掩耳盗铃。

因此，从科学的价值中立原则角度，对于是否完全遵循了科学实证的研究规则，积极心理学并不能自圆其说。这一理论局限使得积极心理学陷入了科学性的争论之中。

二、积极心理学的未来方向

积极心理学存在一些不可否认的不足，但并不能因此忽视其在生活应用中所发挥的重要作用。任何心理学理论和流派的发展都是一个长期完善的过程。当前积极心理学所遭遇的困境，可能是自身理论建构不足的表现，也可能是因为相关证据尚未被发掘。因此，无论是开阔的应用前景，还是阻碍发展的局限，都不能一概而论。应当以建设性的态度来看待积极心理学的应用发展。在大力推广、服务于社会实践的同时，也要保持探索学习的态度，尝试进一步完善和加强积极心理学应用的理论和实践体系建设。

（一）积极心理学与生理健康

当前研究大多关注积极心理学给个体心理健康带来的显著效应。生理作为心理的承载基础，必然受到心理变化的影响。大量研究表明，心理状态与脑神经活动、免疫力、内分泌系统、性功能、疼痛和术后康复等一系列生理活动关系密切。今后的研究可以尝试探索积极心理学的脑神经机制及其对个体生理健康的影响。一方面，这可以从生理上明确积极品质存在的合理性，同时拓展认知神经科学的研究成果；另一方面，这可以促进积极心理学在生理健康恢复上的应用。相比心理活动，生理状况更加客观和易于捕捉。如果能够合理探索和解释积极心理学相关干预、品质与脑神经活动和生理健康的关系，将有助于弥补积极心理学较为主观的缺陷。

因此，今后的研究一方面可以采用 fMRI 等技术探索明确积极心理学的脑神经机制，另一方面可以继续扩展积极心理学在促进和维持生理健康方面的作用。

（二）积极心理学与宏观社会生态

先前的研究通常关注个体，即明确个体具备的积极品质，发掘和培养个体积极的认知、行为和情感，最终帮助个体拥有幸福生活。但是，作为群居物种的人类，无论是精神还是物质的追求，都脱离不了群体的环境。只有把个体限定在某一群体和文化中，心理活动才变得更加丰富和有意义。尤其是在集体主义盛行的国家，幸福和快乐在很多时候都不是一个人的事情。个体不得不考虑群体中的其他成员，同时也受到他人的影响。因此，积极心理学单纯强调对个体的改造，实际上是窄化了自己的理论范畴和应用前景。随着社会的迅速发展，文化更加丰富多元，人与人的联结也更加紧密。积极心理学可以放眼更加宏观的社会生态，尝试从群体、组织和人际互动的角度来构建宏观的社会生态体系，一方面充实自己的理论建构，另一方面拓展自己的应用范围。

积极心理学作为社会科学的一个重要组成部分，了解社会规律、改善社会环境是其终极目标。积极心理学在推动整个人类社会秩序改良、完善和丰富人们的精神生活、满足人们不断增长的心理需求方面有着巨大的应用前景。

（三）积极心理学与教育

积极心理学自提出以来，就在教育领域掀起了一股改革的浪潮。但就目前来看，积极心理学在辅助教育，使其发挥更大价值方面还有很多值得探索的方向。

教育重在对人的社会性转化，使个体能够尽快地传承文化、知识，发展生存技能，它更加偏向实务。而积极心理学同样重视转化，但更偏向心理积极，使个体发展和完善健康心态。积极心理学与教育融合在一起，能帮助个体顺利社会化，让个体既能学习社会技能和道德准则，又能培养健康积极的心态，这也正是个体成长的目标。作为基本的社会领域，教育可以说与各行各业都有着千丝万缕的联系。它一方面是个体潜能的发展力和生产力源泉，另一方面也是消极情绪的抵抗力源泉。教育还有一种明显的功能，就是通过知识、经验和心态的传递来使各种危险的、消极的事态消失于萌芽。不论是心理问题还是生理问题，治疗可以说都是“马后炮”，在问题发生之后解决问题，不仅会给个体身心带来痕迹，同时也损耗大量资源。相比之下，积极心理学取向下的教育便是使人走向更加高级与高尚的途径。积极心理学视角下的教育，不仅要让学生快乐学习，更要让学生学会发掘和培养积极力量，形成积极人格。因此，在理论研究方面，积极心理学需要不断明确现有的教育概念，充实新的概念，探索与教育的恰当融合。同时，要进一步开展方法多样、过程严谨的积极教育的实证学术研究。在实践应用方面，积极心理学最大的价值莫过于解决现实问题、预防问题。因此，着眼于如何发展积极教育模式、积极成长模式，以及问题导向的应用策略，是积极心理学应该关注的方向。

《概念术语》

积极心理的应用　幸福感　美德　价值中立原则　积极的环境

《本章要点》

1. 积极心理学在家庭、学校和工作等日常生活领域有着广泛的应用。

2. 结合积极心理学的相关理论基础和实践方法，个体可以进行积极自我调适，并从中获益。

3. 虽然积极心理学的应用取得了丰硕的成果，也有着广泛的应用前景，但是其自身的理论和实践的不足也应当被重视。

4. 今后的研究可以在个体生理健康、教育和社会生态等领域进一步探索和完善积极心理学的相关理论和应用技术。

复习思考

1. 积极心理学在家庭、教育和工作领域能给个体带来哪些变化?
2. 在积极心理的环境塑造方面，还可以做出哪些具体的改进?
3. 积极心理学应用目前有哪些不足和有待改进的方面? 该如何尝试进一步完善?
4. 积极心理学未来的研究应当重视哪些方面?

推荐读物

1. 瑞伊，麦康威尔. 运用积极心理学提高学生成绩：品格教育校本计划. 北京：中国青年出版社，2017.
2. 塞利格曼. 认识自己，接纳自己. 杭州：浙江教育出版社，2020.
3. 彭凯平. 孩子的品格——写给父母的积极心理学. 北京：中信出版社，2021.
4. 塞利格曼，拉希德. 积极心理学治疗手册. 北京：中信出版社，2020.
5. 斯泰尔. 向好而生 积极心理学的10大发现. 北京：人民邮电出版社，2020.

参考文献

Ackerman, S., Zuroff, D. C., & Moskowitz, D. S. (2000). Generativity in midlife and young adults: Links to agency, communion, and subjective well-being. International Journal of Aging & Human Development, 50 (1), 17 - 41.

Affleck, G., Tennen, H., Croog, S., & Levine, S. (1987). Causal attribution, perceived benefits, and morbidity after a heart attack: An 8-year study. Journal of Consulting & Clinical Psychology, 55 (1), 29 - 35.

Ahuvia, A. C., & Friedmanl, D. C. (1998). Income, consumption, and subjective well-being: Toward a composite macromarketing model. Journal of Macromarketing, 18 (2), 153 - 168.

Ainsworth, M. D. S., Blehar, M., Waters, E., & Wall, S. (1978). Patterns of attachment: A psychological study of strange situation. Hillsdale, NJ: Lawrence Erlbaum.

Akhtar, S., & Barlow, J. (2018). Forgiveness therapy for the promotion of mental well-being: A systematic review and meta-analysis. Trauma, Violence, & Abuse, 19 (1), 107 - 122.

Aknin, L. B., Dunn, E. W., & Norton, M. I. (2012). Happiness runs in a circular motion: Evidence for a positive feedback loop between prosocial spending and happiness. Journal of Happiness Studies, 13 (2), 347 - 355.

Alloy, L. B, & Abramson, L. Y. (1988). Depressive realism: Four theoretical perspectives. In L. B. Alloy (Ed.), Cognitive processes in depression (pp. 223 - 265). New York: Guilford Press.

Algoe, S. B., & Haidt, J. (2009). Witnessing excellence in action: The "other-praising" emotions of elevation, gratitude, and admiration. The Journal of Positive Psychology, 4 (2), 105 - 127.

Algoe, S. B., & Zhaoyang, R. (2016). Positive psychology in context: Effects of expressing gratitude in ongoing relationships depend on perceptions of enactor responsiveness. The Journal of Positive Psychology, 11 (4), 399 - 415.

Al-Mabuk, R. H., Enright, R. D., & Cardis, P. A. (1995). Forgiveness education with parentally love-deprived late adolescents. Journal of Moral Education, 24 (4), 427 - 444.

Al-Sabwah, M. N., & Abdel-Khalek, A. M. (2006). Religiosity and death distress in Arabic college students. Death studies, 30 (4), 365 - 375.

Ammirati, R. J., Lamis, D. A., Campos, P. E., & Farber, E. W. (2015). Optimism, well-being, and perceived stigma in individuals living with HIV. Aids Care, 27 (7), 926 - 933.

Anthony, E. J., & Koupernik, C. (Eds.). (1974). The child in his family: Children at psychiatric risk. Oxford, England: John Wiley.

Arslan, G., & Yıldırım, M. (2021). Coronavirus stress, meaningful living, optimism, and depressive symptoms: A study of moderated mediation model. Australian Journal of Psychology, 73 (2), 113 - 124.

Ashby, F. G., Isen, A. M., & Turken, A. U. (1999). A neuropsychological theory of positive affect and its influence on cognition. Psychological Review, 106 (3), 529 - 550.

Aspinwall, L. G., Richter, L., & Hoffman, R. R. (2001). Understanding how optimism "works": An examination of optimists' adaptive moderation of belief and behavior. In E. C. Chang (Ed.), Optimism and pessimism: Theory, research, and practice (pp. 217 - 238). Washington, DC: American Psychological Association.

Bailey, T. C., Eng, W., Frisch, M. B., & Snyder, C. R. (2007). Hope and optimism as related to life satisfaction. Journal of Positive Psychology, 2 (3), 168 - 175.

Balatsky, G., & Diener, E. (1993). Subjective well-being among Russian students. Social Indicators Research, 28 (3), 225 - 243.

Balistreri, E., Busch-Rossnagel, N. A., & Geisinger, K. F. (1995). Development and preliminary validation of the Ego Identity Process Questionnaire. Journal of adolescence, 18 (2), 179 - 192.

Baltes, P. B., Smith, J., & Staudinger, U. M. (1992). Wisdom and successful aging. In T. Sonderegger (Ed.), Nebraska symposium on motivation (Vol. 39, pp. 123 - 167). Lincoln, NE: University of Nebraska Press.

Bandura, A. (1977). Self-efficacy: Toward a unifying theory of behavioral change. Advances in Behaviour Research & Therapy, 1 (4), 139 - 161.

Bandura, A. (1997). Self-efficacy: The exercise of control. Journal of Cognitive Psychotherapy, 604 (2), 158 - 166.

Bartlett, M. Y., & DeSteno, D. (2006). Gratitude and prosocial behavior: Helping when it costs you. Psychological Science, 17 (4), 319 - 325.

Barrett, L., Dunbar, R., & Lycett, J. (2002). Human evolutionary psychology. Princeton, NJ: Princeton University Press.

Bartz, J. A., & Lydon, J. E. (2008). Relationship-specific attachment, risk regulation, and communal norm adherence in close relationships. Journal of Experimental Social Psychology, 44 (3), 655 - 663.

Batson, C. D., & Ahmad, N. (2001). Empathy-induced altruism in a prisoner's dilemma Ⅱ: What if the target of empathy has defected? European Journal of Social Psychology, 31 (1), 25 - 36.

Batson, C. D., Klein, T. R., Highberger, L., & Shaw, L. L. (1995). Immorality from empathy-induced altruism: When compassion and justice conflict. Journal of Personality & Social Psychology, 68 (6), 1042 - 1054.

Batson, M. D. & Shwalb, D. W. (2006). Forgiveness and religious faith in Roman Catholic married couples. Pastoral Psychology, 55 (2), 119 - 129.

Baucom, D. H., Epstein, N., Daiuto, A. D., Carels, R. A., Rankin, L. A., & Burnett, C. K. (1996). Cognitions in marriage: The relationship between standards and attributions. Journal of Family Psychology, 10 (2), 209 - 222.

Bauer, L., Duffy, J., Fountain, E., Halling, S., Holzer, M., Jones, E., & Rowe, J. O. (1992). Exploring self-forgiveness. Journal of Religion & Health, 31 (2), 149 - 160.

Baumeister, R. F. (2000). Ego depletion and the self's executive function. In A. Tesser, R. B. Felson, &

J. M. Suls (Eds.), Psychological perspectives on self and identity (pp. 9 - 33). Washington, DC: American Psychological Association.

Baumeister, R. F., Campbell, J. D., Krueger, J. I., & Vohs, K. D. (2003). Does high self-esteem cause better performance, interpersonal success, happiness, or healthier lifestyles?. Psychological Science in the Public Interest, 4 (1), 1 - 44.

Baumeister, R. F., Heatherton, T. F., & Tice, D. M. (1995). Losing control: How and why people fail at self-regulation. Clinical Psychology Review, 15 (4), 367 - 368.

Bennion, L. D., & Adams, G. R. (1986). A revision of the extended version of the objective measure of ego identity status: An identity instrument for use with late adolescents. Journal of Adolescent Research, 1 (2), 183 - 197.

Berendes, D., Keefe, F. J., Somers, T. J., Kothadia, S. M., Porter, L. S., & Cheavens, J. S. (2010). Hope in the context of lung cancer: Relationships of hope to symptoms and psychological distress. Journal of Pain & Symptom Management, 40 (2), 174 - 182.

Berlemann, M. (2016). Does hurricane risk affect individual well-being? Empirical evidence on the indirect effects of natural disasters. Ecological Economics, 124, 99 - 113.

Bertocci, P. A., & Millard, R. M. (1963). Personality and the good: Psychological and ethical perspectives. New York: McKay.

Berzonsky, M. D. (1992). Identity style and coping strategies. Journal of personality, 60 (4), 771 - 788.

Berzonsky, M. D., Soenens, B., Smits, I., Luyckx, K., & Goossens, L. (2007). Revised Identity Style Inventory (ISI-4). Unpublished test, Department of Psychology State University of New York at Cortland, Cortland, NY.

Betz, N. E., & Klein, K. L. (1996). Relationships among measures of career self-efficacy, generalized self-efficacy, and global self-esteem. Journal of Career Assessment, 4 (3), 285 - 298.

Biber, D. D., Melton, B., & Czech, D. R. (2020). The impact of COVID-19 on college anxiety, optimism, gratitude, and course satisfaction. Journal of American college health, 1 - 6.

Billington, E., Simpson, J., Unwin, J., Bray, D., & Giles, D. (2008). Does hope predict adjustment to end-stage renal failure and consequent dialysis? British Journal of Health Psychology, 13 (4), 683 - 699.

Biswas-Diener, R., & Diener, E. (2001). Making the best of a bad situation: Satisfaction in the slums of Calcutta. Social Indicators Research, 55 (3), 329 - 352.

Blagys, M. D., & Hilsenroth, M. J. (2002). Distinctive activities of cognitive-behavioral therapy: Areview of the comparative psychotherapy process literature. Clinical Psychology Review, 22 (5), 671 -706.

Blais, M. R., Sabourin, S., Boucher, C., & Vallerand, R. J. (1990). Toward a motivational model of couple happiness. Journal of Personality & Social Psychology, 59 (5), 1021 - 1031.

Blanchflower, D. G., & Oswald, A. J. (2008). Hypertension and happiness across nations. Journal of Health Economics, 27 (2), 218 - 233.

Blanton, H. (2001). Evaluating the self in the context of another: The three-selves model of social comparison assimilation and contrast. In G. B. Moskowitz (Ed.), Cognitive social psychology: The Princeton symposium on the legacy and future of social cognition (pp. 75 - 87). Mahwah, NJ: Lawrence Erlbaum.

Bono, G., & Froh, J. (2009). Gratitude in school: Benefits to students and schools. In R. Gilman, E. S. Huebner, & M. J. Furlong (Eds.), Handbook of positive psychology in schools (pp. 77 - 88). New York: Routledge/Taylor & Francis Group.

Bono, G., McCullough, M. E., & Root, L. M. (2008). Forgiveness, feeling connected to others, and well-being: Two longitudinal studies. Personality & Social Psychology Bulletin, 34 (2), 182 - 195.

Bosma, H. A., & Kunnen, E. S. (2001). Determinants and mechanisms in ego identity development: A review and synthesis. Developmental review, 21 (1), 39 - 66.

Bowlby, J. (1951). Maternal care and mental health. Geneva: World Health Organization.

Bowlby, J. (1973). Attachment and loss: Vol. 2. Separation: anxiety and anger. New York: Basic Books.

Bradburn, N. M. (1969). The structure of psychological well-being. Oxford, England: Aldine.

Breen, W. E., Kashdan, T. B., Lenser, M. L., & Fincham, F. D. (2010). Gratitude and forgiveness: Convergence and divergence on self-report and informant ratings. Personality & Individual Differences, 49 (8), 932 - 937.

Brennan, K. A., Clark, C. L., & Shaver, P. R. (1998). Self-report measurement of adult attachment: An integrative overview. In J. A. Simpson & W. S. Rholes (Eds.), Attachment theory and close relationships (pp. 46 - 76). New York: Guilford Press.

Brissette, I., Scheier, M. F., & Carver, C. S. (2002). The role of optimism in social network development, coping, and psychological adjustment during a life transition. Journal of Personality & Social Psychology, 82 (1), 102 - 111.

Britton, A. R., Sliter, M. T., & Jex, S. M. (2012). Is the glass really half-full? The reverse-buffering effect of optimism on undermining behavior. Personality & Individual Differences, 52 (6), 712 - 717.

Brockner, J. (1988). Self-esteem at work: Research, theory, and practice. Lexington, MA: Lexington Books.

Brown, K. W., & Ryan, R. M. (2003). The benefits of being present: Mindfulness and its role in psychological well-being. Journal of Personality & Social Psychology, 84 (4), 822 - 848.

Brown, R. P. (2003). Measuring individual differences in the tendency to forgive: Construct validity and links with depression. Personality & Social Psychology Bulletin, 29 (6), 759 - 71.

Brown, S. D. (2005). Collective emotions: Artaud's nerves. Culture & Organization, 11 (4), 235 - 247.

Bryant, F. (2003). Savoring Beliefs Inventory (SBI): A scale for measuring beliefs about savouring. Journal of Mental Health, 12 (2), 175 - 196.

Buckingham, A., & Richardson, E. J. (2021). The Relationship Between Psychological Resilience and Pain Threshold and Tolerance: Optimism and Grit as Moderators. Journal of Clinical Psychology in Medical Settings, 28 (3), 518 - 528.

Burge, S. K., Katerndahl, D. A., Wood, R. C., Becho, J., Ferrer, R. L., & Talamantes, M. (2016). Using complexity science to examine three dynamic patterns of intimate partner violence. Families, Systems, & Health, 34 (1), 4 - 14.

Burnstein, E., Crandall, C., & Kitayama, S. (1994). Some neo-Darwinian decision rules for altruism: Weighing cues for inclusive fitness as a function of the biological importance of the decision. Journal of Personality & Social Psychology, 67 (5), 773 - 789.

Buunk, B. P., & van der Eijnden, R. J. (1997). Perceived prevalence, perceived superiority, and relationship satisfaction: Most relationships are good, but ours is the best. Personality & Social Psychology Bulletin, 23 (3), 219 - 228.

Canary, D. J., Cupach, W. R., & Messman, S. J. (1995). Relationship conflict: Conflict in parent-child, friendship, and romantic relationships. Thousand Oaks, CA: Sage.

Capaldi, C. A., Dopko, R. L., & Zelenski, J. M. (2014). The relationship between nature connectedness and happiness: a meta-analysis. Frontiers in psychology, 5.

Carifio, J., & Rhodes, L. (2002). Construct validities and the empirical relationships between optimism, hope, self-efficacy, and locus of control. Work, 19 (2), 125 - 136.

Carlo, G., & Randall, B. A. (2002). The development of a measure of prosocial behaviors for late adolescents. Journal of Youth & Adolescence, 31 (1), 31 - 44.

Carmody, J., & Baer, R. A. (2008). Relationships between mindfulness practice and levels of mindfulness, medical and psychological symptoms and well-being in a mindfulness-based stress reduction program. Journal of Behavioral Medicine, 31 (1), 23 - 33.

Carr, A. (2004). Positive psychology: New worlds for old. Psychological Society of Ireland, 30 (11), 278 - 279.

Carr, D., Freedman, V. A., Cornman, J. C., & Schwarz, N. (2014). Happy marriage, happy life? Marital quality and subjective well-being in later life. Journal of Marriage & Family, 76 (5), 930 - 948.

Carver, C. S., & Gaines, J. G. (1987). Optimism, pessimism, and postpartum depression. Cognitive Therapy & Research, 11 (4), 449 - 462.

Carver, C. S., & Scheier, M. F. (2014). Dispositional optimism. Trends in Cognitive Sciences, 18 (6), 293 - 301.

Carver, C. S., Scheier, M. F., & Segerstrom, S. C. (2010). Optimism. Clinical Psychology Review, 30 (7), 879 - 889.

Chalmers, L. (2007). Buddha's teachings: Being the sutta nipata, or discourse collection. London: Oxford University Press.

Chambers, J. R., &Suls, J. (2007). The role of egocentrism and focalism in the emotion intensity bias. Journal of Experimental Social Psychology, 43 (4), 618 - 625.

Chamberlain, J. M., &Haaga, D. A. F. (2001). Unconditional self-acceptance and psychological health. Journal of Rational-Emotive & Cognitive-Behavior Therapy, 19 (3), 163 - 176.

Chamberlain, K., Petrie, K., & Azariah, R. (1992). The role of optimism and sense of coherence in predicting recovery following surgery. Psychology & Health, 7 (4), 301 - 310.

Chambers, J. R., Windschitl, P. D., & Suls, J. (2003). Egocentrism, event frequency, and comparative optimism: When what happens frequently is "more likely to happen to me". Personality and Social Psychology Bulletin, 29 (11), 1343 - 1356.

Chamorro-Premuzic, T., & Lusk, D. (2017). The dark side of resilience. Harvard Business Review, 16, 1 - 4.

Chapin, J. (2001). It Won't Happen to Me: The Role of Optimistic Bias in African American Teens'

Risky Sexual Practices. Howard Journal of Communications, 12 (1), 49 - 59.

Chapman, A. J., & Foot, H. C. (Eds.). (1976). Humour and laughter: Theory, research and applications. Oxford, England: John Wiley & Sons.

Chen, S., Liu, J., & Hu, H. (2021). A Norm-Based Conditional Process Model of the Negative Impact of Optimistic Bias on Self-Protection Behaviors During the COVID-19 Pandemic in Three Chinese Cities. Frontiers in psychology, 12: 659218.

Chen, W., Niu, G.-F., Zhang, D.-J., Fan, C.-Y., Tian, Y., & Zhou, Z.-K. (2016). Socioeconomic status and life satisfaction in Chinese adolescents: Analysis of self-esteem as a mediator and optimism as a moderator. Personality and Individual Differences, 95, 105 - 109.

Clarke, V. A., Williams, T., & Arthey, S. (1997). Skin type and optimistic bias in relation to the sun protection and suntanning behaviors of young adults. Journal of behavioral medicine, 20 (2), 207 - 222.

Close, H. T. (1970). Forgiveness and responsibility: A case study. Pastoral Psychology, 21 (6), 19 -25.

Coan, J. A., & Allen, J. J. (2004). Frontal EEG asymmetry as a moderator and mediator of emotion. Biological Psychology, 67 (2), 7 - 49.

Coelho, M. P. (2010). Unrealistic optimism: Still a neglected trait. Journal of business and psychology, 25 (3), 397 - 408.

Cohen, S., Doyle, W. J., Turner, R. B., Alper, C. M., & Skoner, D. P. (2003). Emotional style and susceptibility to the common cold. Psychosomatic Medicine, 65 (4), 652 - 657.

Colcombe, S. J., Kramer, A. F., McAuley, E., Erickson, K. I., & Scalf, P. (2004). Neurocognitive aging and cardiovascular fitness. Journal of Molecular Neuroscience, 24 (1), 9 - 14.

Collins, K. M. T., Onwuegbuzie, A. J., & Jiao, Q. G. (2009). Hope as a predictor of performance of graduate-level cooperative groups in research methodology courses. International Journal of Teaching & Learning in Higher Education, 21 (2), 148 - 157.

Comte-Sponville, A., & Temerson, C. (2002). A small treatise on the great virtues: The uses of philosophy in everyday life. Moral Character, 57 (5), 32 - 32.

Coopersmith, S. (1967). The antecedents of self-esteem. San Francisco, CA: W. H. Freeman.

Côté, J. E. (1996). Sociological perspectives on identity formation: The culture-identity link and identity capital. Journal of Adolescence, 19 (5), 417 - 428.

Coyle, C. T., & Enright, R. D. (1997). Forgiveness intervention withpostabortion men. Journal of Consulting & Clinical Psychology, 65 (6), 1042 - 1046.

Crick, N. R., & Dodge, K. A. (1994). A review and reformulation of social information-processing mechanisms in children's social adjustment. Psychological Bulletin, 115 (1), 74 - 101.

Csikszentmihalyi, M. (1975). Beyond boredom and anxiety. San Francisco, CA: Jossey-Bass.

Csikszentmihalyi, M. (1997). Finding flow: The psychology of engagement with everyday life. New York: Basic Books.

Csikszentmihalyi, M., & Csikszentmihalyi, I. S. (Eds.). (1988). Optimal experience: Psychological studies of flow in consciousness. Cambridge, UK: Cambridge University Press.

Csikszentmihalyi, M., & Larson, R. (1987). Validity and reliability of the experience-sampling method. Journal of Nervous & Mental Disease, 175 (9), 526 - 536.

Csikszentmihalyi, M., & Massimini, F. (1985). On the psychological selection of bio-cultural information. New Ideas in Psychology, 3 (2), 115 - 138.

Cummins, R. A. (2000) . Personal income and subjective well-being: A review. Journal of Happiness Studies, 1 (2), 133 - 158.

Curry, L. A. , Snyder, C. R. , Cook, D. L. , Ruby, B. C. , & Rehm, M. (1997) . Role of hope in academic and sport achievement. Journal of Personality & Social Psychology, 73 (6), 1257 - 1267.

Dainton, B. (2000) . Stream of consciousness: Unity and continuity in conscious experience. New York: Routledge.

Davidson, R. J. (2010) . Emotion and affective style: Hemispheric substrates. Psychological Science, 3 (1), 39 - 43.

Deaton, A. (2012). The financial crisis and the well-being of Americans 2011 OEP Hicks Lecture. Oxford economic papers, 64 (1), 1 - 26.

DeCharms, R. , & Dave, P. N. (1965). Hope of success, fear of failure, subjective probability, and risk-taking behavior. Journal of Personality and Social Psychology, 1 (6), 558 - 568.

Deci, E. L. (1975) . Intrinsic motivation. New York, NY: Plenum Press.

Deci, E. L. , & Ryan, R. M. (1985) . Intrinsic motivation and self-determination in human behavior. New York: Plenum Press.

Deci, E. L. , & Ryan, R. M. (1987) . The support of autonomy and the control of behavior. Journal of Personality & Social Psychology, 53 (6), 1024 - 1037.

de Dreu, C. K. (2010) . Social value orientation moderates ingroup love but not outgroup hate in competitive intergroup conflict. Group Processes & Intergroup Relations, 13 (6), 701 - 713.

Dember, W. N. , Martin, S. H. , Hummer, M. K. , Howe, S. R. , & Melton, R. S. (1989) . The measurement of optimism and pessimism. Current Psychology, 8 (2), 102 - 119.

Deng, Y. , Xiang, R. , Zhu, Y. , Li, Y. , Yu, S.', & Liu, X. (2018) . Counting blessings and sharing gratitude in a Chinese prisoner sample: Effects of gratitude-based interventions on subjective well-being and aggression. Journal of Positive Psychology. Advanced online publication. DOI: 10. 1080/17439760. 2018. 1460687.

Denton, R T. & Martin, M W. (1998) . Defining forgiveness: An empirical exploration of process and role. American Journal of Family Therapy, 26 (4), 281 - 292.

DeWall, C. N. , Lambert, N. M. , Pond Jr, R. S. , Kashdan, T. B. , & Fincham, F. D. (2012) . A grateful heart is a nonviolent heart: Cross-sectional, experience sampling, longitudinal, and experimental evidence. Social Psychological & Personality Science, 3 (2), 232 - 240.

Dickert, S. , Sagara, N. , & Slovic, P. (2011) . Affective motivations to help others: A two-stage model of donation decisions. Journal of Behavioral Decision Making, 24 (4), 361 - 376.

Diener, E. (1984) . Subjective well-being. Psychological Bulletin, 95 (3), 542 - 575.

Diener, E. , Emmons, R. A. , Larsen, R. J. , & Griffin, S. (1985) . The satisfaction with life scale. Journal of Personality Assessment, 49 (1), 71 - 75.

Diener, E. , & Lucas, R. E. (1999) . Personality and subjective well-being. In D. Kahneman, E. Diener, & N. Schwarz (Eds.), Well-being: The foundations of hedonic psychology (pp. 213 - 229). New York: Russell Sage Foundation.

Diener, E. , & Lucas, R. E. (2000) . Subjective emotional well-being. In M. Lewis & J. M. Haviland-

Jones (Eds.), Handbook of emotions (2nd ed., pp. 325 - 337). New York: Guilford Press.

Diener, M. L., & Diener McGavran, M. B. (2008). What makes people happy?: A developmental approach to the literature on family relationships and well-being. In M. Eid & R. J. Larsen (Eds.), The science of subjective well-being (pp. 347 - 375). New York: Guilford Press.

Dietrich, A. (2004). Neurocognitive mechanisms underlying the experience of flow. Consciousness & Cognition, 13 (4), 746 - 761.

Disabato, D. J., Kashdan, T. B., Short, J. L., & Jarden, A. (2017). What predicts positive life events that influence the course of depression? A longitudinal examination of gratitude and meaning in life. Cognitive Therapy & Research, 41 (3), 444 - 458.

Dixit, A., Singh, S., Gaur, A., Gupta, B., & Dalal, P. (2021). A study on Perceived Threat, Behavior Change, Lockdown Compliance and Coping Strategies among Indian Adults amid COVID-19 outbreak. Indian Journal of Mental Health, 8 (3), 268 - 276.

Doraiswamy, P. M., & Oz, M. C. (2015). The spiritual heart: Can gratitude change cardiac biology? Spirituality in Clinical Practice, 2 (1), 18 - 20.

Dovidio, J. F., Piliavin, J. A., Gaertner, S. L., Schroeder, D. A., & Clark, R. D. (1991). The arousal: Cost-reward model and the process of intervention: A review of the evidence. In M. S. Clark (Ed.), Prosocial behavior (pp. 86 - 118). Thousand Oaks, CA: Sage.

Duemmler, S. L., & Kobak, R. (2001). The development of commitment and attachment in dating relationships: Attachment security as relationship construct. Journal of Adolescence, 24 (3), 401 - 415.

Dugatkin, L. A., & Godin, J. G. J. (1993). Female mate copying in the guppy (poecilia reticulata): Age-dependent effects. Behavioral Ecology, 4 (4), 289 - 292.

Easterlin, R. A. (2001). Income and happiness: Towards a unified theory. The economic Journal, 111 (473), 465 - 484.

Eid, M., & Diener, E. (2001). Norms for experiencing emotions in different cultures: Inter-and intranational differences. Journal of Personality & Social Psychology, 81 (5), 869 - 885.

Ellis, A. (1976). RET abolishes most of the human ego. Psychotherapy: Theory, Research, and Practice, 13 (4), 343 - 248.

Ellis, A. (1996). How I learned to help clients feel better and get better. Psychotherapy: Theory, Research, Practice, Training, 33 (1), 149 - 151.

Emmons, R. (2007). Thanks! How practicing gratitude can make you happier. Boston, MA: Houghton-Mifflin.

Emmons, R. A., & McCullough, M. E. (2003). Counting blessings versus burdens: An experimental investigation of gratitude and subjective well-being in daily life. Journal of Personality & Social Psychology, 84 (2), 377 - 389.

Enright, R. D. (1991). The moral development of forgiveness. In W. M. Kurtines & J. L. Gewirtz (Eds.), Handbook of moral behavior and development (pp. 123 - 152). Hillsdale, NJ: Lawrence Erlbaum.

Enright, R. D., & Baskin, T. W. (2004). Intervention Studies on Forgiveness: A meta-analysis. Journal of Counseling & Development, 82 (1), 79 - 90.

Enright, R. D. & Park, Y. O. (1997). The development of forgiveness in the context of Adolescent conflict in Korea. Journal of Adolescence，20（4），393－402.

Erikson，E. H.（1959）. Identity and the life cycle. New York：International Universities Press.

Erikson，E. H.（1968）. Identity youth and crisis. New York：W. W. Norton.

Fave，A. D.，& Massimini，F.（1988）. Optimal experience：Modernization and the changing contexts of flow in work and leisure. In M. Csikszentmihalyi & I. Csikszentmihalyi（Eds.），Optimal experience：Psychological studies of flow in consciousness（pp. 193－213）. Cambridge，UK：Cambridge University Press.

Feeney，J. A.，& Noller，P.（1990）. Attachment style as a predictor of adult romantic relationships. Journal of Personality & Social Psychology，58（2），281－291.

Fellers，C.，Almstrom，C. M.，& Callahan，J. L.（2009）. Cheat and hope for the best：The unspoken undergraduate mantra? Journal of Scientific Psychology，4，24－29.

Festinger，L.（1954）. A theory of social comparison processes. Human relations，7（2），117－140.

Fincham，F. D.，& Bradbury，T. N.（2011）. The impact of attributions in marriage：An experimental analysis. Journal of Social & Clinical Psychology，7（2－3），147－162.

Fincham，F. D.，Harold，G. T.，& Gano-Phillips，S.（2000）. The longitudinal association between attributions and marital satisfaction：Direction of effects and role of efficacy expectations. Journal of Family Psychology，14（2），267－285.

Fincham，F. D.，Paleari，F. G.，& Regalia，C.（2002）. Forgiveness in marriage：The role of relationship quality，attributions，and empathy. Personal Relationships，9（1），27－37.

Finfgeld，D. L.（1999）. Courage as a process of pushing beyond the struggle. Qualitative Health Research，9（6），803－814.

Fischer，H.，Wright，C. I.，Whalen，P. J.，Mcinerney，S. C.，Shin，L. M.，& Rauch，S. L.（2003）. Brain habituation during repeated exposure to fearful and neutral faces：A functional MRI study. Brain Research Bulletin，59（5），387－392.

Flach，F. F.（1997）. Resilience：How to bounce back when the going gets tough. New York：Hatherleigh Press.

Fleming，J. S.，& Watts，W. A.（1980）. The dimensionality of self-esteem：Some results of a college sample. Journal of Personality & Social Psychology，39（5），921－929.

Fletcher，G. J.，Simpson，J. A.，& Thomas，G.（2000）. Ideals，perceptions，and evaluations in early relationship development. Journal of Personality & Social Psychology，79（6），933－940.

Frazier，P. A.，Byer，A. L.，Fischer，A. R.，Wright，D. M.，& Debord，K. A.（2010）. Adult attachment style and partner choice：Correlational and experimental findings. Personal Relationships，3（2），117－136.

Fredrickson，B. L.（2001）. The broaden-and-build theory of positive emotions. American Psychologist，56（3），218－226.

Fredrickson，B. L.，& Branigan，C.（2005）. Positive emotions broaden the scope of attention and thought-action repertoires. Cognition & Emotion，19（3），313－332.

Fredrickson，B. L.，& Losada，M. F.（2005）. Positive affect and the complex dynamics of human flourishing. American Psychologist，60（7），678－686.

Fredrickson，B. L.（2009）. Positivity. New York，NY：Crown Publishers.

Fredrickson, B. L. (2013). Positive emotions broaden and build. In Advances in experimental social psychology (Vol. 47, pp. 1 – 53): Elsevier.

Freedman, S. R., & Enright, R. D. (1996). Forgiveness as an intervention goal with incest survivors. Journal of Consulting & Clinical Psychology, 64 (5), 983 – 992.

Frijda, N. H. (1986). The emotions. Cambridge, UK: Cambridge University Press.

Froh, J. J., Kashdan, T. B., Ozimkowski, K. M., & Miller, N. (2009). Who benefits the most from a gratitude intervention in children and adolescents? Examining positive affect as a moderator. Journal of Positive Psychology, 4 (5), 408 – 422.

Froh, J. J., Sefick, W. J., & Emmons, R. A. (2008). Counting blessings in early adolescents: An experimental study of gratitude and subjective well-being. Journal of School Psychology, 46 (2), 213 – 233.

Gable, S. L., &Haidt, J. (2005). What (and why) is positive psychology? Review of General Psychology, 9 (2), 103 – 110.

Gallagher, M. W., Lopez, S. J., & Preacher, K. J. (2009). The hierarchical structure of well-being. Journal of Personality, 77 (4), 1025 – 1050.

Ganaden, R., & Smith, S. D. (2010). The effects of trait mindfulness on multiple components of attention: Evidence from an emotional attention networks test. Canadian Journal of Experimental Psychology, 64 (4).

Gao, F., Li, Y., & Bai, X. (2022). Forgiveness and subjective well-being: A meta-analysis review. Personality and Individual Differences, 186, 111350.

Garbarino, J. (1975). The impact of anticipated reward upon cross-age tutoring. Journal of Personality & Social Psychology, 32 (3), 421 – 428.

Gardner, D. G., & Pierce, J. L. (1998). Self-esteem and self-efficacy within the organizational context: An empirical examination. Group & Organization Management, 23 (1), 48 – 70.

Geers, A. L., Wellman, J. A., & Lassiter, G. D. (2009). Dispositional optimism and engagement: The moderating influence of goal prioritization. Journal of Personality & Social Psychology, 96 (4), 913 – 932.

Geers, A. L., Wellman, J. A., Seligman, L. D., Wuyek, L. A., & Neff, L. A. (2010). Dispositional optimism, goals, and engagement in health treatment programs. Journal of Behavioral Medicine, 33 (2), 123 –134.

Geiger, K. A., & Kwon, P. (2010). Rumination and depressive symptoms: Evidence for the moderating role of hope. Personality & Individual Differences, 49 (5), 391 – 395.

Gervais, M., & Wilson, D. S. (2005). The evolution and functions of laughter and humor: A synthetic approach. Quarterly Review of Biology, 80 (4), 395 – 430.

Gilman, R., Dooley, J., & Florell, D. (2006). Relative levels of hope and their relationship with academic and psychological indicators among adolescents. Journal of Social & Clinical Psychology, 25 (2), 166 – 178.

Gold, R. S. (2008). Unrealistic optimism and event threat. Psychology, Health & Medicine, 13 (2), 193 – 201.

Goleman, D. (1998). Working with Emotional Intelligence. London: Bloomsbury.

Gottman, J. M. (1993). A theory of marital dissolution and stability. Journal of Family Psychology, 7

(1), 57-75.

Grant, A. M., & Gino, F. (2010). A little thanks goes a long way: Explaining why gratitude expressions motivate prosocial behavior. Journal of Personality & Social psychology, 98 (6), 946-955.

Gray, J. A. (1991). Neural system, emotion, and personality. In J. Madden (Ed.), Neurobiology of learning, emotion, and affect (pp. 273-306). New York: Raven Press.

Griggs, S., & Crawford, S. L. (2017). Hope, core self-evaluations, emotional well-being, health-risk behaviors, and academic performance in university freshmen. Journal of psychosocial nursing and mental health services, 55 (9), 33-42.

Gross, J. J., John, O. P., & Richards, J. M. (2000). The dissociation of emotion expression from emotion experience: A personality perspective. Personality & Social Psychology Bulletin, 26 (6), 712-726.

Gudan, E. (2010). Gratitude-based interventions for treating ruminative depression (unpublished doctoral dissertation). The Institute for the Psychological Sciences, Arlington, VA.

Gudmundsdottir, D. (2011). The Impact of Economic Crisis on Happiness. Social Indicators Research, 110.

Guéguen, N., & De Gail, M. A. (2003). The effect of smiling on helping behavior: Smiling and good Samaritan behavior. Communication Reports, 16 (2), 133-140.

Guliyeva, G., Forte, A. J., McLeod, H., Salinas, M., Avila, F. R., & Perlman, A. I. (2022). Increased hope levels correlate with life satisfaction in cancer patients: A systematic review. Advances in Integrative Medicine, 145-150.

Gulliford, L., Morgan, B., Hemming, E., & Abbott, J. (2019). Gratitude, self-monitoring and social intelligence: A prosocial relationship? . Current Psychology, 38 (4), 1021-1032.

Guo, Y., You, X., Gu, Y., Wu, G., & Xu, C. (2020). A moderated mediation model of the relationship between quality of social relationships and internet addiction: mediation by loneliness and moderation by dispositional optimism. Current Psychology, 39 (4), 1303-1313.

Gutierrez, P. M., Watkins, R., & Collura, D. (2004). Suicide risk screening in an urban high school. Suicide & Life-Threatening Behavior, 34 (4), 421-428.

Gutiérrez, S. M., Escartí, C. A., & Pascual, B. C. (2011). Relationships among empathy, prosocial behavior, aggressiveness, self-efficacy and pupils' personal and social responsibility. Psicothema, 23 (1), 13-19.

Guttman, R., & Zohar, A. (1987). Spouse similarities in personality items: Changes over years of marriage and implications for mate selection. Behavior Genetics, 17 (2), 179-189.

Haidt, J. (2000). The positive emotion of elevation. Prevention & Treatment, 3 (1), Article 3c. Retrieved from http://journals.apa.org/prevention/volume3/pre0030003c.html.

Hall, J. H., & Fincham, F. D. (2005). Self-forgiveness: The stepchild of forgiveness research. Journal of Social & Clinical Psychology, 24 (5), 621-637.

Hall, J. H., & Fincham, F. D. (2008). The temporal course of self-forgiveness. Journal of Social & Clinical Psychology, 27 (2), 174-202.

Hamann, S. B., Ely, T. D., Hoffman, J. M., & Kilts, C. D. (2002). Ecstasy and agony: Activation of the human amygdala in positive and negative emotion. Psychological Science, 13 (2), 135-141.

Hamilton, W. D. (1964). The genetical evolution of social behaviour. II. Journal of Theoretical Biology, 7 (1), 17-52.

Hanke, K., & Vauclair, C.-M. (2016). Investigating the human value "forgiveness" across 30 countries: A cross-cultural meta-analytical approach. Cross-Cultural Research, 50 (3), 215-230.

Hansen, A. B. (2005). Expressions of pain and shame in the marital relationship and its correlation with individual subjective well-being (Doctoral dissertation). Brigham Young University, UT.

Hansen, T., Slagsvold, B., & Moum, T. (2008). Financial satisfaction in old age: A satisfaction paradox or a result of accumulated wealth? Social Indicators Research, 89 (2), 323-347.

Harbaugh, W. T., Mayr, U., & Burghart, D. R. (2007). Neural responses to taxation and voluntary giving reveal motives for charitable donations. Science, 316 (5831), 1622-1625.

Hareli, S., & Weiner, B. (2000). Accounts for success as determinants of perceived arrogance and modesty. Motivation & Emotion, 24 (3), 215-236.

Harris, A. J., & Hahn, U. (2011). Unrealistic optimism about future life events: a cautionary note. Psychological review, 118 (1), 135.

Hartman, P. S. (2000). Women developing wisdom: Antecedents and correlates in a longitudinal sample (Unpublished doctoral dissertation). University of Michigan, Ann Arbor.

Hatchett, G. T., & Park, H. L. (2004). Relationships among optimism, coping styles, psychopathology, and counseling outcome. Personality & Individual Differences, 36 (8), 1755-1769.

Hatfield, E., Cacioppo, J. T., & Rapson, R. L. (1993). Emotional contagion. Current Directions in Psychological Science, 2 (3), 96-100.

Haybron, D. M. (2007). Well-being and virtue. Journal of Ethics & Social Philosophy, 2 (2), 1-27.

Hayenhjelm, M. (2006). Out of the Ashes: Hope and Vulnerability as Explanatory Factors in Individual Risk Taking. Journal of Risk Research, 9 (3), 189-204.

Hayes, S. C., Luoma, J. B., Bond, F. W., Masuda, A., & Lillis, J. (2006). Acceptance and commitment therapy: Model, processes, and outcomes. Behaviour Research & Therapy, 44 (1), 1-25.

Hazan, C., & Shaver, P. R. (1987). Conceptualizing romantic love as an attachment process. Journal of Personality & Social Psychology, 29 (3), 270-280.

Heatherington, L., Burns, A. B., & Gustafson, T. B. (1998). When another stumbles: Gender and self-presentation to vulnerable others. Sex Roles, 38 (11-12), 889-913.

Hebl, J., & Enright, R. D. (1993). Forgiveness as a psychotherapeutic goal with elderly females. Psychotherapy Theory Research & Practice, 30 (30), 658-667.

Heinonen, K., Räikkönen, K., Matthews, K. A., Scheier, M. F., Raitakari, O. T., Pulkki, L., & Keltikangas-Järvinen, L. (2006). Socioeconomic status in childhood and adulthood: Associations with dispositional optimism and pessimism over a 21-year follow-up. Journal of Personality, 74 (4), 1111-1126.

Helaire, L. J. (2006). My future, my present: Exploring general and domain specific future orientation impact on classroom engagement, educational utility and grade for middle school students (Unpublished doctoral dissertation). University of Michigan, Ann Arbor.

Helweg-Larsen, M., & Shepperd, J. A. (2001). Do moderators of the optimistic bias affect personal or target risk estimates? A review of the literature. Personality and social psychology review, 5 (1),

74 - 95.

Hendrick, C., & Hendrick, S. (1986). A theory and method of love. Journal of Personality & Social Psychology, 50 (2), 392 - 402.

Herth, K. (1992). Abbreviated instrument to measure hope: Development and psychometric evaluation. Journal of Advanced Nursing, 17 (10), 1251 - 1259.

Hilbe, C., & Sigmund, K. (2010). Incentives and opportunism: From the carrot to the stick. Proceedings of the Royal Society B: Biological Sciences, 277 (1693), 2427 - 2433.

Hingle, M. D., Wertheim, B. C., Tindle, H. A., Tinker, L., Seguin, R. A., Rosal, M. C., & Thomson, C. A. (2014). Optimism and diet quality in the Women's Health Initiative. Journal of the Academy of Nutrition and Dietetics, 114 (7), 1036 - 1045.

Hirsch, J. K., & Sirois, F. M. (2014). Hope and fatigue in chronic illness: The role of perceived stress. Journal of Health Psychology, 21 (4), 451 - 456.

Hirsch, J. K., Visser, P. L., Chang, E. C., & Jeglic, E. L. (2012). Race and ethnic differences in hope and hopelessness as moderators of the association between depressive symptoms and suicidal behavior. Journal of American College Health, 60 (2), 115 - 125.

Hofmann, S. G., Grossman, P., & Hinton, D. E. (2011). Loving-kindness and compassion meditation: Potential for psychological interventions. Clinical Psychology Review, 31 (7), 1126 - 1132.

Hogan, R., & Hogan, J. (2001). Assessing leadership: A view from the dark side. International Journal of Selection and assessment, 9 (1 - 2), 40 - 51.

Hunter, R. C. (1978). Forgiveness, retaliation and paranoid reactions. Canadian Psychiatric Association Journal, 23 (3), 167 - 174.

Iannotti, R. J. (1985). Naturalistic and structured assessments of prosocial behavior in preschool children: The influence of empathy and perspective taking. Developmental Psychology, 21 (1), 46 - 55.

Impett, E. A., Gable, S. L., & Peplau, L. A. (2005). Giving up and giving in: The costs and benefits of daily sacrifice in intimate relationships. Journal of Personality & Social Psychology, 89 (3), 327 - 344.

Isen, A. M., & Daubman, K. A. (1984). The influence of affect on categorization. Journal of Personality & Social Psychology, 47 (6), 1206 - 1217.

Isen, A. M., & Levin, P. F. (1972). Effect of feeling good on helping: Cookies and kindness. Journal of Personality & Social Psychology, 21 (3), 384 - 388.

Jackson, L. M., Pratt, M. W., Hunsberger, B., & Pancer, S. M. (2005). Optimism as a mediator of the relation between perceived parental authoritativeness and adjustment among adolescents: Finding the sunny side of the street. Social Development, 14 (2), 273 - 304.

James, W. (1904). Does "consciousness" exist? Journal of Philosophy Psychology & Scientific Methods, 1 (18), 477 - 491.

Jaycox, L. H., Reivich, K. J., Gillham, J., & Seligman, M. E. (1994). Prevention of depressive symptoms in school children. Behaviour Research & Therapy, 32 (8), 801 - 822.

Jha, A. P., Stanley, E. A., Kiyonaga, A., Wong, L., & Gelfand, L. (2010). Examining the protective effects of mindfulness training on working memory capacity and affective experience. Emotion, 10 (1), 54 - 64.

Johnson, M. (1998). Self-esteem stability: The importance of basic self-esteem and competence strivings for the stability of global self-esteem. European Journal of Personality, 12 (2), 103 - 116.

Joshanloo, M., Park, Y. O., & Park, S. H. (2017). Optimism as the moderator of the relationship between fragility of happiness beliefs and experienced happiness. Personality and Individual Differences, 106, 61 - 63.

Ju, C., Ji, M., Lan, J., & You, X. (2017). Narcissistic personality and risk perception among Chinese aviators: The mediating role of promotion focus. International Journal of Psychology, 52, 1 - 8.

Judge, T. A., & Bono, J. E. (2001). Relationship of core self-evaluations traits—self-esteem, generalized self-efficacy, locus of control, and emotional stability—with job satisfaction and job performance: A meta-analysis. Journal of applied Psychology, 86 (1), 80 - 92.

Kabat-Zinn, J. (2003). Mindfulness-based interventions in context: Past, present, and future. Clinical Psychology: Science and Practice, 10 (2), 144 - 156.

Kaczmarek, L. D., Kashdan, T. B., Drazkowski, D., Bujacz, A., & Goodman, F. R. (2014). Why do greater curiosity and fewer depressive symptoms predict gratitude intervention use? Utility beliefs, social norm, and self-control beliefs. Personality & Individual Differences, 66, 165 - 170.

Kahn, R. L., & Antonucci, T. C. (1980). Convoys over the life course: Attachment, roles, and social support. In P. B. Baltes & O. G. Brim (Eds.), Life span development and behavior (Vol. 3, pp. 253 - 286). New York: Academic Press.

Kahneman, D., Krueger, A. B., Schkade, D. A., Schwarz, N., & Stone, A. A. (2004). A survey method for characterizing daily life experience: The day reconstruction method. Science, 306 (5702), 1776 - 1780.

Kaplan, S., Bradley-Geist, J. C., Ahmad, A., Anderson, A., Hargrove, A. K., & Lindsey, A. (2014). A test of two positive psychology interventions to increase employee well-being. Journal of Business & Psychology, 29 (3), 367 - 380.

Karney, B. R., & Bradbury, T. N. (1995). The longitudinal course of marital quality and stability: A review of theory, method, and research. Psychological Bulletin, 118 (1), 3 - 34.

Kasser, T., & Ryan, R. M. (1996). Further examining the American dream: Differential correlates of intrinsic and extrinsic goals. Personality & Social Psychology Bulletin, 22 (3), 280 - 287.

Katz, J., Street, A., & Arias, I. (1997). Individual differences in self-appraisals and responses to dating violence scenarios. Violence & Victims, 12 (3), 265 - 276.

Kenny, M. E., Walsh-Blair, L. Y., Blustein, D. L., Bempechat, J., & Seltzer, J. (2010). Achievement motivation among urban adolescents: Work hope, autonomy support, and achievement-related beliefs. Journal of Vocational Behavior, 77 (2), 205 - 212.

Kette, G. (1991). Haft: Eine socialpsychologische analyse (Prison: A social psychological analysis). Göttingen, Germany: Hogrefe.

Kernis, M. H. (1993). The roles of stability and level of self-esteem in psychological functioning. In R. Baumeister (Ed), Self-esteem: The puzzle of low self-regard (pp. 167 - 182). New York: Plenum Press.

Kernis, M. H., Whisenhunt, C. R., Waschull, S. B., Greenier, K. D., Berry, A. J., Herlocker, C. E., & Anderson, C. A. (1998). Multiple facets of self-esteem and their relations to depressive symptoms. Personality & Social Psychology Bulletin, 24 (6), 657 - 668.

Kestler-Peleg, M., & Lavenda, O. (2021). Optimism as a mediator of the association between social support and peripartum depression among mothers of neonatal intensive care unit hospitalized preterm infants. Stress and Health, 37 (4), 826 - 832.

Keyes, C. L. M., & Lopez, S. J. (2002). Toward a science of mental health: Positive directions in diagnosis and treatment. In C. R. Snyder & S. J. Lopez (Eds.), The Handbook of Positive Psychology (pp. 45 - 49). New. York: Oxford University Press.

Kim, J., & Hatfield, E. (2004). Love types and subjective well-being: A cross-cultural study. Social Behavior & Personality: An International Journal, 32 (2), 173 - 182.

Kim-Prieto, C., Diener, E., Tamir, M., Scollon, C., & Diener, M. (2005). Integrating the diverse definitions of happiness: A time-sequential framework of subjective well-being. Journal of Happiness Studies, 6 (3), 261 - 300.

Klasen, M., Weber, R., Kircher, T. T. J., Mathiak, K. A., & Mathiak, K. (2012). Neural contributions to flow experience during video game playing. Social Cognitive & Affective Neuroscience, 7 (4), 485 - 495.

Klausner, E. J., Snyder, C. R., & Cheavens, J. (2000). A hope-based group treatment for depressed older adult outpatients. In G. M. Williamson, D. R. Shaffer, & P. A. Parmelee (Eds.), Physical illness and depression in older adults: A handbook of theory, research, and practice (pp. 295 - 310). New York: Plenum Press.

Knowles, J. R. P., Gray, N. S., O'Connor, C., Pink, J., Simkiss, N. J., & Snowden, R. J. (2021). The role of hope and resilience in protecting against suicidal thoughts and behaviors during the COVID-19 Pandemic. Archives of Suicide Research, 26 (3), 1487 - 1504.

Kogan, A., Impett, E. A., Oveis, C., Hui, B., Gordon, A. M., & Keltner, D. (2010). When giving feels good: The intrinsic benefits of sacrifice in romantic relationships for the communally motivated. Psychological Science, 21 (12), 1918 - 1924.

Kokko, H., Johnstone, R. A., & Clutton-Brock, T. H. (2001). The evolution of cooperative breeding through group augmentation. Proceedings of the Royal Society of London B: Biological Sciences, 268 (1463), 187 - 196.

Kramer, D. A. (2000). Wisdom as a classical source of human strength: Conceptualization and empirical inquiry. Journal of Social & Clinical Psychology, 19 (1), 83 - 101.

Kramer, A. F., Humphrey, D. G., Larish, J. F., & Logan, G. D. (1994). Aging and inhibition: Beyond a unitary view of inhibitory processing in attention. Psychology & Aging, 9 (4), 491 - 512.

Kraus, S., & Sears, S. (2009). Measuring theimmeasurables: Development and initial validation of the Self-Other Four Immeasurables (SOFI) scale based on Buddhist teachings on loving kindness, compassion, joy, and equanimity. Social Indicators Research, 92 (1), 169 - 181.

Kristjánsson, K. (2010). Positive psychology, happiness, and virtue: The troublesome conceptual issues. Review of General Psychology, 14 (4), 296 - 310.

Kruger, L. J. (1997). Social support and self-efficacy in problem solving among teacher assistance teams and school staff. Journal of Educational Research, 90 (3), 164 - 168.

Kruger, J., & Burrus, J. (2004). Egocentrism and focalism in unrealistic optimism (and pessimism). Journal of Experimental Social Psychology, 40 (3), 332 - 340.

Kruger, J., Windschitl, P. D., Burrus, J., Fessel, F., &Chambers, J. R. (2008). The rational side of egocentrism in social comparisons. Journal of Experimental Social Psychology, 44 (2), 220 - 232.

Kumpfer, K. L., & Bluth, B. (2004). Parent/child transactional processes predictive of resilience or vulnerability to "substance abuse disorders". Substance Use & Misuse, 39 (5), 671 - 698.

Land, K. C., Lamb, V. L., & Fu, Q. (2016). Measuring trends in child well-being and child suffering in the United States, 1975 - 2013. In F. Maggino (Ed.), In a life devoted to quality of life: Festschrift in honor of Alex C. Michalos (pp. 23 - 41). Dordrecht: Springer.

Larsen, R., & Prizmic, Z. (1997, May). Early to bed, early to rise, ... Daily mood and personality correlates of sleep schedules and sleep duration. Paper presented at the 69th Annual Meeting of the Midwestern Psychological Association, Chicago.

Lazarus, R. S. (1991). Emotion and adaptation. New York: Oxford University Press.

Lazarus, R. S., & Lazarus, B. N. (1994). Passion and reason: Making sense of our emotions. New York: Oxford University Press.

Leary, M. R., & Baumeister, R. F. (2000). The nature and function of self esteem: Sociometer theory. In M. P. Zanna (Ed.), Advances in experimental social psychology (Vol. 32, pp. 1 - 62). San Diego, CA: Academic Press.

Lee, J. A. (1973). Colours of love: An exploration of the ways of loving. Toronto: New Press.

Lee, L. O., James, P., Zevon, E. S., Kim, E. S., Trudel-Fitzgerald, C., Spiro Ⅲ, A., ... K ubzansky, L. D. (2019). Optimism is associated with exceptional longevity in 2 epidemiologic cohorts of men and women. Proceedings of the National Academy of Sciences, 116 (37), 18357 - 18362.

Lee, S. H., & Ham, E. M. (2010). The Relationship between the Optimistic Bias about Cancer and Cancer Preventive Behavior of the Korean, Chinese, American, and Japanese Adult Residing in Korea. Jkan, 40 (1), 52 - 59.

Leeson, P., Ciarrochi, J., & Heaven, P. C. (2008). Cognitive ability, personality, and academic performance in adolescence. Personality & Individual Differences, 45 (7), 630 - 635.

Lehtinen, V., & Joukamaa, M. (1994). Epidemiology of depression: Prevalence, risk factors and treatment situation. Acta Psychiatrica Scandinavica, 89 (s377), 7 - 10.

Lench, H. C., & Ditto, P. H. (2008). Automatic optimism: Biased use of base rate information for positive and negative events. Journal of Experimental Social Psychology, 44 (3), 631 - 639.

Lerner, M. J. (1980). The belief in a just world: A fundamental delusion. New York: Plenum Press.

Levenson, R. W., & Gottman, J. M. (1985). Physiological and affective predictors of change in relationship satisfaction. Journal of Personality & Social Psychology, 49 (1), 85 - 94.

Lin, C. C. (2015). The relationships among gratitude, self-esteem, depression, and suicidal ideation among undergraduate students. Scandinavian Journal of Psychology, 56 (6), 700 - 707.

Linley, P. A., Joseph, S., Harrington, S., & Wood, A. M. (2006). Positive psychology: Past, present, and (possible) future. Journal of Positive Psychology, 1 (1), 3 - 16.

Liviatan, I., Trope, Y., & Liberman, N. (2008). Interpersonal similarity as a social distance dimension: Implications for perception of others' actions. Journal of Experimental Social Psychology, 44 (5), 1256 - 1269.

Lopez, S. J., Snyder, C. R., & Pedrotti, J. T. (2003). Hope: Many definitions, many measures. In S. J. Lopez & C. R. Snyder (Eds.), Positive psychological assessment: A handbook of models and measures (pp. 91 - 106). Washington, DC: American Psychological Association.

Lucas, R. E., Diener, E., & Suh, E. (1996). Discriminant validity of well-being measures. Journal of Personality & Social Psychology, 71 (3), 616 - 628.

Lykken, D. (1982). Research with twins: The concept of emergenesis. Psychophysiology, 19 (4), 361 - 372.

Lykken, D., & Tellegen, A. (1996). Happiness is a stochastic phenomenon. Psychological Science, 7 (3), 186 - 189.

Lyubomirsky, S. (2007). The how of happiness: A scientific approach to getting the life you want. New York: Penguin Press.

Lyubomirsky, S., Sheldon, K. M., & Schkade, D. (2005). Pursuing happiness: The architecture of sustainable change. Review of General Psychology, 9 (2), 111 - 131.

Magaletta, P. R., & Oliver, J. M. (1999). The hope construct, will, and ways: Their relations with selfefficacy, optimism, and general well-being. Journal of Clinical Psychology, 55 (5), 539 - 551.

Magnus, K., & Diener, E. (1991, May). A longitudinal analysis of personality, life events, and subjective well-being. Paper presented at the 63rd Annual Meeting of the Midwestern Psychological Association, Chicago.

Main, M., Kaplan, N., & Cassidy, J. (1985). Security in infancy, childhood, and adulthood: A move to the level of representation. Monographs of the Society for Research in Child Development, 50 (1/2), 66 - 104.

Maltby, J., Macaskill, A., & Day, L. (2001). Failure to forgive self and others: A replication and extension of the relationship between forgiveness, personality, social desirability and general health. Personality & Individual Differences, 30 (5), 881 - 885.

Man, Y. H., Chen, S. X., Bond, M. H., Hui, C. M., Chan, C., & Friedman, M. (2012). Linking adult attachment styles to relationship satisfaction in Hong Kong and the United States: The mediating role of personal and structural commitment. Journal of Happiness Studies, 13 (3), 565 - 578.

Marcia, J. E. (1964). Determination and construct validity of ego identity status (Unpublished doctoral dissertation). Ohio State University, Columbus.

Marcia, J. E. (1966). Development and validation of ego-identity status. Journal of Personality & Social Psychology, 3 (5), 551 - 558.

Markman, H. J. (1979). Application of a behavioral model of marriage in predicting relationship satisfaction of couples planning marriage. Journal of Consulting & Clinical Psychology, 47 (4), 743 - 749.

Markus, H. R., & Kitayama, S. (1994). The cultural shaping of emotion: A conceptual framework. In S. Kitayama & H. R. Markus (Eds.), Emotion and culture: Empirical studies of mutual influence (pp. 339 - 351). Washington, DC: American Psychological Association.

Marques, S. C., Pais-Ribeiro, J. L., & Lopez, S. J. (2011). Use of the "Mental Health Inventory-5" with Portuguese 10 - 15 years old. Spanish Journal of Psychology, 14 (1), 478 - 485.

Martens, D., Gutscher, H., & Bauer, N. (2011). Walking in "wild" and "tended" urban forests: The impact on psychological well-being. Journal of Environmental Psychology, 31 (1), 36 - 44.

Martin, M. W. (2007). Happiness and virtue in positive psychology. Journal for the Theory of Social

Behaviour, 37 (1), 89 - 103.

Martínez-Martí, M. L. , Avia, M. D. , & Hernández-Lloreda, M. J. (2010). The effects of counting blessings on subjective well-being: A gratitude intervention in a Spanish sample. Spanish Journal of Psychology, 13 (2), 886 - 896.

Martinussen, M. , & Kroger, J. (2013). Meta-analytic studies of identity status and personality: Introduction and overview. Identity, 13 (3), 189 - 200.

Masiero, M. , Riva, S. , Oliveri, S. , Fioretti, C. , & Pravettoni, G. (2018). Optimistic bias in young adults for cancer, cardiovascular and respiratory diseases: A pilot study on smokers and drinkers. Journal of Health Psychology, 23 (5), 645 - 656.

Masten, A. S. , Morison, P. , & Pellegrini, D. S. (1985). A revised class play method of peer assessment. Developmental Psychology, 21 (3), 523 - 533.

Mauger, P. A. , Perry, J. E. , Freeman, T. , & Grove, D. C. (1992). The measurement of forgiveness: Preliminary research. Journal of Psychology & Christianity, 11, 170 - 180.

Mayo, M. , Pastor, J. C. , & Meindl, J. R. (1996). The effects of group heterogeneity on the self-perceived efficacy of group leaders. The Leadership Quarterly, 7 (2), 265 - 284.

Mccoll, K. , Debin, M. , Souty, C. , Guerrisi, C. , Turbelin, C. , Falchi, A. , ... Duggan, J. (2021). Are people optimistically biased about the risk of COVID-19 infection? Lessons from the first wave of the pandemic in Europe. International Journal of Environmental Research and Public Health, 19 (1), 436.

McCrae, R. R. , & Costa, P. T. (1985). "Social desirability and the measurement of psychological well-being in elderly persons": Comment. Journal of Gerontology, 40 (1), 127.

McCraty, R. , Atkinson, M. , Tiller, W. A. , Rein, G. , & Watkins, A. D. (1995). The effects of emotions on short-term power spectrum analysis of heart rate variability. American Journal of Cardiology, 76 (14), 1089 - 1093.

McCullough, M. E. , Rachal, K. C. , Sandage, S. J. , Worthington Jr, E. L. , Brown, S. W. , & Hight, T. L. (1998). Interpersonal forgiving in close relationships: Ⅱ. Theoretical elaboration and measurement. Journal of Personality & Social Psychology, 75 (6), 1586 - 1603.

McCullough, M. E. & Witvliet, C. O. (2002). The psychology of forgiveness. In C. R. Snyder & S. J. Lopez, (Eds.), Handbook of positive psychology (pp. 446 - 458). New York: Oxford Press.

McCullough, M. E. (2001). Forgiveness: Who does it and how do they do it? Current Directions in Psychological Science, 10 (6), 194 - 197.

McCullough, M. E. , Emmons, R. A. , & Tsang, J. A. (2002). The grateful disposition: A conceptual and empirical topography. Journal of Personality & Social Psychology, 82 (1), 112 - 127.

McCullough, M. E. , Fincham, F. D. , & Tsang, J. -A. (2003). Forgiveness, forbearance, and time: the temporal unfolding of transgression-related interpersonal motivations. Journal of Personality and Social Psychology, 84 (3), 540 - 557.

McCullough, M. E. , Kilpatrick, S. D. , Emmons, R. A. , & Larson, D. B. (2001). Is gratitude a moral affect? Psychological Bulletin, 127 (2), 249 - 266.

McCullough, M. E. , Kurzban, R. , Tabak, B. A. (2010). Evolved mechanisms for revenge and forgiveness. In M. Mikulincer & P. R. Shaver (Eds.), Human aggression and violence: Causes, manifestations, and consequences (pp. 221 - 239). Washington, DC: American Psychological Association.

McDonald, M., & O'Callaghan, J. (2008). Positive psychology: A Foucauldian critique. HumanisticPsychologist, 36 (2), 127 - 142.

McElwee, R. O. B., & Haugh, J. A. (2010). Thinking clearly versus frequently about the future self: Exploring this distinction and its relation to possible selves. Self and Identity, 9 (3), 298 - 321.

McGraw, K. O., & McCullers, J. C. (1979). Evidence of a detrimental effect of extrinsic incentives on breaking a mental set. Journal of Experimental Social Psychology, 15 (3), 285 - 294.

McNulty, J. K. (2010). Forgiveness increases the likelihood of subsequent partner transgressions in marriage. Journal of Family Psychology, 24 (6), 787 - 790.

McNulty, J. K. (2011). The dark side of forgiveness: The tendency to forgive predicts continued psychological and physical aggression in marriage. Personality and Social Psychology Bulletin, 37 (6), 770 - 783.

McNulty, J. K. (2019). Highlighting the dark side of forgiveness and the need for a contextual approach. In Handbook of forgiveness (pp. 33 - 42): Routledge.

McNulty, J. K., & Fincham, F. D. (2012a). Beyond positive psychology? Toward a contextual view of psychological processes and well-being. American Psychologist, 67 (2), 101 - 110.

McNulty, J. K., & Fincham, F. D. (2012b). The pitfalls of valenced labels and the benefits of properly calibrated psychological flexibility. American Psychologist, 67 (7), 576 - 577.

Meehan, M. P., Durlak, J. A., & Bryant, F. B. (1993). The relationship of social support to perceived control and subjective mental health in adolescents. Journal of Community Psychology, 21 (1), 49 - 55.

Meevissen, Y. M., Peters, M. L., & Alberts, H. J. (2011). Become more optimistic by imagining a best possible self: Effects of a two week intervention. Journal of behavior therapy and experimental psychiatry, 42 (3), 371 - 378.

Meyers, S. A., & Landsberger, S. A. (2002). Direct and indirect pathways between adult attachment style and marital satisfaction. Personal Relationships, 9 (2), 159 - 172.

Mills, P. J., Wilson, K., Punga, M. A., Chinh, K., Pruitt, C., Greenberg, B., ...Chopra, D. (2015, October). The role of gratitude in well-being in asymptomatic heart failure patients. Posters session presented at the 15th Annual Science and Clinical Application of Integrative Holistic Medicine, San Diego, California.

Mitterschiffthaler, M. T., Fu, C. H., Dalton, J. A., Andrew, C. M., & Williams, S. C. (2007). A functional MRI study of happy and sad affective states induced by classical music. Human Brain Mapping, 28 (11), 1150 - 1162.

Moriguchi, Y., Ohnishi, T., Kawachi, T., Mori, T., Hirakata, M., Yamada, M., ... Komaki, G. (2005). Specific brain activation in Japanese and Caucasian people to fearful faces. Neuroreport, 16 (2), 133 - 136.

Mruk, C. J. (1999). Self-esteem: Research, theory and practice (2nd ed.). New York: Springer.

Müller, U., Dodds, C., Dove, A., van Loun, A., Owen, A., Regenthal, R., ... Robbins, T. W. (2007). Dopaminergic modulation of manipulation processes in human working memory-critical involvement of D2 receptors and the ventral striatum. Pharmacopsychiatry, 40 (5), A195.

Murphy, P. J., Hevey, D., O'Dea, S., Ní Rathaille, N., & Mulcahy, F. (2015). Optimism, community attachment and serostatus disclosure among HIV-positive men who have sex with men. AIDS Care, 27 (4), 431 - 435.

Murray, S. L., Holmes, J. G., & Griffin, D. W. (1996). The benefits of positive illusions: Idealization and the construction of satisfaction in close relationships. Journal of Personality & Social Psychology, 70 (1), 79 - 98.

Murray, S. L., Rose, P., Bellavia, G. M., Holmes, J. G., & Kusche, A. G. (2002). When rejection stings: How self-esteem constrains relationship-enhancement processes. Journal of Personality & Social Psychology, 83 (3), 556 - 573.

Musschenga, B. (2019). Is There a Problem With False Hope? The Journal of Medicine and Philosophy: A Forum for Bioethics and Philosophy of Medicine, 44 (4), 423 - 441.

Nedderman, A. B., Underwood, L. A., & Hardy, V. L. (2010). Spirituality group with female prisoners: Impacting hope. Journal of Correct Health Care, 16 (2), 117 - 132.

Neff, K. (2011). Self-compassion: Stop beating yourself up and leave insecurity behind. New York: William Morrow.

Neff, L. A., & Geers, A. L. (2013). Optimistic expectations in early marriage: A resource or vulnerability for adaptive relationship functioning? Journal of Personality & Social Psychology, 105 (1), 38 - 60.

Nes, L. S., Evans, D. R., & Segerstrom, S. C. (2009). Optimism and college retention: Mediation by motivation, performance, and adjustment. Journal of Applied Social Psychology, 39 (8), 1887 - 1912.

Neto, F. (2007). Forgiveness, personality and gratitude. Personality & Individual Differences, 43 (8), 2313 - 2323.

Ng, J. W., Tong, E. M., Sim, D. L., Teo, S. W., Loy, X., & Giesbrecht, T. (2017). Gratitude facilitates private conformity: A test of the social alignment hypothesis. Emotion, 17 (2), 379.

Niiya, Y., Brook, A. T., & Crocker, J. (2010). Contingent self-worth and self-handicapping: Do incremental theorists protect self-esteem? Self & Identity, 9 (3), 276 - 297.

Nisbet, E. (2014). Canadians Connect with Nature and Increase their Well-Being: Results of the 2014 30x30 Nature Challenge.

Noller, P., & Feeney, J. A. (1994). Relationship satisfaction, attachment, and nonverbal accuracy in early marriage. Journal of Nonverbal Behavior, 18 (3), 199 - 221.

North, J. (1987). Wrongdoing and forgiveness. Philosophy, 62 (242), 499 - 508.

Nurmi, J. E. (1991). How do adolescents see their future? A review of the development of future orientation and planning. Developmental Review, 11 (1), 1 - 59.

Nussbaum, M. C. (2008). Who is the happy warrior? Philosophy poses questions to psychology. Journal of Legal Studies, 37 (S2), S81 - S113.

O'Connor, R. C., Wetherall, K., Cleare, S., McClelland, H., Melson, A. J., Niedzwiedz, C. L., ... Robb, K. A. (2021). Mental health and well-being during the COVID-19 pandemic: longitudinal analyses of adults in the UK COVID-19 Mental Health & amp; Wellbeing study. The British Journal of Psychiatry, 218 (6), 326 - 333.

Oishi, S., Diener, E., Suh, E., & Lucas, R. E. (1999). Value as a moderator in subjective well-being. Journal of Personality，67 (1)，157 - 184.

Olds，J. (1956). A preliminary mapping of electrical reinforcing effects in the rat brain. Journal of Comparative & Physiological Psychology，49 (3)，281 - 285.

Ouweneel，E.，Blanc，P. M. L.，Schaufeli，W. B.，& Van Wijhe，C. I. (2012). Good morning，good day：A diary study on positive emotions，hope，and work engagement. Human Relations，65 (9)，1129 - 1154.

Özpehriz，H. S. (2020). Positive prevention theory：The investigation of parenting styles as a predictor of optimism. Research on Education and Psychology，4 (1)，114 - 132.

Park，J. H.，Enright，R. D.，Essex，M. J.，Zahn-Waxler，C.，& Klatt，J. S. (2013). Forgiveness intervention for female South Korean adolescent aggressive victims. Journal of Applied Developmental Psychology，34 (6)，268 - 276.

Park，N.，& Peterson，C. (2009). Character strengths：Research and practice. Journal of College & Character，10 (4)，1 - 10.

Park，N.，Peterson，C.，& Seligman，M. E. P. (2005). Strengths of character and well-being. Journal of Social & Clinical Psychology，23 (5)，603 - 619.

Patrick，H.，Knee，C. R.，Canevello，A.，& Lonsbary，C. (2007). The role of need fulfillment in relationship functioning and well-being：A self-determination theory perspective. Journal of Personality & Social Psychology，92 (3)，434 - 457.

Pavlova，M. K.，& Silbereisen，R. K. (2013). Dispositional optimism fosters opportunity-congruent coping with occupational uncertainty. Journal of Personality，81 (1)，76 - 86.

Pavot，W.，& Diener，E. (1993). The affective and cognitive context of self-reported measures of subjective well-being. Social Indicators Research，28 (1)，1 - 20.

Pecina，M.，Stohler，C. S.，& Zubieta，J. K. (2013). Neurobiology of placebo effects：Expectations or learning? Social Cognitive & Affective Neuroscience，9 (7)，1013 - 1021.

Peetz，J.，Davydenko，M.，& Wohl，M. J. (2021). The cost of self-forgiveness：Incremental theorists spent more money after forgiving the self for past overspending. Personality and Individual Differences，179，110902.

Peterson，C. (2000a). Optimistic explanatory style and health. In J. E. Gillham (Ed.)，The science of optimism and hope：Research essays in honor of Martin E. P. Seligman (pp. 145 - 161). Radnor，PA：Templeton Foundation Press.

Peterson，C. (2000b). The future of optimism. American Psychologist，55 (1)，44 - 55.

Peterson，C. (2006a). The Values in Action (VIA) Classification of Strengths：The un-DSM and the real DSM. In M. Csikszentmihalyi & I. Csikszentmihalyi (Eds.)，A life worth living：Contributions to positive psychology (pp. 29 - 48). New York：Oxford University Press.

Peterson，C. (2006b). A primer in positive psychology. New York：Oxford University Press.

Peterson，C.，Schuman，P.，Castellon，C.，& Seligman，M. (1992). Cave：Content Analysis of Verbal Explanations. In C. Smith (Ed.)，Motivation and personality：Handbook of thematic content Analysis (pp. 383 - 238). New York：Cambridge University Press.

Peterson，C.，& Seligman，M. E. P. (2004). Character strengths and virtues：A handbook and classification. New York：Oxford University Press/Washington，DC：American Psychological Association.

Peterson, C., Semmel, A., Baeyer, C. V., Abramson, L. Y., Metalsky, G. I., & Seligman, M. E. P. (1982). The attributional style questionnaire. Cognitive Therapy & Research, 6 (3), 287 - 299.

Peterson, S. J., & Byron, K. (2008). Exploring the role of hope in job performance: Results from four studies. Journal of Organizational Behavior, 29 (6), 785 - 803.

Petri, H. L., & Govern, J. M. (2012). Motivation: Theory, research, and application (6th ed.). Belmont, CA: Wadsworth.

Pittman, T. S., & Heller, J. F. (1987). Social motivation. Annual Review of Psychology, 38, 461 - 489.

Polivy, J., & Herman, C. P. (1999). The effects of resolving to diet on restrained and unrestrained eaters: the "false hope syndrome". International Journal of Eating Disorders, 26 (4), 434 - 447.

Polivy, J., & Herman, C. P. (2002). If at first you don't succeed: False hopes of self-change. American Psychologist, 57 (9), 677 - 689.

Portocarrero, F. F., Gonzalez, K., & Ekema-Agbaw, M. (2020). A meta-analytic review of the relationship between dispositional gratitude and well-being. Personality and Individual Differences, 164, 110101.

Pressley, M., & Harris, K. R. (2008). Cognitive strategies instruction: From basic research to classroom instruction. Journal of Education, 189 (1 - 2), 77 - 94.

Pressman, S. D., & Cohen, S. (2005). Does positive affect influence health? Psychological Bulletin, 131 (6), 925 - 971.

Prime, H., Wade, M., & Browne, D. T. (2020). Risk and resilience in family well-being during the COVID-19 pandemic. American Psychologist, 75 (5), 631 - 643.

Putnam, R. A. (1998). The moral impulse. In M. Dickstein (Ed.), The revival of pragmatism: New essays on social thought, law, and culture (pp. 62 - 71). Durham, NC: Duke University Press.

Quintana-Orts, C., Rey, L., & Worthington Jr, E. L. (2021). The relationship between forgiveness, bullying, and cyberbullying in adolescence: a systematic review. Trauma, Violence, & Abuse, 22 (3), 588 - 604.

Rand, K. L. (2009). Hope and optimism: Latent structures and influences on grade expectancy and academic performance. Journal of Personality, 77 (1), 231 - 260.

Rand, K. L., Martin, A. D., & Shea, A. M. (2011). Hope, but not optimism, predicts academic performance of law students beyond previous academic achievement. Journal of Research in Personality, 45 (6), 683 - 686.

Rapoff, M. A. (2007). The relationship of children's hope to pediatric asthma treatment adherence. Journal of Positive Psychology, 2 (3), 176 - 184.

Rasmussen, H. N., Scheier, M. F., & Greenhouse, J. B. (2009). Optimism and physical health: A meta-analytic review. Annals of Behavioral Medicine, 37 (3), 239 - 248.

Ratelle, C. F., Guay, F., Vallerand, R. J., Larose, S., & Senécal, C. (2007). Autonomous, controlled, and amotivated types of academic motivation: A person-oriented analysis. Journal of educational psychology, 99 (4), 734 - 746.

Reimann, M., Nenkov, G. Y., MacInnis, D., & Morrin, M. (2014). The role of hope in financial risk seeking. Journal of Experimental Psychology: Applied, 20 (4), 349 - 364.

Reizer, A., Munk, Y., & Frankfurter, L. K. (2022). Laughing all the way to the lockdown: On humor, optimism, and well-being during COVID-19. Personality and Individual Differences, 184, 111164.

Resnick, E. M. (2007). The relations among differing forms of psychopathology symptoms, couple communication, and relationship satisfaction (Unpublished doctoral dissertation). University of Maryland, College Park.

Richardson, G. E. (2002). The metatheory of resilience and resiliency. Journal of Clinical Psychology, 58 (3), 307-321.

Riek, B. M., & Mania, E. W. (2012). The antecedents and consequences of interpersonal forgiveness: A meta - analytic review. Personal Relationships, 19 (2), 304-325.

Rill, L., Baiocchi, E., Hopper, M., Denker, K., & Olson, L. N. (2009). Exploration of the relationship between self-esteem, commitment, and verbal aggressiveness in romantic dating relationships. Communication Reports, 22 (2), 102-113.

Rius-Ottenheim, N., Kromhout, D., Mast, R. C. V. D., Zitman, F. G., Geleijnse, J. M., & Giltay, E. J. (2012). Dispositional optimism and loneliness in older men. International Journal of Geriatric Psychiatry, 27 (2), 151-159.

Roe, R. M., Busemeyer, J. R., & Townsend, J. T. (2001). Multialternative decision field theory: A dynamic connectionst model of decision making. Psychological Review, 108 (2), 370-392.

Romero, C., Friedman, L. C., Kalidas, M., Elledge, R., Chang, J., & Liscum, K. R. (2006). Self-forgiveness, spirituality, and psychological adjustment in women with breast cancer. Journal of Behavioral Medicine, 29 (1), 29-36.

Roozendaal, B., Hahn, E. L., Nathan, S. V., Quervain, D. J. F. D., & McGaugh, J. L. (2004). Glucocorticoid effects on memory retrieval require concurrent noradrenergic activity in the hippocampus and basolateral amygdala. Journal of Neuroscience, 24 (37), 8161-8169.

Rosenberg, E. L. (1998). Levels of analysis and the organization of affect. Review of General Psychology, 2 (3), 247-270.

Rosenhan, D. (1978). Toward resolving the altruism paradox: Affect, self-reinforcement, and cognition. In L. Wispe (Ed.), Altruism, sympathy, and helping (pp. 101-113). New York: Academic Press.

Rubin, Z. (1970). Measurement of romantic love. Journal of Personality & Social Psychology, 16 (2), 265-273.

Ruiz, J. M., Matthews, K. A., Scheier, M. F., & Schulz, R. (2006). Does who you marry matter for your health? Influence of patients' and spouses' personality on their partners' psychological well-being following coronary artery bypass surgery. Journal of Personality & Social Psychology, 91 (2), 255-267.

Rutter, M. (1987). Psychosocial resilience and protective mechanisms. American Journal of Orthopsychiatry, 57 (3), 316-331.

Ryan, R. M., & Deci, E. L. (2000a). Self-determination theory and the facilitation of intrinsic motivation, social development, and well-being. American Psychologist, 55 (1), 68-78.

Ryan, R. M., & Deci, E. L. (2000b). Intrinsic and extrinsic motivations: Classic definitions and new directions. Contemporary Educational Psychology, 25 (1), 54-67.

Ryan, R. M. , & Frederick, C. (1997). On energy, personality, and health: Subjective vitality as a dynamic reflection of well-being. Journal of Personality, 65 (3), 529 - 565.

Ryan, R. M. , Sheldon, K. M. , Kasser, T. , & Deci, E. L. (1996). All goals are not created equal: An organismic perspective on the nature of goals and their regulation. In P. M. Gollwitzer & J. A. Bargh (Eds.), The psychology of action: Linking cognition and motivation to behavior (pp. 7 - 26). New York: Guilford Press.

Rye, M. S. , Loiacono, D. M. , Folck, C. D. , Olszewski, B. T. , Heim, T. A. , & Madia, B. P. (2001). Evaluation of the psychometric properties of two forgiveness scales. Current Psychology, 20 (3), 260 - 277.

Sacco, W. P. , & Beck, A. T. (1995). Cognitive theory and therapy. In E. E. Beckham & W. R. Leber (Eds.), Handbook of depression (pp. 329 - 351). New York: Guilford Press.

Sajikumar, S. , Navakkode, S. , Korz, V. , & Frey, J. U. (2007). Cognitive and emotional information processing: Protein synthesis and gene expression. Journal of physiology, 584 (2), 389 - 400.

Scapinello, S. S. (2004). Predicting romantic relationship satisfaction using three self-disclosure variables. Electronic Theses & Dissertations. Paper 3154. http://scholar. uwindsor. ca/etd/3154.

Schacter, D. L. , & Addis, D. R. (2007). The optimistic brain. Nature Neuroscience, 10 (11), 1345 - 1357.

Scheel, M. J. , Madabhushi, S. , & Backhaus, A. (2009). The academic motivation of at-risk students in a counseling prevention program. Counseling Psychologist, 37 (8), 1147 - 1178.

Scheidt, S. S. (1996). A whirlwind tour of cardiology for the mental health professional. In R. Allan & S. S. Scheidt (Eds.), Heart & mind: The practice of cardiac psychology (pp. 15 - 62). Washington, DC: American Psychological Association.

Scheier, M. F. , & Carver, C. S. (1985). Optimism, coping, and health: Assessment and implications of generalized outcome expectancies. Health Psychology, 4 (3), 219 - 247.

Scheier, M. F. , & Carver, C. S. (2018). Dispositional optimism and physical health: A long look back, a quick look forward. American Psychologist, 73 (9), 1082 - 1094.

Schiavon, C. C. , Marchetti, E. , Gurgel, L. G. , Busnello, F. M. , &Reppold, C. T. (2017). Optimism and hope in chronic disease: a systematic review. Frontiers in psychology, 7, 2022.

Schimmack, U. , & Diener, E. (2003). Predictive validity of explicit and implicit self-esteem for subjective well-being. Journal of Research in Personality, 37 (2), 100 - 106.

Schneider, D. J. , & Turkat, D. (1975). Self-presentation following success or failure: Defensive self-esteem models. Journal of Personality, 43 (1), 127 - 135.

Schneider, K. (2011). Toward a humanistic positive psychology: Why can't we just get along? Existential Analysis, 22 (1), 75 - 89.

Schoebi, D. , Way, B. M. , Karney, B. R. , & Bradbury, T. N. (2012). Genetic moderation of sensitivity to positive and negative affect in marriage. Emotion, 12 (2), 208 - 212.

Schulman, P. , Keith, D. , & Seligman, M. E. (1993). Is optimism heritable? A study of twins. Behaviour Research & Therapy, 31 (6), 569 - 574.

Schultheiss, D. P. , & Blustein, D. L. (1994). Contributions of family relationship factors to the identity formation process. Journal of Counseling & Development, 73 (2), 159 - 166.

Schumann, K. , McGregor, I. , Nash, K. A. , & Ross, M. (2014). Religious magnanimity: Reminding people of their religious belief system reduces hostility after threat. Journal of Personality and Social Psychology, 107 (3), 432－453.

Schutte, N., & Malouff, J. M. (2022). The association between optimism and telomere length: A meta-analysis. The journal of positive psychology, 17 (1), 82－88.

Seaward, H. G., & Kemp, S. (2000). Optimism bias and student debt. New Zealand Journal of Psychology, 29 (1), 17－19.

Sedikides, C., & Strube, M. J. (1997). Self-evaluation: To thine own self be good, to thine own self be sure, to thine own self be true, and to thine own self be better. In M. P. Zanna (Ed.), Advances in experimental social psychology (Vol. 29, pp. 209－269). New York: Academic Press.

Segerstrom, S. C., & Nes, L. S. (2006). When goals conflict but people prosper: The case of dispositional optimism. Journal of Research in Personality, 40 (5), 675－693.

Seligman, M. E., Steen, T. A., Park, N., & Peterson, C. (2005). Positive psychology progress: Empirical validation of interventions. American psychologist, 60 (5), 410－421.

Seligman, M. E. P., & Csikszentmihalyi, M. (2014). Positive psychology: An introduction. In M. Csikszentmihalyi (Ed.). Flow and the foundations of positive psychology (pp. 279－298). Dordrecht, Netherlands: Springer.

Senf, K., & Liau, A. K. (2013). The effects of positive interventions on happiness and depressive symptoms, with an examination of personality as a moderator. Journal of Happiness Studies, 14 (2), 591－612.

Shapiro, S. L., Carlson, L. E., Astin, J. A., & Freedman, B. (2006). Mechanisms of mindfulness. Journal of Clinical Psychology, 62 (3), 373－386.

Sheldon, K. M., Kasser, T., Smith, K., & Share, T. (2002). Personal goals and psychological growth: Testing an intervention to enhance goal attainment and personality integration. Journal of Personality, 70 (1), 5－31.

Shelton, C. M. (2010). The gratitude factor: Enhancing your life through grateful living. New Jersey: Hidden Spring (Paulist Press).

Shelp, E. E. (1983). Courage and tragedy in clinical medicine. Journal of Medicine & Philosophy, 8 (4), 417－429.

Shepperd, J. A., Carroll, P., Grace, J., & Terry, M. (2002). Exploring the causes of comparative optimism. PsychologicaBelgica, 42 (1), 1－2.

Shiota, M. N., Keltner, D., & Mossman, A. (2007). The nature of awe: Elicitors, appraisals, and effects on self-concept. Cognition & Emotion, 21 (5), 944－963.

Shiota, M. N., Thrash, T. M., Danvers, A., & Dombrowski, J. T. (2014). Transcending the self: Awe, elevation, and inspiration. In M. M. Tugade, M. N. Shiota, &L. D. Kriby (Eds.). Handbook of positive emotions (pp. 362－377). New York: Guilford Press.

Şiţoiu, A., & Pânişoară, G. (2022). Emotional Regulation in Parental Optimism & mdash; The Influence of Parenting Style. Sustainability, 14 (8), 4509.

Smith, T. W., Ruiz, J. M., Cundiff, J. M., Baron, K. G., & Nealeymoore, J. B. (2013). Optimism and pessimism in social context: An interpersonal perspective on resilience and risk. Journal of Research in Personality, 47 (5), 553－562.

Snyder, C. R. (1994). The psychology of hope: You can get there from here. New York: Free Press.

Snyder, C. R. (Ed.). (2000). Handbook of hope: Theory, measures, and applications. San Diego, CA: Academic Press.

Snyder, C. R., & Rand, K. L. (2003). The case against false hope. American Psychologist, 58 (10), 820 - 822.

Snyder, C. R., Berg, C., Woodward, J. T., Gum, A., Rand, K. L., Wrobleski, K. K., ... Hackman, A. (2005). Hope against the cold: Individual differences in trait hope and acute pain tolerance on the cold pressor task. Journal of Personality, 73 (2), 287 - 312.

Snyder, C. R., Harris, C., Anderson, J. R., Holleran, S. A., Irving, L. M., Sigmon, S. T., ... Harney, P. (1991). The will and the ways: Development and validation of an individual-differences measure of hope. Journal of Personality & Social Psychology, 60 (4), 570 - 585.

Snyder, C. R., Hoza, B., Pelham, W. E., Rapoff, M., Ware, L., Danovsky, M., ... Stahl, K. J. (1997). The development and validation of the Children's Hope Scale. Journal of Pediatric Psychology, 22 (3), 399 - 421.

Snyder, C. R., Shorey, H. S., Cheavens, J., Pulvers, K. M., Adams Ⅲ, V. H., & Wiklund, C. (2002). Hope and academic success in college. Journal of Educational Psychology, 94 (4), 820 -826.

Snyder, C. R., Sigmon, D. R., & Feldman, D. B. (2002). Hope for the sacred and vice versa: Positive goal-directed thinking and religion. Psychological Inquiry, 13 (3), 234 - 238.

Sonstroem, R. J., Harlow, L. L., Gemma, L. M., & Osborne, S. (1991). Test of structural relationships within a proposed exercise and self-esteem model. Journal of Personality Assessment, 56 (2), 348 - 364.

Sperling, M., & Berman, W. (Eds.). (1994). Attachment in adults: Clinical and developmental perspectives. New York: Guilford Press.

Squires, E. C., Sztainert, T., Gillen, N. R., Caouette, J., & Wohl, M. J. (2012). The problem with self-forgiveness: Forgiving the self deters readiness to change among gamblers. Journal of gambling studies, 28 (3), 337 - 350.

Stack, S., & Eshleman, J. R. (1998). Marital status and happiness: A 17-nation study. Journal of Marriage & Family, 60 (2), 527 - 536.

Stanton, A. L., Danoff-Burg, S., & Huggins, M. E. (2002). The first year after breast cancer diagnosis: Hope and coping strategies as predictors of adjustment. Psycho-Oncology, 11 (2), 93 - 102.

Sternberg, R. J. (1986). A triangular theory of love. Psychological Review, 93 (2), 119 - 135.

Sternberg, R. J. (1999). Love is a story. New York: Oxford University Press.

Sternberg, R., & Subotnik, R. (2006). Integrating the other 3 Rs into the school curriculum. In R. J. Sternberg & R. F. Subotnik (Eds.), Optimizing student success with the other three Rs (pp. 227 - 240). Greenwich, CT: Information Age.

Stone, A. A., & Shiffman, S. (1994). Ecological momentary assessment (EMA) in behavorial medicine. Annals of Behavioral Medicine, 16 (3), 199 - 202.

Stone, A. A., Shiffman, S. S., & DeVries, M. W. (1999). Ecological momentary assessment. In D. Kahneman, E. Diener, & N. Schwarz (Eds.), Well-being: The foundations of hedonic psychology (pp. 26 - 39). New York: Russell Sage Foundation.

Swaffer, T., & Hollin, C. R. (2001). Anger and general health in young offenders. Journal of Forensic Psychiatry, 12 (1), 90 - 103.

Szolnoki, A., & Perc, M. (2010). Impact of critical mass on the evolution of cooperation in spatial public goods games. Physical Review E, 81 (5 Pt 2), 057101.

Szondy, M. (2004). Optimizmus és immunfunkciók (Optimism and immune functions). Mentalhigiene es Pszichoszomatika, 5 (4), 301 - 320.

Tangney, J. P. (2000). Humility: Theoretical perspectives, empirical findings and directions for future research. Journal of Social & Clinical Psychology, 19 (1), 70 - 82.

Tarhan, S., Bacanli, H., Dombayci, M. A., & Demir, M. (2011). Quadruple thinking: Hopeful thinking. Procedia-Social & Behavioral Sciences, 12 (12), 568 - 576.

Taylor, E. (2001). Positive psychology and humanistic psychology: A reply to Seligman. Journal of Humanistic Psychology, 41 (1), 13 - 29.

Taylor, S. E., & Brown, J. D. (1988). Illusion and well-being: A social psychological perspective on mental health. Psychological Bulletin, 103 (2), 193 - 210.

Taylor, Z. E., Widaman, K. F., Robins, R. W., Jochem, R., Early, D. R., & Conger, R. D. (2012). Dispositional optimism: A psychological resource for Mexican-origin mothers experiencing economic stress. Journal of Family Psychology, 26 (1), 133 - 145.

Tebes, J. K., Kaufman, J. S., Adnopoz, J., & Racusin, G. (2001). Resilience and family psychosocial processes among children of parents with serious mental disorders. Journal of Child & Family Studies, 10 (1), 115 - 136.

Tesser, A. (1988). Toward a self-evaluation maintenance model of social behavior. In L. Berkowitz (Ed.), Advances in experimental social psychology (Vol. 21, pp. 181 - 227). San Diego, CA: Academic Press.

Thompson, B. L., & Waltz, J. A. (2008). Mindfulness, self-esteem, and unconditional self-acceptance. Journal of Rational-Emotive & Cognitive-Behavior Therapy, 26 (2), 119 - 126.

Thompson, L. Y., Snyder, C. R., Hoffman, L., Michael, S. T., Rasmussen, H. N., Billings, L. S., ...Roberts, D. E. (2005). Dispositional forgiveness of self, others, and situations. Journal of Personality, 73 (2), 313 - 360.

Tiger, L. (1979). Optimism: The biology of hope. New York: Simon and Schuster.

Tindle, H. A., Chang, Y. F., Kuller, L. H., Manson, J. E., Robinson, J. G., Rosal, M. C., ... Matthews, K. A. (2009). Optimism, cynical hostility, and incident coronary heart disease and mortality in the Women's Health Initiative. Circulation, 120 (8), 656 - 662.

Toussaint, L., Cheadle, A., Dezutter, J., & Williams, D. R. (2021). Late Adulthood, COVID-19-Related Stress Perceptions, Meaning in Life, and Forgiveness as Predictors of Mental Health During the COVID-19 Pandemic. Frontiers in psychology, 12, 731017.

Toussaint, L. L., Worthington, E. L., Williams, D. R., & Webb, J. R. (2019). Forgiveness and physical health. In Handbook of forgiveness (pp. 178 - 187): Routledge.

Tov, W., & Diener, E. (2013). Subjective well-being. In K. D. Keith (Eds.), Encyclopedia of cross cultural psychology (pp. 1239 - 1245). Malden, MA: Wiley-Blackwell.

Treglown, L., Palaiou, K., Zarola, A., & Furnham, A. (2016). The Dark Side of Resilience and

Burnout: A Moderation-Mediation Model. PLOS ONE, 11 (6), e0156279.

Trivers, R. L. (1971). The evolution of reciprocal altruism. Quarterly Review of Biology, 46 (1), 35 - 57.

Trope, Y., Liberman, N., & Wakslak, C. (2007). Construal levels and psychological distance: Effects on representation, prediction, evaluation, and behavior. Journal of consumer psychology, 17 (2), 83 - 95.

Tsunetsugu, Y., Park, B. J., & Miyazaki, Y. (2010). Trends in research related to "Shinrin-yoku" (taking in the forest atmosphere or forest bathing) in Japan. Environmental Health and Preventive Medicine, 15 (1), 27 - 37.

Vaillant, G. E. (2000). Adaptive mental mechanisms: Their role in a positive psychology. American Psychologist, 55 (1), 89 - 98.

Vansteenkiste, M., & Sheldon, K. M. (2006). There's nothing more practical than a good theory: Integrating motivational interviewing and self-determination theory. British Journal of Clinical Psychology, 45 (1), 63 - 82.

Veenhoven, R. (1991). Is happiness relative? Social Indicators Research, 24 (1), 1 - 34.

Waiden, T. A., & Field, T. M. (1990). Preschool children's social competence and production and discrimination of affective expressions. British Journal of Developmental Psychology, 8 (1), 65 - 76.

Waterman, A. S. (2012). In support of labeling psychological traits and processes as positive and negative. American Psychologist, 67 (7), 576 - 577.

Waters, E., & Cummings, E. M. (2000). A secure base from which to explore close relationships. Child Development, 71 (1), 164 - 172.

Watkins, P. C., Uhder, J., & Pichinevskiy, S. (2015). Grateful recounting enhances subjective well-being: The importance of grateful processing. Journal of Positive Psychology, 10 (2), 91 - 98.

Watkins, P. C., Woodward, K., Stone, T., & Kolts, R. L. (2003). Gratitude and happiness: Development of a measure of gratitude, and relationships with subjective well-being. Social Behavior & Personality: An International Journal, 31 (5), 431 - 451.

Watson, D. (2002). Positive affectivity: The disposition to experience pleasurable emotional states. In C. R. Snyder & S. J. Lopez (Eds.), Handbook of positive psychology (pp. 106 - 119). New York: Oxford University Press.

Watson, D., & Clark, L. A. (1997). Measurement and mismeasurement of mood: Recurrent and emergent issues. Journal of Personality Assessment, 68 (2), 267 - 296.

Watson, D., & Tellegen, A. (1985). Toward a consensual structure of mood. Psychological Bulletin, 98 (2), 219 - 235.

Watson, J. P., Elliott, S. A., Rugg, A. J., & Brough, D. I. (1984). Psychiatric disorder in pregnancy and the first postnatal year. British Journal of Psychiatry, 144 (5), 453 - 462.

Weber, R., Tamborini, R., Westcott-Baker, A., & Kantor, B. (2009). Theorizing flow and media enjoyment as cognitive synchronization of attentional and reward networks. Communication Theory, 19 (4), 397 - 422.

Wedekind, C., & Braithwaite, V. A. (2002). The long-term benefits of human generosity in indirect reciprocity. Current Biology, 12 (12), 1012 - 1015.

Weinstein, N. D. (1980). Unrealistic optimism about future life events. Journal of Personality and Social Psychology, 39 (5), 806 - 820.

Weinstein, N. D., & Lachendro, E. (1982). Egocentrism as a source of unrealistic optimism. Personality and Social Psychology Bulletin, 8 (2), 195 - 200.

Weiss, R. (1974). The provisions of social relationships. In Z. Rubin (Ed.). Doing unto others (pp. 17 - 26). Englewood Cliffs, NJ: Prentice Hall.

Weiss, R. S. (1982). Attachment in adult life. In C. M. Parker & Stevenson-Hinde (Eds.), The place of attachment in human behavior (pp. 171 - 184). New York: Basic Books.

Welsh, D. H. B., & Raven, P. V. (2011). Hope among franchise leaders: Why hope has practical relevance to franchising—An exploratory study. Canadian Journal of Administrative Sciences, 28 (2), 134 - 142.

Werner, E. E. (1993). Risk, resilience, and recovery: Perspectives from the Kauai longitudinal study. Development & Psychopathology, 5 (4), 503 - 515.

White, A. (2007). A global projection of subjective well-being: A challenge to positive psychology. Psychtalk, 56, 17 - 20.

White, M. J., Cunningham, L. C., & Titchener, K. (2011). Young drivers' optimism bias for accident risk and driving skill: Accountability and insight experience manipulations. Accident Analysis & Prevention, 43 (4), 1309 - 1315.

Williams, L. A., & DeSteno, D. (2008). Pride and perseverance: the motivational role of pride. Journal of Personality and Social Psychology, 94 (6), 1007 - 1017.

Wills, T. A. (1981). Downward comparison principles in social psychology. Psychological Bulletin, 90 (2), 245 - 271.

Wilson, W. R. (1967). Correlates of avowed happiness. Psychological Bulletin, 67 (4), 294 - 306.

Windschitl, P. D., Conybeare, D., & Krizan, Z. (2008). Direct-comparison judgments: When and why above-and below-average effects reverse. Journal of Experimental Psychology: General, 137 (1), 182 - 200.

Wintink, A. J., Segalowitz, S. J., & Cudmore, L. J. (2001). Task complexity and habituation effects on frontal P300 topography. Brain & Cognition, 46 (1), 307 - 311.

Wohl, M. J. A., DeShea, L., & Wahkinney, R. L. (2008). Looking within: Measuring state self-forgiveness and its relationship to psychological well-being. Canadian Journal of Behavioural Science, 40 (1), 1 - 10.

Wohl, M. J., & Thompson, A. (2011). A dark side to self - forgiveness: Forgiving the self and its association with chronic unhealthy behaviour. British Journal of Social Psychology, 50 (2), 354 - 364.

Wong, P. (2011). Positive psychology 2.0: Towards a balanced interactive model of the good life. Canadian Psychology, 52 (2), 69 - 81.

Wood, A. M., Emmons, R. A., Algoe, S. B., Froh, J. J., Lambert, N. M., & Watkins, P. (2016). A dark side of gratitude? Distinguishing between beneficial gratitude and its harmful impostors for the positive clinical psychology of gratitude and well-being. The Wiley handbook of positive clinical psychology, 137 - 151.

Wood, A. M., Froh, J. J., & Geraghty, A. W. (2010). Gratitude and well-being: A review and theoretical integration. Clinical Psychology Review, 30 (7), 890 - 905.

Wood, A. M., Joseph, S., Lloyd, J., & Atkins, S. (2009). Gratitude influences sleep through the mechanism of pre-sleep cognitions. Journal of Psychosomatic Research, 66 (1), 43 - 48.

Wood, A. M., Maltby, J., Gillett, R., Linley, P. A., & Joseph, S. (2008). The role of gratitude in the development of social support, stress, and depression: Two longitudinal studies. Journal of Research in Personality, 42 (4), 854 - 871.

Wulandari, I., & Megawati, F. E. (2020). The role of forgiveness on psychological well-being in adolescents: A review. Paper presented at the 5th ASEAN Conference on Psychology, Counselling, and Humanities (ACPCH 2019).

Yela, C. (1996). Componentes básicos del amor: Algunas matizaciones al modelo de sternberg. Revista de Psicologla Social, 11 (2), 185 - 201.

Yildirim, M., & Arslan, G. (2022). Exploring the associations between resilience, dispositional hope, preventive behaviours, subjective well-being, and psychological health among adults during early stage of COVID-19. Current Psychology, 41 (8), 5712 - 5722.

Youssef, C. M., & Luthans, F. (2007). Positive organizational behavior in the workplace: The impact of hope, optimism, and resilience. Journal of Management, 33 (5), 774 - 800.

Zeidner, M., Roberts, R. D., & Matthews, G. (2008). The science of emotional intelligence. Current Directions in Psychological Science, 14 (6), 281 - 285.

Zhang, X., Zou, R., Liao, X., Bernardo, A. B. I., Du, H., Wang, Z., ... He, Y. (2021). Perceived stress, hope, and health outcomes among medical staff in China during the COVID-19 pandemic. Frontiers in psychiatry, 11, 588008.

Zhu, R., Xu, Z., Tang, H., Wang, H., Zhang, S., Zhang, Z., ... Liu, C. (2020). The dark side of gratitude: Gratitude could lead to moral violation. Journal of Experimental Social Psychology, 91, 104048.

Zimmerman, & Barry, J. (2002). Becoming a self-regulated learner: An overview. Theory Into Practice, 41 (2), 64 - 70.

白智敏，永春 .(2016). 亲密关系及其影响因素分析 . 兰州教育学院学报，32 (5)，166 - 167.

曹晨晨 .(2013). 牺牲、人格特质与婚姻质量的关系研究［博士学位论文］. 石家庄：河北师范大学 .

曹新美 .(2008). 归因乐观与气质乐观的关系及其认知差异研究［博士学位论文］. 北京：北京师范大学 .

岑延远 .(2016). 解释水平视角下的乐观偏差效应 . 心理科学，39 (3)，553 - 558.

陈灿锐，申荷永，李淅琮 .(2009). 成人素质希望量表的信效度检验 . 中国临床心理学杂志，17 (1)，24 - 26.

陈容，李丹 .(2013). 高师生社会支持、自尊与主观幸福感的关系研究 . 贵州师范大学学报（自然科学版），31 (2)，35 - 38.

陈瑞君，秦启文 .(2010). 乐观偏差研究概况 . 心理科学进展，18 (11)，1822 - 1827.

陈香，张日昇 .(2011). 俄狄甫斯情结与古典精神分析诸理论关系探微 . 齐鲁学刊，2，79 - 82.

陈晓 .(2013). 大学生自我同一性风格、同一性地位与亲社会行为的关系［博士学位论文］. 重庆：西南大学 .

陈欣银，李正云，李伯黍 .(1994). 同伴关系与社会行为：社会测量学分类方法在中国儿童中的适用性研究 . 心理科学，17 (4)，198 - 204.

陈增鹏，袁丹，邓科穗．(2018)．不同情绪状态下的乐观偏差．南昌师范学院学报，39 (5)，87 - 90.
崔林霞．(2010)．牺牲与共依附特质对亲密关系质量的影响 [博士学位论文]．上海：华东师范大学．
崔萌．(2014)．大学生恋人的成人依恋、冲突解决行为与亲密关系满意度的关系 [博士学位论文]．杭州：浙江理工大学．
邓衍鹤，朱一杰，李毅，刘翔平．(2016)．感恩干预对暴力型犯罪服刑人员的攻击性和主观幸福感的影响．中国临床心理学杂志，24 (2)，368 - 372.
段文杰．(2014)．正念研究的分歧：概念与测量．心理科学进展，22 (10)，1616 - 1627.
范方．(2008)．留守儿童焦虑/抑郁情绪的心理社会因素及心理弹性发展方案初步研究 [博士学位论文]．长沙：中南大学．
弗洛姆．(2003)．爱的艺术．北京：西苑出版社．
弗雷德里克森．(2010)．积极情绪的力量．北京：中国人民大学出版社．
盖妮娜．(2008)．儿童亲社会行为研究综述．黑龙江教育学院学报，27 (10)，83 - 85.
高志奎．(2011)．大学生自尊与应对方式的关系：乐观人格特质的中介效应．中国特殊教育，7，71 - 74.
郭爱丽．(2016)．大学生成人依恋、自我表露和亲密关系满意度的关系研究 [博士学位论文]．荆州：长江大学．
韩进之，杨丽珠，魏华忠．(1987)．我国大学生自我意识发展特点研究．心理发展与教育，3 (4)，1 - 7.
郝亚楠，宋勃东，王岩，张钦，郎越．(2016)．气质性乐观的正性偏向及其神经生理研究证据．心理科学进展，24 (6)，946 - 957.
何慧，王影，李伟强，袁博．(2018)．感恩与亲社会行为的关系：来自元分析的证据．心理技术与应用，6 (7)，385 - 405.
何树德．(2013)．地震极重灾区大学生总体幸福感．中国健康心理学杂志，21 (2)，245 - 248.
侯典牧，刘翔平．(2008)．基于需求层次的快乐工作特征调查研究．中华女子学院学报，20 (3)，83 - 87.
侯典牧，刘翔平，李毅．(2012)．基于优势的大学生乐观干预训练．中国临床心理学杂志，20 (1)，120 - 124.
胡三嫚，张爱卿，钟华，贾艳杰．(2005)．大学二年级学生人际宽恕与报复心理及其与抑郁的关系研究．心理发展与教育，21 (1)，104 - 108.
黄希庭，杨雄．(1998)．青年学生自我价值感量表的编制．心理科学，21 (4)，289 - 292.
黄宇霞，罗跃嘉．(2004)．国际情绪图片系统在中国的试用研究．中国心理卫生杂志，18 (9)，631 - 634.
加德纳．(2013)．智能的结构 (经典版)．杭州：浙江人民出版社．
姜峰，房三虎．(2009)．大学生爱情幸福感研究．文教资料，6，224 - 226.
卡尔．(2008)．积极心理学：关于人类幸福和力量的科学．北京：中国轻工业出版社．
寇彧，洪慧芳，谭晨，李磊．(2007)．青少年亲社会倾向量表的修订．心理发展与教育，23 (1)，112 -117.
雷霆，高尚仁，杨中芳．(1991)．中国人的"自我"与"自己"：形上与形下、新理与心理//杨中芳，高尚仁．中国人·中国心：人格与社会篇 (147 - 200 页)．台北：远流出版公司．
李朝旭．(1996)．斯腾伯格爱情的三角形理论述评．广州师院学报 (社会科学版)，3，54 - 59.

李娜，吴建平 .(2016). 自然联结对大学生主观幸福感的影响：正念的中介作用 . 心理技术与应用，4 (5)，273 - 277.
李文道，邹泓，赵霞 .(2008). 大学生同一性发展及其与亲子依恋的关系研究 . 首都师范大学学报（社会科学版），1，113 - 119.
李文琳，方晓义，兰菁 .(2013). 新婚夫妻支持、夫妻情感以及婚姻质量的关系 . 第十六届全国心理学学术会议论文，南京：南京师范大学 .
李湘晖 .(2007). 大学生宽恕与心理健康的相关研究［博士学位论文］. 南京：南京师范大学 .
李兆良，高燕 .(2010). 医学生宽恕教育的价值考量 . 医学与社会，23 (3)，98 - 99.
刘会驰，吴明霞 .（2011）. 大学生宽恕、人际关系满意感与主观幸福感的关系研究 . 中国临床心理学杂志，19 (4)，531 - 533.
刘洁 .(2014). 亲密关系建立与维持的影响因素研究［博士学位论文］. 长春：吉林大学 .
刘孟超，黄希庭 .(2013). 希望：心理学的研究述评 . 心理科学进展，21 (3)，548 - 560.
刘霞，黄希庭，毕翠华 .(2011). 青少年未来取向问卷的编制 . 西南大学学报（社会科学版），37 (6)，7 - 12.
刘霞，黄希庭，普彬，毕翠华 .(2010). 未来取向研究概述 . 心理科学进展，18 (3)，385 - 393.
刘翔平 .(2005). 给自己注入积极基因 . 北京：中国经济出版社 .
刘翔平 .(2010). 神经质人格：人类心灵痛苦的密码 . 北京：北京师范大学出版社 .
刘漪蓉 .(2012). 亲密关系中的满意度与冲突研究综述 . 社会心理科学，27 (3)，34 - 38.
刘泽文，崔萌，韩易静 .(2014). 青年恋人的成人依恋、冲突解决行为与亲密关系满意度 . 中国心理卫生杂志，28 (8)，597 - 601.
罗春明，黄希庭 .(2004). 宽恕与心理健康 . 中国心理卫生杂志，18 (10)，742 - 744.
苗元江，余嘉元 .(2003a). 跨文化视野中的主观幸福感 . 广东社会科学，1，120 - 124.
苗元江，余嘉元 .(2003b). 积极心理学：理念与行动 . 南京师范大学学报（社会科学版），2，81 - 87.
钱铭怡 .(1995). 抑郁者目标水平与自我评价的研究［博士学位论文］. 北京：北京大学 .
邱莎莎 .(2010). 成人依恋、亲密关系动机与大学生亲密关系质量的相关研究［博士学位论文］. 西安：陕西师范大学 .
任俊，彭年强，罗劲 .(2013). 乐商：一个比智商和情商更能决定命运的因素 . 心理科学进展，21 (4)，571 - 580.
石国兴，祝伟娜 .(2008). 初中生感戴和主观幸福感的干预研究 . 心理研究，1 (3)，34 - 37.
沈潘艳，辛勇，田剑锋 .(2010). 汶川地震后大学生对自然灾害的乐观偏差 . 扬州大学学报（高教研究版），14 (3)，18 - 22.
斯奈德，洛佩斯 .(2013). 积极心理学：探索人类优势的科学与实践 . 北京：人民邮电出版社 .
苏彦捷，高鹏 .(2004). 亲密关系中的日常冲突及其解决 . 应用心理学，10 (2)，37 - 42.
孙杭媛 .（2016）. 大学生情侣关系信念、牺牲动机和冲突解决行为的关系［博士学位论文］. 杭州：浙江理工大学 .
孙文刚，汪金，韩仁生 .(2010). 大学生感戴量表（GRAT）的修订 . 中国临床心理学杂志，18 (1)，28 -30.
滕秀杰 .(2008). 大学生心理弹性的评估与干预［博士学位论文］. 北京：首都师范大学 .
王纯，张宁 .(2006). 归因方式问卷的初步修订 . 中华行为医学与脑科学杂志，15 (5)，470 - 471.
王丽芹，祝海波，王东梅 .(2010). 肺癌病人希望水平与应对方式的相关性研究 . 护理研究，24 (3)，217 - 218.

王玲，张育贤.(2011). 不同自尊水平的高中生主观幸福感状况分析. 当代教育科学，2，57-59.
王美芳，庞维国.(1997). 学前儿童在园亲社会行为的观察研究. 心理发展与教育，13 (3)，17-22.
王树青，张文新，纪林芹，张玲玲.(2006). 青少年自我同一性状态问卷的修订. 中国临床心理学杂志，14 (3)，221-223.
王炜，刘力，周佶，周宁.(2006). 大学生对艾滋病的乐观偏差. 心理发展与教育，22 (1)，47-51.
王雁飞.(2004). 社会支持与身心健康关系研究述评. 心理科学，27 (5)，1175-1177.
隗晶林，王希华.(2012). 成人亲密关系质量的影响因素研究综述. 闽南师范大学学报（哲学社会科学版），2，119-123.
魏运华.(1999). 父母教养方式对少年儿童自尊发展影响的研究. 心理发展与教育，15 (3)，7-11.
吴君杰，黄挚靖，丁琳洁，牛更枫，李旭.(2022). 新冠疫情防控常态化期间民众主观幸福感的网络分析. 中国心理卫生杂志，36 (2)，179-184.
吴明霞.(2000). 30年来西方关于主观幸福感的理论发展. 心理科学进展，18 (4)，23-28.
邢占军，金瑜.(2003). 城市居民婚姻状况与主观幸福感关系的初步研究. 心理科学，26 (6)，1056-1059.
杨幸，林宇琦，雍挺俊，李美华.(2022). 新冠肺炎疫情对武汉市检验人员心理健康的影响研究. 心理月刊，17 (4)，222-225.
杨雄，黄希庭.(1999). 青少年学生自我价值感特点的初步研究. 心理科学，22 (6)，484-487.
杨洋.(2012). 爱情构念研究述评. 兰州学刊，7，222-224.
杨莹，寇彧.(2017). 亲社会自主动机对青少年幸福感及亲社会行为的影响：基本心理需要满足的中介作用. 心理发展与教育，33 (2)，163-171.
杨中芳.(1991). 由中国“社会心理学”迈向“中国社会心理学”——试图澄清有关“本土化”的几个误解. 社会学研究，1，32-38.
叶景山.(2006). 大学生自我同一性、自尊与心理健康的相关研究. 中国学校卫生，27 (10)，896-897.
余宏波，刘桂珍.(2006). 移情、道德推理、观点采择与亲社会行为关系的研究进展. 心理发展与教育，22 (1)，113-116.
张凡，刘艳，王美欣，魏晓倩，陈功香，刘文娟.(2021). 新冠肺炎疫情流行期间大学生状态焦虑和主观幸福感的关系：希望感的中介作用. 心理技术与应用，9 (7)，435-439.
张海霞，谷传华.(2009). 宽恕与个体特征、环境事件的关系. 心理科学进展，17 (4)，774-779.
张建育，胡雪琴.(2011). 大学生宽恕心理与主观幸福感关系. 中国公共卫生，27 (9)，1090-1091.
张乾一，文萍.(2011). 大学生自我同一性与父母教养方式、依恋的关系. 北京教育学院学报（自然科学版），19 (3)，14-21.
张庆鹏，寇彧.(2011). 青少年亲社会行为测评维度的建立与验证. 社会学研究，4，105-121.
张卫东，杨学传.(2003). 爱情的哲学思考——西方哲学家爱情观述评. 道德与文明，2，71-75.
张文新，林崇德.(1998). 青少年的自尊与父母教育方式的关系——不同群体间的一致性与差异性. 心理科学，21 (6)，489-493.
赵必华，孙彦.(2011). 儿童希望量表中文版的信效度检验. 中国心理卫生杂志，25 (6)，454-459.
赵景欣，申继亮，张文新.(2006). 幼儿情绪理解、亲社会行为与同伴接纳之间的关系. 心理发展与教育，22 (1)，1-6.
赵文.(2014). 心理流畅感. 南京：江苏凤凰教育出版社.
周宵，伍新春，王文超.(2017). 青少年的乐观与创伤后成长的关系：希望与反刍的中介作用. 心理发展与教育，33 (3)，328-336.
邹容.(2016). 儿童青少年气质性乐观的发展及亲子代际传递[博士学位论文]. 武汉：华中师范大学.

关联课程教材推荐

书号	书名	作者	定价（元）
978-7-300-28095-0	心理学基础	白学军	55.00
978-7-300-32539-2	实验心理学（第 3 版）	白学军	59.90
978-7-300-32948-2	发展心理学（第 5 版·数字教材版）	雷雳	59.00
978-7-300-30451-9	认知心理学（第 3 版）	丁锦红 等	58.00
978-7-300-25882-9	生理心理学（第 2 版）	隋南	49.90
978-7-300-30715-2	社会心理学（第 4 版·数字教材版）	乐国安	68.00
978-7-300-25588-0	变态心理学（第 3 版）	王建平	59.80
978-7-300-27212-2	教育心理学：原理与应用	刘儒德	58.00
978-7-300-32062-5	人格心理学导论（第 2 版）	许燕	59.00
978-7-300-32143-1	健康心理学	林丹华	59.00
978-7-300-29372-1	心理学改变思维（第 4 版）	斯科特·利林菲尔德 等	168.00
978-7-300-26722-7	心理学（第 3 版）	斯宾塞·A. 拉瑟斯	79.00
978-7-300-27971-8	心理学研究方法：从选题到论文发表	王轶楠	45.00
978-7-300-30663-6	社会心理学（第 8 版）	迈克尔·豪格 等	158.00

配套教学资源支持

尊敬的老师：

衷心感谢您选择使用人大版教材！相关配套教学资源，请您到人大社网站（http：//www. crup. com. cn）下载，或是随时与我们联系，我们将向您免费提供。

欢迎您随时反馈教材使用过程中的疑问、修订建议，并提供您个人制作的课件。您的课件一经入选，我们将有偿使用。让我们与教材共成长！

联系人信息：

地址：北京海淀区中关村大街 31 号 507 室　　翟然 收　　邮编：100080

电子邮件：lgcbfs@crup. com. cn　　电话：010－62511967　　QQ：492788991

如有相关教材的选题计划，也欢迎您与我们联系，我们将竭诚为您服务！

选题联系人：张宏学　电子邮件：zhanghx@crup. com. cn　电话：010－62512127

人大社网站：http：//www. crup. com. cn

心理学专业教师 QQ 群：259019599

欢迎您登录人大社网站浏览，了解图书信息，共享教学资源

期待您加入专业教师 QQ 群，开展学术讨论，交流教学心得

图书在版编目（CIP）数据

积极心理学 / 刘翔平主编．-- 3 版．-- 北京：中国人民大学出版社，2024.4
新编 21 世纪心理学系列教材
ISBN 978-7-300-32670-2

Ⅰ．①积…　Ⅱ．①刘…　Ⅲ．①人格心理学—高等学校—教材　Ⅳ．①B848

中国国家版本馆 CIP 数据核字（2024）第 053686 号

新编 21 世纪心理学系列教材
积极心理学（第 3 版）
刘翔平　主编
Jiji Xinlixue

出版发行	中国人民大学出版社		
社　　址	北京中关村大街 31 号	**邮政编码**	100080
电　　话	010－62511242（总编室）		010－62511770（质管部）
	010－82501766（邮购部）		010－62514148（门市部）
	010－62515195（发行公司）		010－62515275（盗版举报）
网　　址	http://www.crup.com.cn		
经　　销	新华书店		
印　　刷	北京溢漾印刷有限公司	**版　　次**	2010 年 11 月第 1 版
开　　本	787 mm×1092 mm　1/16		2024 年 4 月第 3 版
印　　张	19.25 插页 1	**印　　次**	2025 年 1 月第 3 次印刷
字　　数	415 000	**定　　价**	49.00 元